Peter Brandt (Hrsg.)

Zukunft der Gentechnik

Springer Basel AG

Herausgeber:

Prof. Dr. Dr. P. Brandt
Institut für Pflanzenphysiologie
und Mikrobiologie
Freie Universität Berlin
Königin-Luise-Str. 12–16
D-14195 Berlin

Die Deutsche Bibliothek - CIP-Einheitsaufnahme

Zukunft der Gentechnik / Peter Brandt (Hrsg.). – Basel ; Boston ;
Berlin: Birkhäuser, 1997
    ISBN 978-3-7643-5662-0   ISBN 978-3-0348-6108-3 (eBook)
    DOI 10.1007/978-3-0348-6108-3

© 1997 Springer Basel AG
Ursprünglich erschienen bei Birkhäuser Verlag 1997.
Gedruckt auf säurefreiem Papier,
hergestellt aus chlorfrei gebleichtem Zellstoff. TCF ∞
Umschlaggestaltung: Micha Lotrovsky, Therwil

Inhaltsverzeichnis

1 Gentechnik: Erwartungen und Realität

Prof. Dr. Dr. P. Brandt

Institut für Pflanzenphysiologie und Mikrobiologie der Freien Universität Berlin, Königin-Luise-Str. 12 – 16, D-14195 Berlin

Im täglichen Sprachgebrauch werden die Begriffe Gentechnik und Biotechnologie oft synonym gebraucht, obwohl sie unterschiedliche Tätigkeitsfelder beschreiben. Die Biotechnologie umfaßt Teilbereiche der Biologie, der Chemie und der Verfahrenstechnik und wird von der „European Federation of Biotechnology" definiert als „der gemeinsame Einsatz von Natur- und Ingenieurwissenschaften mit dem Ziel, Organismen, Zellen, Teile von Organismen sowie molekulare Analoge für Produkte und Dienstleistungen technisch zu nutzen". Die Gentechnik hingegen umfaßt molekularbiologische Methoden zur Bildung von Konstrukten aus Genen oder Genanteilen unterschiedlicher Herkunft, Überführung dieser Genkonstrukte mittels Vektoren in geeignete Zellen oder Organismen sowie die Expression dieser Genkonstrukte in dem neuen zellulären Umfeld. Wird die Gentechnik anwendungsorientiert eingesetzt (Gentechnologie oder molekulare Biotechnologie), so kann es von der Sache her zu einem gleitenden Übergang zwischen Gentechnik und Biotechnologie kommen. Viele derzeitige biotechnologische Verfahren sind nur auf der Grundlage der Gentechnik möglich (siehe z. B. Kapitel 2, 9 und 11); gelegentlich wird daher die Gentechnologie auch als Teilbereich der Biotechnologie angesehen. Aus diesem Grund werden in verschiedenen Beiträgen des vorliegenden Buches die Begriffe Gentechnik und Biotechnologie nicht so strikt voneinander unterschieden, wie sich dies mancher wohl wünschen würde. Die Erwartungen aus Politik und Wirtschaft in die zukünftige Entwicklung der Gentechnik sind groß; gleichzeitig gibt es aber in der Öffentlichkeit zum Teil starke Vorbehalte gegen die Gentechnik. In dieser Situation ist es das Anliegen dieses Buches, die Meinung von Experten zu verschiedenen Aspekten der Gentechnik (und der Gentechnologie) zu präsentieren. Hoffentlich kann damit bewirkt werden, daß sich ein jeder seine persönliche Meinung über die Gentechnik und ihre mögliche, zukünftige Entwicklung bildet. Es sei in diesem Zusammenhang ausdrücklich betont, daß es überhaupt nicht zur Disposition steht, ob ich als Herausgeber dieses Buches mit jedem Aspekt der nachfolgenden Beiträge übereinstimme oder nicht. Meine Hoffnung ist allerdings, daß der Vergleich der prononcierten und z. T. widersprüchlichen Darstellung mancher Details in den Einzelbeiträgen mit deren Darstellung in den Medien zur Nachdenklichkeit und eigenen Meinungsbildung anregen möge.

1.1 Gegenwärtiger Stand

Weltweit ist der Markt für Gentechnik in den letzten Jahren gewachsen. In Deutschland zeigen sich eher differenzierte und verhaltene Auswirkungen dieser Entwicklung (siehe Kapitel 2).

Die Forschung im Bereich der Gentechnik befindet sich in Deutschland auf hohem wissenschaftlichen Niveau (Bericht der Bundesregierung über Erfahrungen mit dem Gentechnikgesetz, 1996). Unter den 50 im Zeitraum von 1980 bis 1991 meistzitierten molekularbiologischen Forschungsstätten befinden sich 8 deutsche. Insbesondere wird im Forschungsbereich der medizinischen Einrichtungen die Gentechnik für die weitere Entwicklung als unentbehrlich angesehen (siehe hierzu auch Kapitel 2, 7, 8 und 11).

Die wirtschaftliche Entwicklung der Gentechnik und Biotechnologie ist in Deutschland eher gering (siehe Kapitel 2). Von 386 europäischen Biotechnologie-Unternehmen befinden sich derzeit 61 in Deutschland. Im Vergleich dazu gibt es in den USA 1.273 derartige Unternehmen (Tab. 1). Gentechnische Produktionsanlagen gibt es in Deutschland 6, in den USA 300. Bei den Gentherapie-Firmen stehen der ausländischen Konkurrenz aus 35 US-Unternehmen und 5 europäischen Unternehmen 3 deutsche Firmen gegenüber (Bericht der Bundesregierung über Erfahrungen mit dem Gentechnikgesetz, 1996).

Tab. 1: Stand der Gen- und Biotechnologie im deutsch-amerikanischen Vergleich (nach Kaulen, 1996)

	USA	Deutschland
Befürworter der Gentechnik/Gentherapie (% der Bevölkerung)[1]	89%	41%
Anzahl der Gen- und Biotechnologie-Unternehmen[2]	1273	61
Anzahl der Gentherapiefirmen[3]	35	3
Dauer der Genehmigungsverfahren deutscher Firmen in der Gentechnikproduktion (bis 1993, Durchschnittswerte)[4]	10 Monate	41 Monate
Anzahl aller Patente in der Biotechnologie (bis zum Jahr 1989)[5]	850	100
Anteil des Risikokapitals in der Gen- und Biotechnologie (Angabe für 1992)[6]	22%	2,3%
Öffentliche Ausgaben für die Genomforschung (Angaben für 1996)[7]	245 Mio. DM	50 Mio. DM

[1]   Loius Harris & Associates (1992); Sample Institute (1994).
[2]   Handelsblatt (1995).
[3]   Handelsblatt (1996).
[4]   BCG-Analyse (1995).
[5]   IFO-Institut.
[6]   European Venture Capital Association Yearbook (1994).
[7]   Science (1995); BMBF (1995).

Weltweit wurden in dem Zeitraum von 1981 bis 1995 insgesamt 1.175 Patente für menschliche Gensequenzen erteilt (siehe Kapitel 3); davon befinden sich 76% im Besitz von Firmen, 17% im Besitz von öffentlichen Institutionen und 7% im Besitz von Einzelpersonen[8].

Ein Maß für den Entwicklungsstand der Gentechnik auf dem Gebiet der Pflanzenzüchtung (und damit u. a. auch auf dem Gebiet der späteren Futter- und Lebensmittelproduktion) ist die Anzahl von durchgeführten Freisetzungsvorhaben mit gentechnisch veränderten Organismen. Seit 1986 sind im Rahmen von 3.647 Freisetzungsvorhaben weltweit an mehr als 15.000 Freisetzungs-orten in 34 Staaten mindestens 56 verschiedene Kulturpflanzenarten nach gentechnischer Verän-derung angebaut worden (Abb. 1). Dabei liegt Deutschland mit 49 Freisetzungen an 10. Stelle. Im Vergleich dazu wurden von 12 der EU-Staaten im sog. „SNIF"-Verfahren[9] insgesamt 781 Freisetzungen gemeldet (Stand: Oktober 1996) (Abb. 2). Im EU-Vergleich liegt Deutschland mit 57 Freisetzungen auf dem 6. Platz und damit zwar auf mittlerer Position, jedoch sollte nicht unbeachtet bleiben, daß rund 82% der Freisetzungen im Bereich der EU in den fünf EU-Staaten Frankreich, England, Italien, Belgien und den Niederlanden stattgefunden haben. Die Rangfolge in bezug auf die Anzahl der Freisetzungen von gentechnisch veränderten Organismen ist damit für Deutschland während der letzten zwei Jahre unverändert (siehe Brandt, 1995, Abb. 79). Die für die Freisetzungsvorhaben gewählten Standorte sind nahezu gleichmäßig über die Bundes-länder verteilt (Abb. 3).

Ähnlich den von der OECD gemeldeten transgenen Pflanzen für Freisetzungen weltweit (siehe Brandt, 1995) waren die am häufigsten verwendeten gentechnisch veränderten Pflanzen für Frei-setzungen im EU-Bereich Mais (*Zea mays*) (29%), Raps (*Brassica napus*) (28%), Zuckerrüben (*Beta vulgaris*) (16%), Kartoffeln (*Solanum tuberosum*) (14%) und Tomaten (*Lycopersicon esculentum*) (8%)[10]. Bei der Art der gentechnischen Veränderung liegt bei den Freisetzungsex-perimenten im EU-Bereich auch weiterhin die Herbizidresistenz mit 56% an der Spitze vor der Insektenresistenz (19%), der Veränderung von Inhaltsstoffen (13%) und der Virusresistenz (12%)[11].

Die große Anzahl von bereits abgeschlossenen Freisetzungsvorhaben in den USA war Anlaß, dort den Betreibern die Möglichkeit einzuräumen, bei Vorliegen von genügend Erfahrung aus bisherigen Freisetzungsvorhaben weitere mit denselben gentechnisch veränderten Pflanzen nur

---

8　C. Gottschling, „Endspurt um die Gene", Focus, 43/96.

9　SNIF = Summary Notification Information Format; die einzelnen EU-Staaten haben zu unterschiedlichen Zeitpunkten Gentechnik-relevante Regelungen der EU in nationales Recht umgesetzt und in der Regel auch dann erst mit dem SNIF-Verfahren begonnen, so daß bei dieser Zählweise nicht alle Freisetzungen seit 1986 erfaßt zu sein brauchen (siehe Abb. 2 und 3).

10　Prozentangaben bezogen auf die Anzahl der Freisetzungen dieser fünf gentechnisch veränderten Pflanzen (Stand: Oktober 1996; Quelle: http://www.rki.de).

11　Prozentangaben bezogen auf die Anzahl der Freisetzungen mit Pflanzen, deren gentechnische Veränderung zu den genannten vier häufigsten Merkmalsgruppen gehört (Stand: Oktober 1996; Quelle: http://www. rki.de).

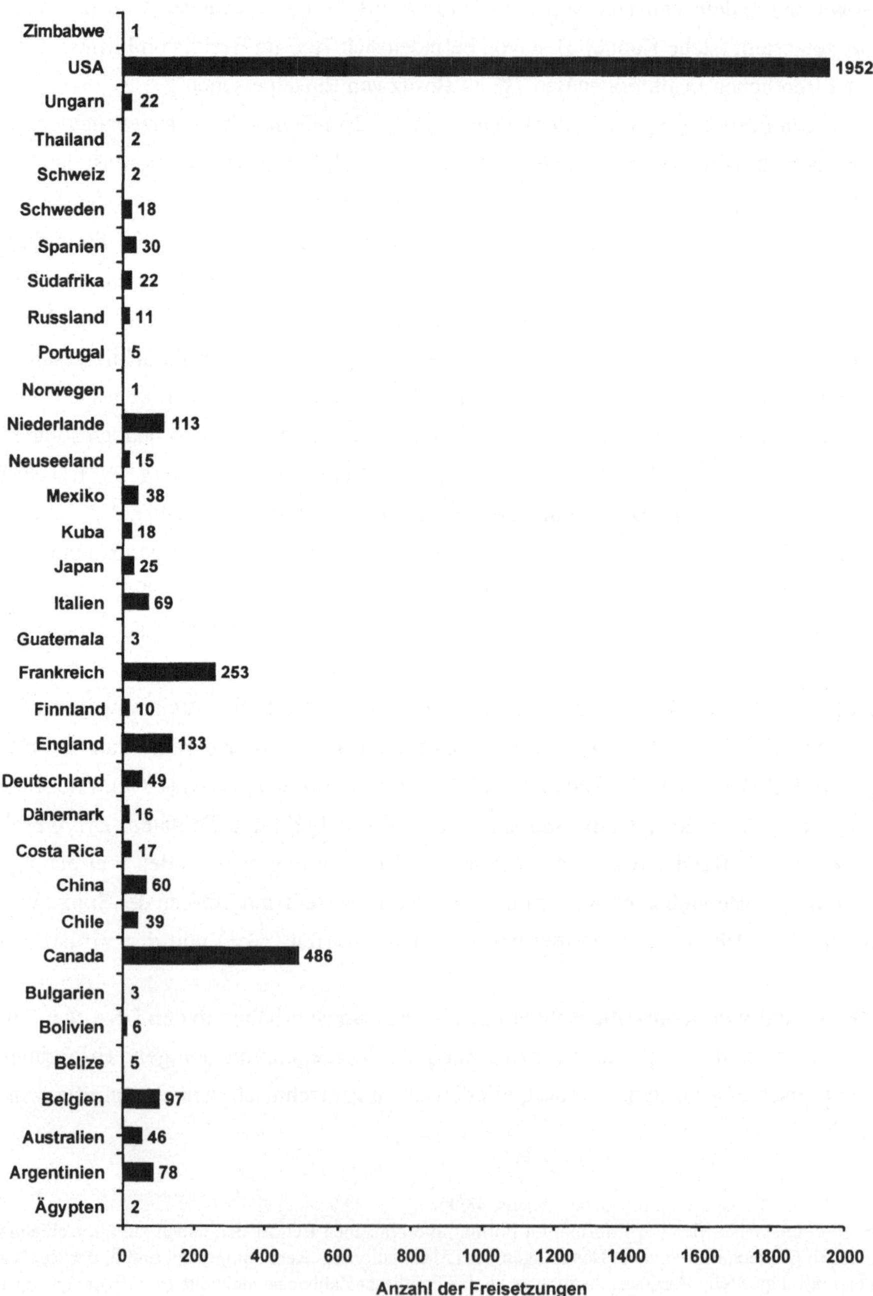

Abb. 1: Verteilung der im Zeitraum von 1986 bis 1995 stattgefundenen 3.647 Freisetzungen auf die weltweit daran beteiligten 34 Staaten (nach James und Krattiger, 1996).

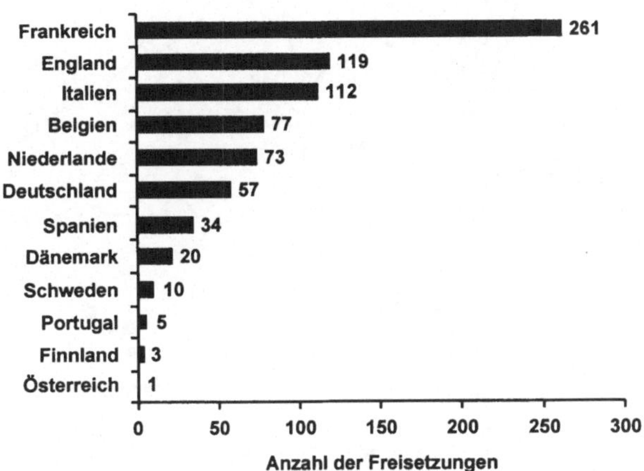

Abb. 2: Aufteilung der 781 Freisetzungsvorhaben mit gentechnisch veränderten Organismen auf die daran beteiligten 12 EU-Staaten (Stand: Oktober 1996) (Quelle: http://www.rki.de).

noch anmelden zu müssen (Abb. 4). Unter derartige Notifikationen fallen u. a. grundsätzlich Tomaten, Baumwolle, Sojabohnen, Mais, Raps und Kartoffeln. Es besteht die Meinung, daß diese Deregulierung im Zulassungsverfahren der USA zu einer Beschleunigung der Kommerzialisierung von gentechnisch veränderten Pflanzen und von den aus ihnen hergestellten Produkten beigetragen habe (James und Krattiger, 1996).

Eine ähnliche Erleichterung im Zulassungsverfahren ist in der EU durch Einführung eines ersten „Vereinfachten Verfahrens" erreicht worden. Im wesentlichen muß für einen Standort ein Freisetzungsvorhaben beantragt und gleichzeitig ein Forschungs- oder Züchtungsprojekt mit derselben gentechnisch veränderten Pflanze über mehrere Jahre vorgelegt werden; allerdings ist dieses „Vereinfachte Verfahren" auf gentechnisch veränderte Kulturpflanzen mit bestimmten Eigenschaften begrenzt.[12] Wird solch ein Antrag auf Freisetzung nach dem „Vereinfachten Verfahren" genehmigt, kann der Antragsteller für die Laufzeit seines beantragten Forschungs- oder Züchtungsprojektes weitere Freisetzungsstandorte mit dieser gentechnisch veränderten Kulturpflanze nachmelden. Wird diesen Nachmeldungen von der Zulassungsbehördebinnen 15 Tagen nicht widersprochen, so kann der Antragsteller auf den nachgemeldeten Standorten mit der Freisetzung beginnen. Das „Vereinfachte Verfahren" wurde im EU-Bereich ebenfalls aufgrund der gewachsenen Erfahrung aus bereits abgeschlossenen Freisetzungsvorhaben mit gentechnisch veränderten Pflanzen eingeführt.

---

[12] Siehe hierzu die "Entscheidung der Kommission vom 22. 10. 1993 (93/584/EWG)" nebst Anhang.

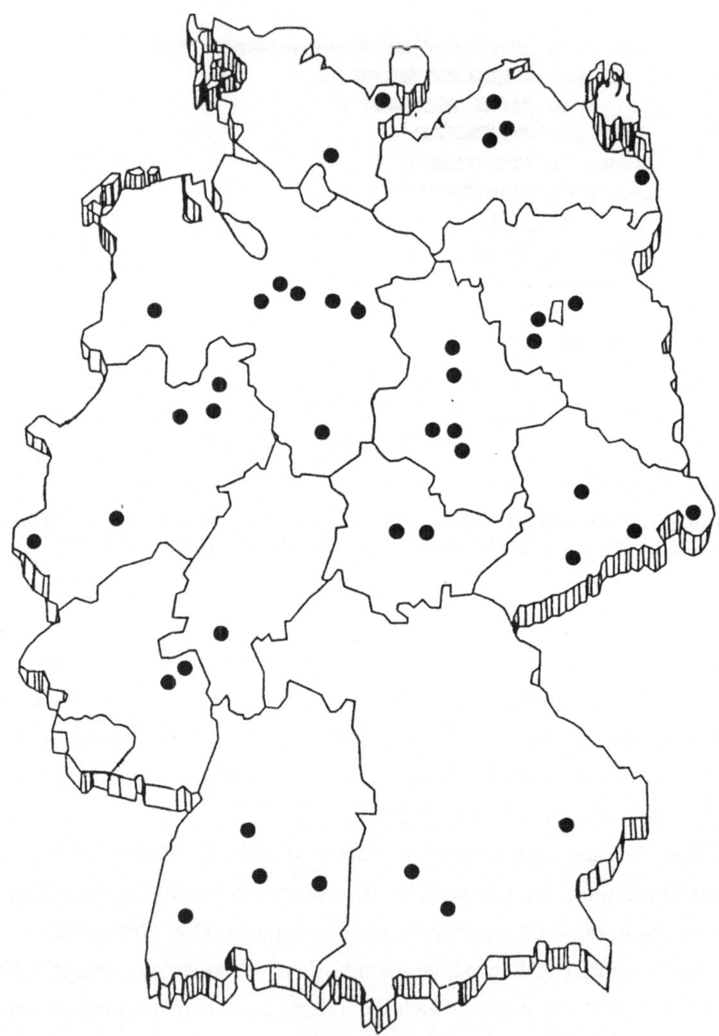

Abb. 3: Schematische Darstellung der Lage der Standorte für die bislang in Deutschland genehmigten Freisetzungsvorhaben mit gentechnisch veränderten Organismen; unabhängig von der Anzahl der Freisetzungsvorhaben ist jeder Freisetzungsstandort jeweils nur einmal bezeichnet (Stand: Oktober 1996; Quelle: http://www.rki.de).

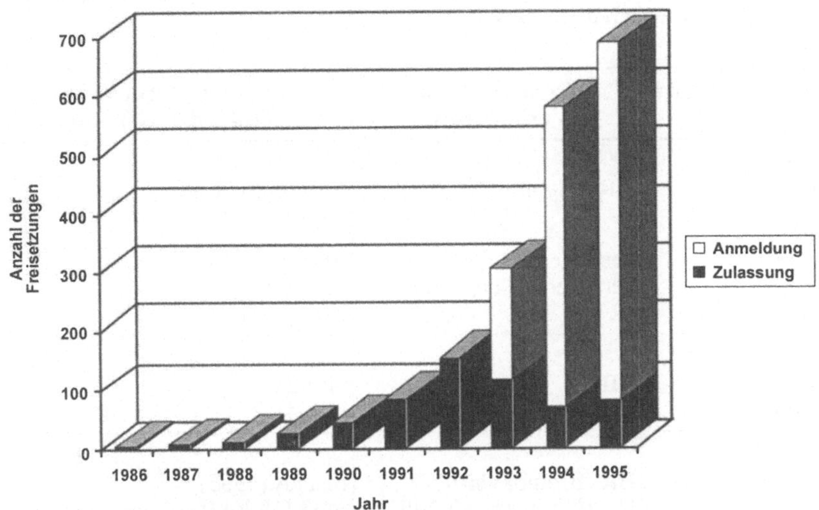

Abb. 4: Anzahl der Freisetzungen mit gentechnisch veränderten Pflanzen in den USA im Zeitraum von 1986 bis 1995 (Quelle: http://www.aphis.usda.gov/bbep/bp).

Die gegenwärtige Situation im Bereich der EU mit nur einer uneingeschränkten Zulassung für eine gentechnisch veränderte Pflanze (d. h. Genehmigung des Inverkehrbringens) sollte nicht darüber hinwegtäuschen, daß weltweit bereits 35 derartige Zulassungen für neun verschiedene Kulturpflanzen vorliegen, die eine (oder mehrere) gentechnische Veränderung(en) besitzen (Tab. 2). Weitere Genehmigungen mit eingeschränkter Zulassung für gentechnisch veränderte Pflanzen (z. B. nur für Import oder nur für Züchtungszwecke) kommen hinzu. Die Zulassungen zum Inverkehrbringen werden in unterschiedlicher Weise genutzt. Nur in Einzelfällen liegen Schätzungen vor für die Anbauflächen mit gentechnisch veränderten Pflanzen, die für die Vermarktung bestimmt sind (James und Krattiger, 1996). Im Jahr 1996 soll die Anbaufläche mit Glyphosat-resistenten Sojabohnen der Firma „Monsanto" in Argentinien etwa 85.000 Hektar und in den USA mehr als 250.000 Hektar betragen haben. In China wird seit 1992 Tabak angebaut, der mittels gentechnischer Methoden virusresistent gemacht worden ist. Derzeit wird seine Anbaufläche auf mehr als 500.000 Hektar geschätzt; dies entspricht etwa 30% der gesamten chinesischen Anbaufläche für Tabak. Es wird erwartet, daß im Jahr 2000 dieser Anteil bis auf 70% ansteigt. In Kanada wurden im Jahr 1996 auf mehr als 50.000 Hektar glufosinatresistenter Raps der Firma „AgrEvo" und in den USA auf etwa 120.000 Hektar insektenresistenter Mais der Firma „Novartis", auf 500.000 Hektar insektenresistente Baumwollpflanzen der Firma „Monsanto" sowie auf etwa 2.500 Hektar Fruchtreife-verzögerte Tomatenpflanzen der Firma „Calgene" angebaut.

Tab. 2: Stand der Kommerzialisierung von gentechnisch veränderten Pflanzen (Stand: Dezember 1996) (verändert nach James und Krattiger, 1996)

Staat/Kulturpflanze	Gentechnische Veränderung	Unternehmen (Jahr der Genehmigung)
Argentinien:		
Soja (G)	HR (Glyphosat)	Monsanto (1996)
Australien:		
Nelke (G)	verlängerte Haltbarkeit	Florigene (1995)
Nelke (G)	veränderte Blütenfarbe	Florigene (1995)
Baumwolle (B)	IR	Monsanto
China:		
Tabak (G)	VR	(1992)
Tabak (G)	VR	(1994)
EU:		
Tabak (G)	HR (Bromoxynil)	SEITA (1995)
Raps (G)	HR (Glufosinat) + MS	PGS (1996) (für Züchtung)
Chicorée (G)	HR (Glufosinat) + MS	Bejo Zaden (1995) (für Züchtung)
Baumwolle (G)	HR (Glyphosat)	Monsanto (1996; nur für GB; nur
Soja (G)	HR (Glyphosat)	Import)
Tomate (G)	verzögerte Reife	Monsanto (1996) (nur Import)
Mais (B)	IR + HR	Zeneca (1995) (nur für GB; nur Import)
Mais (G)	IR (B.t.)	Ciba Geigy
		Ciba Geigy
Japan:		
Raps (B)	HR (Glufosinat)	AgrEvo
Raps (B)	MS + veränderte FSZ	PGS
Mais (B)	IR	Ciba Geigy
Mais (B)	HR (Glyphosat)	Monsanto
Mais (B)	IR	Northup King
Kartoffeln (B)	IR	Monsanto
Soja (B)	HR (Glyphosat)	Monsanto
Kanada:		
Raps (G)	HR (Glufosinat)	AgrEvo (1995)
Raps (G)	HR (Glyphosat)	Monsanto (1995)
Raps (G)	HR (Glufosinat) + MS	PGS (1995)
Raps (G)	HR (Imidazolinon)	Pioneer Hi-Bred (1995)
Raps (G)	veränderte FSZ	Calgene (1996)
Mais (G)	IR (B.t.)	Mycogen/Novartis(1996)
Mais (G)	HR (Imidazolinon)	Pioneer Hi-Bred (1996)
Kartoffeln (G)	IR (B.t.)	Monsanto (1996)
Flachs (G)	HR (Sulfonylharnstoff)	Univ. Saskatch. (1995) (Futterm./Fasern)
Soja (G)	HR (Glyphosat)	Monsanto (1995) (Futterm.)
Mexico:		
Tomate (G)	verzögerte Reife	Calgene (1995)
Raps (G)	HR (Glyphosat)	Monsanto (1996) (nur Import)
Baumwolle (G)	IR (B.t.)	Monsanto (1996) (nur Import)
Kartoffeln (G)	IR (B.t.)	Monsanto (1996) (nur Import)
Soja (G)	HR (Glyphosat)	Monsanto (1996) (nur Import; Futterm.)

Tab. 2: (Fortsetzung)

USA:		
Raps (G)	veränderte FSZ	Calgene (1995)
Mais (G)	IR (B.t.)	Ciba Geigy (1995)
Mais (G)	HR (Glufosinat)	AgrEvo (1996)
Mais (G)	HR (Phosphinothricin)	DeKalb (1996)
Mais (G)	IR	Northrup King (1996)
Mais (G)	IR (B.t.)	Monsanto (1996)
Mais (G)	MS + HR	PGS (1996)
Baumwolle (G)	HR (Bromoxynil)	Calgene (1995)
Baumwolle (G)	IR (B.t.)	Monsanto (1995)
Baumwolle (G)	HR (Glyphosat)	Monsanto (1996)
Baumwolle (G)	HR	DuPont (1996)
Kartoffeln (G)	IR (B.t.)	Monsanto (1995)
Kartoffeln (G)	IR	Monsanto (1996)
Soja (G)	HR (Glyphosat)	Monsanto (1995)
Kürbis (G)	VR	Asgrow (1995)
Tomate (G)	verzögerte Reife	Calgene (1994)
Tomate (G)	verzögerte Reife	DNAP (1995)
Tomate (G)	verzögerte Reife	Zeneca/Peto (1995)
Tomate (G)	verzögerte Reife	Monsanto (1995)
Tomate (G)	verzögerte Reife	Agritope (1996)
Papaya (B)	VR	Cornell Univ/Hawaii Growers' Association
Soja (B)	HR	AgrEvo
Kürbis (B)	VR	Asgrow

G = genehmigt; B = beantragt; HR = Herbizidresistenz; VR = Virusresistenz; IR = Insektenresistenz; MS = männliche Sterilität; FSZ = Fettsäurezusammensetzung; B.t. = *Bacillus thuringiensis*-Endotoxin; Futterm. = Futtermittelzwecke.

1.2 Erwartungen

Zu dem Gesamtbild der Erwartungen an die Zukunft der Gentechnik gehören sowohl die skeptischen als auch die euphorischen Meinungen. Schon jedem wird aufgefallen sein, wie in der Tagespresse sehr unterschiedlich und abhängig vom Anlaß geurteilt wird. Aus Anlaß des Welternährungsgipfels vom 13. bis 17. November 1996 zum Beipiel wurde die Notwendigkeit der Gentechnik und ihr innovatives Potential hervorgehoben[13]. Als in den USA 1996 bei dem großflächigen Anbau von transgenen Baumwollpflanzen, die mittels gentechnischer Methoden insektenresistent sein sollten, dennoch durch Insektenfraß große Schäden entstanden, wurde generell den Forschern auf dem Gebiet der Gentechnik mangelnde Glaubwürdigkeit vorgeworfen[14].

---

[13] E. Fettweis-Gatzweiler, „Nahrung für alle", Rheinischer Merkur, 8. 11. 1996.
[14] A. Sentker, „Selbst schuld", Die Zeit, 30. 08. 1996.

Einen Zugang zu den verschiedenen Entwicklungsmöglichkeiten der Gentechnik wird dem Leser in den folgenden Kapiteln gegeben. Die Methoden der Gentechnik können aus heutiger Sicht Einsatz insbesondere in folgenden Bereichen finden:

- Entwicklung und Produktion von Arzneimitteln und Impfstoffen (siehe Kapitel 2 und 11),
- Entwicklung neuartiger oder verbesserter Diagnose- und Therapieverfahren (siehe Kapitel 7 und 8),
- Zucht gentechnisch veränderter Nutztiere in der Tierproduktion (siehe Kapitel 7),
- Entwicklung krankheits-, schädlings- und herbizidresistenter Pflanzensorten in der Landwirtschaft (siehe Kapitel 4, 5 und 6),
- Abbau von Schadstoffen und Altlasten (siehe Kapitel 6),
- Entwicklung und Optimierung umweltschonender biotechnischer Produktionsverfahren (siehe Kapitel 11),
- Grundlagenforschung (Erforschung von Aufbau und Funktion des genetischen Materials) (siehe Kapitel 3).

Die Geschwindigkeit, mit der die Ergebnisse der Gentechnik in der praktischen Anwendung umgesetzt werden, erscheint den einen zu früh und übereilt, weil noch weiterer Forschungsbedarf besteht (siehe Kapitel 4, 12 und 13); andere beklagen die Diskrepanz zwischen dem Fortschritt der Forschung auf dem Gebiet der Gentechnik und dem Nachholbedarf gesellschaftlichen Handelns auf diesem Gebiet. Ein Hauptproblem wird darin gesehen, daß Forschungsergebnisse und Patente nicht schnell genug in marktfähige Produkte umgesetzt werden (siehe Kapitel 2; Arnold und Gassen, 1996). An die Erwartung steigender Umsatzzahlen in der Gen- und Biotechnologie wird die Prognose geknüpft, daß in Zukunft eine erhebliche Anzahl neuer Arbeitsplätze entstehen wird (siehe Kapitel 2). Allerdings wird diese Erwartung wiederum von anderer Seite in Frage gestellt mit dem Argument, daß bei diesen Prognosen nicht beachtet wird, wie viele Arbeitsplätze durch Gentechnik substituiert oder wegrationalisiert werden (Dolata, 1996).

Die rasante Entwicklung der Grundlagenforschung auf dem Gebiet der Gentechnik ist mehrheitlich unbestritten. Der dadurch geschaffene Regelungsbedarf kann auf politischer Ebene vielfach nur reagierend abgedeckt werden. Besonders gravierend fällt dies bei der Entschlüsselung des menschlichen Erbguts auf, ist dieses Projekt doch für die einen die Hoffnung auf Heilung und für die anderen das Horrorszenario vom gläsernen Menschen (siehe Kapitel 3 und 16). In welche gesellschaftlichen Bereiche die Umsetzung der Gentechnik als Gen- oder Biotechnologie über ihre praktische Anwendung hinaus einwirken kann, wird daran deutlich, daß und wie verschiedene gesellschaftliche Gruppierungen ihre Haltung gegenüber der Gentechnik/Biotechnologie definieren. So wird z. B. die Feststellung getroffen, daß „die Bio- und Gentechnik ihre ethische Rechtfertigung durch den biblischen Schöpfungsauftrag erlangen (Gen. 1,28 und 2,15), durch den der Mensch ermächtigt wird, gestaltend in die Natur einzugreifen, sie für seine Lebensbedürfnisse heranzuziehen und umzugestalten. Diese technischkreative Gestaltungsbefugnis bezieht sich auch auf die Diagnose und Bekämpfung von Krankheiten beim Menschen"[15] (siehe hierzu auch Abschnitt 4.9 und Kapitel 15). Auf weitere derartige Aspekte wird exemplarisch in den Kapiteln 9 (Militärischer Mißbrauch), 14 (Gesellschaftlicher Lernprozeß), 15 (Schöpfungsbegriff) und 16 (Ethische Bewertung) eingegangen.

1.3 Gentechnik reizt die Gemüter

In den vergangenen Jahren wurde immer wieder von verschiedenen Interessengruppen in Auftrag gegeben zu erfragen, was die Bevölkerung in Deutschland von der Gentechnologie hält. Wird bei dieser Befragung das Gesamtspektrum der gentechnischen Möglichkeiten zur Diskussion gestellt und nicht nur der medizinische Aspekt (siehe Kapitel 2), so ergeben sich andere prozentuale Mehrheiten als in Tab. 1 zuvor für die Gentechnik/Gentherapie dargestellt (Abb. 5).

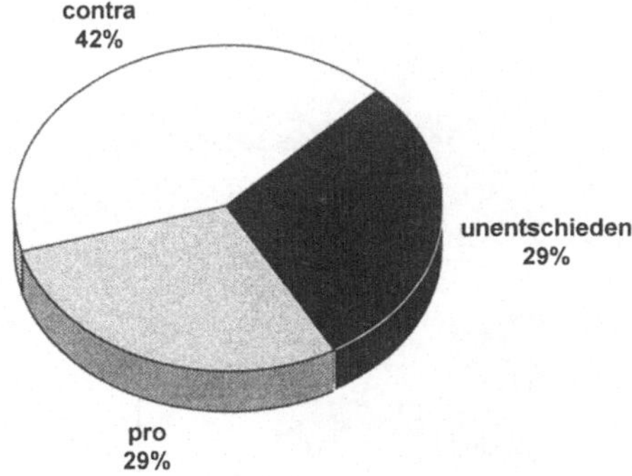

Abb. 5: Meinung der deutschen Bevölkerung zur Gentechnik (Quelle: BMWi „Standort Deutschland – die Herausforderung annehmen", 1996, p. 61).

Ein Maß für die öffentliche Meinung über die Gentechnik in Deutschland scheint die erkennbare Ablehnung von Freisetzungsvorhaben mit gentechnisch veränderten Pflanzen zu sein, wenn – wie verschiedentlich aus der Tagespresse zu erfahren – im Rahmen der mit dem jeweiligen Genehmigungsverfahren für einen Antrag auf Freisetzung verbundenen Öffentlichkeitsbeteili-

---

[15] Auszug aus der Kurzfassung eines Positionspapiers der CDU-Arbeitsgruppe, „Zukunft der Bio- und Gentechnik", Bonn, 10. 10. 1996.

gung bis zu 20.000 Einwendungen gegen ein geplantes Freisetzungsvorhaben bei der Zulas-
sungsbehörde eingehen (siehe Brandt, 1995). Ein Zeichen radikaler Ablehnung sind die 1996
vermehrt vorgekommenen Zerstörungen von genehmigten Freisetzungsversuchen mit gentechnisch veränderten Pflanzen durch Unbekannte, die sich damit jenseits jeder Legalität gestellt
haben. Die betroffenen Betreiber wie auch der Bundesverband Deutscher Pflanzenzüchter haben
auf die erheblichen Verluste hingewiesen, die ihnen durch diese Zerstörungen entstanden sind[16].
Jedoch kann weder von der Anzahl der Einwendungen – bei einigen beantragten Freisetzungsvorhaben gab es keine oder nur wenige Einwendungen – noch von den Zerstörungen auf eine

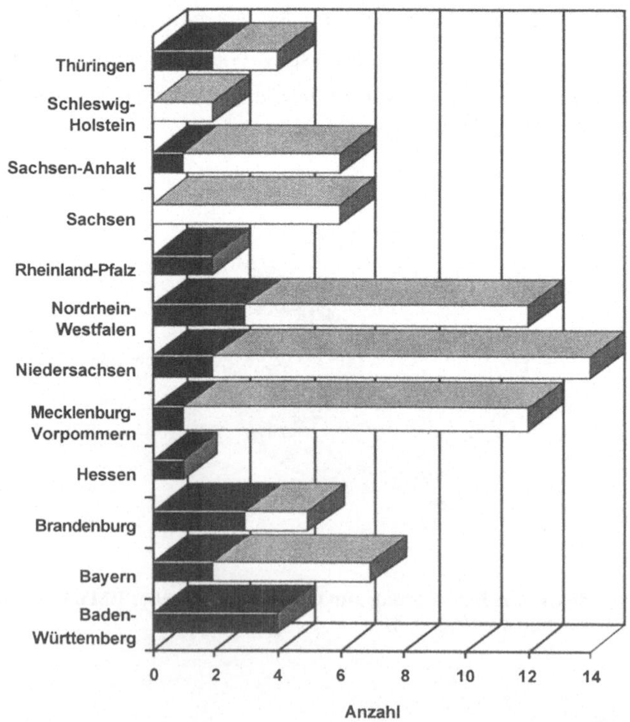

**Abb. 6: Verteilung der bislang genehmigten Freisetzungsvorhaben auf 12 Bundesländer. ■ = behinderte
oder zerstörte Freisetzungsvorhaben; □ = unbehinderte Freisetzungsvorhaben. Erläuterungen im Text
unbedingt beachten! (Stand: Oktober 1996: zusammengestellt nach Hobom (1996), nach Angaben aus
der Tagespresse sowie nach http://www.rki.de).**

---

[16] BDP-Nachrichten (1996) "Die Chancen nutzen", Nov. 1996, pp. 3–5.

generelle Ablehnung derartiger Versuche durch die Bevölkerung geschlossen werden. Selbst die Verteilung der durch Besetzung oder Zerstörung betroffenen Freisetzungsvorhaben auf einzelne Bundesländer ergibt ein uneinheitliches Bild (Abb. 6), aus dem nicht geschlossen werden kann, gegen welche Firma oder welche gentechnisch veränderte Kulturpflanze sich die Verhinderung/Zerstörung insbesondere richtet. Dazu ist die Gesamtzahl der Freisetzungsvorhaben wie auch der Kreis der Betreiber in Deutschland derzeit noch zu klein. Es ist ebenso vollkommen unmöglich, aus den Angaben der Abb. 6 ablesen zu wollen, welche Bundesländer für Freisetzungsvorhaben „günstige Voraussetzungen" bieten könnten.

Die durch Zerstörung der Freisetzungsversuche eingetretenen Verluste sind es aber nicht allein, die deutsche Saatzuchtfirmen zu beklagen haben. Tatsächlich fühlen sie sich von zwei Seiten bedrängt: Ihrer Ansicht nach erschweren ihnen einerseits hierzulande Stimmung und Rechtslage den Einsatz der neuen Technik und andererseits kommen schon das erste ausländische gentechnisch veränderte Saatgut (herbizidresistenter Raps der Firma „PGS") bzw. die ersten gentechnisch veränderten Produkte (herbizidresistente Sojabohnen der Firma „Monsanto"; insektenresistenter Mais der Firma „Ciba Geigy") nach Deutschland[17]. Insbesondere die öffentliche Diskussion im Herbst 1996 über die Frage der Kennzeichnung von gentechnisch hergestellten Lebensmitteln, die ausgelöst wurde durch den Import der gentechnisch veränderten Sojabohnen und des insektenresistenten Mais aus den USA, hat in Teilen belegt, daß über das strittige Thema nicht mehr „rational" im wissenschaftlichen Sinn debattiert wurde und werden konnte[18], da es offensichtlich mehr um eine gesellschaftspolitische Frage zu gehen scheint und dann auch auf dieser Ebene entschieden werden sollte (Brandt, 1995).

1.4 Risiko und kein Ende?

Die Bevölkerung in Deutschland steht technischen Entwicklungen durchaus aufgeschlossen gegenüber. 66% sind der Meinung, daß Zukunftsprobleme mit technischem und wissenschaftlichem Fortschritt zu lösen sind. In einer Befragung durch Infratest wurde „Wissenschaft und Technik" an dritter Stelle der deutschen Spitzenleistungen genannt – nach Lebensstandard und Umweltschutz. Von genereller „Technikfeindlichkeit" kann also in Deutschland nicht die Rede sein. Nur spezielle Bereiche wie die Gentechnik und die Kernkraft finden derzeit weniger Akzeptanz. Obwohl die Diskussion über mögliche Risiken der Gentechnik schon seit Jahren andauert, ist ein Ergebnis nicht abzusehen. Es bleibt sogar zu fragen, ob erwartet werden kann und soll, ein abschließendes Ergebnis zu diesem Fragenkomplex jemals zu erhalten (Brandt,

---

[17] P. Pinzler, „Geld und Gene", Die Zeit, Nr. 31, 26. Juli 1996.
[18] Nature (1996) 383:559.

1995). Selbst aus juristischer Sicht spricht aus Teilen des deutschen Gentechnikrechts „ein Mißtrauen gegenüber der Gentechnik und ist damit Ausdruck der fehlenden Akzeptanz dieser Technik" (Wolfrum, 1996), wenn z. B. die Masse von gentechnischen Forschungsarbeiten (etwa 98%) genehmigungs- bzw. anzeigenpflichtig sind, obwohl mit ihnen kein oder nur ein geringes Sicherheitsrisiko verbunden ist (Sicherheitsstufe 1 und 2). Nach Wolfrum (1996) fehlt es für gentechnische Arbeiten, die nach dem Stand der Wissenschaft kein Risiko darstellen, an der Legitimation selbst für ein Anmeldeverfahren. Dieses Mißtrauen sei „gleichzeitig geeignet, dieses Akzeptanzdefizit zu perpetuieren". Auch wenn man nicht so weit in seinen Schlußfolgerungen geht, so ist doch festzustellen, daß hinter dem Sicherheitskonzept des Gentechnikrechts (Unterscheidung von unter Sicherheitsmaßnahmen hinzunehmenden von nicht hinzunehmenden Risiken) spezifische Grundannahmen des Gesetzgebers stehen, die nicht per se änderungsfest sind (Appel, 1996). Es ist durchaus zu erwarten, daß mit wachsender Erfahrung im Bereich der Gentechnik sich auch die allgemeine Risikoeinschätzung ändern wird.

Entscheidungen über die Zumutbarkeit von Risiken beruhen immer auf einer subjektiven Abwägung von Folge- und Orientierungswissen. Renn[19] weist darauf hin, daß niemand die Zumutbarkeit oder Unzumutbarkeit etwaiger Risiken der Gentechnik logisch eindeutig ableiten könne. Erst die diskursive Auseinandersetzung mit diesen beiden Wissenselementen ermögliche eine faire Entscheidung. Ein derartiger Diskurs brauche Offenheit des Ergebnisses, ein klares Mandat und Begründungszwang für Wissenselemente und ethische Normen (siehe auch Brandt, 1995 sowie Kapitel 14 und 16).

---

[19] O. Renn, „Riskante Risikopolitik", Die Zeit, Nr. 39, 20. 09. 1996, p.48.

2 Die wirtschaftlichen Perspektiven der Gentechnik

Prof. Dr. H.G. Gassen, Dr. Th. Bangsow, Dr. Th. Hektor und Dr. B. König

Institut für Biochemie, Technische Hochschule Darmstadt, Petersenstraße 22, D-64287 Darmstadt

Jede moderne Technologie beinhaltet sowohl einen Nutzen als auch Risiken für unsere Gesellschaft. Bei der Bio- bzw. Gentechnologie werden auf der einen Seite betriebs- und volkswirtschaftliche Vorteile durch die Schaffung neuer Arbeitsplätze in konkurrenzfähigen Industriebetrieben sowie den Export von F&E-intensiven Gütern sichtbar, während gleichzeitig auf der anderen Seite gesundheitliche und ökologische Risiken bei dieser Querschnitts- und Zukunftstechnologie berücksichtigt werden müssen.

Da die USA zur Zeit die unangefochtene Spitzenposition in der kommerziellen Biotechnologie besitzen, werden viele amerikanische Wirtschaftsdaten in diesem Beitrag verwendet. Dabei wird die bisherige Erfahrung berücksichtigt, daß praktisch alle Innovationen und Entwicklungen aus den USA mit einer zeitlichen Verzögerung auch in Europa greifen. Deshalb kann die zukünftige wirtschaftliche Bedeutung der Biotechnologie in der EU und insbesondere in Deutschland durch die Analyse der amerikanischen Situation vorhergesagt werden.

2.1 Die Bereiche Pharma und Medizin als Leitbild

Der pharmazeutisch/medizinische Sektor der Biotechnologie besitzt gegenüber der Landwirtschaft und Lebensmittelindustrie einen Vorsprung von etwa 10 Jahren. So sind hier bereits viele Produkte auf dem Markt, während die wirtschaftliche Bedeutung der Biotechnologie für Landwirtschaft und Lebensmittelindustrie erst langsam in Zahlen sichtbar wird. Außerdem bilden die Bereiche Medizin und Pharma zur Zeit eindeutig den Schwerpunkt der kommerziellen Biotechnologieforschung. So sind z. B. 68% der amerikanischen Biotechnologieindustrie in diesen Bereichen tätig. Da gleichzeitig auch fast alle Zulieferfirmen der Pharmabranche zugerechnet werden müssen, konzentrieren sich insgesamt über 80% aller amerikanischen Biotechnologieunternehmen im Pharma/Medizinsektor. Dagegen gehören nur 9% aller Unternehmen der Ernährungsindustrie oder Landwirtschaft an[20].

Bei der Gen- bzw. Biotechnologie als eigenem Wirtschaftszweig handelt es sich noch immer um eine sehr junge Technologie. So wurde die moderne Biotechnologie in den letzten 25 Jahren

---

[20] „Biotech 94: Long-term value/Short-term hurdles" (1993) Ernst & Young's eighth annual report on the biotechnology industry.

durch fünf Innovationen geprägt, die alle mit einem Nobelpreis ausgezeichnet wurden. Hierzu zählen die Entdeckung der Restriktionsendonukleasen durch Smith (1970), die in vitro Rekombination von Nukleinsäuren durch Cohen und Boyer (1973), die Herstellung monoklonaler Antikörper durch Köhler und Milstein (1975), die enzymatische DNA-Sequenzierung durch Sanger (1977) und die Entwicklung der Polymerasekettenreaktion (PCR) durch Mullis (1985). Seit den frühen siebziger Jahren macht die pharmazeutisch/medizinische Biotechnologieindustrie eine rasante Entwicklung durch, deren Höhepunkt längst noch nicht abzusehen ist. Nur zwei Jahrzehnte nach dem Beginn der kommerziellen modernen Biotechnologie beschäftigen die Branchenführer „Amgen" und „Genentech" bereits 4.000 bzw. 2.800 Mitarbeiter[21], die Umsätze betrugen im Jahr 1994 bei „Amgen" 1,7 Mrd. US-$ und bei „Genentech" 0,76 Mrd. US-$. Die F&E-Ausgaben betrugen im gleichen Zeitraum 324 Mio. US-$ bzw. 314 Mio. US-$ (Thayer 1995). Bereits seit 1991 gehören beide Unternehmen weltweit zu den „Top 50" Pharmaunternehmen.

Obwohl die gesamte Biotechnologieindustrie in den USA zur Zeit noch hohe Verluste aufweist und nur einige wenige Unternehmen Gewinne vorzeigen können (Tab. 1 und 2), sieht die Finanzsituation durch das vorhandene „venture capital" und eine Vielzahl von Kooperationen sowie strategischen Allianzen zwischen Pharma- und Biotechnologieindustrie für fast alle Unternehmen sehr gut aus. Auch im Vergleich zur Pharmaindustrie überzeugen die Zahlen der amerikanischen Biotechnologieindustrie. Während hier die Beschäftigungzahl in den USA stark an-

Tab. 1: Kennzahlen der amerikanischen Biotechnologieindustrie: Steigende Umsatzzahlen, hohe Verluste, wachsende Bedeutung für den Arbeitsmarkt[22]

	1.7.1993– 30.6.1994	1.7.1992– 30.6.1993	1.7.1991– 30.6.1992	1.7.1990– 30.6.1991
Produktumsatz (Mrd. US-$)	7,7	7,0	6,0	4,4
Gesamtumsatz (Mrd. US-$)	11,2	10,0	8,3	6,3
Gewinne/Verluste (Mrd. US-$)	−4,1	−3,6	?	?
Marktwert (Mrd. US-$)	41	45	?	?
F&E-Ausgaben (Mrd. US-$)	7,0	5,7	5,3	3,4
Anzahl der Unternehmen	1.311	1.272	1.231	1.107
Anzahl der Angestellten	103.000	97.000	79.000	70.000

---

[21] „Comparative quarterly financial data for U. S. public biotech companies" (1996) Biotechnol News, Vol. 16, Heft 24, pp. 4–7.

[22] "Biotech 95: Reform, restructure, renewal" (1994) Ernst & Young's ninth annual report on the biotechnology industry.

Tab. 2: Die Branchenführer der Biotechnologieindustrie: Wer innovative Produkte auf dem Markt hat, erzielt Gewinne (Thayer, 1995; Glaser, 1995)

Unternehmen	Umsatz in Mio. US-$	Gewinne in Mio. US-$	Produkte
Amgen	1.647	436	Erythropoietin; G-CSF
Biogen	140	–11	α-, β-, γ-Interferone; Hepatitis B-Vaccine; Diagnostika
Chiron	371	32	β-Interferon; IL-2; Produkte für die Onkologie
Genentech	752	125	hGH; tPA; DNase; α-, γ-Interferone; Insulin; Faktor VIII
Genetics Institute	131	–19	Faktor VIII; Erythropoietin; GM-CSF; Faktor VIII
Genzyme	311	30	Glucocerebrosidase
Immunex	144	–33	GM-CSF; Produkte für die Onkologie

steigt, mußte die herkömmliche amerikanische Pharmaindustrie aufgrund internationalen Preisdrucks für pharmazeutische Produkte sowie als Auswirkung der Akquisitionen durch andere Pharmaunternehmen 1993 insgesamt über 30.000 Arbeitsplätze streichen (Thayer, 1993; Dower, 1994).

Die Entwicklung der pharmazeutischen Biotechnologie in den nächsten Jahren ist sehr positiv zu beurteilen. So spricht die höhere Effektivität bei der Produktentwicklung eindeutig für die biopharmazeutischen Unternehmen. Ihre Entwicklungskosten für ein therapeutisches Produkt sind mit durchschnittlich 125 Mio. US-$ deutlich niedriger als die 230 Mio. US-$ Investitionen der Pharmaunternehmen (Spalding, 1993). Dies erklärt auch, warum inzwischen fast alle Unternehmen der Pharmaindustrie in der Regel mehrere Kooperationen mit verschiedenen biotechnologischen Betrieben besitzen.

Im Jahre 1980 war jedes zehnte klinisch getestete Medikament in den USA ein Biopharmakon. Inzwischen werden mehr Biopharmaka klinisch geprüft als konventionelle[23, 24]. Biotechnologische Humantherapeutika, die zwischen 1980 und 1989 in der klinischen Prüfung waren, hatten höhere klinische Erfolgsraten als konventionelle Medikamente, die von 1963 bis 1985 die klinische Testphase durchliefen und für die bis Ende 1989 durch die „Food and Drug Administra-

---

[23] "Biotech 94: Long-term value/Short-term hurdles" (1993) Ernst & Young's eigth annual report on the biotechnology industry.

[24] "Biotech 93: Accelerating/Commercialization" (1992) Ernst & Young's seventh annual report on the biotechnology industry.

Tab. 3: Die zehn umsatzstärksten Medikamente (Blockbuster): Nur 12 Jahre nach der Markteinführung des ersten Biopharmakon sind bereits drei (*) aus der Biotechnologieforschung[25]

Arzneimittel	Indikation	Wichtigste Hersteller	Umsatz (Mio. US-$)
Zantac	Ulkustherapeutika	Glaxo	3.520
Procardia/Adalat	Herz-Kreislauf	Pfizer, Bayer	2.100
Vasotec	Herz-Kreislauf	Merck & Co	2.065
Epogen*/Eprex * (Erythropoietin)	Hämatologie	Amgen, Johnson & Johnson, Genetics Institute, Ortho Biotech, Kirin, Chugai, Sankyo	1.805
Capoten	Herz-Kreislauf	Bristol Myers Squibb, Sankyo	1.800
Pravachol/Lipostat	Arteriosklerose	Bristol Myers Squibb, Sankyo	1.651
Humulin*/Novolin* (Insulin)	Diabetes	Eli Lilly, Novo Nordisk, Shionogi, Yamanouchi, Hoechst	1.610
Losec/Prisolec	Ulkustherapeutika	Astra, Merck & Co.	1.526
Cardizem/CD/SR	Herz-Kreislauf	Marion Merell Dow, Tanabe, Synthelabo, Warner Lambert	1.483
Intron A*/Roferon-A*/ Sumiferon* (Interferone α-2a, α-2b)	Tumorerkrankungen	Hoffmann-La Roche, Wellcome, Sumitomo, Takeda, Yamanouchi, SGP	1.466

tion" (FDA) ein „new drug application" (NDA) oder „product license application" (PLA) vorlag. Die klinische Erfolgsquote betrug für konventionelle Pharmaka 25−32%, für rekombinante Proteine 63−68%, für therapeutische monoklonale Antikörper 35−48% und für diagnostische monoklonale Antikörper 73−80% (Bienz-Tadmor et al., 1992).

Bis zum Jahr 2000 werden jährlich durchschnittlich 5 bis 8 neue Proteine auf den Markt kommen, insgesamt also 30 bis 40[26]. Der gesamte pharmazeutische Markt wird 2003 etwa 250 Mrd. US-$ betragen, davon werden rekombinante Proteine einen Anteil von 10% besitzen, mit weiter steigender Tendenz (Drews, 1993). Bereits heute sind die Umsätze einzelner rekombinanter Proteine mit denen konventioneller Medikamente vergleichbar und bereits 1993 waren drei der zehn umsatzstärksten Medikamente biopharmazeutischen Ursprungs (Tab. 3). Zur Zeit sind 26 biotechnologisch hergestellte Therapeutika oder Impfstoffe auf dem Markt, 270 Therapeutika befinden sich in der klinischen Prüfung und geschätzte 2.000 biopharmazeutische Medi-

---

[25] "Top 25 products in 1993" (1994) Scrip Magazine 1962:27.
[26] Pharmaceutical Manufacturers Association (1993) "1993 survey 143 biotechnology medicines in testing". The Biotechnology Report 1993/94.

Tab. 4: Arbeitsplatz Biotechnologieindustrie: Die großen, etablierten Unternehmen besitzen bereits ein enormes Potential für die regionalen Arbeitsmärkte[28] (Nossal und Coppel, 1992)

Bereich	Unternehmen	Anzahl der Angestellten
Pharma:	Chiron	6.894
	Amgen	4.046
	Genentech	2.842
	Genzyme	2.286
	Life Technologies	1.354
	Diagnostic Products	1.182
	Genetics Institute	983
	Immunex	750
	Biogen	600
	Centocor	500
	Idexx Laboratories	802
Landwirtschaft:	Mycogen	757
	Calgene	301
	Ecogen	100
	DNA Plant Technology	83

kamente in der frühen Entwicklungsphase[27]. Zusätzlich wird die Bedeutung der Biotechnologie durch die Entwicklung der somatischen Gentherapie und die neuen Erkenntnisse des humanen Genomprojektes sowie als grundsätzliche und wesentliche Voraussetzung für Innovationen ständig zunehmen (chemisch-enzymatische Herstellungsverfahren mit rekombinanten Enzymen, Testsysteme, Screening-Verfahren; siehe auch Kapitel 11).

Neben diesen positiven wirtschaftlichen Fakten und Prognosen gewinnt die Biotechnologie aber auch immer mehr Bedeutung für den Arbeitsmarkt. So nimmt die Beschäftigungszahl in der amerikanischen Biotechnologieindustrie stetig zu. Im Jahr 1995 waren etwa 120.000 zum größten Teil hochqualifizierte Angestellte in den USA in der Biotechnologie beschäftigt und diese Industrie ist weiterhin ständig auf der Suche nach neuen wissenschaftlichen Mitarbeitern (Timpane, 1994a und b). Obwohl es sich im überwiegenden fast nur um kleine bis mittelständige Unternehmen handelt, besitzen einige von diesen erst in den letzten 25 Jahren gegründeten Unternehmen bereits eine große Bedeutung für den Arbeitsmarkt (Tab. 4). So stellt die Biotechnologieindustrie in bestimmten amerikanischen Regionen, wie z. B. die „Los Angeles-Orange County Area", die „San Francisco Bay Area", die „New England Area" oder die „Mid-Atlan-

---

[27] "Products and patents: U. S. biotechnology industry" (1994/1995) Biotechnology Industry Organization.

[28] "Comparative quarterly financial data for U. S. public biotech companies" (1996) Biotechnology News, Vol. 16, Heft 24, pp. 4–7

tic Region", einen bedeutenden Arbeitgeber dar[29]. In Nordkalifornien („San Francisco Bay Area") werden über 50% der industriellen Umsätze von Biotechnologieunternehmen erzielt (Kilpatrick, 1993).

Bis zum Jahr 2000 wird allein die amerikanische Biotechnologieindustrie etwa 200.000 bis 250.000 Angestellte beschäftigen. Zusammen mit den Arbeitsplätzen in öffentlichen Institutionen und in benachbarten Industrien wie Pharma, Nahrungsmittel und Landwirtschaft wird eine Beschäftigungszahl von 500.000 bis zum Jahr 2000 erreicht werden.

2.2 Entwicklung der pharmazeutischen Biotechnologie in Deutschland

Die Grundstimmung bezüglich der wirtschaftlichen Entwicklung der Gentechnik in Deutschland ist, entsprechend einer im Oktober 1995 veröffentlichten Studie[30], als „verhalten positiv" zu bezeichnen. Dabei ergaben sich für die einzelnen Teilmärkte Pharma, Nahrungsmittel/Agrobiotechnologie, Enzyme/Vitamine und Umweltbiotechnologie recht unterschiedliche Prognosen. Insgesamt ist mit einem Anstieg der direkt in der Biotech-Industrie Beschäftigten in Deutschland zu rechnen. Bis zum Jahr 2000 kann mit bis zu 40.000 direkten Arbeitsplätzen gerechnet werden (Stand 1992: 19.000 Beschäftigte). Hinzu kämen etwa 20.000 Arbeitsplätze im öffentlichen Dienst sowie schätzungsweise 40.000 bis 50.000 indirekte Arbeitsplätze bei Zulieferern und Dienstleistern.

Im Pharmabereich werden deutliche Umsatzsteigerungen der Biotechnologie bis zum Jahr 2000 erwartet (Abb. 1). Gegenüber 1995 wird im Geschäftsbereich Therapeutika mit einem Umsatzwachstum von 9% und in der Sparte Diagnostika sogar mit einem Umsatzwachstum von 25% gerechnet. Momentan befindet sich auf dem deutschen Markt die weltweit größte Anzahl zugelassener biotechnologisch hergestellter Arzneimittel, wobei die Produktion dieser Biopharmazeutika hauptsächlich im Ausland erfolgt. Derzeit sind dies etwa 30 rekombinante Proteinpräparate; hinzu kommen noch ungefähr 430 biotechnologisch hergestellte Präparate, wie z. B. Antibiotika. Ein Umsatzzuwachs wird vor allem im klinischen Bereich erwartet, wo Therapien mit Biopharmazeutika in Deutschland zurückhaltender eingesetzt werden als in anderen Ländern.

---

[29] "Geographic area demographics and financial highlights" (1994/1995) Biotechnology Industry Organization.
[30] "Kommerzielle Biotechnologie – Umsatz und Arbeitsplätze 1996–2000" (1996) Biotechnologie Transkript, Vol. 2, Heft 9, pp. 7–10.

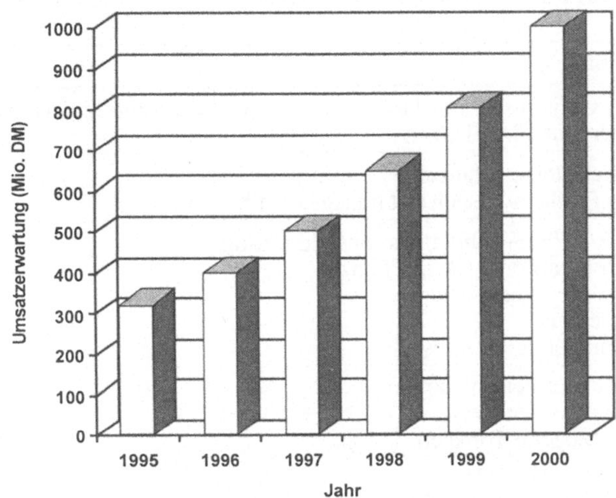

Abb. 1: Umsatzerwartung für Thrombolytika, Erythropoietin, Interferone, Interleukine und CSF (colony stimulating factor) in Deutschland [31].

2.3 Wirtschaftspotential in der Landwirtschaft und der Lebensmittelindustrie

Bei der Biotechnologie unterscheiden sich zur Zeit die Bereiche Landwirtschaft und Lebensmittelverarbeitung sehr stark von dem Sektor Pharma/Medizin. So wird der Pharmamarkt vor allem von der bestehenden Nachfrage nach neuen Humantherapeutika und besseren Therapiekonzepten beeinflußt. 30.000 bis heute beschriebene Krankheitsbilder, von denen nur jedes dritte meistens nicht einmal kausal behandelt werden kann, und über 4.000 monogenetische Erbkrankheiten machen das Potential auf diesem Gebiet deutlich. Dies sind z. B. die auslösenden Faktoren für die enormen Investitionen auf dem Gebiet der Humangenom- und Gentherapieforschung (siehe auch Kapitel 3). Dagegen wird der Ernährungsbereich in den Industrienationen nicht von der Nachfrage nach größeren Mengen oder besseren bio- bzw. gentechnisch produzierten Nahrungsmitteln bestimmt, sondern vor allem von der Akzeptanz der Verbraucher. Außerdem existiert in der medizinisch/pharmazeutischen Biotechnologie ein Forschungsvorsprung von etwa 10 Jahren, denn der erste erfolgreiche Gentransfer bei Pflanzen fand erst 1983 statt (Tab. 5).

Die zukünftige Bedeutung der Biotechnologie für die Landwirtschaft und Nahrungsmittelproduktion ist bereits heute zu erkennen. Eine breite Anwendung, d. h. die zweite große „Eß-Revo-

---

31 "Kommerzielle Biotechnologie – Umsatz und Arbeitsplätze 1996-2000" (1996) Biotechnologie Transkript, Vol. 2, Heft 9, pp. 7–10..

Tab. 5: Die Entwicklung der Biotechnologie in der Lebensmittelverarbeitung und Landwirtschaft

Jahr	Ereignis
1983	- Erster Gentransfer mit Ti-Plasmid und *Agrobacterium tumefaciens* - Markergene für Pflanzen
1986	- Virusresistente Pflanzen - Erster Freilandversuch mit transgenen Pflanzen
1987	- USDA/APHIS-Guidelines for field testing - Insektenresistente (B. t.) Pflanzen - Herbizidresistente Pflanzen - Particle Gun - Gentransfer bei Baumwolle
1988	- Gentransfer bei Sojabohne - Gentransfer bei Reis - reifeverzögerte Tomaten
1990	- Gentransfer bei Mais - Männliche Sterilität bei Pflanzen - Zulassung von rekombinanten Chymosin in den USA
1992	- Gentransfer bei Weizen - Modifikation der Stärkezusammensetzung bei Kartoffeln - USDA/APHIS vereinfacht die Genehmigungsverfahren für die Freisetzungen von 6 Pflanzenarten - FDA gibt bekannt, daß transgene Pflanzen und deren Produkte keiner allgemeinen Kennzeichnungspflicht unterliegen - Beeinflussung der Fettsäurezusammensetzung in Pflanzen
1993	- Zulassung von BST in den USA
1993/94	- über 1.000 Freisetzungen mit transgenen Pflanzen in den USA
1994	- 60 bis 70% der amerikanischen Käseproduktion erfolgt mit rekombinantem Chymosin - Zulassung der „Flavr-Savr"-Tomate in den USA - Zulassung herbizidresistenter (Bromoxynil) Baumwolle - China: 35.000 Hektar kommerzielle Anbaufläche für transgene Pflanzen
1995	- über 3.000 Freilandversuche mit transgenen Pflanzen seit 1986 - Zulassung von Raps mit veränderter Fettsäurezusammensetzung (40% Laurinsäure) in den USA - Zulassung herbizidresistenter (Glyphosat) Sojabohnen in den USA - Zulassung insektenresistenter (B.t.) Kartoffeln in den USA - Zulassung weiterer reifeverzögerter Tomatensorten in den USA - Zulassung von herbizidresistentem (Glufosinat) Raps - Zulassung virusresistenter Kürbisse in den USA - über 70 Pflanzensorten wurden bisher gentechnisch modifiziert - verschiedene Genomprojekte für Nutzpflanzen existieren
1996	- über 400 Freilandversuche mit transgenen Pflanzen in Europa beantragt - Verkauf von Tomatenmark aus transgenen Tomaten in England - EU-Import von herbizidresistentem Soja und insektenresistentem Mais aus den USA - Zulassung von herbizidresistentem (Glufosinat) Radicchio in der EU - Zulassung von herbizidresistentem (Glufosinat) Mais in den USA - Zulassung von herbizidresistentem (Glufosinat) Raps in der EU

lution" nach der Einführung der Tiefkühlkost, wird jedoch erst nach dem Jahr 2000 erfolgen. Während im medizinisch/pharmazeutischen Bereich die Phase neuer Innovationen auf dem Markt bereits eingetreten ist, steht dies in der „grünen" Biotechnologie erst noch bevor. Doch so groß die Herausforderungen und so bedeutend die wirtschaftlichen Perspektiven im medizinisch/pharmazeutischen Bereich auch sein mögen – nach Ansicht vieler Forscher könnten sie mit der Zeit von den Anwendungsmöglichkeiten gentechnisch veränderter Organismen auf allen Ebenen von Landwirtschaft und Nahrungsmittelindustrie noch in den Schatten gestellt werden (Nossal und Coppel, 1992).

Allerdings divergieren zur Zeit die Prognosen für die Lebensmittelbiotechnologie sehr stark, so daß genaue Angaben schwierig sind. So sind die realen Wachstumschancen und die Zeitpunkte, zu denen biotechnologische Produkte der neuen Generation signifikante Marktanteile erreichen werden, umstritten. Daher sind pauschale Voraussagen kritisch zu hinterfragen. Der Umsatz der Biotechnologieindustrie in Europa wird für das Jahr 2002 auf etwa 106 Mrd. US-$ geschätzt, mit einem Anteil der Landwirtschaft und Lebensmitteltechnologie von etwa 21%[33]. Vor allem die kommerzielle Entwicklung der Biotechnologie in der Landwirtschaft und Nahrungsmittelproduktion ist zur Zeit sehr schwer zu prognostizieren. Zur genauen Marktanalyse ist daher eine Trennung von Landwirtschaft und Nahrungsmittelindustrie erforderlich. Da die Biotechnologie in der Landwirtschaft zur Zeit mit der Züchtung von transgenen Pflanzen und Tieren sowie in

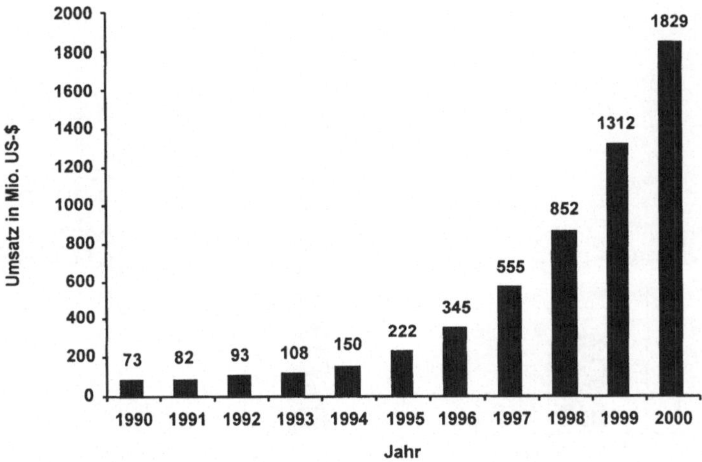

Abb. 2: Die Umsatzentwicklung der Biotechnologie in der Landwirtschaft für die USA von 1990 bis 2000 wird exponentiell ansteigen[32].

---

[32] "US Agricultural biotechnology markets may reach $ 1,8 billion in 5 years" (1994) Biotechnology News, Vol. 14, Heft 20, pp. 7–8.

[33] "Profile der führenden europäischen Biotechnologieunternehmen" (1996) BIOforum, Vol. 19, Heft 4, pp. 2–3.

der Herstellung von Biopestiziden noch eine untergeordnete Rolle besitzt, schätzen andere Prognosen das Marktpotential für biotechnologische Produkte der Landwirtschaft sehr viel vorsichtiger ein. In den Staaten der EU wird der voraussichtliche Umsatz mit transgenen Pflanzen und Biopestiziden für 1997 auf 205 Mio. US-$ geschätzt[34]. Wesentlich günstiger sind die Erwartungen für die Landwirtschaft in den USA (Abb. 2). Bei einer durchschnittlichen Wachstumsrate von über 50% werden für das Jahr 2000 fast 2 Mrd. US-$ Umsatz erwartet.

Unberücksichtigt bleiben bei diesen Prognosen biotechnische Prozesse der Nahrungsmittelindustrie. Dabei handelt es sich vor allem um den Einsatz von rekombinanten Enzymen, die zur Herstellung von Lebensmitteln eingesetzt werden oder die Gewinnung von Aminosäuren, Vitaminen, Aroma- und Zusatzstoffen durch mikrobiologische oder gentechnologische Verfahren. Vor allem auf diesem Gebiet sind in den letzten Jahren viele Produkte neu auf den Markt gekommen oder neue gentechnisch modifizierte Bakterienstämme und Pilzkulturen lösten herkömmliche Verfahren zur Produktion von niedermolekularen Stoffen ab. Dagegen wird der Einsatz von GVOs (gentechnisch veränderten Organismen) bei den klassischen Prozessen der Lebensmittelindustrie (Produktion von Brot, Hefegebäck, Bier, Essig, Milchprodukte usw.) in den nächsten Jahren noch unbedeutend bleiben. Es können also Parallelen zur Landwirtschaft gezogen werden. Der Einsatz von GVOs, seien es nun transgene Pflanzen, Tiere oder Mikroorganismen, wird aufgrund mangelnder Akzeptanz beim Verbraucher mit einer Verzögerung von etwa 10 Jahren gegenüber dem Einsatz von rekombinanten Lebensmittelenzymen und gentechnisch hergestellten, niedermolekularen Verbindungen erfolgen (Abb. 3).

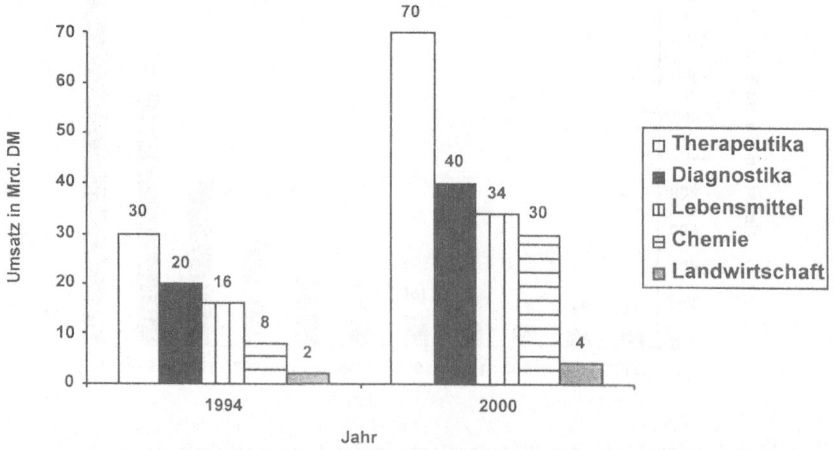

Abb. 3: Weltweite Umsatzentwicklung in den verschiedenen Zweigen der Biotechnologie von 1994 bis 2000. Der exponentielle Umsatzanstieg in der „grünen" Biotechnologie wird erst nach dem Jahr 2000 erfolgen (Fischer, 1995).

---

[34] "Agricultural biotech sector to glow slow and steady" (1994) Biotechnology News, Vol. 14, Heft 4, pp. 2–3.

Tab. 6: Weltweiter Umsatz der wichtigsten Kulturpflanzen (Christou, 1992)

	Weltweites Umsatzvolumen in Mrd. US-$
Zuckerrohr	143
Reis	108
Weizen	60
Zuckerrübe	44
Kartoffel	36
Mais	35
Baumwolle	27
Sojabohne	21
Tabak	20

Produkte aus dem Bereich Landwirtschaft erzielten weltweite Umsätze im Jahr 1994 von 2 Mrd. DM und für das Jahr 2000 werden 4 Mrd. DM prognostiziert. Dagegen wurden in der Lebensmittelbranche im Jahre 1994 16 Mrd. DM umgesetzt und bis zum Jahre 2000 soll der Wert auf 40 Mrd. DM ansteigen (Abb. 3). Allerdings wird sich nach dem Jahre 2000 analog zur Situation in den USA weltweit ein exponentieller Umsatzanstieg bei landwirtschaftlichen Gütern bemerkbar machen. Das Potential, das der Einsatz der Gen-/Biotechnologie in der Landwirtschaft besitzt, wird bei der Betrachtung des Marktvolumens der wichtigsten Kulturpflanzen deutlich. So besitzen die neun Hauptnahrungspflanzen weltweit ein Umsatzvolumen von fast 500 Mrd. US-$. Vor allem werden transgene Kartoffel-, Mais-, Soja-, Tabak- oder Baumwollpflanzen als bevorzugte Kulturpflanzen in Freilandversuchen getestet.

Auch andere Beispiele demonstrieren die zukünftige wirtschaftliche Bedeutung der „grünen" Biotechnologie. In den USA sind bereits transgene Tomaten der Hersteller „Calgene", „DNA Plant Technology", „Monsanto" und „Zeneca" durch die FDA zugelassen worden. Bei allen vier Produzenten wurde die Reifung durch gentechnische Modifizierung verlangsamt. Die Gründe dafür, daß Tomaten als Pioniere unter den transgenen Pflanzen bezeichnet werden können (die „Flavr-Savr"-Tomate wurde als erster GVO in den USA zur Vermarktung freiggeben), sind neben dem inzwischen routinemäßig durchführbaren Gentransfer und der anschließenden Regeneration der Pflanzenzellen zu intakten Pflanzen vor allem wirtschaftlicher Art. So beträgt der Absatzmarkt für Tomaten bzw. Produkte der Tomatenverarbeitung (z. B. Tomatenketchup) allein in den USA über 4 Mrd. US-$. Auch die Produktion von Pflanzenschutzmitteln ist ein lukratives Geschäft. Allein der Pestizideinsatz in den USA im Jahr 1993 besaß ein Umsatzvolumen von etwa 7 Mrd. US-$ (Stone, 1994). Dies erklärt, warum die Züchtung herbizidresistenter Pflanzen zur Zeit einen Forschungsschwerpunkt bildet.

Als Beispiel für fermentative Prozesse sei die Herstellung von Aromastoffen genannt. Da es sich hierbei oftmals um stereochemisch komplizierte Verbindungen handelt, werden in Zukunft auch

Tab. 7: Die Produkte des amerikanischen Biotechnologieunternehmens „Calgene", dem amerikanischen Branchenführer in der „grünen" Biotechnologie (Lynch, 1993)

Produkt	Kooperationspartner	Umsatzvolumen in den USA	Geschätzter Umsatz von Calgene für 1998 in Mio. US-$
Tomate („Flavr Savr")	Cambell	Tomaten: 5,5 Mrd. US-$ Tomatenverarbeitung: 500 Mio. US-$	200
Baumwolle (Bromoxynilresistenz)	Rhone-Poulenc	Saatgut/Herbizide beim Baumwollanbau: 550 Mio. US-$	40
Raps (veränderte Fettsäurezusammensetzung)	Procter & Gamble	Speiseöl: 2,5 Mrd. US-$ Industrieöl: 500 Mio. US-$	200

biotechnologische Verfahren zum Einsatz kommen. Der Weltmarkt für Aromastoffe beträgt zur Zeit etwa 14,5 Mrd. DM[35]. Die Liste kann beliebig fortgesetzt werden und zeigt eindrucksvoll die wirtschaftlichen Pespektiven der Gentechnologie in der Landwirtschaft und Lebensmittelverarbeitung auf.

Es verwundert nicht, daß in den USA die Biotechnologieunternehmen keine Probleme haben, finanzstarke Kooperationspartner aus der Lebensmittelindustrie oder der chemischen Industrie als traditionelle Hersteller von Pflanzenschutzmitteln zu finden. So besitzt das amerikanische Unternehmen „Calgene" für seine drei transgenen Pflanzen, die in den USA bereits zugelassen sind, verschiedene Kooperationspartner (Tab. 7). Aber die Unternehmen der Lebensmittelindustrie oder der Saatzuchthersteller arbeiten nicht nur als Kooperationspartner, sondern haben häufig eigene Forschungsprojekte. So wurden in den USA eine Vielzahl von experimentellen Freisetzungen durch solche Unternehmen durchgeführt (Tab. 8). Auch diese Beispiele zeigen, daß der Einsatz der Gentechnologie in der Landwirtschaft und Lebensmittelverarbeitung für die Zukunft aus wirtschaftlicher Sicht höchst erfolgversprechend ist. Bei der Betrachtung aller Fakten ist daher zu erwarten, daß die moderne Biotechnologie in der Landwirtschaft und Lebensmittelproduktion diese Bereiche in den nächsten 10 bis 20 Jahren revolutionieren wird, vergleichbar nur mit der Entwicklung von Kunstdünger, Pflanzenschutzmitteln und der Einführung von Tiefkühlkost in früheren Jahren.

---

[35] "Lust auf mehr" (1995) Wirtschaftswoche 4/95, pp. 88–95.

Tab. 8: Unternehmen der Lebensmittelindustrie und der Landwirtschaft in den USA, die eigene F&E-Produkte bei der Entwicklung transgener Pflanzen besitzen[36]

Unternehmen	Transgene Nutzpflanzen	Übertragene Gene
Campbell	Tomaten	PQ, IR
Cargill	Mais Raps	HT PQ
deKalb	Mais	HT
Frito Lay	Kartoffeln	PQ, IR, VR
Heinz	Tomaten	PQ
Holdens	Mais	HT, VR
Northrup King	Alfalfa Baumwolle Mais Soja	HT IR VR, IR HT
Peto Seed	Tomaten	PQ
Rogers NK	Tomaten	IR, VR

PQ = Produktqualität; IR = Insektenresistenz; HT = Herbizidresistenz; VR = Virusresistenz.

2.4 Die Bedeutung der Biotechnologie in der Lebensmittelproduktion und der Landwirtschaft für den Wirtschaftsstandort Deutschland

Unsere Industriegesellschaft befindet sich zur Zeit im Umbruch, d. h. auf der einen Seite sind viele Industriebereiche aus Kostengründen nicht mehr konkurrenzfähig und andererseits kommen neue Technologien noch nicht zum Tragen. Dies gilt insbesondere für die Bio/Gentechnologie, die in Deutschland im Gegensatz z. B. zu den USA noch nicht richtig Fuß gefaßt hat. Dabei ist ein Land wie Deutschland mit den höchsten Arbeitskosten aller Nationen (Abb. 4) auf F&E-intensive Technologien – und dazu gehört auch die Biotechnologie – angewiesen. So werden aufgrund des GATT-Abkommens und der EU-Zugehörigkeit alle Produkte, die mit Hilfe der Gentechnologie hergestellt werden, auch in Deutschland auf den Markt kommen. Jüngstes Beispiel ist der Import von transgenem Soja bzw. Mais aus den USA. Das Beispiel Pharma sollte uns hier eine Warnung sein, denn trotz aller Akzeptanzprobleme war Deutschland im Jahr 1991 mit 2 Mrd. US-$ Jahresumsatz nach den USA (4 Mrd. US-$) der wichtigste Markt für gentechnisch hergestellte Therapeutika und Diagnostika (Burill und Roberts, 1992). Die Produktion dieser biopharmazeutischen Erzeugnisse fand aber vor allem in den USA statt.

---

[36] "Field test approvals" (1993) Department of Agriculture, APHIS.

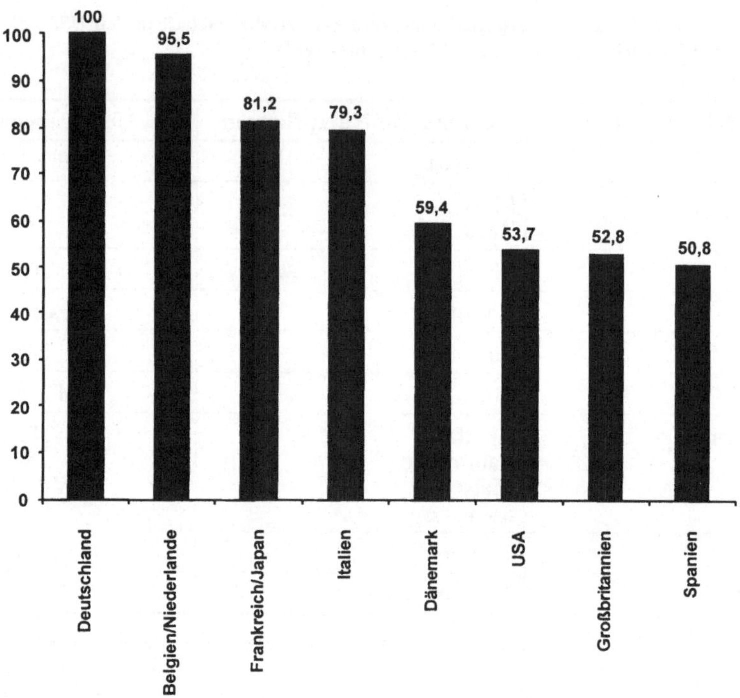

Abb. 4: Relativer Arbeitskostenvergleich zwischen verschiedenen Industrieländern in der gesamten Industrieproduktion (Gassen und König, 1994). Es ist zu beachten, daß die sog. Billiglohnländer noch wesentlich niedrigere Werte aufweisen.

Der Wohlstand einer Industrienation wie Deutschland ist vor allem in den ständig verbesserten Technologien begründet. Deshalb ist das Phänomen der Technologieangst in breiten Bevölkerungsteilen umso besorgniserregender und ernster, weil der wirtschaftliche und somit auch soziale und kulturelle Wohlstand Deutschlands nicht auf Bodenschätzen beruht. Technische Leistungsfähigkeit ist für ein so rohstoffarmes Land von äußerster Wichtigkeit und verlangt sowohl eine positive als auch verantwortungsvolle Haltung gegenüber neuen Technologien. Es ist kaum daran zu zweifeln, daß in naher Zukunft – bereits nach dem Jahr 2000 – praktisch alle neuen Pharmaerzeugnisse mit der entscheidenden Hilfe der Gentechnik entwickelt werden. Das gilt gleichermaßen sowohl für Saaten von Pflanzen, die wir für die Produktion von Nahrung, Fasern, biologisch abbaubaren Kunststoffen und für chemische Grundprodukte auf der Basis nachwachsender Rohstoffe benutzen werden, als auch für Verfahren zum Schutz oder zur Reinigung unserer Umwelt. Jede Industriegesellschaft, die diese Technologie vernachlässigt, ignoriert oder unverhohlen ablehnt, wird daher nicht in der Lage sein, eine wirtschaftlich und sozial lohnende Rolle auf einem dieser Gebiete zu spielen. Niemand darf ernsthaft glauben, daß Deutschland mit über 500.000 Angestellten in der chemischen Industrie, über 100.000 Angestellten in der pharmazeutischen Industrie und etwa 500.000 Beschäftigten in der Nahrungsmittelindustrie ohne den massiven Einsatz der Querschnittstechnologie Gentechnik, mit einem potentiellen Arbeitsmarkt von mehreren Millionen Beschäftigten, weltweit eine dauerhafte Konkurrenzfähigkeit besitzen wird bzw. hier neue Arbeitsplätze entstehen werden. Im Biotechnologiesektor arbeiten in Deutschland zur Zeit etwa 40.000 Beschäftigte. Allerdings sind davon die meisten in der öffentlichen Forschung tätig. Ohne die Widerstände gegen die moderne Biotechnologie hätten mittlerweile bereits zwischen 100.000 und 150.000 Arbeitsplätze in der deutschen Wirtschaft entstehen können[37].

Was für die Industrie gilt, kann ohne weiteres auch auf die Landwirtschaft übertragen werden. So wurden große landwirtschaftliche Nutzflächen in den Mitgliedsländern der EU aufgrund einer Überproduktion stillgelegt. Eine mögliche Alternative für landwirtschaftliche Betriebe wird in Zukunft der Anbau nachwachsender Rohstoffe sein. Der Einsatz von nachwachsenden Rohstoffen, die aus gentechnisch modifizierten Pflanzen hergestellt werden, stellt vielleicht eines der wichtigsten Einsatzgebiete der „grünen" Biotechnologie dar. Zur Zeit konzentriert sich der Anbau nachwachsender Rohstoffe vor allem auf Raps, Kartoffeln, Mais und Getreide. Die Anbaufläche von nachwachsenden Rohstoffen hat sich in Deutschland bereits zwischen 1992 und 1994 auf 400.000 Hektar verdoppelt (Miltner, 1995) (Abb. 5). Durch den Einsatz transgener Pflanzen mit veränderter Produktqualität könnten diese Zahlen zusätzlich deutlich steigen. Vor allem können nachwachsende Rohstoffe für die deutsche Landwirtschaft, die gemäß EU-Richtlinien 15% der Anbauflächen für die Nahrungsmittelerzeugung stillegen mußte, einen Aus-

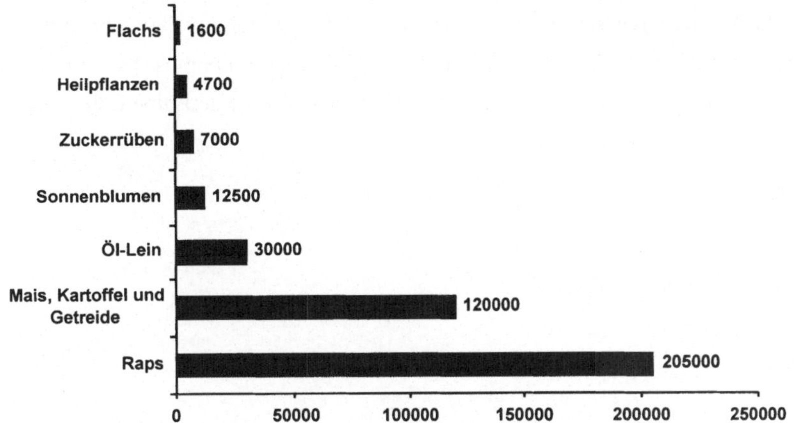

Abb. 5: Anbau nachwachsender Rohstoffe in Deutschland in Hektar[38].

---

[37] „Rüttgers: Tausende neue Arbeitsplätze in der Biotechnologie", Welt am Sonntag, 03. 09. 1995.
[38] „Nachwachsende Rohstoffe" (1994) CheManager 12/94.

gleich bieten. Veränderte Stärke- und Fettsäurezusammensetzungen bei Kartoffeln, Mais und Raps, pharmazeutische Produkte aus Heilpflanze, chemische Zwischenprodukte und abbaubare Kunststoffe aus verschiedenen Pflanzen sind nur ein Teil der umfangreichen Möglichkeiten auf diesem Gebiet.

Die moderne Biotechnologie hat in allen Bereichen der Landwirtschaft und Lebensmittelbiotechnologie Einzug gehalten und die zukünftige Entwicklung auf diesen Gebieten wird stark durch die Gentechnologie geprägt und beeinflußt werden. So erwartet die EU-Kommission, daß zukünftig fast bei der Hälfte aller Lebensmittel die Gentechnik zum Einsatz kommt. Auch zur Überwachung der Produktqualität und -sicherheit werden gentechnische Methoden zum Einsatz kommen.

Wie sehen Deutschlands Chancen im internationalen Vergleich aus? Besitzt die moderne Biotechnologie in Deutschland im Lebensmittelbereich und in der Landwirtschaft eine Zukunft? Nach einiger Zeit des Abwartens werden nun auch in Deutschland Freisetzungen transgener Pflanzen durchgeführt (siehe Kapitel 1). Wenn aber eine Blockade und die Zerstörung dieser Freisetzungen vorgenommen wird (wie bisher üblich), kann keine Sicherheitsforschung über potentiell ökologische Gefahren erfolgen.

Deutschland steht am Scheideweg der eigenen biotechnologischen Zukunft und muß sich entscheiden zwischen einer konkurrenzfähigen Landwirtschaft und Lebensmitteltechnologie durch moderne Biotechnologie oder einer auf Gentechnologie verzichtenden Landwirtschaft und Lebensmittelproduktion ohne wirtschaftlich konkurrenzfähige Zukunft. Ein Verzicht auf die eigene Produktion und den Anbau landwirtschaftlicher Produkte wird aber nicht verhindern, daß ausländische Produkte in Deutschland massiv auf den Markt drängen werden oder bereits unbemerkt für die Verbraucher erhältlich sind. Welche Unternehmen die Gewinne erzielen und neue Arbeitsplätze schaffen werden, stellt sich in den nächsten Jahren heraus. Es bleibt zu hoffen, daß uns die Erfahrungen aus der biopharmazeutischen Industrie eine heilsame Lehre sind.

3 Das Genomprojekt und die Patentierbarkeit von Genen

Dr. G. Meyer

Altvaterstraße 17, D-14129 Berlin

3.1 Einleitung

„Das Manhattenprojekt der Biologie", „Gral der Humangenetik": In Formulierungen wie diesen spiegeln sich ganz unterschiedliche Erwartungen wieder. Kaum ein Forschungsvorhaben wurde mit soviel Vorbehalten diskutiert wie das Genomprojekt. Das ist nicht verwunderlich, mutet das Ziel dieses Vorhabens doch geradezu gigantisch an: Die vollständige Entschlüsselung des menschlichen Genoms, d. h. der Gesamtheit der menschlichen Erbanlagen. Nicht bis irgendwann in weiter Zukunft, sondern bis zum Jahre 2005, einem Zeitpunkt, den die meisten von uns wahrscheinlich noch erleben werden. Befürworter des Genomprojekts weisen auf die enorme Zunahme an Wissen und die damit verbundenen Fortschritte in der biologischen Grundlagenforschung sowie Medizin, Landwirtschaft und Industrie hin. Skeptiker befürchten, daß Individuen und Gesellschaften Gefahr laufen, von der Beschleunigung der Genomforschung durch das Genomprojekt überrollt zu werden. In zehn Jahren wird man vielleicht in der Lage sein, jeden Menschen auf eine Vielzahl von genetischen Krankheiten und Krankheitsdispositionen zu testen und ihm dann einen genau auf ihn zugeschnittenen Katalog von Präventivmaßnahmen zu geben. Wie soll der Mensch mit dem Wissen über seine genetische Disposition umgehen? Wie soll die Gesellschaft einen eventuellen Mißbrauch genetischer Information durch Arbeitgeber oder Versicherungen verhindern („Der gläserne Mensch")? Wie soll das ungeborene Leben vor Auswüchsen der pränatalen Diagnostik geschützt werden? Das sind Fragen, auf die bereits innerhalb der nächsten Jahre Antworten gefunden werden müssen. Auch die Wissenschaftler sind auf diesem Auge keineswegs blind und die Forschungsprogramme schließen unabhängige Studien zu sozialen und ethischen Folgen der Genomforschung ein (Cook-Deegan, 1994; Laplace, 1995) (siehe auch Kapitel 16).

Triebfedern des Genomprojekts sind wissenschaftliche Neugier, medizinische Notwendigkeit und kommerzielles Interesse. Die Identifikation von Genen, Genfunktionen und Gendefekten trägt dazu bei, Krankheitsmechanismen auf molekularer Ebene zu verstehen. Das Verständnis dieser Abläufe ist die Grundvoraussetzung für die Entwicklung verbesserter Diagnosetechniken, krankheitsvorbeugender Maßnahmen sowie möglichst nebenwirkungsarmer Therapien. Auch die biologische Grundlagenforschung wird von dem Genomprojekt profitieren. Die Erforschung der Genomstrukturen und der Evolution wird genauso bereichert werden, wie z. B. die Erforschung von Stoffwechselabläufen und den zugehörigen Enzymen. Die Umsetzung der Ergebnisse der Genomforschung sollen zu einem Innovationsschub hinsichtlich landwirtschaftlich und biotechnologisch nutzbarer Anwendungen führen.

Das Genomprojekt: Eine konzertierte Aktion. Die derzeitigen Fortschritte der molekularen Medizin können nicht darüber hinwegtäuschen, daß der Weg zur Erkenntnis auch in dieser Disziplin sehr mühsam ist. Für jedes einzelne krankheitsrelevante Gen muß gegenwärtig, soweit nicht schon die Ergebnisse des Genomprojekts zur Anwendung kommen können, ein eigener experimenteller Zugang gefunden werden. Die Arbeiten hierzu sind zeitraubend und kostenintensiv. Die Erforschung eines einzigen Krankheitsgens erstreckt sich häufig über mehrere Jahre und schlägt mit vielen Mio. DM zu Buche, die Identifizierung des Gens für die Mukoviszidose beispielsweise hat ca. 150 Mio. US-$ gekostet (Hood, 1993). Das Genomprojekt soll hier Abhilfe schaffen. Durch die Beteiligung vieler Forschergruppen aus der ganzen Welt und deren koordinierte Zusammenarbeit sollen eine Reihe von Zielen verwirklicht werden, die auf unterschiedlichen Ebenen liegen. Der Kern des Genomprojekts ist die Katalogisierung und Entschlüsselung der 100.000 menschlichen Gene. Dazu müssen zunächst die logistischen und experimentellen Voraussetzungen geschaffen werden: Die Erarbeitung von Strategien für eine umfassende Analyse des Erbmaterials, die technische Weiterentwicklung von Analyseverfahren und die Entwicklung geeigneter Datenverarbeitungssysteme, um die zu erwartende Datenflut speichern und bearbeiten zu können. Die Entwicklung und Anwendung eines größtmöglichen Ausmaßes an Automatisation soll helfen, das Kosten/Nutzen-Verhältnis zu optimieren.

3.2 Molekulare Grundlagen

Gen macht Protein macht Funktion. Damit ein Lebewesen existieren kann, müssen in jeder Zelle und zu jedem gegebenen Zeitpunkt eine unübersehbare Fülle von biochemischen Abläufen ausgeübt werden. Dafür benötigen die Zellen Proteine, die wie Zahnräder in einem unendlich komplizierten Uhrwerk wirken: Als Enzyme katalysieren sie biochemische Reaktionen, als Strukturproteine bilden sie die materielle Grundlage der Zellbestandteile, als Regulatoren sind sie an der Steuerung diverser Zellaktivitäten beteiligt, als Rezeptoren helfen sie bei der intrazellulären Kommunikation. Für jede dieser Aufgaben gibt es ganz spezielle Proteine, zu deren Herstellung die Zelle spezifische Bauanleitungen benötigt. Diese Bauanleitungen, Gene genannt, sind auf den Chromosomen angeordnet wie Perlen auf einer Schnur. Die 24 menschlichen Chromosomen enthalten schätzungsweise um die 80.000 bis 100.000 Gene. Die Gesamtheit der Gene eines Organismus wird auch als Genom bezeichnet.

Defekte Gene verursachen Krankheiten. Aufgrund verschiedener Ursachen kann es an Genen zu chemischen Veränderungen kommen, den Mutationen. Das hat zur Folge, daß auch das entsprechende Protein eine Veränderung erfährt und so für die Zelle nutzlos oder im schlimmsten

Falle gar schädlich sein kann. Vermutlich ist nicht jedes einzelne Gen in Form seines Proteins für die Zelle überlebenswichtig (Oliver, 1996). Trotzdem sind viele Proteine unentbehrlich, und nicht immer kann die Zelle eine auftretende Fehlfunktion kompensieren. In diesen Fällen kann der gesamte Organismus in Mitleidenschaft gezogen werden, und es kommt zu mehr oder weniger schwerwiegenden Erkrankungen. Durch Genveränderungen hervorgerufene Krankheiten können in zwei Gruppen unterteilt werden. Zu der einen Gruppe zählen diejenigen Krankheiten, die auf vererbte Gendefekte zurückzuführen sind, wie zum Beispiel Phenylketonurie, Mukoviszidose oder Duchenne-Muskeldystrophie. Zu der anderen Gruppe gehören Krankheiten, die sich nach erworbenen Gendefekten einstellen; bestimmte Krebsformen sind hier hinzuzurechnen. Da man hofft, solche Leiden eines Tages heilen zu können, ist es nicht verwunderlich, daß bei jeder Art von Gen- und Genomforschung über die rein wissenschaftliche Neugier hinaus der medizinische Aspekt von ganz besonderem Interesse ist.

3.3 Methoden I: Von DNA, Sequenzen und Genkarten

„Zwei Straßenhändler auf der Suche nach einer Helix", so nannte rückblickend Chargaff (1974) die beiden Wissenschaftler Watson und Crick, die sich Anfang der 50er Jahre daran machten, die Struktur der DNA zu erforschen. Nach einem dramatischen Wettlauf stellten Watson und Crick (1953) ihr Doppel-Helix-Modell vor. In den 60er Jahren gelang es, die DNA-Ebene mit ihren 4 Grundbausteinen – den Nukleotiden A, T, G und C – mit der Ebene der Proteine und ihren Bausteinen – den 21 verschiedenen Aminosäuren – zu verknüpfen: Nierenberg und Matthaei (1961) fanden heraus, daß jeweils drei Nukleotide in eine Aminosäure „übersetzt" werden. Schon bald darauf versuchte man, eine DNA zu entschlüsseln, d. h. ihre Nukleotid-Sequenz zu ermitteln. Die erste Sequenz, mit der das gelang, umfaßte nur 18 Nukleotide (Wu und Taylor, 1971). Dies war ein großer Erfolg, aber gleichzeitig war es abzusehen, daß die hierzu verwendete Methode viel zu langsam und zu mühsam war, um damit größere DNA-Abschnitte oder gar ein ganzes Genom sequenzieren zu können. Mitte der 70er Jahre gelang es Sanger und Mitarbeitern (Cambridge, England) sowie Gilbert und Maxam (Cambridge, USA) unabhängig voneinander Sequenzierungsmethoden mit einer wesentlich höheren Effizienz zu entwickeln. Sanger verwendete sein Verfahren, die sogenannten Kettenabbruchmethode, um das Genom eines Bakteriophagen mit immerhin mehr als 5.000 Nukleotiden vollständig zu sequenzieren (Sanger et al., 1977). Diese neuartige Methode sollte es im Prinzip ermöglichen, das Genom eines jeden Lebewesens zu sequenzieren – es war, als sei die Tür zu einem neuen Raum aufgestoßen worden.

Das Genom des Menschen entspricht einer Kette mit vielen Gliedern, den Nukleotiden. Wenn man die einzelnen Nukleotide zählen wollte und am Anfang des ersten Chromosoms anfinge, würde man am Ende des letzten Chromosoms bei der Zahl drei Milliarden angelangt sein. Die Anzahl der Nukleotide eines Genoms dient als Maß für seine Größe. Als Einheit wird der Ausdruck Basenpaare (bp) verwendet. Die Genomgröße des Menschen beträgt 3.000.000.000 bp oder 3×10^9 bp. Da das Hantieren mit vielen Nullen oder Hochzahlen nicht jedermanns Sache ist, hat es sich eingebürgert, in Megabasen zu rechnen, wobei eine Megabase (Mb) einer Million bp entspricht. So ausgedrückt hat das menschliche Genom eine Größe von 3.000 Mb. Die Genomgröße anderer Lebewesen unterscheidet sich von der des Menschen. Als Faustregel gilt: je komplexer der Organismus, desto größer das Genom (es gibt allerdings auch Ausnahmen von dieser Regel). Wegen der Größe des menschlichen Genoms ist es unumgänglich, es vor der eigentlichen Analyse zunächst in kleinere Fragmente zu zerlegen. Für diese Aufgabe stehen verschiedene Klonierungssysteme und -strategien zur Verfügung. An den Fragmenten kann dann die eigentliche Analyse, z. B. eine Sequenzierungsreaktion, durchgeführt werden. Das Ergebnis einer Sequenzierungsreaktion ist eine lange Kette von ca. 500 As, Ts, Cs und Gs in gemischter Folge, die Nukleotidsequenz des Fragments. Nachdem solch eine Reaktion mit jedem einzelnen Fragment durchgeführt worden ist, werden die erhaltenen Sequenzen mit Hilfe eines Computers wieder zusammengesetzt.

In den 80er Jahren machte die Molekularbiologie in vielen Bereichen rapide Fortschritte. Neue Klonierungs- und Analysetechniken ermöglichten nun auch den Umgang mit DNA-Fragmenten bis zu einer Größe von mehreren Millionen Basenpaaren (Schwartz und Cantor, 1984; Burke et al., 1987). Die Kartierung von Genen, d. h. die Zuordnung von Erbmerkmalen zu bestimmten Chromosomen oder Chromosomenabschnitten, wurde durch die Verwendung neuartiger Methoden wesentlich beschleunigt (Botstein et al., 1980). Die Anzahl der kartierten Gene stieg in dieser Zeit sprunghaft an. Hatte man bis in die 70er Jahre ca. 450 Gene kartiert, betrug ihre Anzahl Mitte der 80er Jahre bereits ca. 1.500 (Bishop und Waldholz, 1990). Genkarten sind Hilfsmittel für die Identifizierung von Genen. Ähnlich den Straßenkarten sind sie Orientierungshilfen, nur daß man mit ihrer Hilfe nicht die Lage von Städten herauszufinden versucht, sondern die Positionen von Genen. Stellen Sie sich vor, Sie möchten mit dem Auto zu einer kleinen, Ihnen aber noch unbekannten Ortschaft fahren. Sie würden wahrscheinlich nicht einfach drauflosfahren und den Erfolg der Suche dem Zufall überlassen, sondern Sie würden Ihren Straßenatlas zur Hand nehmen und nachschauen, wo dieser Ort überhaupt liegt und wie Sie dahin kommen. Da Sie so herausgefunden haben, daß der Ort in der Nähe von Paris liegt, nehmen Sie zunächst die Autobahn dorthin, um dann von Paris aus gemütlich auf der Landstraße zu der gesuchten Ortschaft zu fahren. Ähnlich gehen Forscher vor, wenn sie ein unbekanntes Gen identifizieren wollen. Sie ermitteln mit Hilfe einer Genkarte (und anderen genetischen Daten) zunächst einen bekannten Genort, der dem gesuchten Gen möglichst nahe liegt, um ihn dann als Ausgangspunkt für die weitere, häufig sehr langwierige Suche nach dem Zielgen zu verwenden. Den Städten auf der Straßenkarte entsprechen auf der Genkarte bekannte Genorte, die man auch genetische Marker nennt. Nachdem ein Gen lokalisiert worden ist, kann es in die Genkarte eingezeichnet und seinerseits als Marker verwendet werden. Je dichter das Netz dieser Marker ist, desto genauer ist die Genkarte.

3.4 Die Anfänge des Genomprojekts

Die methodischen Neuerungen der 80er Jahre schienen das Unmögliche in greifbare Nähe zu rücken. Die Idee zur Sequenzierung des menschlichen Genoms lag in der Luft und wurde durch die Initiative von einer Reihe von Wissenschaftlern auf den administrativen und wissenschaftlichen Weg gebracht. Die Entdeckung des Zusammenhangs von Krebserkrankungen mit Veränderungen an den sogenannten Onkogenen veranlaßte Dulbecco (1986) in „Science" von einem „Wendepunkt in der Krebsforschung" zu sprechen. Er wies darauf hin, daß die Erforschung des Informationsgehaltes der DNA für das Verständnis der zentralen Probleme der Zellbiologie von fundamentaler Bedeutung ist und plädierte dafür, das gesamte menschliche Genom zu sequenzieren. Durch diesen Artikel wurde die Idee der Genomsequenzierung zum ersten Mal einer breiten Öffentlichkeit vorgestellt. Das Projekt wurde in Universitäten, Forschungseinrichtungen, im amerikanischen Kongreß und im europäischen Parlament diskutiert. 1986 und 1987 fanden eine Reihe von Tagungen statt, die sich mit dem planerischen Aspekten des Genomprojekts auseinandersetzten: Wie sollte man solch ein Vorhaben angehen? Sollte nur sequenziert oder auch kartiert werden? Sollte nur kartiert werden und mit dem Sequenzieren gewartet werden, bis dafür bessere Techniken zur Verfügung stünden? Sollten auch andere Organismen in das Projekt mit einbezogen werden und wenn ja, welche? Wieviel Finanzmittel würde man brauchen? Wie verhindern, daß das Genomprojekt die Finanzierung anderer Forschungsprojekte beeinträchtigt? Anläßlich eines Symposiums in Cold Spring Harbor im April 1988 wurde von den Wissenschaftlern die Gründung der „Human Genome Organization" (HUGO) beschlossen. Im September des gleichen Jahres fand die konstituierende Versammlung der Organisation in Montreux (Schweiz) statt. Die anfängliche Finanzierung von HUGO wurde von zwei privaten Institutionen übernommen, dem „Howard Hughes Medical Institute" (USA) und dem „Imperial Cancer Research Fund" (GB). HUGOs primäre Aufgabe sollte darin bestehen, die internationale Zusammenarbeit der einzelnen Forscherteams zu koordinieren. HUGOs Gründungsväter, 42 Wissenschaftler aus 17 Nationen, betrachteten diese Organisation aber auch als Gegenpol zu den politischen und administrativen Kräften innerhalb der staatlichen Forschungsorganisationen (Cook-Deegan, 1994, S. 210).

3.5 „Time is money": Ziele und Kosten

Die Ziele des Genomprojekts sind im Verlauf seiner kurzen Geschichte einige Male neu definiert worden. Nach eingehenden Diskussionen gelangten die Wissenschaftler zu der Erkenntnis, daß vor der eigentlichen Sequenzierung zunächst die nötige Logistik in Form von möglichst detailierten Genkarten, effizienteren Sequenzierungstechniken und Datenbanken geschaffen werden müßte. 1990 legten die „National Institutes of Health" (NIH) und das „Department of Energy" (DOE) einen gemeinsamen Strategie- und Zeitplan für das US-Genomprojekt vor, der drei Abschnitte von jeweils fünf Jahren umfaßte (Hood, 1993). Im ersten Abschnitt sollte vorwiegend an den Genkarten des Menschen und einiger anderer Organismen gearbeitet werden. Die Technologien (Automatisierung, Datenverarbeitung) sollten um den Faktor 5–10 verbessert werden. Die Sequenzierung des menschlichen Genoms sollte sich zunächst auf biologisch besonders interessante Bereiche beschränken, die Sequenzierung der Genome von sogenannten Modellorganismen (siehe Abschnitt 3.7) wurde im vollen Umfang aufgenommen. Für die zweite Phase (1996–2000) wurde im wesentlichen eine qualitative Steigerung der Zielsetzungen der ersten Phase geplant. Die menschliche Genkarte und die technischen Voraussetzungen für die Sequenzierung sollen optimiert werden. Von der menschlichen DNA sollen weiterhin nur biologisch wichtige Bereiche sequenziert werden, die Sequenzierung der Modellgenome wird im Verlauf dieses Abschnitts abgeschlossen werden. Während der letzten Phase dann soll die Sequenzierung der menschlichen DNA im Mittelpunkt stehen, so daß im Jahre 2005 rund 95% des Genoms als Nukleotidsequenz vorliegen. Aufgrund unerwarteter methodischer Fortschritte wurden 1993 die Zielsetzungen des amerikanischen Genomprojekts modifiziert. Der neue Fünfjahresplan umfaßt die Finanzjahre 1994–1998, und die Ansprüche z. B. an die Qualität der genetischen Karten und die Datenverarbeitung wurden in die Höhe geschraubt (Collins und Galas, 1993). Im Gegensatz zum ersten Plan wurde auch ausdrücklich die Genidentifizierung mit in das Programm aufgenommen.

Wissenschaftler und Administration hatten sich von Anfang an Gedanken über die Kosten des Genomprojekts gemacht und ihnen war klar, daß solch ein Unterfangen nicht zum Billigtarif zu haben ist. Anfängliche Kalkulationen gingen von ungefähr 1 US-$ pro sequenziertem Nukleotid aus. In diesem Betrag eingeschlossen sind die Erzeugung von sequenziergerechten DNA-Fragmenten, die Sequenzierung selbst und das computergestützte Zusammensetzen der Fragmente (Cantor, 1993). Da sich aber inzwischen die technischen Voraussetzungen geändert haben, muß dieser Wert sicherlich korrigiert werden. Collins und Galas (1993) rechnen mit einer Reduzierung der Kosten auf 0,5 US-$ pro Nukleotid bis 1996.

Die Geldmittel, die von den USA für die Genomforschung zur Verfügung gestellt wurden, steigerten sich von 5 Mio. US-$ 1987 auf 90 Mio. US-$ im Jahre 1990 (Cook-Deegan, 1994). Im Oktober 1990 – dem offiziellen Start des Genomprojekts in den USA – sagte die Regierung

200 Mio. US-$ jährlich zu. Die tatsächlich zugewiesenen Mittel blieben aber darunter und pendelten sich bei ca. 170 Mio. US-$ pro Jahr ein (Collins, 1995).

Im Juni 1995 starteten die „Deutsche Forschungsgemeinschaft" (DFG) und das „Bundesministerium für Bildung, Wissenschaft, Forschung und Technologie" (BMBF) das Forschungsprogramm „Humangenomforschung". Bis zum Jahre 1999 wollen BMBF und DFG unterstützt von der „Max-Planck-Gesellschaft" und der Arbeitsgemeinschaft der Großforschungseinrichtungen insgesamt 350 Mio. DM für die Genomforschung bereitstellen (Altenmüller, 1995). Für das deutsche Genomprogramm ergibt sich durch das späte Aufspringen auf den fahrenden Zug ein Dilemma (Kahn, 1996b). Soll man versuchen, den enormen Vorsprung anderer Nationen, vorweg den der USA, hinsichtlich der Erzeugung von Sequenzdaten einzuholen? Oder soll man sich auf die Genidentifizierung, d. h. die Auswertung von Sequenzdaten, die andere unter großen Kosten erzeugt haben, beschränken? Das hieße allerdings, sich die Rosinen aus dem Kuchen picken und andere Nationen dürften darauf empfindlich reagieren. Mit der Errichtung eines Ressourcenzentrums am „Max-Planck-Institut für Molekulare Genetik" (Berlin) und im „Deutschen Krebsforschungszentrum" (Heidelberg) soll die Infrastruktur der deutschen Genomforschungslandschaft verbessert werden. Aufgaben des Ressourcenzentrums sind die Herstellung und Verwaltung von Genbibliotheken, die an interessierte Forschergruppen verteilt und von ihnen analysiert werden. Die erhaltenen Daten werden zurück ins Ressourcenzentrum geschickt, wo sie verwaltet und verarbeitet werden. Eine automatisierte, auf die parallele Verarbeitung einer großen Anzahl von Proben ausgerichtete Verfahrensweise soll dabei eine größtmögliche Effizienz gewährleisten.

3.6 Methoden II: PCR, STS und EST

Es gab eine Reihe von technischen Neuerungen, die zum Zeitpunkt der Planung des Genomprojekts nicht vorhersehbar waren (Olsen, 1995). Eine davon ist die Entwicklung der Polymerasekettenreaktion (polymerase chain reaction, PCR), mit deren Hilfe DNA-Abschnitte in beliebiger Anzahl vervielfältigt werden können, wenn man nur über jeweils einen kurzen Bereich (16–18 bp) bekannter Sequenz an beiden Enden verfügt (Mullis und Faloona, 1987). Dieses Verfahren läßt sich an vielen Proben gleichzeitig durchführen, wodurch DNA-Analysen wesentlich beschleunigt werden. Für das Genomprojekt hat dies weitreichende Konsequenzen, da durch die PCR schnellere und umfangreichere Kartierungstechniken ermöglicht werden.

Kartierungen mit Mikrosatelliten: „Mikrosatelliten" sind Abschnitte von sich 10–50fach wiederholenden, kurzen DNA-Motiven. Die eigentliche Funktion der Mikrosatelliten ist unbekannt. Da sie aber sehr häufig vorkommen und über das ganze Genom verteilt sind, lassen sie sich als Marker verwenden. Mikrosatelliten sind hoch polymorph, d. h. daß die Anzahl der Motivwiederholungen eines gegebenen Mikrosatelliten in Chromosomen verschiedener Herkunft mit hoher Wahrscheinlichkeit unterschiedlich ist. Darin begründet sich der Wert der Mikrosatelliten für genetische Zwecke.

Sequence-Taged-Sites (STS): Mit „sequenzetikettierten Stellen" werden kurze Abschnitte (100–1.000 bp) singulärer, d. h. nur einmal im Genom vorkommender DNA bezeichnet. Sie eignen sich als Erkennungsstellen für Genomabschnitte und können zur Herstellung sogenannter physikalischer Karten verwendet werden. Physikalische Karten bestehen aus sich gegenseitig überlappenden klonierten Teilabschnitten des Genoms (contags), die entsprechend ihrer natürlichen Reihenfolge angeordnet worden sind und z. B. ein ganzes Chromosom überspannen. Der Vorteil von Mikrosatelliten- und STS-Kartierungen liegt darin, daß sie experimentell weniger aufwendig sind als ältere Methoden und durch den PCR-Schritt im großen Maßstab und automatisiert durchgeführt werden können.

Expressed-Sequence-Tags (ESTs): Nur ein kleiner Teil des Genoms, ca. 5%, wird unmittelbar in Protein „übersetzt". Die restlichen 95% bestehen aus regulativen Abschnitten sowie Bereichen, deren Funktion, falls es eine gibt, man noch nicht kennt. Diese Eigenschaft haben sich einige Wissenschaftler zu Nutzen gemacht, um einen alternativen Weg einzuschlagen. Sie arbeiten nur mit den tatsächlich in Protein übersetzten, exprimierten Bereichen (ESTs). Das hat zwar einige systembedingte Nachteile, aber auf der anderen Seite hat die Verwendung der ESTs zu einer rasanten Zunahme von Informationen über exprimierte Gene geführt.

Datenbanken sind ein zentraler Teil des Genomprojekts. Die großen Mengen an Daten, die jährlich, monatlich, wöchentlich von Hunderten von Forschungsstätten erzeugt werden, müssen in die Datenbanken aufgenommen, aufbereitet und zugänglich gemacht werden. Für Informationen unterschiedlicher Art gibt es derzeit separate Datenbanken: DNA-Sequenzen werden z. B. in „GeneBank" gespeichert, Proteinsequenzen in „Protein Information Rescue" und Kartierungsinformationen in „Genome Data Base". Viele wissenschaftliche Zeitschriften verlangen, daß zeitgleich mit der Veröffentlichung eines Artikels die entsprechenden Sequenz- oder Kartierungsdaten in einer Datenbank gespeichert werden. Jede Sequenz erhält eine Zugriffsnummer, auf die man sich in einer Publikation bezieht und unter der sie von den Benutzern der Datenbank abgerufen werden kann.

3.7 Modellorganismen

In weiser Voraussicht beschränkten die Begründer des Genomprojekts die Anstrengungen nicht nur auf das menschliche Genom, sondern eine Reihe von Lebewesen wurde in das Programm mit eingeschlossen. Dazu gehörten Organismen, die hinsichtlich ihrer Genetik bereits gut untersucht sind, wie z. B. die Fruchtfliege (*Drosophila melanogaster)* oder die Bierhefe (*Saccharo-*

myces cerevisiae) sowie Organismen, deren Genome klein und kompakt sind und die deshalb aus technischen Gründen einfacher und schneller sequenziert werden können.

In Tab. 1 sind einige der Modellorganismen mit ihren Genomgrößen, der Anzahl ihrer Gene und dem Quotienten aus beiden aufgeführt. Aus der Tabelle lassen sich zwei biologische Phänomene

Tab. 1: Genomgröße und Anzahl der Gene einiger Organismen, die im Rahmen des Genomprojekts untersucht werden

Organismus	Genomgröße (Mb)	Genzahl (teilw. geschätzt)	Gene pro Mb (gerundet)
Mycoplasma genitalium[*1]	0,58	470	800
Haemophilus influenzae[*2]	1,8	1.743	950
Hefe (*S. cerevisiae*)[*3]	13	5.800	450
Pflanze (*A. thaliana*)[4]	100	25.000	250
Fadenwurm (*C. elegans*)[5]	100	13.000	130
Taufliege(*D. melanogaster*)[6]	140	20.000	150
Maus (*M. musculus*)[7]	3.300	80.000	24
Mensch (*H. sapiens*)[7]	3.300	80.000	24

*: Genom bis zum Herbst 1996 vollständig sequenziert; 1: Fraser et al., 1995; 2: Fleischmann et al., 1995; 3: Dujon, 1996; 4:Goodman et al., 1995; 5: Waterston und Sulston, 1995; 6:Nüsslein-Volhard, 1994; 7: Antequera und Bird, 1993.

ablesen. Erstens haben verschiedenartige Organismen unterschiedliche Genomgrößen und eine unterschiedliche Anzahl von Genen. Genomgröße und Genzahl verhalten sich proportional zur Komplexität der Organismen (es gibt allerdings auch Ausnahmen von dieser Regel). Und zweitens unterscheiden sich die Organismen auch in dem Verhältnis von Genzahl zu Genomgröße, das in der dritten Spalte aufgeführt ist. Dieses Verhältnis ist bei Mensch und Maus relativ klein, verglichen etwa mit dem der einfacheren Organismen. Bei letzteren muß deshalb vergleichsweise weniger Sequenz bestimmt werden, um ein Gen entschlüsseln zu können. Mit anderen Worten: Einfache Organismen bringen mehr Information fürs gleiche Geld. Von diesen Überlegungen abgesehen ist der Grund für die Existenz solch enormer Unterschiede in dem Verhältnis von Genzahl zu Genomgröße ein Rätsel. Warum haben Mäuse und Menschen mehr DNA pro Gen als der Fadenwurm? Gibt es dafür einen biologischen Grund oder hat sich das nur im Verlaufe der Evolution „so ergeben"? Auf Fragen wie diese wird man erst nach der Sequenzierung von mehreren unterschiedlichen Genomen eine Antwort geben können.

Ein zusätzlicher Grund, andere Organismen in die Genomforschung einzubeziehen, liegt auf der Proteinebene. Nukleotidsequenzen lassen sich per Computer in Aminosäuresequenzen übersetzen und miteinander vergleichen. Proteine mit ähnlicher Aminosäuresequenz weisen (mit Einschränkungen) auch ähnliche dreidimensionale Strukturen auf und üben häufig auch ähnliche Funktionen aus. Solche Proteine oder Proteinbereiche sind „konserviert", d. h. über die Evolution der Arten hinweg erhalten geblieben. Viele, möglicherweise sogar die meisten Proteine in den Modellorganismen haben im Menschen entsprechende Gegenstücke. Ist die Funktion eines bestimmten Proteins in irgendeinem Organismus bekannt, kann auf die Funktion des menschlichen Proteins rückgeschlossen werden. Die Erforschung anderer Lebewesen kann unter diesem Aspekt als „verlängerter Arm" der Humanbiologie betrachtet werden. Ist die Funktion des Proteins hingegen weder im Menschen noch in einem der anderen Lebewesen bekannt, ermöglichen die Modellorganismen einen experimentellen Zugang zu seiner Erforschung (Oliver, 1996; Miklos und Rubin, 1996).

3.8 Stand der Forschung: Im Jahre 6 nach Projektbeginn

Anläßlich des fünften Geburtstages des US-Genomprojekts im Oktober 1995 brachten eine Reihe renommierter wissenschaftlicher Zeitschriften Artikel, in denen die Ergebnisse der ersten fünf Jahre des Genomprojekts gewürdigt wurden. Es gab auch allen Grund zu feiern: Mit weniger Geld als veranschlagt kam man weiter als geplant (Collins, 1995). Welches andere Projekt kann das von sich behaupten? Auch 1996 brachte, obwohl noch nicht beendet, einige Überraschungen.

Genetische Karten: Im März 1996 berichten Forschergruppen die Fertigstellung von Genkarten der Maus (Dietrich et al., 1996) und des Menschen (Dib et al., 1996). Beide Genkarten übertreffen bezüglich ihrer Genauigkeit die bis dahin verfügbaren Karten bei weitem und gehen zudem über die bis zu diesem Zeitpunkt angesteuerte Auflösung hinaus: Ein Marker pro 400.000 bp (Maus) bzw. pro 700.000 bp (Mensch). Dieser Fortschritt wurde durch die Einführung von Mikrosatelliten-Markern ermöglicht. Jordan und Collins (1996) sagen voraus, daß mit Hilfe dieser Genkarten das Kartieren genetischer Defekte, die durch nur ein Gen bedingt werden, auch von einem „normalen" Labor innerhalb weniger Monate durchgeführt werden kann. Weiterhin äußerst schwierig bleibt die Kartierung von Krankheiten, zu deren Ausprägung mehrere Gene und umweltbedingte Faktoren beitragen (z.B. Schizophrenie, jugendliche Diabetes).

Sequenzierungstechniken: Auf der Ebene der Sequenzierungstechniken werden verschiedene Ansätze weiterverfolgt, die von der Verbesserung der derzeitigen Verfahren bis zur Entwicklung vollkommen neuartiger Techniken reichen. So konnte zum Beispiel in den letzten Jahren die Effizienz automatischer Sequenziergeräte um den Faktor 2 bis 3 gesteigert werden (Guyer und Collins, 1995). Die Weiterentwickung der Sequenzierautomaten wird auf verschiedenen Ebenen (Trennung der Fragmente, Detektion, Automatisation, Miniaturisierung) vorangetrieben. Völlig neuartige Verfahren, die im Gegensatz zu den derzeitigen nicht mehr auf einer Trennung von DNA-Fragmenten beruhen, werden derzeit von einer Reihe von Labors entwickelt. Hierzu gehören z. B. auch massenspektroskopische Methoden zur DNA-Analyse. Es ist jedoch absehbar, daß von der Entwicklung bis zur Serienreife neuer Sequenzierverfahren, ob sie nun auf der Weiterentwicklung der derzeitigen Geräte oder auf ganz neuen Konzepten beruhen, ein weiter Weg ist.

Modellorganismen: Entsprechend den Zielvorgaben durch die Fünfjahrespläne ist die Sequenzierung der Modellgenome mit Nachdruck vorangetrieben worden. Bis zum Herbst 1996 liegen die vollständigen Sequenzen von mindestens drei Organismen vor: *Haemophilus influenzae*, ein pathogenes Bakterium, ist der erste nichtvirale Organismus, dessen Genom (1,8 Mb) vollständig entschlüsselt werden konnte (Fleischmann et al., 1995). *Mycoplasma genitalium* (0,58 Mb), ein humanpathogenes Bakterium, und *Methanococcus jannaschii* (1,66 MB) kamen wenige Monate später hinzu (Fraser et al., 1995; Bult et al., 1996). Anfang 1996 wurde von einem europäischen Team die Sequenzierung des Genoms der Bierhefe *Saccharomyces cerevisiae* abgeschlossen (Dujon, 1996). Im Gegensatz zu den Bakterien ist die Bierhefe ein eukaryontischer, d. h. ein schon recht komplexer Organismus mit einer Genomgröße von immerhin 13 Mb. Die vollständigen Sequenzen des Bakteriums *Escherichia coli* und des Fadenwurms *Caenorhabditis elegans* werden für das Jahr 1997 erwartet.

3.9 Die kommerzielle Seite des Genomprojekts

Das kommerzielle Potential des Genomprojekts wurde lange Zeit nicht erkannt. „1987 waren Kapitalanleger nicht interessiert. Sie fragten sich, wie eine Genomfirma überhaupt Geld machen könne" (Walter Gilbert, zitiert in Anderson, 1993). Die Zeiten ändern sich, und der Umschwung kam 1992, zumindest in den USA. In diesem Jahr wurden – häufig mit der Hilfe führender Genomforscher – eine ganze Reihe von Firmen gegründet, die unter verschiedenen Gesichtspunkten mit dem Genomprojekt in Beziehung stehen (Anderson, 1993).

Die Erforschung von Genen für bestimmte Krankheiten und die subsekutive Entwicklung von Diagnostika und Therapeutika ist das Ziel von Firmen, wie z. B. „Myriad Genetics" in Salt Lake City (Utah). Solch eine Konzeption entspricht in Grunde derjenigen der „normalen" Gentechnologiefirmen, wie sie bereits seit den 80er Jahren existieren. Andere Firmen verfolgen eine andere Strategie. So sind beispielsweise „InCyte Pharmaceuticals" (Palo Alto, Kalifornien) oder „Human Genome Sciences" (HGS) (Rockville, Maryland) im großen Stil in das Sequenzierungs- und Kartierungsgeschäft eingestiegen. Ein nonprofit Ableger von HGS, „The Institute for Genome Research" (TIGR), ist an der beschriebenen Sequenzierung von den drei Bakteriengenomen beteiligt. Diese Firmen haben, nicht zuletzt durch eine hervorragende technische Ausstattung (Marshall, 1994), einen sehr hohen Ausstoß an Sequenzdaten und verfügen über private Datenbanken, die vermutlich die öffentlichen Datenbanken an Umfang übertreffen

(Poste, 1995). Die Auswertung all dieser Daten dürfte ein weites Spektrum biotechnologisch interessanter Genen ergeben. Die derzeitige Überschwemmung des amerikanischen Patentamts mit Anträgen geht vorwiegend auf das Konto dieser Firmen (Marshall, 1996a).

Ein anderer Geschäftskomplex rankt sich um die automative Ausstattung, die für das Genomprojekt benötigt wird. Eine Steigerung der jährlichen „Sequenzproduktion" fordert einen quantitativen und qualitativen Ausbau der technischen Hilfsmittel. Die Entwicklung und Produktion von Laborrobotern und Sequenzierautomaten (ein Sequenzierautomat kostet ca. 100.000 US-$) hat ein neues Geschäftsfeld auf dem Technologiesektor eröffnet.

Ähnlich wie in anderen High-Tech-Branchen können durch die personellen Verflechtungen der öffentlich geförderten Forschungsstätten mit Sequenzierungsfirmen Probleme aufkommen. Es entstehen Interessenkonflikte zwischen der Wissenschaft mit ihrer Selbstverpflichtung zur unverzüglichen Offenlegung ihrer Forschungsergebnisse und der Privatwirtschaft, die sich bis zur Sicherung ihrer finanziellen Ansprüche eher zurückhält (Anderson, 1993). Kollisionen zwischen „Kunst und Kommerz" kommen aber auch innerhalb der „scientific community" vor; das zeigt die Reaktion über die zögerliche Veröffentlichungspolitik eines europäischen Forscherteams (Kahn, 1996a). Auch das deutsche Genomforschungsprogramm schließt sich der anwendungsorientierten, auf die Beantragung von Schutzrechten ausgerichteten Veröffentlichungspolitik an. Die Sequenzen, die in die zu diesem Programm gehörenden Datenbanken eingespeist werden, können auf Wunsch sechs Monate lang als vertraulich behandelt werden (Lehrach, persönliche Mitteilung).

3.10 Patentierung von Genen

Im Juni 1991 meldete die amerikanische Gesundheitsbehörde NIH eine größere Anzahl sogenannter „anonymer" DNA-Sequenzen zum Patent an. Es handelte sich um partielle cDNA-Sequenzen (expressed sequence tags, ESTs), von denen die zelluläre Funktion unbekannt war und deren möglicher Nutzen in dem Patentantrag nur in allgemeiner und hypothetischer Form dargelegt worden war. Die Nachricht über diese Patentanmeldung führte sowohl in Wissenschaftlerkreisen als auch in der Politik und Öffentlichkeit zu einer lebhaften Diskussion über die Voraussetzungen für die Patentierung genetischer Informationen.

Prinzipien des Patentwesens: Gegenstand von Patenten können Produkte und Substanzen sein oder auch Verfahren zur Herstellung oder Anwendung jener Produkte. Es wird zwischen Erfindungen und Entdeckungen unterschieden, wobei nur letztere patentfähig sind. Nicht patentierbar sind Erfindungen, die gegen die öffentliche Ordnung oder ethischen Grundsätze verstossen. Patente sollen das intellektuelle Eigentum von Erfindern schützen, indem ihnen für einen gewissen Zeitraum das alleinige Nutzungsrecht zuerkannt wird. Im Gegenzug wird die Erfindung offengelegt, so daß sie ihrerseits als Ausgangspunkt für weiterführende technische Entwicklungen dienen kann. Der Gebrauch eines patentierten Produkts oder Verfahrens für rein wissenschaftliche Zwecke ist frei (Versuchsvorbehalt).

Damit ein Patent erteilt werden kann, müssen drei Voraussetzungen erfüllt sein: Die Erfindung muß neu sein, d. h. sie darf noch nicht veröffentlicht worden sein, sie muß nicht offensichtlich sein, d. h. sie darf sich nicht in naheliegender Weise aus dem Stand der Technik ergeben und es muß eine gewerbliche Anwendbarkeit (inkl. Verwendung in Industrie und Landwirtschaft) nachgewiesen werden. Obwohl sich die Patentrechte z. B. der USA und der EU-Staaten unterscheiden, stimmen sie hinsichtlich dieser drei Voraussetzungen überein. Unterschiede ergeben sich jedoch in der teilweise unterschiedlichen Bewertung dieser Kriterien (Collin, 1992). Im Gegensatz zu Europa gibt es in den USA eine einjährige Schonfrist (grace period), d. h. zwischen erster Veröffentlichung und Patentanmeldung darf ein Zeitraum von bis zu einem Jahr liegen (Gugerell, pers. Mitteilung). Da industrielle Produkte über die Ländergrenzen hinweg gehandelt werden, ist das Patentrecht zu einem Diskussionspunkt in internationalen Handelsübereinkünften geworden (Adler, 1992).

Gene: Entdeckungen oder Erfindungen? Es wird die Ansicht vertreten, Gene seien schließlich Teile vom Körper eines Lebewesens und könnten somit nicht erfunden, sondern nur entdeckt (z. B. beschrieben) werden. Gene sind also Entdeckungen und als solche nicht patentfähig. Die Patentämter schließen sich dieser Argumentation nicht an. Zwar hat die genetische Information schon vorher existiert, aber erst durch die Aktivität des Forschers wird diese Information zugänglich gemacht, so daß er in der Lage ist, diese Information planmäßig zu nutzen. Die Isolation und Nutzbarmachung eines Gens geht deshalb über eine bloße Entdeckung hinaus (van Raden, 1996). Bei den häufig zum Patent angemeldeten cDNAs hingegen ergibt sich diese Frage nicht, da cDNAs vom Menschen synthetisierte, von überflüssigen Bereichen eines Gens befreite Informationsträger sind, die in der Natur nicht existieren.

Zurück zu den NIH-Sequenzen. Viele Wissenschaftler waren über das Vorgehen der NIH empört und fürchteten, daß im Falle einer Patenterteilung innerhalb kurzer Zeit das ganze Genom durch Patentansprüche blockiert sein würde. Das amerikanische Patentamt (Patent and Trademark Office, PTO) legte zur damaligen Zeit den Begriff „utility" (amerikanisches Pendant zur „gewerblichen Nutzbarkeit") im allgemeinen eher großzügig aus (Kiley, 1992). In manchen Fällen wurde sogar nur ein geringer Anspruch an das Ausmaß der Nutzbarkeit gestellt, ein kommerziell verwendbares Produkt wurde nicht gefordert (minimal utility requirement; Adler, 1992). Wie würde das PTO hinsichtlich der Nutzbarkeit der „anonymen" cDNA-Sequenzen des NIH entscheiden? Das PTO setzte ein Signal und wies die Patentanträge des NIH 1992 und erneut 1994 wegen der unbekannten Funktionen und der nicht erkennbaren Nutzbarkeit der cDNA-Fragmente zurück. Gugerell (1994) weist darauf hin, daß der geschilderte Fall der NIH-Sequenzen nicht die Regel ist. Im Normalfall liegen die zum Patent angemeldeten Gene als vollständige cDNA-Kopie vor, die zum Zwecke der Expression in ein Wirtsgenom integriert worden ist. Das Expressionsprodukt ist gut charakterisiert und hat eine Funktion, die in einer definierten Weise zu nutzen ist. Beispiele für bislang erteilte Patente sind Interferone, Interleukine, Wachstumshormone und Insulin.

In den USA ist ein regelrechter Wettlauf zwischen Sequenzproduzenten und dem Patentamt entstanden: Bis 1996 sind in den Vereinigten Staaten ca. 1.500 Gene, 500 davon menschlichen Ursprungs, patentiert worden (Marshall, 1996b). Weitere 100 Anträge liegen dem PTO vor. Da aber jeder einzelne dieser Anträge mehrere bis zu sehr viele Sequenzen umfassen kann (ein Antrag der Firma „InCyte" enthält z. B. 5.000 Sequenzen), kommt das PTO mit der Antragsprüfung nicht nach (Marshall, 1996a).

Die Patentierung von Genen ist auf der Basis der derzeitigen Gesetze geregelt. Gene werden patentiert, wenn sie die drei Kriterien Neuartigkeit, Nichtoffensichtlichkeit und gewerbliche Nutzbarkeit erfüllen. Trotzdem ist die Diskussion über die Patentierung von Genen nicht abgerissen. Zum einen bedarf es weiterer Klärungen des Aspekts der Nutzbarkeit von kurzen cDNA-Fragmenten (ESTs). Wenn die ESTs zum Beispiel für die Diagnose einer Krankheit als „Sonde" verwendet werden können, ist ihre Nutzbarkeit zwar relativ eingeschränkt aber doch vorhanden, unabhängig davon, ob ihre in vivo Funktion bekannt ist oder nicht (Poste, 1995). Zum anderen sind es die Begleitumstände solcher Patente oder Patentbestrebungen, die viele Forscher mit Unbehagen erfüllen. Die wissenschaftliche Tradition des freien Daten- und Materialaustausches („clone-by-phone") ist im Zeitalter des „gene hunting" in Gefahr. Strategische und kommerzielle Überlegungen beschränken den Datenfluß und bestimmen den Zeitpunkt der Veröffentlichung von Sequenzdaten (Wadman, 1996; Kahn, 1996). Rechtliche Probleme ergeben sich, wenn mehrere Forschungsinstitute gemeinsam an einem Projekt arbeiten, die jeweiligen Beiträge der einzelnen Partner jedoch gegenseitig nicht anerkannt werden, wie es z. B. im Streit von „Myriad Genetics" und dem „Institute of Cancer Research" über Patentanträge für die BRCA-Gene geschehen ist (Dickson, 1996).

Noch längst nicht alle Probleme im Zusammenhang mit der Patentierung von Genen sind beantwortet. Das amerikanische Energieministerium hat daher angekündigt, für Studien zur Klärung von Fragen zum geistigen Eigentum, die sich aus dem Genomprojekt ergeben, einen Betrag von 1,3 Mio. US-$ für das Jahr 1997 bereitzustellen.

3.11 Und danach? Die postgenomische Phase

Im Jahre 2005 – vielleicht sogar schon etwas früher – wird die Sequenzierung des menschlichen Genoms abgeschlossen sein. Für die Forscher fängt dann erst die eigentliche Aufgabe an: herauszufinden, was der Text eigentlich bedeutet, dessen Buchstaben man nun kennt.

In früheren Jahren wurden Gene unter funktionellen Gesichtspunkten identifiziert und kloniert. Am Anfang stand die Beobachtung einer bestimmten zellulären Funktion (z. B. Enzymaktivität). Dann wurde das dafür verantwortliche Protein isoliert und erst danach versuchte man, das zugehörige Gen zu identifizieren. Es dauerte häufig ein ganzes Forscherleben, dieses Konzept schrittweise zu durchlaufen. Spätestens mit den ersten Ergebnissen des Genomprojekts hat sich die Reihenfolge dieses Ablaufs in das Gegenteil gekehrt. Erst werden Gen oder cDNA isoliert und sequenziert und vom Informationsgehalt der Sequenz wird auf eine Proteinfunktion zurückgeschlossen. Mit Hilfe geeigneter experimenteller Ansätze wird dann die hypothetische Funktion des Proteins überprüft. Da viele Proteine nur in bestimmten Geweben, nur für kurze Zeiträume oder nur während ganz bestimmter Entwicklungsabschnitte eines Organismus gebildet werden, konnten sie häufig weder mit proteinchemischen Methoden noch mit den traditionellen Methoden der Molekularbiologie entdeckt werden. Das wird sich ändern bzw. hat sich teilweise schon geändert. Nachdem das Hefegenom vollständig sequenziert worden ist, sind die Wissenschaftler nun dabei, die schätzungsweise 6.000 Gene der Hefe zu analysieren. Für rund 30% dieser Gene konnten Sequenzanalysen derzeit keinerlei Anhaltspunkte auf ihre Funktion liefern und es werden Strategien dafür entwickelt werden müssen, die Funktionen einer solch großen Menge unbekannter Gene systematisch zu erforschen (Oliver, 1996). Auch für die medizinische Forschung gibt es eine Überraschung. Dreizehn Hefegene zeigen Ähnlichkeiten zu menschlichen Genen, die in Zusammenhang mit Krankheiten gebracht werden (Williams, 1996; Oliver, 1996). Das Studium dieser Gene und der physiologischen Rolle der entsprechenden Proteine in der Hefe wird das Verständnis der molekularen Mechanismen dieser Krankheiten erweitern.

4 Brauchen wir wirklich transgene Pflanzen?

Prof. Dr. Dres. h. c. H. Mohr

Akademie für Technikfolgenabschätzung in Baden-Württemberg, Industriestraße 5, D-70566 Stuttgart

4.1 Transgenität

Organismen, die zusätzliches, nicht von ihrer Art stammendes genetisches Material enthalten, nennt man transgen. Im Prinzip kann man mit den heutigen Methoden jede Zelle transgen machen.

Transgenität ist ein durchaus natürliches Phänomen; zum Beispiel kann das Bodenbakterium *Agrobacterium tumefaciens* mit Hilfe von Plasmiden sehr leicht Gene in die Genome höherer Pflanzen übertragen. In der Gentechnik benutzt man entsprechend präparierte Plasmide von *A. tumefaciens* als Genfähren.

4.2 Züchtung als Kulturleistung: Was ist eigentlich neu an der Gentechnik?

Der Begriff Biotechnologie umfaßt die vom Menschen veranlaßte und gesteuerte Produktion organischer Substanz. Auch die moderne Land- und Forstwirtschaft und nicht nur mikrobielle Verfahren zählen zur Biotechnologie. Biotechnologie bildet die Grundlage kultivierten Lebens. Gentechnik ist die Summe aller Methoden zur Isolierung, Charakterisierung, gezielten Veränderung und Übertragung von Erbgut. Gentechnik wird vorrangig im Rahmen biotechnologischer Verfahren wirksam. Aber Biotechnologie ist weit mehr als Gentechnik. Die Biotechnologie hat eine 6.000 Jahre alte Tradition: Brot und Wein. Gentechnik gibt es seit 25 Jahren.

Die Züchtung geeigneter Lebewesen ist so alt wie die Biotechnologie. Dabei ging es nicht nur um die Schaffung von Kulturpflanzen und Haustieren, sondern ebenso um die Nutzung von Pilzen, Hefen und Bakterien. Denken wir an die Bereitung von gesäuertem Brot, an Wein, Bier, Essig, Käse, Joghurt oder Sauerkraut. Die heutigen Haustiere, Kulturpflanzen und genutzte Mikroben sind allesamt genetische Konstrukte, die vom Menschen durch Zuchtwahl geschaffen und nicht in der Natur vorgefunden wurden. Diese Konstrukte stehen außerhalb der natürlichen Evolution.

Der hexaploide Weizen (*Triticum aestivum*) zum Beispiel, die derzeit wichtigste Kulturpflanze, ist das Ergebnis eines langwierigen Züchtungsprozesses, zu dem mehrere Arten mit ihrem Genbestand beigetragen haben. Triticale – ein Meisterwerk moderner Züchtung – ist eine Kreuzung aus Weizen und Roggen. Raps (*Brassica napus*) ist als amphidiploider Bastard aus Rübsen

(*Brassica campestris*) und Kohl (*Brassica oleracea*) entstanden. Die verschiedenen Zuckerrüben sind raffinierte genetische Konstrukte, weit entfernt von der vermuteten Wildform *Beta
maritima*.

Was ist eigentlich neu an der Gentechnik, wie unterscheiden sich „moderne" transgene Pflanzen von klassischen genetischen Konstrukten wie etwa Weizen, Raps, Kerner oder Triticale?

Neu an der Gentechnik ist die gezielte Übertragung einzelner Gene im Gegensatz zur Rekombi-
nation ganzer Genome bei der klassischen Züchtung. Mit gentechnischen Methoden können
Gene auch zwischen Organismen übertragen werden, die sich sexuell nicht kreuzen lassen; z. B.
läßt sich das Gen für Humaninsulin bekanntlich in das biotechnisch geeignete Bakterium
Escherichia coli übertragen. Die Information des Gens wird von der Empfängerzelle für die
Bildung des entsprechenden Proteins genutzt: Das Bakterium bildet Humaninsulin.

4.3 Eine Fallstudie: Antikörperproduktion in transgenen Pflanzen

Seit der Erfindung der Hybridoma-Zellinien können reine Antikörper in theoretisch unbegrenz-
ter Menge gewonnen werden. Für eine breite Anwendung sind die in Säugetier-Zellkulturen
erzeugten Antikörper aber viel zu teuer. Da man weiß, daß entsprechend transgen gemachte
Pflanzen das Potential für die Produktion von Säugerproteinen und pharmazeutisch interessanten Peptiden besitzen, lag es nahe zu prüfen, ob höhere Pflanzen funktionale Antikörper herstellen können. Dieser Nachweis ist bereits vor Jahren mit Tabakpflanzen gelungen. Die Gene für
die schweren und leichten Immunglobulinketten wurden mit starken Promotoren versehen und
mit Hilfe von „entschärften" Plasmiden aus *Agrobacterium tumefaciens* getrennt in Tabakzellen eingeschleust. Nach der Blattscheibchen-Methode wurden aus den transformierten Zellen
wieder ganze Tabakpflanzen regeneriert. In den Blättern dieser Pflanzen fanden sich tatsächlich
die leichten bzw. die schweren Immunglobulinketten. Besonders leistungsfähige Pflanzen dieser
„Parentalgeneration" wurden dann über eine normale Bestäubung gekreuzt und die Individuen
der F1-Generation auf funktionale Antikörper getestet. Dabei zeigte sich, daß die Tabakzellen
tatsächlich einen intakten Antikörper zusammensetzen können und daß die gekreuzten Pflanzen
weit mehr an Immunglobulin bilden als die Ausgangspflanzen, die nur jeweils eine der beiden
Polypeptidketten herstellen.

Die Möglichkeit, intakte Antikörper in Tabak (*Solanaceae*) herzustellen, eröffnet die Perspektive,
die leicht vegetativ zu vermehrende und pflanzenbaulich optimierte Kartoffel (ebenfalls eine
Solanacee) künftig für die Gewinnung von Immunglobulinen einzusetzen.

4.4 Vom Nutzen und Nachteil der Transgenität: Ein Thema für die Technikfolgenabschätzung

Technik ist als die praktische Anwendung unseres Wissens immer ambivalent. Dies gilt auch für die Gentechnik: Sie weckt nicht nur Erwartungen und Hoffnungen, sondern auch Befürchtungen und Ängste. Technikfolgenabschätzung hat die Aufgabe, die erwünschten und die unerwünschten Technikfolgen – Chancen und Risiken – nach wissenschaftlichen Kriterien zu beurteilen. Dem Wildwuchs der Techniken sollen rational begründete Ordnungsparameter einer Technikgenese entgegengesetzt werden. Als Leitsatz gilt, daß die neuen Technologien „besser" sein sollen als die alten. Als erstrebenswert gilt, neue Techniken frühzeitig so zu gestalten, daß die Vorteile genutzt und die Risiken klein gehalten werden (von Schell und Mohr, 1995). Es ist gleichzeitig zu fragen: Wie können wir in der globalen Konkurrenz bestehen, ohne unsere regionale Umwelt zu ruinieren? Wie können wir innovative Technologien entwickeln, ohne die Akzeptanzbereitschaft des Menschen im Lande zu überfordern?

4.5 Akzeptanz der Gentechnik

Seit den 70er Jahren arbeiten weltweit viele Wissenschaftler mit gentechnischen Methoden. Gentechnik-spezifische Schäden sind dabei nicht aufgetreten. Die gelegentlich heraufbeschworenen „unkalkulierbaren Risiken der Gentechnik" existieren nicht. Das war auch das Fazit der Enquête-Kommission „Chancen und Risiken der Gentechnologie" des Deutschen Bundestages, die diese Forschungs- und Produktionsmethode bereits in den 80er Jahren kritisch unter die Lupe genommen hatte: „Eine mehr als zehnjährige intensive Grundlagenforschung hat keinerlei Hinweise auf die hypothetischen neuen Risiken ergeben. Es ist überaus wahrscheinlich, daß die Risiken erkennbar geworden wären, wenn es sie gäbe." Diese Schlußfolgerung hat sich seitdem uneingeschränkt bestätigt. Trotzdem ist die Gentechnik nach wie vor z. T. umstritten.

Wir müssen hier allerdings verschiedene Ebenen unterscheiden. In der Forschung ist die Methodendebatte inzwischen abgeschlossen, die 1974 auf der bereits legendären Asilomarkonferenz innerhalb der Molekularbiologie in logisch und sachlich geordnete Bahnen gelenkt wurde. Die gentechnischen Verfahren erwiesen sich bei der Erforschung von Genstrukturen und Genexpression als unentbehrlich. Es ergaben sich über Jahrzehnte hinweg keinerlei begründete Hinweise auf reale Risiken. Demgemäß wurde das Methodenarsenal der Gentechnik in die biologische Forschung ohne Abstriche integriert.

Bei der industriellen Anwendung der Gentechnik steht nicht die wissenschaftliche Methodendebatte im Vordergrund; es dominiert vielmehr die Bedarfsdebatte (Besteht überhaupt ein Bedarf an Gentechnik?) bzw. die Nutzendebatte (Ist das Kosten/Nutzen-Verhältnis beim Einsatz der Gentechnik wirklich so günstig, wie es die Apologeten der Transgenität behaupten?).

Technische Innovationen gelten nur dann als sinnvoll, wenn sie zu besseren Verfahren und/oder Produkten führen. Bei der Debatte um das „besser" werden heute nicht nur technologische und ökonomische, sondern auch ökologische und soziale Aspekte in Betracht gezogen (siehe hierzu auch Abschnitt 14.7). Die biotechnologische Industrie hat mit der Gentechnik auch in Deutschland längst gute Erfahrungen gemacht. Die Firma „Boehringer" hat in den vergangenen Jahren rund 40 Produktionsverfahren aus dem herkömmlichen chemischen Reaktor in gentechnisch veränderte Mikroorganismen verlagert. „Die Auswirkungen sind enorm", resümierte kürzlich Dr. Werner Wäßle, Leiter der bayerischen Werke von „Boehringer". „Wir sparen durch den Übergang auf Biotechnologie 95 – 98% an Energie, Ausgangsmaterial, Wasser und Chemikalien." Aber nur langsam gewinnen die auf Gentechnik beruhenden Innovationen auch in Deutschland an Akzeptanz. Die Ausnahme bilden gentechnisch hergestellte Medikamente, wo die Zustimmung der Deutschen inzwischen bei über 80% liegt (entsprechend wurden bereits 1994 in Deutschland für 2,78 Mrd. US-$ gentechnisch hergestellte Medikamente verkauft, die allerdings zum größten Teil in den USA hergestellt wurden). Auch der Ersatz chemischer Synthesevorgänge durch biotechnologische Produktionsweisen (siehe obiges Zitat) kann mit steigender Akzeptanz rechnen (Arnold und Gassen, 1996). Eine gewisse Akzeptanz beobachtet man auch beim Einsatz gentechnischer Verfahren in der Pflanzenzüchtung, wenn es um Rohstoffe oder um Biomasse für Energiezwecke geht. Bei Lebensmitteln andererseits hält die reservierte oder ablehnende Haltung der meisten Verbraucher an, auch bei „substantiell äquivalenten Produkten" wie Zucker aus konventionellen oder aus Rizomaniaresistenten Zuckerrüben (siehe auch Kapitel 10). Für den Fachmann sind die Argumente, die auf dem Lebensmittelsektor zur Akzeptanzverweigerung führen, nur schwer nachzuvollziehen. Natürlich stellen Lebensmittel, bei deren Produktion gentechnische Verfahren eine Rolle spielen, keine Gefahr für den Menschen dar, sonst würden aufgrund der Rechtslage in unserem Land diese Lebensmittel ja nicht zugelassen. Aber die Vorstellung, gentechnische Verfahren in der Lebensmittelproduktion bildeten eine Gefahrenquelle, läßt sich durch Sachargumente derzeit kaum beeinflußen. Die Fachleute müssen sich darauf einrichten, daß für die Vertrauensbildung Emotionen eine weitaus größere Rolle spielen als rationale Argumente (Mohr, 1996).

4.6 Welche Zielsetzung verbindet sich mit dem Einsatz der Gentechnik in der Pflanzenzüchtung?

Züchtung und Anbau ertragreicher Pflanzensorten bilden seit dem Neolithikum die Grundlage menschlicher Kultur. Die moderne Landwirtschaft muß zwei sich widersprechenden Forderungen gerecht werden. Sie muß hocheffizient und gleichzeitig umweltschonend arbeiten. Dies hat sowohl wirtschaftliche als auch sozial- und strukturpolitische Gründe, über die man diskutieren, die man aber nicht abweisen kann.

Unter diesen Umständen ist Pflanzenzüchtung ein dringendes Gebot. Ziel der Züchtung – klassisch oder gentechnisch – ist die bessere Anpassung der Pflanze an unsere Bedürfnisse: Lebensmittel, Futtermittel, Rohstoffe, Energieträger. Pflanzen werden gesucht, die mit weniger Betriebsmitteleinsatz optimale Ernten erlauben (Schulte und Käppeli, 1996).

In den letzten Jahrzehnten haben die Art und das Ausmaß der Möglichkeiten zur züchterischen Veränderung von Tieren, Pflanzen und Mikroorganismen eine neue Dimension erreicht. Dabei wurde insbesondere durch die direkteren Eingriffsmöglichkeiten in biologische Prozesse (z. B. Anwendung der Bio- und Gentechnik) eine deutliche Verkürzung der Zeitabstände zwischen der Entwicklung und der Umsetzung einer Neuerung erreicht. Beispiele neuer Technologien im biologisch-technischen Bereich sind:

- Sorten, die gegen Schädlinge, Krankheiten und Unkrautvernichtungsmittel (Herbizide) resistent sind,
- ertragreichere Sorten mit höherer Nährstoffeffizienz („low input"-Sorten),
- neue Sorten mit einer veränderten Zusammensetzung der Inhaltsstoffe (z. B. Fettsäuremuster, Aminosäurenzusammensetzung, Ligningehalt),
- neue Sorten mit nichtpflanzlichen Inhaltsstoffen (z. B. zur Gewinnung von Pharmaka),
- effizientere Pflanzenschutzmittel, die im Boden leicht abbaubar und wenig mobil sind,
- Tiere mit besserem Leistungsprofil und qualitativ besseren Produkten (z. B. höherer Fleischanteil, höherer Eiweißgehalt der Milch),
- Tiere mit geringer Krankheitsanfälligkeit,
- transgene Tiere zur Erzeugung von Pharmaka,
- Leistungssteigerer in der Tierproduktion (z. B. Wachstumshormone),
- Futterzusatzstoffe zur Erhöhung der Nährstoffeffizienz (z. B. Phytase),
- fortpflanzungsbiologische Techniken (z. B. künstliche Besamung, Steuerung des Sexualzyklus, Embryotransfer, Klonierung von Embryonen),
- Biogasgewinnung,
- Verfahren zur besseren Reststoffverwertung (z. B. Lactatgewinnung als Molke).

In diesem Kontext hat die Landwirtschaft mit der Gentechnik durchweg gute Erfahrungen gemacht. In der Regel läßt sich für transgene Pflanzen ein geringeres Nebenwirkungsrisiko ableiten als für konventionelle Züchtungen. Aber auch hier wachsen die Bäume nicht in den Himmel. Was Bestand haben wird, so lautet die Prognose, ist die bereits sehr gute Kulturpflanze, die gentechnisch gezielt mit einer oder wenigen Eigenschaften verbessert ist, wie etwa einer zusätzlichen Krankheitsresistenz oder einer zusätzlichen biosynthetischen Fähigkeit.

Zur Veranschaulichung sei hierzu eine Fallstudie vorgestellt: Transgener Raps mit veränderter Fettsäurezusammensetzung. Der Nährwert von Rapsöl läßt sich mit gentechnischen Mitteln dramatisch verbessern. Man schleust den Pflanzen ein aus Bakterien stammendes Gen ein, das für die Bildung einer sonst nicht vorhandenen essentiellen Fettsäure sorgt. Diese dreifach ungesättigte γ-Linolensäure ist diätetisch vorteilhaft, weil sie der Entstehung von Arteriosklerose entgegenwirkt und somit das Risiko für Herz-Kreislaufkrankheiten verringert.

Darüber hinaus profitiert die konventionelle Züchtung durch die Verbindung mit molekular- und gentechnischen Methoden. Sie erfährt eine Erleichterung und Beschleunigung (und Verbilligung). Dabei geht es nicht um die Konstruktion transgener Pflanzen mit neuen Eigenschaften (wie bei dem oben geschilderten transgenen Raps), sondern um sogenannte DNA-Marker, die anzeigen, ob bei einem konventionellen Züchtungsversuch die gewünschten Gene tatsächlich im Erbgut der Pflanze verankert wurden. Die DNA-Marker (kurze Stücke der genetischen Substanz DNA) dienen der Kennzeichnung spezieller Chromosomenbereiche und erlauben so deren Identifizierung im Labor, ohne daß die betreffenden Pflanzen im Gewächshaus oder im Freiland in aufwendigen und kostspieligen Tests auf ihre Eigenschaften hin geprüft werden müssen.

Die Laborforschung an transgenen Pflanzen hat in Deutschland Leistungen erbracht, die weltweit anerkannt sind. In der praktischen Anwendung besitzt jedoch die Gentechnik an Pflanzen in unserem Land einen nur geringen Stellenwert. Dies liegt einerseits an den komplizierten gesetzlichen Regelungsverfahren, aber entscheidend an der bislang geringen Akzeptanz der „grünen Gentechnologie" in der Öffentlichkeit.

Bisher konnten in Deutschland nur wenige Feldversuche mit transgenen Pflanzen ausgeführt werden. Die meisten der Versuchsansätze wurden von politischen Gruppen, die der Gentechnik feindlich gegenüber stehen, auch im Jahr 1996 widerrechtlich zerstört. Dies ist auch deshalb bedauerlich, weil nur in Freilandversuchen der biologischen Sicherheitsforschung voll Rechnung getragen werden kann. Dies gilt für die klassische Züchtungsforschung ebenso wie für die Gentechnik-gestützte Pflanzenzüchtung.

Trotz alle Bemühungen konnten die Fachwissenschaftler die deutsche Öffentlichkeit bislang nicht davon überzeugen, daß es bei der Bewertung von Züchtungsleistungen nicht auf die Methode der genetischen Veränderung ankommt (klassische Züchtung oder Gentechnik), sondern auf die herbeigeführte genetische Konstitution und die daraus resultierenden neuen Eigenschaften (Schmitt und Zweck, 1996).

4.7 Ein erstes Beispiel für Risikobeurteilung durch Technikfolgenabschätzung: die „Flavr-Savr"-Tomate

Um die Lagerfähigkeit von Tomaten günstig zu beeinflußen, wurde ein Antisense-Gen gegen das Enzym Polygalacturonidase (PG) in die Tomate eingeführt. Es handelt sich in diesem Fall nicht um ein Fremdgen; vielmehr wurde das normale PG-Gen der Tomate umgekehrt in das Genom der Tomate eingefügt. Es bildet jetzt falsche (Antisense-)mRNA und hemmt auf diese Weise die Wirksamkeit der richtigen mRNA und damit die Synthese der PG, die für das Matschigwerden der Tomaten verantwortlich ist. Zusätzlich wurde allerdings ein bakterielles Fremdgen, ein Antibiotika (Kanamycin)-Resistenz-Markergen, eingefügt, das für die Selektion der transformierten Tomatenzellen benötigt wird. Die Risikobeurteilung der „Flavr-Savr"-Tomate ist in Tab. 1 zusammengefaßt.

Tab. 1: Risikobeurteilung der „Flavr-Savr"-Tomate

Mögliches Risiko	Beurteilung aufgrund der Studiendaten
Nicht genügender Abbau der toxischen Alkaloide	„Flavr-Savr"-Tomate baut Alkaloide genauso ab wie normale Tomatenpflanzen.
Änderung der Allergenität • durch PG-Antisense-Gen • durch das Antibiotika-Resistenz-Markergen	• PG-Antisense-Gen stammt aus der Tomate. • Überprüfung ergab, daß dies praktisch ausgeschlossen werden kann.
Das Antibiotika-Resistenz-Markergen inaktiviert auch Antibiotika, die in der Medizin angewendet werden. Durch Verzehr der „Flavr-Savr"-Tomate könnte eine Verbreitung der Antibiotika-Resistenz möglich sein.	Antibiotika dieser Gruppe werden nur noch lokal (Augentropfen und Hautsalbe) eingesetzt. Sehr geringe Mengen aktiver DNA, daher weitere Verbreitung der Antibiotika-Resistenzen praktisch ausgeschlossen
Änderung der Nährstoffzusammensetzung	Sie ist in Untersuchungen nicht eingetreten.
Eintreten von unvorhersehbaren Nebeneffekten	Bildung von ungewöhnlichen Typen während der Züchtungsphase wurden wie üblich ausselektiert.

Aufgrund der günstigen Risikobeurteilung wurde die „Flavr-Savr"-Tomate von der zuständigen „Food and Drug Administration" in den USA zugelassen. Zahllose Menschen haben inzwischen diese Tomate oder die daraus hergestellten Produkte (Tomatenmark) gekauft und verzehrt. Es wurden trotz hoher Aufmerksamkeit bislang keinerlei Nebenwirkungen beobachtet.

4.8 Ein zweites Beispiel für Risikobeurteilung durch Technikfolgenabschätzung: die „Roundup Ready Soybean"

Das Gen „Roundup Ready" wurde von Molekularbiologen der Firma Monsanto aus Bodenmikroorganismen isoliert und in höhere Pflanzen u. a. Soja (*Glycine max*) eingebaut. Das Gen codiert für das Enzym 5-Enolpyruvylshikimat-3-phosphat-Synthase (EPSP-Synthase), das in Pflanzen eine zentrale Rolle bei der Synthese aromatischer Aminosäuren spielt. Die in Pflanzen von Natur aus vorkommende EPSP-Synthase wird durch das aminosäurenähnliche Glyphosat (Wirkstoff des Herbizids Roundup) gehemmt, die aus den Bodenmikroorganismen stammende EPSP-Synthase hingegen nicht. Der Einbau des Mikrobengens für EPSP in die Sojabohne macht diese tolerant gegenüber Roundup („Roundup Ready Soybean"). Die neue Sojabohne und daraus hergestellte Produkte wurden strengen Sicherheitsprüfungen unterworfen. Dabei wurde „Roundup Ready Soybean" (RRS) als genauso sicher bewertet wie die konventionelle Feldfrucht. Sowohl in den USA als auch in der EU sind die zuständigen Behörden zu dem Ergebnis gelangt, daß es keinen Unterschied zwischen RRS und herkömmlichen Sojabohnen bezüglich Gesundheits- und Umweltrisiken gibt, zumal die neuen Sojabohnen keine Markergene enthalten. Demgemäß wurde die Sorte RRS in den USA für den Anbau und für die Nutzung in der Nahrungs- und Futtermittelkette freigegeben. Im April 1996 hat die EU ihre Zustimmung für die Einfuhr von RRS erteilt. Trotzdem wurden wir gebeten, die Sicherheitsdaten für die transgenen Sojabohnen vor der im November 1996 vorgesehenen Ersteinfuhr nach Deutschland nochmals zu bewerten, da inzwischen eine zwar krude, aber sorgfältig gezielte Kampagne von „Greenpeace" (Naumann, 1996) für Verunsicherung gesorgt hatte. Die Zusammenfassung unserer Prüfung lautet:

a) *Ergebnisse*:
1. Für den Herbizideinsatz bei toleranten Sorten kommen nur solche Mittel in Frage, die sicher wirken und aufgrund aller Erfahrungen unbedenklich sind. Das seit 20 Jahren im Pflanzenschutz verwendete Glyphosat gilt als ein sicheres und umweltverträgliches Herbizid.
2. Ein Höchstmaß an Sicherheit für Mensch und Umwelt ist damit erreicht, wenn ein Sachverhalt wissenschaftlich aufgeklärt und für unbedenklich erklärt ist. Im Fall von Glyphosat/ EPSP-Synthase dürfte dies der Fall sein.
3. Glyphosat wird im Boden rasch terminal abgebaut und ist nach allen Erkenntnissen harmlos für Mensch und Tier. Auf der Seite von EPSP-Synthase kommt nur ein Transgen ins Spiel, das aus Bodenmikroorganismen stammt.
4. Das zusätzliche EPSP-Protein hat nach den vorliegenden Untersuchungen weder allergene noch toxische Eigenschaften. Gesundheitsrisiken sind nicht erkennbar.

5. Ein unerwünschter Transfer des Resistenzgens auf Wildpflanzen ist ausgeschlossen, da es
   für *Glycine max* weder in Nordamerika noch in Europa wildlebende Kreuzungspartner gibt.

b) *Fazit:*

Die Produktsicherheit erscheint in jeder Hinsicht gewährleistet. Die Verbesserung der Produktionslinie (Konzentration auf ein umweltfreundliches Herbizid, erhebliche Reduktion des Herbizideinsatzes, Rationalisierungspotentiale) spricht auch vom Standpunkt der Technikfolgenabschätzung für eine Verwendung von RRS.

4.9 Gentechnik in der Landwirtschaft – einige Standardargumente pro und contra

Contra: Transgene Pflanzen verstoßen gegen die Schöpfung!

Pro: Alle kultivierten Pflanzensorten sind „unnatürlich"; sie sind genetische Konstrukte und stehen außerhalb der natürlichen Evolution. Transgenität ist keine neue Kategorie (siehe auch Kapitel 15).

Contra: Nahrungsmittel aus gentechnisch veränderten Pflanzen enthalten ein zusätzliches Risiko!

Pro: Dafür gibt es weder Belege noch Hinweise. Das immer wieder vorgebrachte Argument, es gäbe vermehrt Allergien, hat keine wissenschaftliche Grundlage. Die Situation ist in Wirklichkeit exakt dieselbe wie bei konventionell gezüchteten Pflanzen. Eine „Kennzeichnungspflicht" für Lebensmittel, bei deren Produktion gentechnische Verfahren direkt oder indirekt ins Spiel kommen, ist keine wissenschaftliche, sondern ein politische Frage.

Das Problem liegt darin, daß in Deutschland der Eindruck erweckt wurde, von gentechnisch veränderten Lebensmitteln gehe „automatisch" ein erhöhtes Risiko aus. Deshalb wird vielfach eine Kennzeichnung verlangt. Eine Kennzeichnung ist aus sachlichen Gründen aber nur dann praktikabel, wenn sich das „Genprodukt" in seiner Zusammensetzung vom herkömmlichen Lebensmittel unterscheidet. Dies ist häufig nicht der Fall. Die aus Roundup Ready Sojabohnen – im Oktober 1996 durch eine spektakuläre Aktion von Greenpeace ins öffentliche Interesse gerückt – gewonnenen Produkte wie Sojaöl oder Lecithin unterscheiden sich zum Beispiel nicht von denjenigen aus herkömmlichen Sojabohnen. Statt pauschal zu „kennzeichnen", sollte man darüber „informieren", wo und bei welchen Verfahrensschritten Gentechnik eingesetzt wird. Dabei sollte man auch die positiven Effekte der Gentechnik angemessen herausstellen. Eine Aufklärung über Sinn und Zweck der „Genmanipulation" erscheint nach den Erfahrungen in den von uns veranstalteten Bürgerforen als probates Mittel, die Bedenken abzubauen (siehe auch Kapitel 10).

Contra: In der Pflanzenproduktion werden von zahlreichen Experten durch die Züchtung von Sorten mit resistenten Eigenschaften gegenüber Schaderregern sowie von nährstoffeffizienteren Sorten wichtige Impulse für eine ressourcenschonende und nachhaltige Landbewirtschaftung erwartet. Dies sind Illusionen! In Wirklichkeit dienen die transgenen Sorten nicht dem Ziel einer ökologisch verträglichen Pflanzenproduktion, sondern dem Gewinnstreben der Agrarindustrie.

Pro: Derzeit stehen verschiedene gentechnisch veränderte Kultursorten von Mais, Raps und Zuckerrüben zur Verfügung, die gegen bestimmte Herbizide, wie z. B. Glufosinat-Ammonium, das leicht abbaubar ist, resistent sind. Die kombinierte Anwendung von solchen Herbiziden mit entsprechend resistenten Kulturpflanzen ermöglicht eine Unkrautkontrolle, die nur zu dem Zeitpunkt, zu dem die Unkräuter ertragsbegrenzende Konkurrenten für die angebauten Kulturpflanzen sind, durchgeführt werden muß. Dadurch ist eine Reduzierung der Behandlungshäufigkeit und damit auch der Ausbringungsmenge sowie eine Verminderung des Arbeits- und Kostenaufwands gegenüber den derzeitig praktizierten Verfahren möglich (siehe auch Kapitel 5). Allerdings ist durch den Anbau herbizidresistenter Pflanzen eine weitere Verdrängung der mechanischen Unkrautkontrolle und anderer Verfahren mit einem geringen Selektionsdruck zu erwarten, was zu einer Zunahme von Resistenzproblemen führen kann. Insgesamt kann der Einsatz herbizidresistenter Kulturpflanzen jedoch bei einem durchdachten Unkrautmanagement, das auch andere Verfahren der Unkrautkontrolle (z. B. mechanische Unkrautkontrolle, sinnvolle Fruchtfolge, häufiger Wirkstoffwechsel) einschließt, aufgrund des schnellen Abbaus der verwendeten Herbizide, einer verminderten Aufwandmenge und der Direktsaat in einen Mulchbestand sowohl ökologisch als auch betriebswirtschaftlich zu einer nachhaltigeren Landbewirtschaftung beitragen. Allerdings wird über gentechnisch gestützte Züchtung, insbesondere von herbizidresistenten Kulturpflanzen, von weiten Teilen der Öffentlichkeit sehr kritisch geurteilt, da es noch an entsprechenden Erfahrungen bezüglich der Auswirkungen dieser veränderten Pflanzen auf das Ökosystem mangele. Bisher gibt es jedoch keine Anhaltspunkte, die darauf hinweisen, daß gentechnisch erzeugte Pflanzen risikoreicher als konventionell gezüchtete sind. Gegenwärtig wird der Anbau von transgenen herbizid- aber auch insektenresistenten Kulturpflanzen in verschiedenen außereuropäischen Ländern bereits in großem Umfang praktiziert, so daß in Kürze zusätzliche Ergebnisse über die Wirkung dieser modifizierten Pflanzen auf das Ökosystem zur Verfügung stehen dürften.

Eine besondere Rolle in der öffentlichen Debatte über herbizidresistente Sorten von Kulturpflanzen spielt die ungewollte Übertragung von (Resistenz-)Genen auf eng verwandte Wildpflanzen. Wir behandeln das Thema hier nicht explizit, da das Problem natürlich auch bei konventioneller Züchtung auftritt und entsprechende Unkraut-Management-Strategien wissenschaftlich längst durchüberlegt sind (siehe auch Kapitel 5, 12 und 13).

Contra: Die mittelständischen deutschen Pflanzenzüchter, die sich einen Einstieg in die Gentechnik nicht leisten können, werden von den „Multis" überrollt!

Pro: Die großen Chemiefirmen verwerten in der Regel ihre genetisch veränderten Basislinien nicht selbst, sondern geben das transgene Material gegen Lizenzgebühren an Züchter ab, die über keine eigene gentechnische Forschungskapazität verfügen.

Contra: Gentechnik leistet der industriellen Agrarproduktion Vorschub!

Pro: Bei den Massenprodukten (z. B. Hybridmais, Weizen, Triticale, Hybridroggen, Raps, Zuckerrüben, Kartoffeln) ist eine solche Tendenz nicht zu erkennen. Im Gegenteil: Durch die Vereinfachung und Verbilligung der Züchtung verbessern sich die Chancen für eine Steigerung der Sortenvielfalt und die Optimierung der Fruchtfolgen, besonders hinsichtlich lokal angepaßter Sorten.

Contra: Ökologischer Landbau ist nicht mit Gentechnik zu vereinbaren!

Pro: Auch diese Auffassung ist nicht nachzuvollziehen. Gerade der ökologische Landbau ist auf lokal angepaßte, leistungsfähige und resistente Sorten angewiesen. Die vom ökologischen Landbau ständig gewünschte Sortenqualität und -vielfalt kann am ehesten mit Hilfe Gentechnik-gestützter Züchtung gewährleistet werden.

Contra: Die Auswirkungen der Gentechnik auf den bäuerlichen Familienbetrieb sind negativ!

Pro: Warum eigentlich? Es sind keine (prinzipiellen) Änderungen im Pflanzenbau erkennbar. Der Betriebsmitteleinsatz (Pestizide, Düngemittel) wird eher rückläufig sein. Die Qualität der konventionellen Produkte wird sich verbessern. Gerade für kleinere Betriebe wird die gezielte Anpassung an neue Märkte – Futterpflanzen, nachwachsende Rohstoffe, Energiepflanzen – leichter.

Contra: Die (hypothetischen) Risiken der Gentechnik verbieten eine Anwendung in Pflanzenzüchtung (-bau) und bei der Herstellung von Lebensmitteln!

Pro: Dies ist eine Behauptung, die wissenschaftlich nicht zu begründen ist. Natürlich läßt sich der Beweis einer hundertprozentigen Risikolosigkeit für die Gentechnik ebensowenig führen wie für andere Technologien. Was sich aber vom Standpunkt der Wissenschaft aus sagen läßt, ist dies: Bei einem verantwortungsbewußten Umgang mit der Gentechnik, wie er in Deutschland aufgrund der Rechtslage und der bisherigen Praxis vorausgesetzt werden kann, sind von ihr keine bedrohlichen Risiken zu befürchten. Die Risiken, die biotechnologischen Verfahren von Natur aus anhaften, werden sich durch den Einsatz gentechnischer Methoden eher vermindern. Den hypothetischen Risiken, die dem Einsatz der Gentechnik zugeschrieben werden, sind die realen Risiken eines Verzichts auf Gentechnik gegenüberzustellen: Ein Verzicht dürfte zu weit höheren Risiken führen als ein verantwortungsbewußter Einsatz.

Nach geltendem Recht muß man Risiken begründen, wenn man eine Technik verhindern will. Diese Regelung begünstigt Innovationen. Die Umkehr der Beweislast macht Innovation schlichtweg zunichte. „Die nicht weiter begründungspflichtige Vermutung, daß eine Technik mit verborgenen, noch unbekannten Risiken verbunden sein könnte, kann immer erhoben werden und ist grundsätzlich nicht zu widerlegen." (van den Daele et al., 1996) (siehe auch Kapitel 14).

5 Herbizidverträgliche Kulturpflanzen, ihre Bedeutung für Landwirtschaft und Umwelt

Dr. H. Müllner, Dr. G. Donn und Dr. E. Rasche

Hoechst Schering AgrEvo GmbH, Forschung Biochemie, H 872 N, D-65926 Frankfurt

5.1 Landwirtschaft, Herbizide und Ertrag

5.1.1 Bevölkerungswachstum / Höhere Erträge auf begrenzten Anbauflächen

In den letzten 50 Jahren hat sich die Weltbevölkerung verdoppelt. Heute teilen sich 5,6 Mrd. Menschen die Ressourcen der Erde. In fünf Jahren werden es 6,3 Mrd. und im Jahr 2025 über 8 Mrd. sein. Eine Generation später wird sich die Menschheit dann erneut verdoppelt haben.
Der Bedarf an Nahrungsmitteln wird deshalb ständig wachsen. Gleichzeitig verstärkt sich die Nachfrage nach tierischem Eiweiß durch steigenden Wohlstand in den aufstrebenden Ländern Lateinamerikas und vor allem Asiens. Deshalb muß die Pflanzenproduktion sogar überproportional zum Bevölkerungswachstum gesteigert werden, wenn der Bedarf an Nahrungsmitteln pflanzlicher und tierischer Herkunft befriedigt werden soll.
Demgegenüber stehen heute landwirtschaftlich genutzte Ackerflächen von weltweit 1,5 Mrd. Hektar. Diese Fläche kann nicht erweitert werden. Es geht im Gegenteil laufend wertvolles Ackerland verloren durch Erosion, Versalzung und Bebauung. Tritt das vorhergesagte Bevölkerungswachstum ein, bleiben im Jahr 2025 pro Kopf der Bevölkerung noch 1700 qm Land für die Nahrungserzeugung. Heute sind es dagegen 2700 qm, während 1950 dafür sogar über 5000 qm Land zur Verfügung standen. Diese Zahlen veranschaulichen sehr deutlich, daß nur über höhere Ernteerträge der wachsende Bedarf an Nahrungsmitteln zu befriedigen sein wird. Die Landwirtschaft muß dazu auf den geeigneten Standorten den ganzen technischen Fortschritt mit umweltschonenden, ertragssteigernden Anbautechnologien nutzen.

5.1.2 Unkrautkontrolle ist unverzichtbar

Zur Sicherung der landwirtschaftlichen Produktion ist die Kontrolle unerwünschter Begleitpflanzen auf unseren Ackerflächen unerläßlich. Unkräuter und Schadgräser konkurrieren mit den Kulturpflanzen um Nährstoffe, Wasser und Licht. Dabei sind sie den Kulturpflanzen, die auf hohe Ertragsbildung gezüchtet sind, deutlich überlegen. Das kann dazu führen, daß Kulturpflanzen überwuchert werden und Totalausfälle entstehen. Die unerwünschten Begleitpflanzen behindern außerdem Pflege- und Erntearbeiten. Sie vermindern also sowohl Menge als auch Qualität des Ernteguts. Ein Beispiel hierfür ist die Anwesenheit von Wildrüben in Sommer-rapsbeständen, die in Kanada zu Qualitätsverlusten beim Öl führen.

Weltweit wird rund ein Drittel der Ernteverluste durch Unkräuter und Schadgräser verursacht. Ihre Bekämpfung sichert also einen hohen Anteil der Erträge. Sie wird heute überwiegend mit chemischen Mitteln, sogenannten Herbiziden, durchgeführt. Vor dem Einsatz von Herbiziden gibt es jedoch Fragen, die beantwortet werden müssen. Gibt es Rückstände im Erntegut? Werden Flora und Fauna, Boden, Wasser und Luft beeinträchtigt?

Eine Unkrautbekämpfung ohne Herbizide – mit mechanischen Verfahren etwa oder gar dem Abflammen – ist auch nicht ohne Nebenwirkungen und bei den vorherrschenden Anbautechniken nur bedingt möglich. Zusätzlich steht der höhere Aufwand an Zeit und Geld in keinem Verhältnis zum Nutzen. Zur weiteren Verbesserung der Unkrautkontrolle und umweltschonender Produktionsverfahren sind neue Herbizide notwendig. Die Ziele der Herbizidforschung lauten daher:

- Produkte und Verfahren mit überzeugender und umweltschonender Wirkung,
- Wirkstoffe mit genügender Wirkungsbreite unabhängig vom Entwicklungsstand der Unkräuter bei niedrigen Aufwandmengen,
- gute Verträglichkeit für die Kulturpflanze in allen Entwicklungsstadien,
- gezielter Einsatz im Nachauflauf unter Berücksichtigung wirtschaftlicher Schadensschwellen,
- rascher Abbau der Mittel im Boden, kein Einsickern ins Grundwasser, keine Belastung für die Luft,
- schonend für Nützlinge, Vögel, Wild und Wasserlebewesen, ungefährlich für den Anwender.

5.1.3 Herbizidforschung und Gentechnik

Pflanzenschutz kann heute nicht weiterentwickelt werden, ohne die Möglichkeiten der Gentechnik mit einzubeziehen. Sie kann mithelfen, Pflanzen gegen Schädlinge und Krankheiten von innen heraus zu schützen. Einen solchen Selbstschutz gibt es jedoch nicht, um sich der Konkurrenz von Unkräutern und Schadgräsern zu erwehren. Hier bleibt nur der Einsatz geeigneter Herbizide, die jedoch, wie z. B. Glufosinat, nicht immer verträglich für die Kulturpflanze sind. Für die Verwendbarkeit eines herbiziden Wirkstoffes in Kulturpflanzen ist aber die Verträglichkeit (Selektivität) ein sehr wesentliches Kriterium.

Natürliche Resistenzen gegenüber herbiziden Wirkstoffen beruhen in der Regel auf morphologischen oder physiologischen Unterschieden zwischen Unkräutern und Kulturpflanzen. Bei einigen Kulturen wird die Selektivität auch durch eine entsprechend gesteuerte Anwendungstechnik erreicht, z. B. durch Anwendung vor der Saat oder vor dem Auflaufen der Kulturpflanze oder durch Spritzschirme zum Schutz der Kulturen. Physiologisch bedingte Verträglichkeit ist gekoppelt an natürliche, in den Pflanzen vorkommende Abbau- bzw. Inaktivierungsmechanismen für bestimmte herbizide Wirkstoffe. Da natürliche Resistenzen oft auf nur graduellen Unterschieden im Herbizidmetabolismus beruhen und teilweise schon geringe Überdosierungen Schäden an der Kulturpflanze bedingen, spielen bei der Anwendung selektiver Herbizide die Dosierung, aber auch die Entwicklungsstadien der zu behandelnden Kulturpflanze eine wichtige Rolle, um eben diese Schäden zu vermeiden.

Drei Wege haben sich in den vergangenen Jahren als gangbar erwiesen, gezielt den Engpaß „Verträglichkeit" zu erweitern bzw. zu beseitigen:

Ein Weg ist es, den Wirkstoff mit einer Schutzsubstanz (Safener) zu kombinieren, die latent vorhandene Entgiftungsmechanismen in der Kulturpflanze anschaltet oder so stimuliert, daß praxisübliche Aufwandmengen des Herbizids von der Kulturpflanze vertragen, die Unkräuter jedoch bekämpft werden.

Ein weiterer Weg besteht darin, durch Anwendung zellbiologischer Methoden aus Millionen von Zellen herbizidverträgliche Mutanten einer Kulturpflanze zu selektieren und daraus neue, herbizidverträgliche Sorten zu entwickeln. Ist dieser Weg erfolgreich, so ist die Wahrscheinlichkeit groß, daß bei Anwendung des Herbizids in der Praxis mehr oder weniger schnell auch entsprechend verträgliche Unkräuter selektiert werden und damit die Gefahr der Unkrautresistenz gegeben ist.

Den dritten Weg eröffnet die Gentechnik. Sie macht es möglich, ein Verträglichkeitsgen gegen einen bestimmten herbiziden Wirkstoff auf Kulturpflanzen zu übertragen. Damit können nun Pflanzen widerstandsfähig gemacht werden gegen sehr breitwirksame, aber ansonsten ökologisch besonders günstige Herbizide wie Glufosinat. Die stabile Integration des Verträglichkeitsgens für Glufosinat in das Genom der Pflanze ist eine völlig neue Dimension im Pflanzenschutz, ein Fortschritt für die Landwirtschaft und ein Fortschritt für Umwelt und Natur.

5.2   Glufosinat-verträgliche Pflanzen

5.2.1 Das Herbizid Glufosinat

Herkunft: Während Phosphate in der belebten Natur – insbesondere bei den Nukleotiden und Phospholipiden – eine sehr bedeutende Rolle spielen, sind Phosphonate eher selten. Die erste solcher Verbindungen, Fosfomycin, wurde 1969 isoliert (Hendlin et al., 1969), andere Phosphonate wie Plumbemycin (Park et al., 1977) und Fosmidomycin (Kuroda et al., 1980) konnten aus Streptomyceten isoliert werden. Ein natürliches Phosphinat wurde erstmals 1972 gefunden. Damals gelang es aus *Streptomyces viridochromogenes* (Bayer et al., 1972) und *Streptomyces hygroscopicus* (Kondo et al., 1973) das Tripeptid Bialaphos zu isolieren, das neben zwei Alanin-Resten die bis dahin unbekannte Aminosäure L-2-Acetamino-4-(hydroxymethylphosphinyl)-buttersäure enthält, ein Analog der Glutaminsäure. Von Bayer et al. wurde hierfür der Name Phosphinothricin geprägt. Für das Tripeptid Bialaphos wurden zunächst antibakterielle und fungizide Wirkungen beschrieben. In Versuchen der Forschung des Bereichs Landwirtschaft der „Hoechst AG" wurde dann eine starke und sehr breite herbizide Wirkung festgestellt. Sie war auf die Aminosäure Phosphinothricin zurückzuführen, für die wir überwiegend das Synonym Glufosinat verwenden. Glufosinat wird seither synthetisch hergestellt und als Ammonium-Salz in verschiedenen Formulierungen in den Handel gebracht. Der „common name" ist Glufosinat-Ammonium (englisch: glufosinate-ammonium).

Wirkungsweise: Nach Aufnahme ins Pflanzengewebe blockiert Glufosinat als Substratanalog der Glutaminsäure eine essentielle Entgiftungsreaktion in der Pflanze, die Fixierung von Ammoniak an Glutaminsäure unter Bildung von Glutamin (Leason et al., 1982). Ammoniak stammt vor allem aus der Photorespiration, aber auch aus der Reduktion des aus dem Boden aufgenommenen Nitrats oder dem Aminosäureabbau. Die Entgiftungsreaktion wird von dem Enzym Glutaminsynthetase katalysiert, welches auch in Mikroorganismen und Säugern vertreten ist. Während allerdings in Säugern Ammoniak über andere Wege unter Ausscheidung von Harnstoff entgiftet werden kann, verfügen die Pflanzen nur über den Entgiftungsweg der Glutaminbildung. Die Behandlung mit Glufosinat und seine Aufnahme ins Pflanzengewebe führt daher zur Inhibition der Glutaminsynthetase, zum raschen Anstieg der Ammoniakkonzentration und schließlich zum Absterben der Pflanze. Abhängig von der Aufwandmenge können daher mit Glufosinat alle grünen Pflanzen kontrolliert werden.

Wirkungsspektrum: Die breite herbizide Wirkung führte zur Entwicklung (Schwerdtle et al., 1981) und schließlich zur Registrierung und Vermarktung von Glufosinat-Ammonium als nichtselektives breit wirksames Herbizid. Allerdings ist die Wirkung direkt abhängig von der aufgenommenen Menge. Da die besondere Oberfläche der Gräserblätter und deren vertikales Wachstum ein Ablaufen der Herbizidlösung begünstigt, wirkt Glufosinat auf breitblättrige, zweikeimblättrige Pflanzen besser als auf einkeimblättrige Pflanzen, wie z. B. Gräser.

Glufosinat wirkt schnell. Schon nach wenigen Stunden kann ein deutlicher Anstieg der Ammoniakkonzentration gemessen werden. Dies führt dazu, daß die Verteilung des Wirkstoffs in der Pflanze behindert wird. Glufosinat wirkt daher kaum systemisch. Man kann es daher auch als Kontaktherbizid bezeichnen. Mehrjährige Pflanzen – insbesondere diejenigen mit größeren Speicherwurzeln – werden deshalb nicht nachhaltig kontrolliert. Die Behandlung führt nur zu einem „Abbrennen" der oberirdischen grünen Teile. Die meisten Unkräuter werden schon mit 0,4–0,6 kg ai/ha kontrolliert, während für die Kontrolle mehrjähriger Gräser oftmals höhere Aufwandmengen nötig sind.

Als Naturstoff wird Glufosinat im Boden rasch abgebaut. Daher wird es von den Pflanzen über den Boden nicht aufgenommen. Diese besonderen Eigenschaften erlauben die Anwendung dieses Herbizids im Weinbau, Obst- und Beerenkulturen, aber auch zur Unkrautbekämpfung durch Unterblattspritzung, wie z. B. in Mais.

5.2.2 Glufosinat-Verträglichkeit

Mechanismus: Die *Streptomyces*-Arten, die das Tripeptid Bialaphos erzeugen, das wiederum die herbizidwirksame Aminosäure Phosphinothricin enthält, besitzen ein Enzym – und damit auch das dazugehörige Gen – welches die Aminogruppe des Phosphinothricin acetyliert. Auf diese Weise schützen sich diese *Streptomyces*-Arten vor einer Vergiftung durch das eigene Stoffwechselprodukt. De Block et al. (1987) wiesen nach, daß ein aus *Streptomyces hygroscopicus* isoliertes und in Pflanzen übertragenes Bialaphos-Resistenzgen (*bar*-Gen) auch in diesen exprimiert wird und sie so vor der herbiziden Wirkung von Glufosinat schützt. Wohlleben et al. (1988) isolierten und charakterisierten ein ähnliches Phosphinothricin-Resistenzgen aus *Streptomyces viridochromogenes*. Dieses Gen codiert für ein Phosphinothricin-Acetyl-Transferase genanntes Enzym (*pat*-Gen).
Obwohl sich die Nukleotidsequenzen des *bar*- und des *pat*-Gens geringfügig unterscheiden, codieren sie für vergleichbare Enzyme, die Glufosinat durch eine spezifische Acetylierung seiner Aminogruppe inaktivieren können. Es entsteht N-Acetyl-Glufosinat, das die Glutaminsynthetase nicht mehr hemmt und keine herbizide Wirksamkeit mehr aufweist. Nach Einbau des *pat*-Gens in geeignete Genfähren, die den Transfer in Pflanzen und dort die Expression des Gens erlauben, konnten Mais, Raps, Soja, Zuckerrübe und eine Reihe anderer Kulturpflanzen mit der Glufosinatverträglichkeit ausgestattet werden. Dabei erwiesen sich beide Gene als verläßliche Selektionsmarkergene zum Auffinden transgener Gewebe und Pflanzen.
Freilandversuche und Entwicklung: Schon die ersten Freilandversuche mit Glufosinatverträglichen Pflanzen (De Greef et al., 1989) bestätigen, daß die mit dem *pat*-Gen ausgestatteten Tabakpflanzen auch unter Freilandbedingungen vollständig vor der Wirkung von Glufosinat geschützt sind, während die Begleitpflanzen absterben. Das war der endgültige Beweis, daß der neue Forschungsansatz für die selektive Unkrautkontrolle mit Glufosinat erfolgreich in die Praxis umzusetzen ist (Leemans et al., 1987). In den darauffolgenden Jahren wurden – in Zusammenarbeit mit den international führenden Saatzuchtunternehmen, die Glufosinatverträgliche Sorten züchten – die Freilandversuche ständig ausgeweitet. In Europa und insbesondere in Nordamerika fand eine rasche, stark zunehmende Versuchstätigkeit statt (siehe Kapitel 1 und 2). Sie konzentrierte sich zunächst auf die Kulturen Ölraps, Mais, Sojabohnen und Zuckerrüben. Inzwischen werden weitere Glufosinat-verträgliche Pflanzen wie Reis, Baumwolle und Lupinen

entwickelt. Weitere Anwendungsmöglichkeiten in anderen Kulturarten werden geprüft. Dabei spielt die Feldentwicklung und Markteinführung in Nordamerika eindeutig eine Vorreiterrolle. Europa hinkt aufgrund der aufwendigen Genehmigungsverfahren zum Inverkehrbringen gentechnisch veränderter Pflanzen hinterher (Brandt, 1995) (siehe auch Kapitel 2). Insgesamt wurden weltweit bisher mehr als 1.700 Freilandversuche durchgeführt, um die notwendigen Registrierungsdaten und Anwendungsempfehlungen für die unterschiedlichen Bedingungen in den jeweiligen Ländern zu erarbeiten. Der Glufosinat-Wirkstoff wurde nach dem Auflaufen der Kulturpflanzen und unerwünschter Begleitpflanzen gespritzt. Dabei wurden Einmal- und Doppelbehandlungen mit Aufwandmengen von 150–800 g Wirkstoff je ha zu verschiedenen Zeitpunkten vorgenommen und mit den besten Standardherbiziden verglichen. Die Anwendungstermine richten sich dabei in erster Linie nach dem Entwicklungsstadium der Unkräuter. Bei Doppelbehandlungen und im Splittingverfahren (zweimal verminderte Aufwandmenge) wird natürlich verstärkt die Entwicklung der Kulturpflanzen berücksichtigt. Dabei geht es um folgende Behandlungstermine:

- früher Nachauflauf im 2–4 Blattstadium
- mittlerer Nachauflauf im 5–8 Blattstadium
- Doppelbehandlung / Splitting
  - früher Nachauflauf im 2–4 Blattstadium
  - Nachbehandlung im 2–4 Blattstadium neu aufgelaufener Unkräuter

5.2.3 Sicherheit von Glufosinat und Glufosinat-verträglichen Pflanzen

Metabolismus und Rückstände in der Kulturpflanze: Der auf Glufosinat-verträgliche Kulturpflanzen übertragene Resistenzmechanismus führt nach Behandeln mit Glufosinat zur Entstehung des neuen Metaboliten N-Acetyl-Glufosinat. Die Metabolismusuntersuchungen an Glufosinat-verträglichem Mais, Soja, Raps und Tomate zeigten, daß der Hauptrückstand aus dem neuen N-Acetyl-Metaboliten, dem als Herbizid nichtwirksamen Glufosinat-Isomeren und geringen Mengen von 3-Methylphosphinicopropionsäure besteht. Da nach der Glufosinat-Behandlung zur Unkrautkontrolle die Kulturpflanze noch beträchtlich wächst und der nicht-herbizide Metabolit N-Acetyl-Glufosinat innerhalb der Pflanze transportiert wird, kommt es zu einem Verdünnungseffekt. In Rückstandsuntersuchungen waren im Silierungs- oder Erntestadium in Mais und Ölraps nur noch sehr geringe Rückstände nachweisbar.

Metabolismus im Boden: Die aus der Natur stammende Aminosäure Phosphinothricin wie auch das synthetische Racemat Glufosinat wird im Boden u. a. durch Aminosäure-Oxidasen, Transaminasen und durch Decarboxylierung abgebaut. Die Halbwertszeit liegt zwischen 3–20 Tagen (DT-50). Nach 10–30 Tagen sind 90% des Wirkstoffes abgebaut (DT-90). Der neue Metabolit

N-Acetyl-Glufosinat zeigt nach einer schnellen Deacetylierung praktisch das gleiche Abbauverhalten. Der rasche Abbau auch in leichten Böden reduziert die Gefahr einer Grundwasserkontamination durch Versickerung. In mit radioaktiv markiertem Glufosinat durchgeführten Lysimeterstudien konnten weder Glufosinat noch seine Metaboliten im Sickerwasser nachgewiesen werden (Dorn et al., 1992).

Metabolismus in Säugetieren: In Fütterungsversuchen mit Ratten konnte gezeigt werden, daß Glufosinat wie auch N-Acetyl-Glufosinat nach oraler Gabe sehr rasch wieder ausgeschieden wird. Innerhalb 48 Std. werden mehr als 90% der Dosis über den Kot (90%) und den Urin (10%) ausgeschieden. Die Untersuchungen zeigten auch, daß im Kot nach Gabe von N-Acetyl-Glufosinat geringe Mengen von Glufosinat nachweisbar waren bzw. nach Gabe von Glufosinat geringe Mengen von N-Acetyl-Glufosinat. Dies ist ein Hinweis, daß die Darmflora in der Lage ist, sowohl den Wirkstoff zu acetylieren als auch den Metaboliten zu deacetylieren.

Produktsicherheit und Umweltverhalten: Als registriertes Herbizid durchlief Glufosinat-Ammonium wie alle anderen Pflanzenschutzmittel ein Zulassungsverfahren, in dem mögliche Wechselwirkungen des Wirkstoffes mit Mensch, Tier und Umwelt untersucht und bewertet wurden.

Toxikologische Bewertung: Der Wirkstoff Glufosinat-Ammonium hat nur eine geringe Toxizität. Dies ergaben sowohl akute, subchronische als auch chronische Toxizitätsstudien (Ebert et al., 1990). Als Arbeitsstoff hat Glufosinat keine toxischen Eigenschaften, aufgrund derer es gemäß den Bestimmungen über Gefahrstoffe am Arbeitsplatz als gefährliche Substanz einzustufen wäre. Glufosinat ist weder mutagen, noch hat es sensibilisierende Eigenschaften, die zu Allergien führen können. Bei sachgemäßer Anwendung ist kein Gesundheitsrisiko für den Anwender oder Konsumenten zu erwarten (Hack et al., 1993). Auch der in Pflanzen entstehende Metabolit N-Acetyl-Glufosinat wurde toxikologisch geprüft. Der Metabolit kann als untoxisch bezeichnet werden. Er besitzt auch keinerlei herbizide Wirkung mehr.

Ökotoxikologische Bewertung: Bewertungen möglicher ökologischer Risiken für den Einsatz von Glufosinat-Ammonium zeigten, daß weder für Wasserorganismen wie Algen, Wasserflöhe und Fische noch für an Land lebende Tiere wie Bodenorganismen, Regenwürmer, Honigbienen, Nutzarthropoden, Vögel und Säugetiere eine Gefährdung bei sachgemäßer Anwendung zu erwarten ist (Dorn et al., 1992).

Herbizid-Zulassung: Das Ammonium-Salz ist in über 60 Ländern der Welt, darunter Deutschland, USA und Japan, als nicht-selektives Herbizid zugelassen. Unter anderem wird es im Wein- und Obstbau und in Plantagenkulturen eingesetzt. Nach intensiven Feldprüfungen haben die kanadischen Behörden im Frühjahr 1995 die erste Registrierung für seinen Einsatz als selektives Herbizid in Glufosinat-verträglichem Ölraps (Canola) erteilt. In den nächsten Jahren werden die Registrierungen in Mais, Soja, Winterraps und Zuckerrübe in den USA und europäischen Ländern erwartet.

5.2.4 Sicherheitsbewertung des *pat*-Gens und des PAT-Proteins

Spezifität des PAT-Proteins: Eines der potentiellen Risiken ist die Interaktion des PAT-Proteins mit anderen Aminosäuren, die möglicherweise durch Acetylierung ihre physiologischen Rollen verändern könnten. Die natürliche Aminosäure Glutamat ist dem Phosphinothricin als Substrat des PAT-Proteins am ähnlichsten. Daher sollte solch eine Interaktion am ehesten bei Glutamat zu beobachten sein. Allerdings bewirkte die Inkubation von gereinigtem Enzym (PAT-Protein) mit $[C^{14}]$-Glutamat keine Acetylierung des Glutamats. Eine 1000fach höhere Konzentration von Glutamat (oder anderen proteinogenen Aminosäuren) konnte das $[C^{14}]$-markierte Glufosinat als Substrat auch nicht verdrängen (Wehrmann et al., 1996). Auch die Inkubation mit allen anderen proteinogenen Aminosäuren zeigte keine Acetylierung durch das PAT-Protein. Dies beweist die extrem hohe Spezifizität dieses Proteins für Glufosinat.

Abbau: Abbaustudien des *pat*-Gens in Verdauungsflüssigkeiten von Schwein, Huhn und Rind zeigten, daß die DNA innerhalb einer Stunde (bei 37 °C und pH-Wert 1,5) vollständig abgebaut wird. Abbaustudien des PAT-Proteins in Verdauungsflüssigkeiten dieser Tiere sowie in simulierter menschlicher Magensäure bewirkten innerhalb von Sekunden eine sofortige Zerstörung des Proteins und seiner enzymatischen Aktivität. Diese Ergebnisse zeigen, daß sich das *pat*-Gen und PAT-Protein vergleichbar zu anderen DNA- und Proteinbestandteilen unserer Nahrung verhalten.

Allergenität: Ein sorgfältiger Vergleich der Aminosäuresequenz des PAT-Proteins mit anderen bekannten Proteinsequenzen wurde vorgenommen. Homologien zu bekannten allergenen oder toxischen Proteinen konnten nicht festgestellt werden. Alle Ergebnisse der Versuche, die im Rahmen des Genehmigungsverfahrens durchgeführt wurden, weisen darauf hin, daß von *pat*-Gen und PAT-Protein keinerlei Gefahren für den Konsumenten ausgehen.

5.2.5 Auskreuzung und Verwilderung

Auskreuzung: Mit der Einführung von gentechnisch veränderten Pflanzen mit neuartigen Eigenschaften wird auch diskutiert, ob diese neuen Eigenschaften in die natürliche Flora übertragen werden können. Gene für Herbizidverträglichkeit sind in dieser Hinsicht ein idealer Ansatz für die ökologische Überwachung der Weitergabe. Ökologische Risiken sind nicht zu erwarten, da sich die Fitneß der Kreuzungsprodukte nicht ändert. Die Herbizidverträglichkeit zeigt sich nur dann, wenn Herbizide eingesetzt werden, und dies wird vor allem im landwirtschaftlichen Ökosystem der Fall sein. Käme es zu der postulierten Genübertragung von angebauten Kulturpflanzen auf die Wildflora, wäre sie mit Hilfe des Merkmals Herbizidverträglichkeit leicht nachweisbar.

Herbizidverträgliche Kulturpflanzen sind daher ideale Modelle zur Beantwortung folgender Fragen:

- Gibt es unter natürlichen Bedingungen eine Genübertragung von Kulturpflanzen auf verwandte Wildpflanzen?
- Wie häufig treten solche Ereignisse auf?
- Welche Auswirkungen hat die Genübertragung auf die Überlebensfähigkeit dieser Wildpflanzen?
- Welche Auswirkungen hätte eine solche postulierte Genübertragung auf landwirtschaftliche Ökosysteme?

Es ist offensichtlich, daß keine allgemeingültige Antwort zu dieser Problematik gegeben werden kann. Eine Fall-zu-Fall-Betrachtung ist deshalb notwendig:

Mais: Mit Mais verwandte Wildpflanzen gibt es nur in Südmexiko und Mittelamerika. In allen anderen Teilen der Welt kann daher ein gentechnisch übertragenes neues Merkmal nicht durch Auskreuzung auf andere Pflanzenarten übertragen werden.

Soja: Die Sojabohne ist in dieser Hinsicht ebenfalls eine sichere Kulturpflanze. Nur in Nordchina gibt es verwandte Wildpflanzen. Darüber hinaus ist die Pflanze ein Selbstbefruchter.

Zuckerrübe: Zuckerrüben können sich frei mit wildwachsenden Rüben (*Beta vulgaris* ssp. *maritima*) kreuzen. Diese Wildpflanze wächst entlang den Küsten Westeuropas und am Mittelmeer. In diesen Gebieten ist ein Auskreuzen möglich. Durch den Einsatz von kontrollierter Bestäubung (männlicher Sterilität) oder durch Vermeidung der Samenproduktion in Gegenden, wo Wildrüben auftreten, kann aber eine Auskreuzung eines neuartigen Merkmals in Wildrübenpopulationen verhindert werden. Auf den Äckern der Landwirte gelangen Zuckerrüben normalerweise nicht zur Blüte. Die wenigen blühenden Pflanzen sollten im Rahmen guter landwirtschaftlicher Praxis ohnehin beseitigt werden, bevor sie Samen entwickeln.

Raps: Raps kann mit verwandten wilden Spezies der Familie *Brassicaceae* gekreuzt werden. Es gilt daher, die Wahrscheinlichkeit des Auskreuzens und damit verbundener eventueller Risiken zu bewerten. Raps (*Brassica napus*) entstand aus einer Kreuzung zwischen *B. campestris* (Rübsen) und *B. oleracea* (Kohl). Er kann immer noch mit seinen Vorfahren rückgekreuzt werden. Insbesondere Kreuzungen zwischen *B. napus* und *B. campestris* sind gut dokumentiert (Mikkelsen et al., 1996), während Auskreuzungen von Raps in *B. oleracea* unter Feldbedingungen nicht auftreten (Hild, persönliche Mitteilung).

Modellfall Auskreuzung Raps / Wildrübsen: Sollte auf Äckern *B. campestris* als Unkraut neben gentechnisch verändertem *B. napus* auftreten, wird das verwandte Unkraut durch die Behandlung mit dem Herbizid kontrolliert, bevor eine Auskreuzung auftritt. Genau deswegen wird Glufosinat-verträglicher Sommerraps von kanadischen Landwirten mit großem Interesse angebaut. In Kanada sind die Rapsanbauflächen teilweise mit Wildcruciferen verunkrautet. Senföle (Glucosinolate) und Erucasäure der Wildformen verunreinigen das Rapsöl bei entsprechend

starker Verunkrautung. Dadurch wird die Ölqualität des angebauten erucasäurefreien, glucosino-
latarmen Rapses z. T. spürbar vermindert, was dem Landwirt Mindereinnahmen einbringt. Da
die Wildformen dieselben natürlichen Herbizidtoleranzen aufweisen wie der Raps, lassen sich
Cruciferen in Rapsbeständen mit konventionellen Herbiziden nur unzureichend kontrollieren.
Dies gilt besonders für Wildrübsen. Durch den Anbau Glufosinat-verträglicher Sorten wird es
jetzt erstmals möglich, Wildcruciferen aus Rapsbeständen zu entfernen.

B. campestris wurde bisher in natürlichen Biotopen nicht nachgewiesen. Seine ökologischen
Präferenzen ähneln denen von Raps, der sich auch nur an Ackerstandorten ansiedeln kann, die
frei von konkurrierenden mehrjährigen Pflanzen sind (Crawley et al., 1993).

Wenn das Rapsfeld nicht mit einem Herbizid behandelt wird und eine Auskreuzung in *B. campestris* theoretisch möglich ist, entsteht eine ähnliche Situation wie auf einem normalen Raps-
acker. Die in der Folgekultur auflaufenden Sämlinge werden von dieser unterdrückt beziehungsweise durch geeignete Unkrautbekämpfungsmaßnahmen beseitigt.

Auskreuzung Raps / andere Wildcruciferen: Kreuzungen von Raps und den beiden am häufigsten auftretenden verwandten Unkräutern *Sinapis arvensis* (Ackersenf) und *Raphanus raphanistrum* (Hederich) treten unter landwirtschaftlichen Bedingungen selbst dann nicht auf, wenn
beide Unkräuter in unmittelbarer Nähe von *B. napus* wachsen. Der Grund liegt im physiologisch unterschiedlichen Verhalten der Pollen. Wenn Pollen der wilden Spezies zusammen mit
Pollen von *B. napus* auf eine Narbe von *B. napus* gelangt, wächst der *B. napus*-Pollen schneller
durch den Stempel und befruchtet die Eizellen. Daher entwickeln sich nur artreine Samenkörner.
Dasselbe gilt im umgekehrten Fall, wenn die Unkräuter die weiblichen Pflanzen sind. Auch hier
befruchtet der Pollen derselben Spezies die Eizellen (Kerlan et al., 1992). Selbst auf Rapsäckern
mit einem hohen Anteil beider Unkrautarten im Bestand wurde keine Hybridisierung von
Raphanus raphanistrum oder *Sinapis arvensis* mit herkömmlichem Raps festgestellt.

Unter besonderen restriktiven Bedingungen sind allerdings Ausnahmen möglich. So wurde
kürzlich in Feldern, in denen männlich sterile Raps-Genotypen in unmittelbarer Nähe von
Hederich angebaut wurden, gezeigt, daß sich bei völliger Abwesenheit von Raps-Pollen einige
Samenkörner auf den Rapspflanzen entwickelten. Die Sämlinge wurden analysiert. Neben den
di-haploiden Rapspflanzen wurden interspezifische Hybriden festgestellt: sowohl Amphidiplo-
ide als auch Dihaploide und Pflanzen mit unregelmäßigen Chromosomenzahlen (Baranger, Pro-
motionsschrift 1995). Die so erhaltenen interspezifischen F1-Hybriden wiesen neben morphologischen Anomalien auch eine verringerte Fertilität auf. Es ist unwahrscheinlich, daß sich diese
Pflanzen unter landwirtschaftlichen Bedingungen gegenüber den gut adaptierten, uneingeschränkt fertilen Spezies behaupten können.

Die genannten künstlichen Bedingungen, unter denen die *Raphanus-Brassica*-Hybriden erzeugt
wurden, entsprechen nicht den in der Landwirtschaft anzutreffenden Bedingungen, da eine Bestäubung mit *B. napus*-Pollen gänzlich ausgeschlossen war. Wenn *B. napus*-Pollen vorhanden

gewesen wäre, hätte dieser den Pollen der verwandten Spezies wie vorstehend beschrieben verdrängt.

Um die außerordentlich geringe Wahrscheinlichkeit interspezifischer Kreuzungen in das richtige Verhältnis zur landwirtschaftlichen Realität zu setzen, sollte man sich daran erinnern, daß bei der Rapsernte 3–5% der Samenkörner auf den Boden fallen. Dies sind dann 100–150 kg Körner/ha, was etwa 2.000–3.000 Körner/m^2 oder 20–30 Millionen Körnern pro Hektar entspricht. Durch die Art der Bodenbearbeitung nach der Rapsernte und eine geeignete Fruchtfolge (2 Jahre Getreideanbau nach Raps) gelingt es, den Samenvorrat im Boden sehr niedrig zu halten.

Verwilderung: Die Ausbreitung von exotischen Arten in ein bestehendes Ökosystem, wie es beispielsweise beim aus dem Kaukasus stammenden Riesenbärenklau in Europa zu beobachten ist, wird immer wieder als Modellfall für die Einführung gentechnisch veränderter Kulturpflanzen benutzt. Anders aber als die sich ausbreitenden Exoten, die in keiner Weise an ihr neues Ökosystem angepaßt sind und hier auch nicht durch angepaßte Krankheiten oder Schädlinge in Schach gehalten werden, sind die Kulturpflanzen in allen relevanten Eigenschaften an ihr ackerbauliches Ökosystem angepaßt. Eine neu eingeführte Eigenschaft führt nicht dazu, daß eine Kulturpflanze zu einem unkontrollierbaren Unkraut wird. Während ein Unkraut im Durchschnitt von 15 Eigenschaften, die man bei Wildpflanzen beobachtet, etwa 11–14 besitzt (z. B. Rosettenbildung, hohe Samenzahl, asynchrone Keimung von Samen, leichte Anpassung an unterschiedliche Ökosysteme) hat die übrige Wildflora ca. sieben, Kulturpflanzen durchschnittlich nur fünf. Mais als besonders angepaßte Kultur hat dagegen nur drei dieser Eigenschaften. Selbst wenn man voraussetzt, daß jede dieser Eigenschaften nur durch ein Gen ausgeprägt wird, wären 6–8 solcher neuen Gene oder Mutationen notwendig, um aus einer Kulturpflanze, die für Keimung, Wachstum und Ertrag die Hilfe des Menschen bedarf, ein wildwachsendes Unkraut zu machen. Neben diesen eher theoretischen Erwägungen wurde in dem britischen PROSAMO-Projekt („Programmed Release of Selected and Modified Organisms") Anfang der neunziger Jahre demonstriert, daß durch Insertion von Genkonstrukten in das Genom einer Kulturpflanze im Vergleich zu unveränderten Pflanzen keine Veränderungen in Überleben, Persistenz und Ausbreitung festzustellen waren (Crawley, 1992). Weder bei Raps, Kartoffel, Mais oder Zuckerrübe konnte dies beobachtet werden. Es kann daher davon ausgegangen werden, daß eine Verwilderung von Kulturpflanzen nach gentechnischer Übertragung neuer Eigenschaften nicht häufiger auftritt als bei nicht veränderten Pflanzen.

Ausfallpflanzen („Volunteers"): Seit Raps als Kulturpflanze angebaut wird, müssen die Landwirte auch mit dem Problem des Ausfallrapses umgehen. Die Raps-Sämlinge, die aus den verlorenen Samenkörnern auflaufen („Volunteers"), verhalten sich in der Folgekultur wie ein Unkraut. Zur Vermeidung von möglichen Problemen bei der Kontrolle von „Volunteers" in der Folgekultur ist es sinnvoll, die gleiche Herbizidverträglichkeit nicht in allen Kulturarten einer

Fruchtfolge einzubauen. So kann beispielsweise Glufosinat-verträglicher Raps in der Folgekultur (meistens Getreide) durch die gängigen in Getreide eingesetzten Herbizide sicher kontrolliert werden. Auch der Einsatz verschiedener Herbizidverträglichkeiten in einer Fruchtfolge vermeidet diese potentiellen Risiken. Es kann allerdings der Fall eintreten, daß zwei Kulturen aufeinander folgen, in die das gleiche Verträglichkeitsprinzip eingebaut wurde. Treten dann „Volunteers" in der Folgekultur auf, so werden sie durch Glufosinat nicht erfaßt. Der Landwirt kann hier aber auf bewährte ackerbauliche Praktiken, wie z. B. mehrfache flache Bodenarbeiten, aber auch auf Kombinationen verschiedener selektiver Herbizide zurückgreifen, die ihm die sichere Kontrolle über das Ausfallpflanzen-Problem erlauben.

„*Gene Stacking*": Neben der Glufosinat-Verträglichkeit werden auch Pflanzen entwickelt, die gegen Glyphosat, ein anderes breitwirksames Herbizid, verträglich sind. Grundsätzlich müssen daher die Risiken einer Kopplung von Herbizidverträglichkeiten („Gene Stacking") bzw. der Nutzung solcher Verträglichkeiten in allen Kulturarten einer Fruchtfolge bewertet werden. Um die Vorteile eines breit wirksamen Herbizids insbesondere durch die potentiellen Probleme der Kontrolle von doppeltverträglichen Ausfallpflanzen und durch den theoretisch möglichen Gentransfer auf verwandte Unkrautarten nicht zu gefährden und lang nutzen zu können, sollten daher die Verträglichkeitsgene für die beiden wichtigsten Herbizide Glufosinat und Glyphosat nicht gekoppelt werden. Die Koppelung von Herbizid-Verträglichkeit mit anderen agronomischen Eigenschaften, wie z. B. Insektenresistenz oder Pathogenresistenz nach deren Unbedenklichkeitsprüfung wird aber in Zukunft sicher genutzt werden, um die Leistung und den Wert von Saat- und Erntegut für den Landwirt durch Einsatz von Gentechnik zu verbessern.

5.2.6 Resistenz von Unkräutern gegenüber Glufosinat

Aufgrund der Wirkungsweise von Glufosinat ist es unwahrscheinlich, daß Unkräuter spontan gegen Glufosinat Resistenzen entwickeln. Der Grund dafür ist, daß dazu eine Mutation des Zielenzyms Glutaminsynthetase erforderlich wäre. Doch seine mutierte Glutaminsynthetase, die ihre Bindungsaffinität für Glufosinat verloren hat, verliert gleichzeitig auch ihre Bindungsaffinität für Glutamat, ein strukturelles Analogon zu Glufosinat und natürliches Substrat für dieses essentielle Enzym der Ammoniakentgiftung. Ein mutiertes Enzym könnte daher die Amidierung von Glutamat zu Glutamin, den wesentlichen Entgiftungsschritt für Ammoniak, nicht katalysieren. Eine solche Mutation wäre für die Pflanze tödlich. Daher ist es unwahrscheinlich, daß Unkräuter eine spontane Resistenz gegenüber Glufosinat entwickeln. In der Tat wird diese Hypothese durch Experimente und praktische Erfahrungen gut unterstützt:

- Glufosinat wird in einigen Gebieten seit über 10 Jahren mehrfach pro Wachstumsperiode eingesetzt. Resistente Unkräuter wurden nicht beobachtet.

- Großangelegte in vitro Pflanzenselektionsprogramme für Mais und Luzerne ergaben keine Glufosinat-verträglichen Pflanzen. Bei anderen Herbiziden hingegen ist es einfach, herbizidverträgliche Mutanten zu selektieren und aus den Zellinien fertile Pflanzen zu regenerieren.

5.3   Auswirkung von Glufosinat-verträglichen Pflanzen auf die Landwirtschaft

5.3.1 Einfluß auf die Unkrautkontrolle

Im allgemeinen wurde die Kontrolle aller wichtigen Unkräuter und Schadgräser mit ein oder zwei Behandlungen (primär in Zuckerrüben) von 300–600 g Wirkstoff je ha erreicht. Abhängig war dies einerseits vom Unkrautspektrum und Unkrautdruck sowie andererseits von der Dauer des Auflaufens der Unkräuter und dem Reihenschluß der Kulturpflanzen. Die Verträglichkeit der Glufosinat-verträglichen Kulturpflanzen gegenüber Glufosinat war in allen Freilandversuchen hervorragend. Ertragsauswertungen ergaben oftmals bessere Resultate im Vergleich zu herkömmlichen Verfahren. Exakte Ertragsbestimmungen werden im Rahmen der Sortenprüfungen vorgenommen.

Das neue Verfahren der selektiven Anwendung von Glufosinat ist eine neue Dimension in der Unkrautkontrolle. Die ausgezeichnete Pflanzenverträglichkeit verbunden mit der enormen Wirkungsbreite sowie der schnellen und hohen Wirksamkeit bieten die besten Voraussetzungen, die bisher übliche, vorsorgliche, aber nicht immer verlässliche Unkrautbekämpfung im Vorauflaufverfahren abzulösen und durch die gezielte Unkrautkontrolle im Nachauflaufverfahren unter Berücksichtigung von wirtschaftlichen Schadensschwellen zu ersetzen. Die Anwendung eines einzigen herbiziden Wirkstoffs wie Glufosinat ist für den Landwirt einfacher: Tankmischungen mit mehreren Herbiziden sind nicht notwendig, die aufwendige Einarbeitung vor der Saat entfällt und vor allem bei Zuckerrüben kann im allgemeinen eine Behandlung eingespart werden. Das neue Verfahren bietet somit sowohl ökonomische als auch ökologische Vorteile.

5.3.2 Bedeutung der Herbizidverträglichkeit für die nachhaltige Landwirtschaft

Die Pflanzenproduktion ist die Basis der Landwirtschaft und der Nahrungsmittelerzeugung. Sie muß deshalb so gestaltet werden, daß ihre Grundlagen langfristig erhalten werden: fruchtbare Böden, reine Luft und sauberes Wasser. Vor allem die Bodenbearbeitung und mit ihr die Unkrautkontrolle sind entscheidend, um eine leistungsfähige, ertragreiche Pflanzenproduktion nachhaltig zu gewährleisten. Die Herbizidverträglichkeit mit dem neuen Verfahren der gezielten Unkrautkontrolle kann hierbei wertvolle Dienste leisten. Die Vorteile für die Landwirtschaft können wie folgt dargestellt werden:

- Der Landwirt erhält eine zusätzliche, bessere Möglichkeit, die Unkräuter erst nach dem Auflaufen zu bekämpfen. Alle bisherigen Verfahren und Produkte stehen weiterhin zur Verfügung. Glufosinat-verträgliche Ausfallpflanzen können daher mit den bisherigen Mitteln bekämpft werden.

- Die ausgezeichnete Pflanzenverträglichkeit hilft das Ertragspotential der Nutzpflanzen optimal zu nutzen. Die Unkrautbekämpfung orientiert sich am Grad der Verunkrautung und an der Entwicklung der Unkräuter. Vorbeugende Behandlungen können entfallen. Die Unkrautkontrolle wird gezielt vorgenommen. Sie wird außerdem einfacher und flexibler, so daß arbeitstechnische Erfordernisse stärker berücksichtigt werden können.

- Mit dem neuen Verfahren kann die Anzahl der Behandlungen reduziert werden. Gelegentlich kann eine Behandlung auch völlig entfallen (bei Verunkrautung unterhalb von Schadensschwellen). Die gezielte Unkrautkontrolle nach dem Auflaufen der Unkräuter trägt zur Verringerung der ausgebrachten Herbizidmengen bei.

- Bei Umbruch der behandelten Kultur können Neueinsaat oder Fruchtfolge frei gestaltet werden, da Glufosinat rasch im Boden abgebaut wird.

- Bodenschonende Anbaumethoden wie minimale Bodenbearbeitung, Dauerbegrünung mit Direktsaat, Untersaaten u. a. Techniken lassen sich mit dem neuen Verfahren besser umsetzen und den Boden vor Erosion wirksamer schützen. Gleichzeitig schonen diese Verfahren den Bodenwasservorrat. Das trägt ebenfalls zu einer nachhaltigen Ertragssicherung der Pflanzenproduktion bei.

5.3.3 Ausblick

Gentechnisch veränderte herbizidverträgliche Kulturpflanzen werden in der Landwirtschaft zur Realität. In Kanada wurden Glufosinat-verträgliche Ölraps-Sorten 1995 zum ersten Mal zugelassen und auf den Markt gebracht.

Glufosinat-verträgliche Maishybriden sind jetzt in den USA zugelassen und werden dort 1997 in den Markt eingeführt werden. 1998 wird voraussichtlich die Markteinführung von Glufosinat-verträglichen Soja-, Winteraps- und Zuckerrübensorten in USA und Europa folgen.

Ähnliche Verfahren mit anderen Wirkstoffen wurden in Nordamerika ebenfalls zugelassen und 1996 bei Sojabohnen in den USA breit eingeführt. Weitere Anwendungen in anderen Kulturen und Ländern befinden sich in der Entwicklung.

Die hier vorgestellte neue Unkrautkontrolle wird einen wesentlichen Beitrag zu einem weiter verbesserten Anbau der wichtigsten Kulturpflanzen leisten und in Zukunft den sicheren Einsatz von Herbiziden mit günstigen ökologischen Eigenschaften ermöglichen. Dadurch können Landwirte die Bekämpfung von Unkräutern besonders wirtschaftlich und nebenwirkungsarm durchführen. Sie tragen damit dazu bei, die Umwelt zu schonen und dem Verbraucher auch in Zukunft gesunde und preiswerte Nahrungsmittel in ausreichender Menge anbieten zu können.

6 Perspektiven der Gentechnik in der Pflanzenzüchtung

Dr. H. Uhrig und Prof. Dr. F. Salamini

Max-Planck-Institut für Züchtungsforschung, Carl-von-Linné-Weg 10, D-50892 Köln

6.1 Konventionelle Pflanzenzüchtung

Historisch betrachtet schloß der erste Schritt bei der Erarbeitung agrikultureller Systeme die Entwicklung von Methoden zur Ernte, Säuberung und Nutzung wilder Samen mit ein, gefolgt von einer Phase bewußter Domestikation von Kulturpflanzen (Kislev, 1984). Domestikation war ein herausragender Beitrag der Pflanzenzüchtung und beruhte auf unbewußter und auch direkter Selektion durch den Menschen (Donald und Hamblin, 1983). Das Erscheinungsbild der Domestikation betraf Merkmale, die mehreren und verschiedenen Kulturarten gemein sind: Verlust von Mechanismen zur Samenstreuung; Verlust der Samenruhe; rasche Samenkeimung; Erwerb von vegetativer Vermehrbarkeit oder Apomixis; Selbstbefruchtung; Einjährigkeit; Erhöhung der Samen- oder Organgröße; Verlust von Merkmalen, die effiziente Aussaat behindern; Verlust giftiger oder bitterer Inhaltsstoffe in Organen, die als Nahrungsmittel genutzt wurden (Harlan et al., 1973; de Wet, 1975; Baker, 1971; Holden et al., 1993; Heiser, 1988). Die einfache genetische Grundlage mehrerer dieser Merkmale gestattete die rasche Fixierung erwünschter Allele in den kultivierten Genotypen.

Sanchez-Monge (1993) definierte Pflanzenzüchtung als „eine vom Menschen vorgenommene Auswahl der besten, als potentielle Sorten in Frage kommenden Pflanzen innerhalb einer variablen Population". Diese Definition deutet den Menschen im Neolithikum als einen, wenn nicht gar den erfolgreichsten Pflanzenzüchter. Die Induktion des Domestikations-Syndroms – das nur wenige Dekaden gedauert haben mag – hat unsere Kulturpflanzen in der Tat phänotypisch in einem Maße geformt, daß die ältesten Sorten jenen Pflanzen sehr ähneln, die wir heute anbauen. Andererseits entstanden die Kulturpflanzen zusammen mit den menschlichen Gesellschaften: Wenn die Menschen neue Gebiete der Welt besiedelten, dann wanderten auch ihre Kulturpflanzen mit. Während des Prozesses der Anpassung an neue Umgebungen entwickelten sich die Kulturpflanzenarten zu einer großen Zahl lokaler Varietäten oder Landrassen (Holden et al., 1993). Daraus resultiert, daß die menschliche Selektion auf Ertrag und Anpassung in einer

Abkürzungen: ACC = 1-Aminocyclopropan-1-carboxylsäure; AFLP = Amplifizierter Fragmentlängen-Polymorphismus; CGIAR = Consultative Group on International Agricultural Research; CMV = Cucumber Mosaic Virus; CyRSV = Cymbidium Ringspot Virus; DH = doppelt-haploid; NMS = nukleäre männliche Sterilität, PAP = Pokeweed antiviral protein; PCR = Polymerase-Chain-Reaction; PVX = Potato Virus X; PVY = Potato Virus Y, QTL = Quantitative Trait Locus; RAPD = Restriction-Amplified-Polymorphic-DNA; RFLP = Restriction-Fragmentlängen-Polymorphismus; RIP = Ribosom inaktivierendes Protein; SSR = Simple-Sequence-Repeat; TMV = Tobacco Mosaic Virus.

kurzen Evolutionsphase von weniger als 10.000 Jahren einen Grad genetischer Vielfalt erreicht hat, der größer ist als der in den Gemeinschaften der wilden Vorläufer in der Natur (Blumler, 1992). Diese Ausdehnung der intraspezifischen genetischen Variabilität der Kulturpflanzen endete nahezu abrupt mit dem Beginn der modernen Pflanzenzüchtung.

Noch vor dem Auftreten der Genetik war die Notwendigkeit für präzisere Kriterien zur Messung der gelenkten Verbesserung landwirtschaftlicher Pflanzen offensichtlich. Im 18. Jahrhundert war de Vilmoren der erste, der Nachkommenschaftstestungen bei der Entwicklung neuer Sorten einsetzte (Sanchez-Monge, 1993). Nachdem Kohlreuter im Jahre 1761 publizierte, daß Hybridisierung nützliche Genotypen schaffe, wurden sowohl in Deutschland als auch in England Sorten selektiert, die aus spaltenden Populationen nach Handkreuzung stammten (Holden et al., 1993). Mit der Wiederentdeckung der Mendelschen Regeln im Jahre 1900 fand ein radikaler Wechsel der Zuchtmethoden statt. Die Genetik steuerte neue Begriffe bei: das Gen, die Rolle der Chromosomen als Genträger, genetische Kopplung, die Grundlage der dauerhaften Variation, Heterosis, mütterliche Vererbung, experimentelle Mutagenese, Polyploidie und Gen-Enzym-Beziehungen. Diese wissenschaftlichen Entdeckungen veränderten die Züchtungstheorie schnell bis zu dem Punkt, da Pflanzenzüchtung synonym mit dem Begriff „Angewandte Genetik" wurde. Es muß trotzdem betont werden, daß die Wissenschaft der Pflanzenzüchtung wesentliche Beiträge aus der Zytologie, Systematik, Physiologie, Pathologie, Entomologie, Chemie, Statistik und seit kurzem von der Molekularbiologie erhielt und noch bezieht.

Am Ende der 5. Dekade dieses Jahrhunderts war die Pflanzenzüchtung in der Lage, moderne Agrarsysteme zu entwickeln, insbesondere die Mechanisierung der Landwirtschaft in den entwickelten Ländern und der Bereitstellung von mehr Nahrungsmitteln in den sich entwickelnden Ländern. Beide Ziele konnten in den letzten 40 Jahren erreicht werden. In der westlichen Welt wurde ein beeindruckender Fortschritt bei der Mechanisierung des Kulturpflanzenanbaus durch die Züchtung von verbesserten Sorten, Krankheitsresistenz, simultaner Abreife und Stabilität von Pflanzenteilen bei mechanischer Ernte ermöglicht. In den Entwicklungsländern führte die intensive Anwendung der Pflanzenzüchtung durch das internationale CGIAR-Institut zum Erfolg der grünen Revolution, die wiederholte Nahrungskrisen abschwächte, wenn nicht gar eliminierte. Tab. 1 faßt die Beiträge der Pflanzenzüchtung bei der Verbesserung mehrerer Kulturpflanzen in diesem Jahrhundert zusammen. Der Ertragszuwachs ist in der Tabelle als prozentualer genetischer Zugewinn angegeben. Ermittelt wurde er, indem man im gleichen Experiment Sorten anbaute, die in verschiedenen Jahren zugelassen worden waren. Die Verbesserungen beim Mais sind durch eine hohe Rate genetischen Fortschritts charakterisiert, während andere Pflanzen, wie Weizen und Hafer, eher langsam verbessert wurden.

Tab. 1: Einfluß des genetischen Fortschritts auf den Ertragszuwachs in ausgewählten Nutzpflanzen

Nutzpflanze	Genetischer Gewinn[1] (%/Jahr)	Literatur
Weizen	0.45	Slafer et al., 1994
Hafer	0.48[2]	Peltonen-Sainio, 1994
Gerste	0.47 – 1.1[2]	Cattivelli et al., 1994 Martiniello et al., 1987 Wych und Rasmusson, 1983 Hesselbach, 1985
Mais	1.5	Tollenaar et al., 1994
Baumwolle	1.0 – 1.1[2]	Culp, 1994
Sonnenblume	0.8 – 1.6[2]	Sadras and Villalobos, 1994 Vranceanu et al., 1988
Kartoffel	0.35 – 0.50	Scheijgrond, 1978 Schuster, 1978

[1] Prozent Ertragszuwachs pro Jahr bezogen auf den mittleren Ertrag der Experimente.
[2] Berechnet wie in [1] aus Daten über jährliche Ertragszuwächse, die in den zitierten Arbeiten angegeben waren.

6.2 Pflanzenzüchtung geht vom Feld ins Labor: die Bedeutung der in vitro Kultur

In den 50er Jahren wurde es offensichtlich, daß reproduzierbarere und auf wissenschaftlicher Grundlage basierende Züchtungsverfahren benötigt wurden. Besonders bestand der Wunsch nach Methoden zur Produktion großer Populationen von Pflanzenzellen in vitro, um eine effiziente Selektion spezieller Genotypen zu ermöglichen. In vitro Selektion als solche hatte keine große Bedeutung in der Pflanzenzüchtung (Wenzel und Foroughi-Wehr, 1993), sollte aber als in vitro Verfahren ein integraler Bestandteil des Züchtungsgangs werden. Im Grenzbereich zwischen Pflanzenproduktion und Pflanzenzüchtung haben z. B. Mikrovermehrung und somatische Embryogenese in vitro weitgehend zur Verbesserung vegetativ vermehrter Arten beigetragen (Bornmann, 1993). Seit Mitte der 80er Jahre wuchs das Interesse an somatischer Embryogenese (Ammirato, 1983; Fujii et al., 1987), deren vorrangiges Ziel die Produktion somatischer Embryos in vitro und ihre Umwandlung in künstliche Samen ist. Gray (1990) zufolge könnte die Vermehrung geeigneter Individuen über künstliche Samen die Züchtung und Produktion vegetativ vermehrter Arten revolutionieren.

Vielversprechender für die Pflanzenzüchtung war die erfolgreiche Aufzucht haploider Pflanzen aus in vitro Kulturen junger Antheren (Guha und Maheshwari, 1966). Der Hauptvorteil von Haploiden in der Züchtung ist die Erzeugung von homozygoten Nachkommenschaften (DH-Linien). Diese erweist sich für die phänotypische Selektion qualitativ und quantitativ vererbter

Merkmale als schnell und effizient. Die gebräuchlichste Methode zur Herstellung von DH-Linien ist Mikrosporenandrogenese (Foroughi-Wehr und Wenzel, 1993), die besonders in der Züchtung von Nutzpflanzen der *Gramineae* und *Brassicaceae* wie Gerste, Weizen, Reis, Raps oder auch von Kartoffel eingesetzt wird.

Somatische Hybridisierung ist vielleicht der bedeutendste Beitrag der in vitro Kulturmethoden zur Pflanzenzüchtung. Dieser Ansatz zur Überwindung sexueller Barrieren zwischen Pflanzenarten beruht auf der Entfernung der Zellwand durch enzymatische Behandlung und der damit verbundenen Freisetzung von Protoplasten, auf der Fusion von Protoplasten verschiedener Arten und auf der in vitro Differenzierung der Fusionsprodukte (Pelletier, 1993). Die Bemühungen, die interspezifischen Grenzen durch Protoplastenfusion zu überwinden, sind momentan recht erfolgreich. In Tab. 2 sind einige dieser Erfolge aus den Familien der *Brassicaceae* und *Solanaceae* aufgelistet. Die dargestellten somatischen Fusionen wurden sowohl zwischen Spezies derselben Gattung als auch zwischen Spezies unterschiedlicher Gattungen erzeugt. Diese interspezifischen und intergenerischen Fusionen können direkt zur Erzeugung einer neuen Spezies oder aber, was wahrscheinlicher ist, zu einer Einführung von nützlichen Merkmalen ins Genom von Nutzpflanzen führen.

Tab. 2: Fälle von erfolgreich erzielten interspezifischen und intergenerischen Fusionen in den Familien *Brassicaceae* und *Solanaceae*

Familie und Art	Literaturhinweis
I. *Brassicaceae*	
Brassica oleracea + Moricandia arvensis	Toriyama et al., 1987
B. napus + B. nigra	Sjödin und Glimelius, 1989a
Eruca sativa + B. napus	Fahlesson et al., 1988
II. *Solanaceae*	
S. tuberosum + Lycopersicon esculentum	Melchers et al., 1978
S. tuberosum + S. nigrum	Binding et al., 1982
S. tuberosum + Nicotiana sylvestris	Foulger et al., 1986
S. tuberosum + S. brevidens	Austin et al., 1985
S. tuberosum + S. pinnatisectum	Hemleben und Ninnemann, 1996
S. tuberosum + S. papita	Kaendler et al., 1996

6.3 Im Zeitalter der DNA-Veränderung: Entstehung neuer Züchtungsparadigmen

In den letzten 30 Jahren haben Genetik und Molekularbiologie neue Möglichkeiten eröffnet, die vorhandene genetische Information von lebenden Organismen zu verändern. Nach der Entdekkung der DNA-Struktur war es relativ einfach, die Struktur von Genen und deren Funktion zu analysieren. Im Gegensatz dazu bleiben die Mechanismen auf molekularer Ebene weitgehend unbekannt, nach denen sich eine einzellige Zygote zu einer vollständigen Pflanze differenziert.

Es sei hervorgehoben, daß ein Gen nicht nur die Information zu seiner Transkription und Translation enthält, sondern darüber hinaus auch noch seine Expressionshöhe und Gewebespezifität steuert. Neuere Entwicklungen der Molekularbiologie liefern genaue und wirksame Züchtungsinstrumente, die auch auf einem tieferen Verständnis der pflanzlichen Zellbiologie beruhen. Dies erlaubt heutzutage die Einführung und Ausprägung von neuen, im Labor isolierten und veränderten Genen ins Pflanzengenom, besonders durch den Einsatz von auf Agrobakterien beruhenden Transformationsvektoren (Walden und Wingender, 1995). Nützliche Gene zur Verbesserung von Pflanzen können aus Bakterien, Tieren, Pflanzen und jedem anderen Organismus isoliert und in passender Weise verändert werden, bevor man sie in Nutzpflanzen einführt. Diese heutzutage verfügbaren Methoden, Nutzpflanzen molekular zu verbessern, werden als Gentechnik zusammengefaßt. Sie entspricht einer Entwicklung von Lebensformen, die ohne menschliches Eingreifen nur mit geringer Wahrscheinlichkeit aus der Natur hervorgehen würden.

6.3.1 Ausdehnung des Selektionsdifferentials: Transgene Kulturpflanzen

Transgene Kulturpflanzen tragen schon heute dazu bei, die Bandbreite der Expression agronomisch wichtiger Merkmale auszudehnen (Chappell, 1996; Brandt, 1995; Salamini und Motto, 1993). Die Möglichkeiten, transgene Kulturpflanzen zu erzeugen, beeinflußt in starkem Maße nicht nur Theorie und Praxis der Pflanzenzüchtung, sondern auch die Organisation öffentlicher und privater Institutionen, die sich der Verbesserung von Kulturpflanzen annehmen. Das Gebiet entwickelt sich rasch: zwischen 1986 und 1995 wurden in der Welt 3.647 Feldversuche mit transgenen Pflanzen durchgeführt. Diese Experimente betrafen Herbizidresistenz (1.450), Insektenresistenz (738), Virusresistenz (466), Pilzresistenz (109), Produktqualität (806) und andere Merkmale (555) (James und Krattiger, 1996) (siehe auch Kapitel 1).

Herbizidresistenz: Herbizide spielen in der modernen Landwirtschaft eine bedeutende Rolle. Sie erlauben eine ökonomische Unkrautbekämpfung und erhöhen die Effizienz der Nutzpflanzenproduktion. Einer Anzahl von Herbiziden ist eine hohe Effizienz mit niedriger Toxizität gegenüber Tieren und ein rascher Abbau nach dem Ausbringen gemeinsam. Oft sind diese Herbizide jedoch nicht selektiv genug, um sie beim Anbau von Kulturpflanzen anzuwenden. Durch die Einführung von Resistenzgenen in derartige Kulturpflanzen mittels gentechnischer Methoden können die möglichen Anwendungen von Herbiziden mit breitem Wirkungsspektrum ausgeweitet werden (Tsaftaris, 1996).

Resistenz kann durch mindestens drei verschiedene Mechanismen erreicht werden: 1. Überproduktion einer herbizidempfindlichen, biochemischen Zielsubstanz, 2. verminderte Herbizidaffinität durch strukturelle Veränderung einer biochemischen Zielsubstanz und 3. Entgiftung bzw. Abbau des Herbizids vor Erreichen der biochemischen Zielsubstanz innerhalb der Pflanzenzelle. Die Überexpression veränderter Herbizid-Zielenzyme erwies sich erfolgreich für die Toleranz gegenüber Glyphosat (Comai et al., 1985) durch Nutzung eines Gens, das eine veränderte Form der 5-Enolpyruvylshikimat-3-P-Synthase kodiert, und gegenüber Sulfonyl-Harnstoffderivaten und Imidazolinonen aufgrund der Veränderung des Zielenzyms Acetolactat-Synthase (ALS). Mutierte, pflanzliche ALS-Gene wurden aus Tabak und *Arabidopsis* isoliert und in Pflanzen exprimiert, die daraufhin Toleranz gegen Herbizidkonzentrationen aufwiesen, die 4fach höher waren als typische feldmäßige Anwendungen (Mazur et al., 1987; Lee et al., 1988). Ein ähnlicher Ansatz wurde verwandt, um Toleranz gegen S-Triazin-Herbizide wie Atrazin, Simazin und Diuron zu erreichen, die Pflanzen durch Unterbrechung des photosynthetischen Elektronentransports im Photosystem II zum Absterben bringen (Cheung et al., 1988).

Das Verfahren zur Resistenz durch Herbizidentgiftung zielt darauf ab, in Pflanzengeweben durch die Expression zusätzlicher, das Herbizid inaktivierender Enzyme phytotoxische Moleküle zu entfernen. Da die Mehrzahl der pflanzlichen Entgiftungssysteme jedoch biochemisch komplex ist, konzentrierte man sich auf die einfacheren Stoffwechselwege des Herbizidumsatzes in Bakterien, isolierte aus ihnen die relevanten Gene und überführte diese mit gentechnischen Methoden in Pflanzen. Das Gen *bar*, das für eine Phosphinothricin-Acetyltransferase (PAT) kodiert, die das Herbizid Phosphinothricin in eine ungiftige acetylierte Form umwandelt, wurde aus *Streptomyces hygroscopicus* (Murakami et al., 1986; Thompson et al., 1987) und aus *Streptomyces viridochromogenes* (Wohlleben et al., 1988) isoliert. Bei einem gegen das Herbizid Bromoxynil resistenten Stamm von *Klebsiella pneumoniae* konnte gezeigt werden, daß er eine Nitrilase-Aktivität enthält, die die aktive Komponente des Bromoxynil in das ungefährliche Molekül 3,5-Dibromo-4-hydroxybentoinsäure umwandelt. Das Nitrilase-Gen konnte in photosynthetisch aktiven Geweben von Tabak zur Expression gebracht werden. Diese transgenen Pflanzen erwiesen sich als resistent gegen das 8fache der Bromoxynil-Konzentration, die üblicherweise bei Feldanwendung ausgebracht wird (Stalker und McBride, 1987; Stalker et al., 1988). Zahllose Bakterienisolate vermögen Phenoxyessigsäuren, wie z. B. 2,4-D zu metabolisieren. Das Gen *tfDA* aus *Alcaligenes eutrophus* kodiert für das Enzym 2,4-D-Monooxygenase, das 2,4-D abbaut. In Tabakpflanzen exprimiert verleiht das Enzym Resistenz gegen 2,4-D (Lyon et al., 1989; Streber und Willmitzer, 1989). Neuere Entwicklungen auf diesem Gebiet betreffen die Resistenz gegen mehrere Herbizide, wie z. B. das Gen für eine Phytoen-Desaturase, die Resistenz gegen verschiedene Block-Herbizide (Misawa et al., 1994) und gegen das Herbizid Phenonediphan (Streber et al., 1994) verleiht.

Insektenresistenz: Die Entwicklung von Pflanzen mit Insektenresistenz hat große Bedeutung sowohl für die Saatgutindustrie als auch für die agrochemische Industrie. Pflanzen, die ihre eigenen Schutzproteine herstellen, erhöhen die Selektivität der Kontrolle und verringern Schäden an nicht betroffenen Insektenpopulationen. Die am häufigsten benutzte Strategie, um Pflanzen gegen Insekten zu schützen, ist der Einsatz der Gene für Endotoxine aus *Bacillus thuringiensis* (B. t.). B. t.-Toxine unterscheiden sich im Spektrum ihrer insektiziden Aktivität. Die meisten B. t.-Stämme sind wirksam gegen Schmetterlinge, einige sind aber speziell gegen Fliegen und Käfer wirksam. Nach Expression der entsprechenden Gene in Pflanzen zeigten sich die B. t.-Toxine vom „Schmetterlingstyp" gegen einige dieser Insektenspezies als wirksam (Fischoff et al., 1987; Vaeck et al., 1987). Gene für B. t.-Toxine vom „Käfertyp" sind ebenfalls erfolgreich exprimiert worden und diese B. t.-Toxine sind z. B. in der Kartoffelzüchtung von großem Nutzen als Schutz gegen Schadinsekten (Perlak et al., 1993). Der wirtschaftliche Erfolg dieser Technologie wird offensichtlich, wenn man die Fälle von B. t.-transgenem Mais und Baumwolle betrachtet (Perlak et al., 1990; Koziel et al., 1993; Armstrong et al., 1995; Flint et al., 1995). Von Bedeutung ist auch die Schädlingsbekämpfung mittels eines B. t.-Gens in Reis, einer Pflanze, die für mehr als 2 Milliarden Menschen das Grundnahrungsmittel darstellt (Wünn et al., 1996). Andere Toxinproteine werden in Pflanzen nach deren Transformation exprimiert, um Schutz vor mehreren Insektenarten zu bieten. Neuerdings gibt es Berichte über Chitinasen, Lektin und α-Amylase-Inhibitor, die Kartoffeln gegen den Befall durch *Myzus persicae* schützen (Gatehouse et al., 1996), Proteinase-Inhibitor-II mit Wirksamkeit gegen Schadinsekten des Reis (Duan et al., 1996), α-Amylase-Inhibitor gegen einen Käfer in Azuki-Bohnen (Ishimoto et al., 1996) und gegen Erbsen-Rüsselkäfer in Erbsen (Schroeder et al., 1995), Mais-Cystatin, das Reis vor Käferbefall schützt (Irie et al., 1996) sowie Proteaseinhibitoren aus *Manduca sexta*, die in transgener Baumwolle die Fraßschäden durch *Bemisia tabaci* verringern (Thomas et al., 1995). Eine durch gentechnische Methoden vermittelte Cholesterol-Oxidase-Aktivität in Baumwolle kann die Entwicklung von „Cottonball"-Rüsselkäfern hemmen (Purcell et al., 1993).

Virusresistenz: Kavanagh und Spillane (1995) sowie Shah et al. (1995) haben kürzlich die verschiedenen Strategien zur Etablierung von Virusresistenz in Pflanzen durch Transformation zusammengefaßt. Von einem phytopathogenen Virus stammende Gene für ein Hüllprotein, die Replikase oder ein Transportprotein können in Pflanzen durch die Expression von deren RNA als Resistenzgene eingesetzt werden.

Über die erste erfolgreiche Expression des TMV-Hüllprotein in Tabak berichten Powell-Abel et al. (1986). Andere Fälle von hüllproteinbedingter Resistenz gegenüber 20 verschiedenen RNA-Viren sind heute bekannt (Kavanagh und Spillane, 1995). Diese Resistenz wird in den transgenen Pflanzen häufig auch in Abwesenheit einer Proteinexpression erzielt (de Haan et al., 1992). Aufgrund von Hüllprotein-Genen transgene, virusresistente Kartoffeln, Tomaten und Gurken befinden sich in fortgeschrittenen Stadien von Feldversuchen und bestätigen die Dauerhaftigkeit ihrer Resistenz. Kürzlich sind transgene Kürbislinien mit Resistenz gegen drei verschiedene Viren hergestellt worden (Tricoli et al., 1995).

Durch Virus-Replikase vermittelte Resistenz wurde erstmals bei Tabak gegen TMV beschrieben (Golemboski et al., 1990). Kavanagh und Spillane (1995) führen ähnlich erfolgreiche Fälle für Resistenz gegen die Viren PVX, PVY, CMV, CyRSV auf. Der Mechanismus der über Replikasen vermittelten Resistenz ist unklar, möglicherweise sind die RNA-Transkripte des Transgens und nicht das Replikase-Protein beteiligt. Auch das mit der Replikation assoziierte Protein AC 1 des afrikanischen Cassava-Mosaikvirus (ACMV) scheint *Nicotiana benthamiana* Resistenz gegen ACMV zu vermitteln (Hong und Stanley, 1996). Transgene Tabakpflanzen, die eine mutierte Version des Transportproteins von TMV exprimieren, sind gegen das Virus resistent (Lapidot et al., 1993). Eine ähnliche Strategie wurde in unserer Abteilung verfolgt, um Kartoffeln mit ausgedehntem Schutz gegen Virusinfektion zu züchten. Transgene Kartoffelpflanzen, die mutierte Allele von Kartoffel-Blattrollvirus (PLRV) ORF4 (Gen für das Transportprotein *pr17* dieses Luteovirus) exprimieren, produzieren *pr17*-Proteine mit entweder N- oder C-terminalen Erweiterungen. Nach dem Test auf PLRV-Infektion zeigten alle transgenen Linien eine signifikante Reduktion des Virusantigens. Kartoffellinien, die N- oder C-terminal erweiterte PLRV-*pr17* mutante Proteine anreicherten, waren gegen die Infektion durch die nicht verwandten Kartoffelviren PVY und PVX resistent, während die transgenen Linien mit hohem Transkriptionslevel aber fehlendem Protein nicht in der Lage waren, Virusresistenz zu entwickeln (Tacke et al., 1996).

Satelliten-RNA ist kurze, virale RNA, die in der Lage ist, das Ausmaß der durch das Helfervirus produzierten Symptome zu verstärken oder zu mindern. Satelliten-RNA von CMV (Harrison et al., 1987; Pena et al., 1994; McGarvey et al., 1994; Kim et al., 1995) und Tabak Ringspot Virus (Gerlach et al., 1987) kann, wenn sie im pflanzlichen Genom exprimiert wird, gegen das Helfervirus schützen.

Es gibt Pflanzengene, die antivirale Proteine kodieren. Dies sind Ribosomen-inaktivierende Proteine (RIPs), die im Falle von PAPs (extrahiert aus der Kermesbeere) auf Blätter appliziert, Tabak und Kartoffeln vor Infektion durch PVX und PVY schützen können (Lodge et al., 1993). Die gleichen Effekte sind berichtet worden für PAP, wenn es in transgenen Pflanzen exprimiert wird, oder wenn ein ähnliches Protein, Dianthin aus *Dianthus cariophyllus*, exprimiert wird (Hong et al., 1996). Auch die Pflanzen mit Expression von Antikörpern gegen virale Hüllproteine sind in der Lage, das Erscheinen viraler Symptome zu verzögern.

Resistenz gegen Bakterien und Pilze: Antipilzliche und antibakterielle Proteine können hinsichtlich ihres Vermögens, diese Organismen zu kontrollieren, getestet werden (Stintzi et al., 1993). Getestete und in Pflanzen aktive Proteine sind Chitinasen, Glucanasen und Ribosomen-inaktivierende Proteine (Shah et al., 1995). Die zeitgleiche Expression von mehr als einem der Gene, die solche Proteine kodieren, bewirken sogar höhere Resistenzgrade (Zhu et al., 1994; Jach et al.,

1995; Jongedijk et al., 1995). Andere Proteine, die sich als wirksam herausstellten, sind die „pathogenesis-related" Proteine 1 A (Alexander et al., 1993), 5 (Liu et al., 1994) und 2 (Terras et al., 1995). Transgene Pflanzen mit einem Gen für eine Glucose-Oxidase haben erhöhte Ausprägung von Resistenz gegen Pilze und Bakterien (Wu et al., 1995). Gegen Bakterien wirksame Proteine und in Pflanzen exprimierte Proteine sind T_4-Lysozym (Düring et al., 1993), L-Thionin aus Gerste (Anzai et al., 1989) und Attacin E (Norelli et al., 1994).

Neuere Ansätze zur pflanzlichen Krankheitsresistenz betreffen die Möglichkeit eines kontrollierten Zelltods als Reaktion auf den Angriff von Pathogenen und den Einsatz pflanzeneigener Resistenzgene, die kloniert und in die Pflanzen re-inseriert wurden. Zu diesem Zweck haben Strittmatter et al. (1995) zwei chimäre Gene konstruiert. Ein Promotor steuert den Grad der Transkription einer bakteriellen Barnase-Ribonuklease als Antwort auf den Angriff des Pathogen. Die transgenen Pflanzen exprimieren jedoch auch Barstar, einen spezifischen Inhibitor von Barnase, um die Wirkung dieser Nuklease in nicht-infiziertem Gewebe zu minimieren. Es konnte gezeigt werden, daß dieses System die Sporulation des Braunfäule-Pilzes *Phytophthora infestans* kontrollierte, wenn es in Kartoffeln eingebracht wurde. Ein ähnlicher Ansatz wurde von Ogawa et al. (1996) gewählt, die in Tabak das 2',5'-Oligoadenylat-System aus Säugetieren exprimierten. Das System bewirkt in Säugetieren eine Interferon-induzierte antivirale Reaktion und beruht auf einer 2',5'-Oligoadenylat-Synthase und einer 2',5'-Oligoadenylat-abhängigen Ribonuklease. Doppelt transgene Pflanzen wiesen völlige Resistenz gegen Infektion durch den Gurken-Mosaikvirus (CMV) auf und zeigten nur nekrotische Flecken, die sich auf dem mit Virus inokulierten Blättern bildeten. Die Ergebnisse lassen vermuten, daß das 2-5-A-System in Tabakzellen durch ds-RNA, dem replizierenden Zwischenprodukt von RNA-Viren, aktiviert wird und zum Tod der Wirtszellen führt. Der zweite Ansatz bietet mehrere praktische Alternativen (Shah et al., 1995; Staskawicz et al., 1995). Diese Strategien basieren auf der Nutzung natürlicher Krankheitsresistenzgene, die neuerdings geklont wurden (Boyes et al., 1996). Diese Gene kodieren entweder eine aktive Serin/Threonin-Proteinkinase oder „leucin-rich-repeat" (LRR)-Proteine, die an Protein-Protein-Interaktionen beteiligt sein sollen und die als Rezeptoren für die durch die Avirulenzgene des Parasiten exprimierten Elicitoren fungieren könnten (Martin et al., 1993; Boyes et al., 1996). Es ist noch zu früh, die Bedeutung einzuschätzen, die diese Gene zum Schutz der Pflanzen gegen Pflanzenkrankheiten erlangen werden. Von ersten Erfolgen wird berichtet: Das LRR-N-Gen aus Tabak verleiht Resistenz gegen das Tabak-Mosaikvirus in transgenen Tomaten (Whitham et al., 1996) und das *Pto*-Gen aus Tomaten – in *Nicotiana benthoniana* eingebracht – verleiht volle Resistenz gegen Stämme von *P. syringae* pv. *tabaci* mit dem entsprechenden *avr Pto* (Shah et al., 1995).

Qualität der Ernteprodukte: Die Qualität und Eigenschaften landwirtschaftlicher Produkte richten sich nach den Bedürfnissen des Marktes. Die genetische/gentechnische Modifikation der Genome von Nutzpflanzen berücksichtigt deshalb auch die Qualität und Eigenschaften der

Endprodukte, um sie z. B. in biotechnologischen Verfahren einsetzen zu können. In dieser Hinsicht wird die Optimierung der pflanzlichen Biomasse angestrebt u. a. unter Berücksichtigung neuer Verzweigungspunkte in biochemischen Stoffwechselwegen und der Expression der dafür relevanten Enzyme. Spezielle Stärke mit variablen Verhältnissen von Amylose und Amylopektin können in mehreren Pflanzen produziert werden. Es werden z. B. in „Antisense"-Orientierung eine cDNA verwendet, die für die Stärke-Synthase kodiert (Visser und Jacobsen, 1993) und eine weitere cDNA, die in „normaler" Orientierung für die Glycogen-Synthase kodiert (Shewmaker et al., 1994). Ein in das Genom der Kartoffel inseriertes, für die ADP-Glucose-Pyrophosphorylase kodierendes, bakterielles Gen kann die Stärkeakkumulation merklich erhöhen (Stark et al., 1992). Wenn mittels „Antisense"-Maßnahmen ADP-Glucose-Pyrophosphorylase gehemmt ist, wird Saccharose in Kartoffelknollen bis zu 30% des Trockengewichts angereichert (Müller-Röber et al., 1992). Tabak- und Kartoffelpflanzen akkumulieren Fructan-Polymere durch die Einführung einer bakteriellen Fructosyltransferase (Ebskamp et al., 1994) oder des Gens *SacB* aus *B. amyloliquefaciens*. Ähnlich erfolgreich war die Anreicherung spezifischer Zuckeralkohole in Pflanzen oder die von Polyhydroxybutyrat, einem aliphatischen Polyester mit thermoplastischen Eigenschaften (Poirier et al., 1992; 1995). Whitelam (1995) sowie Goddijn und Pen (1995) haben die verfügbaren Resultate über die Produktion heterologer Proteine und Peptide von pharmazeutischem und industriellem Interesse zusammengefaßt: Enkephalin (Krebbers und van de Kerckhove, 1990), Wachstumshormon (Bosch et al., 1994), Antikörper (Fiedler und Conrad, 1995; Hiatt et al., 1989; Ma et al., 1995), Impfstoffe und Medikamente (Mason und Arntzen, 1995; Haq et al., 1995) und Phytase (Pen et al., 1993).

Spezielle Öle können durch Anwendung der rekombinanten DNA-Technik in vermehrtem Maße hergestellt werden. Transgene Rapssamen, deren Gen für die Stearyl-ATP-Desaturase durch ein „Antisense"-Konstrukt in seiner Expression gehemmt ist, weisen eine Zunahme des Stearinsäuregehaltes von 2% auf 40% auf (Knutzon et al., 1992). Auch die Erhöhung des Gehalts an monoungesättigter Fettsäuren ist durch die Expression von Desaturasegenen möglich (Grayburn et al., 1992). So kann in Raps die Konzentration mittelkettiger Triacylglyceride signifikant durch Expression einer Thioesterase aus *Cuphea hookeriana* erhöht werden (Dehesh et al., 1996).

Ein weiterer Ansatz zur Qualitätsverbesserung landwirtschaftlicher Produkte betrifft den Nährwert von Samen. Samen fehlen häufig die für die menschliche und tierische Ernährung essentiellen Aminosäuren. In Getreide z. B. sind Lysin und in Leguminosen die schwefelhaltigen Aminosäuren Methionin und Cystein nur in begrenztem Umfang vorhanden. Die Transformation von Nutzpflanzen mit synthetischen oder natürlichen Genen für Peptide, die reich an essentiellen Aminosäuren sind, bietet eine alternative Lösung an. Ein in Raps transformiertes, methioninreiches Speicherprotein aus Mais verdoppelt den Gesamtmethioningehalt des Saatguts (Falco et al., 1996). In Sojabohne und Mais rufen dieselben Gene eine Erhöhung um 80% an Methionin hervor. Derselben Arbeitsgruppe gelang in Tabak, Mais und Sojabohne die Expression eines synthetischen Proteins, das 31% Lysin und 22% Methionin enthält.

Glutenin-Untereinheiten mit hohem Molekulargewicht (HMW-GS) sind bestimmend für die Backqualität des Weizenmehls. In Weizen wurde ein Gen eingeführt, das – unter Beibehaltung der nativen Regulator-Sequenzen – für eine modifizierte Glutenin-Untereinheit kodiert. Das neue Protein reicherte sich in vergleichbarem Umfang wie das native HMS-GS an (Blechl und Anderson, 1996). Schwefelreiches 2S-Albumin der Paranuß wurde ebenfall in Transformations-experimenten verwendet (Saalbach et al., 1995).

Der unzureichende Aminosäuregehalt von Samen kann auch durch „Engineering" von Pflanzen mit verändertem Aminosäurestoffwechsel erreicht werden; Galili et al. (1994), Kwon et al. (1995) und Falco et al. (1996) berichten von der Erhöhung der Lysin-Konzentration in Samen transgener Pflanzen nach diesem Verfahren.

In der Blumenzüchtung ist eines der wichtigsten Qualitätsmerkmale die Blütenfarbe. Sie kann durch molekulare Züchtung verändert werden (Mol et al., 1995). Eine orangefarbene, Pelargoni-din produzierende transgene Petunie wurde durch den Einbau des Gens für die Dihydro-flavonol-4-Reduktase aus Mais erhalten (Meyer et al., 1987). Die Transformanten wurden in ein Kreuzungsprogramm eingebracht und es gibt nun orangefarbene Sorten von Petunien (Oud et al., 1995). Mol et al. (1995) diskutieren Strategien über den „Einbau" blauer Farben in Blüten von Rosen (siehe auch Holton, 1995). Rein weiße und pinkfarbene Sorten von Petunien, Ger-bera und Rosen konnten durch die Einführung von „Sense"- oder „Antisense"-Transgenen der Chalconsynthase erzielt werden (Elomaa und Holton, 1994).

Landwirtschaftliche Produkte – insbesondere wenn sie aus Entwicklungsländern stammen – erreichen häufig nicht den internationalen Markt aufgrund von Distanzproblemen, Notwendig-keit zur Kühlung oder Anfälligkeit gegen Fäule. Die gentechnische Veränderung des Synthese-wegs zum Pflanzenhormon Ethylen kann den zeitlichen Verlauf der Fruchtreife tiefgreifend verändern. Der Anstieg von Ethylen zu Beginn der Reife ruft Veränderungen in der Konsistenz, Farbe und Geschmack hervor und macht die Früchte genußfähig. ACC-Oxidase katalysiert den letzten Schritt der Ethylen-Biosynthese. Die Hemmung der Reife bei Tomaten wird durch die Regulation dieses Enzyms auf niedrigeres Niveau erzielt (Oeller et al., 1991; Hamilton et al., 1990) oder durch Überexpression einer bakteriellen ACC-Deaminase (Klee, 1993) bzw. einer S-Adenosylmethionin-Hydrolase (Good et al., 1994), die den Vorrat an Ethylenvorstufen verrin-gern. In der Contaloupe-Melone verzögert die Expression von ACC-Oxidase die Reife und löst damit Probleme der Produktqualität und Lagerung (Ayub et al., 1996). Eine ähnliche Technik wird bei der Herstellung langlebiger Blumen angewandt. Transgene Nelken, die ein „Anti-sense" gegen das Gen für die ACC-Oxidase enthalten, zeigen eine merkliche Verzögerung bei der Seneszenz ihrer Blütenblätter (Savin et al., 1995).

Resistenz gegen abiotischen Stress: Trockenheit ist ein Problem in Entwicklungsländern in subtropischen Regionen. Durch Bewässerung wird das Problem wegen der Anreicherung von Natriumchlorid im Boden noch komplexer. Unter solchen Bedingungen ist eine zelluläre Anpassung mit osmotisch aktiven Stoffen von niedrigem Molekulargewichten in der Lage, Salztoleranz zu ermöglichen (Yancey et al., 1982). Quarternäres Ammonium-Glycin-Betain ist eines dieser schützenden Osmolyte. Durch die Einführung und Expression des bakteriellen Gens für eine Cholin-Dehydrogenase in Tabakpflanzen konnte Salzresistenz erzielt werden. Das durch dieses Gen kodierte Enzym ist bei der Umwandlung von Cholin in Betain-Aldehyd wirksam (Lilius et al., 1996). Auch das Gen für eine Betain-Aldehyddehydrogenase, die für den zweiten Schritt des zu Glycin-Betain führenden Stoffwechselweges benötigt wird, ist erfolgreich in Tabak exprimiert worden (Holmstrom et al., 1994; Rathinasabapathi et al., 1994). Die Anreicherung von Prolin scheint zu ähnlichen Ergebnissen zu führen, zumindest belegen dies Daten, die durch Überexpression des δ-1-Pyrrolin-5-Carboxylsynthase kodierenden Gens in Tabak erhalten wurden (Kishor et al., 1995). Neue Ansätze zur Erzeugung einer Trockenresistenz werden auf der molekularen Grundlage der Dehydrationstoleranz in Pflanzen entwickelt (Ingram und Bartels, 1996; Shinozaki und Yamaguchi-Shinozaki, 1996). Gegen abiotischen Stress können ebenfalls gentechnische Methoden eingesetzt werden. Es wird über die Etablierung von Resistenz gegen Quecksilber- und Cadmium-Ionen berichtet, die durch „Engineering" von Tabak- und *Arabidopsis*-Pflanzen erzielt wurden (Rugh et al., 1996; Pan et al., 1994).

Kontrolle der Pflanzenentwicklung und Fertilität: Die Leistungsverbesserung von Nutzpflanzen bewirkt Änderungen in mehreren pflanzlichen Merkmalen wie Blattfläche, -anzahl und form, Wurzelwachstum, Pflanzenhöhe, Frühzeitigkeit, Samengröße und -zahl. All diese Merkmale sind gentechnisch veränderbar. Die Größe von Pflanzen kann durch quantitative Veränderungen bei den Phytohormonen beeinflußt werden, indem z. B. in diesen Pflanzen Onkogene aus *Agrobacteria* exprimiert werden (Estruch et al., 1991; Schmülling et al., 1988). Noch radikalere Eingriffsmöglichkeiten eröffnen sich, wenn die in Biosynthese oder regulatorischem Stoffwechsel aktiven Gene, die zu Gibberillin, Auxin und Brassinosteroiden führen, kloniert und untersucht werden können. Beispiele erfolgreicher Klonierung von Genen für Enzyme der Gibberillin-Biosynthese sind *ga1* aus *Arabidopsis* (Sun et al., 1992) und *an1* aus Mais (Bensen et al., 1995) sowie von Genen für Enzyme des Brassinosteroid-Metabolismus *det2* und *cpd* aus *Arabidopsis* (Szekeres et al., 1996; Li et al., 1996). Grundlegende Veränderungen im pflanzlichen Aussehen können auch durch Überexpression von Homöobox-Domäne-Proteinen erzielt werden (Lincoln et al., 1994; Müller et al., 1995). Diese Änderungen schließen Modifikationen der Blattgestalt und -zahl, von Frühzeitigkeit und apikaler Dominanz mit ein.

Die Architektur einer Blüte wird von der Identität von Organprimordien und der Position bestimmt, an der die Blütenorganprimordien hervortreten. Molekulare Studien haben gezeigt, daß die Organidentität durch Gene spezifiziert wird, die Transkriptionsfaktoren vom MADS-Box-

Typ kodieren (Schwarz-Sommer et al., 1990). Werden diese Gene exprimiert oder reprimiert, so wird die Identität des Blütenorgans verändert (Mandel et al., 1992; Tsuchimoto et al., 1993, Halfter et al., 1994; Angenent et al., 1994). Kenntnisse über diesen Prozeß sind so weit fortgeschritten, daß es möglich ist, Blüten zu erzeugen, die jedes gewünschte Blütenorgan an jeder Stelle innerhalb der Blüte haben (Mol et al., 1995) oder transgene Phänotypen herzustellen. Wenn z. B. die MADS-Box Gene *cal* und *ap1* in derselben Pflanze mutiert sind, resultiert ein Blütenphänotyp, der an den Kopf eines Blumenkohls erinnert (Mandel et al., 1992; Kempin et al., 1995).

Ein wichtiges Merkmal zur Modifikation ist männliche und weibliche Fertilität. Gentechnische Methoden zur Unterbrechung des Bestäubungsablaufes sind in der Tat notwendig, um Hybridsorten auch von hermaphroditischen Arten zu bekommen. Mariani et al. (1990) berichten von der Ribonuklease Barnase, die männliche Sterilität bewirkt, wenn sie spezifisch im Tapetum exprimiert wird. Da das Sterilitätsgen an einen selektierbaren Marker für Toleranz gegen das Herbizid Glufosinat-Ammonium gekoppelt ist, führt der Einsatz dieses Stoffes in spaltenden Populationen zu einer einheitlich männlich sterilen Pflanzenpopulation. Mehrere nukleäre Gene sind bekannt, mit deren Einsatz unter Verwendung verschiedener Kombinationen von Promotoren und Inhibitoren männliche Sterilität der betreffenden Pflanzen erreicht werden kann (NMS) (Williams, 1995). Diese NMS-Gene teilt man in zwei Grundkategorien: Bei der einen werden antheren- oder pollenspezifische Promotoren zur Begrenzung der Expression eines cytotoxischen Proteins genutzt und bei der anderen wird ein Gen in allen Zellen der Pflanze exprimiert; der phänotypische Effekt ist männliche Sterilität. Zu den kerngenomischen männlichen Sterilitätsgenen müssen korrespondierende *Rf*-Gene existieren, um in den F_1-Hybriden die Fertilität wieder herzustellen. Das erste gentechnische *Rf*-Gen bestand aus einem Inhibitor der Ribonuklease Barnase, bekannt als Barstar (Mariani et al., 1992). Kürzlich zeigte das von „Plant Genetic Systems" entwickelte Barnase/ Barstar Pollenkontrollsystem sehr befriedigende Leistungen in verschiedenen Nutzpflanzen (Williams, 1995). Auch andere Systeme experimentell etablierter männlicher Sterilität sind vorgeschlagen worden, wie z. B. die dominanten Gene zur Blockierung der Chalkonsynthase (van der Meer et al., 1992). In diesem Fall können Flavonoide die Fertilität der Pflanze wieder herstellen; dies ist bei konditionierter männlicher Sterilität hilfreich, um den samenproduzierenden Elter einer Hybridkombination vermehren zu können (Ylstra et al., 1994). Auch die Sterilität aufgrund der Rezessivität von Kerngenen kann experimentell genutzt werden, wenn die entsprechenden genetischen Loci kloniert sind, wie im Falle von zwei *ms*-Mutanten bei *Arabidopsis* und Mais (Aarts et al., 1993; Albertsen et al., 1993). Mit solchen DNA-Sequenzen stehen tatsächlich „Antisense"-Kandidaten zur Herstellung von Sterilität in anderen Pflanzen zur Verfügung. Wenn darüber hinaus die *ms*-Mutanten mit dem Wildtyp-Gen – exprimiert unter Kontrolle eines induzierbaren Promotors – komplementiert werden können, ist ein konditioniertes System männlicher Sterilität geschaffen (Albertsen et al., 1993). Unlängst wurden die *rfr*-Gene geklont, die in Mais die cytoplasmatische männliche Sterilität wiederherstellen, und es wurde gezeigt, daß sie eine Aldehyddehydrogenase kodieren (Cui et al., 1996). Die Nutzung solcher und ähnlicher Gene kann in Zukunft den Einsatz natürlicher Systeme cytoplasmatischer männlicher Sterilität bei der Herstellung von Hybridsaatgut erleichtern.

6.3.2 Verbesserung der phänotypischen Selektion durch verbesserte Messung der genetischen Varianz

Ein neuer, sich vom Vorhergehenden unterscheidender Beitrag der Molekularbiologie zur Pflanzenzüchtung ist der Gebrauch molekularer Techniken zur Diagnose in der konventionellen Pflanzenzüchtung. Normale Zuchtmethoden nutzen die genetische Variabilität, die innerhalb des Genpools einer Kulturart vorhanden ist, für die Erzeugung neuer Sorten. Die meisten selektierten Merkmale weisen ein komplexes Vererbungsmuster auf. Darüber hinaus hängt die phänotypische Variabilität, die in segregierenden Populationen beobachtet wird, von genetischen Faktoren und Umweltfaktoren ab. Die Trennung der erblichen von den umweltbedingten Faktoren ist der zeitaufwendigste Schritt in der Pflanzenzüchtung. Genetische Marker, die für die verbesserte Expression eines Merkmals diagnostisch sind, erleichtern den Selektionsprozeß. DNA-Sequenzvariation bildet die Basis für genetische Unterschiede innerhalb einer Art und ist in den meisten Fällen phänotypisch neutral und unabhängig von der Umwelt. Wenn diese Variationen genügend häufig und leicht zu analysieren sind, dann erfüllen sie alle Voraussetzungen für genetische Marker von diagnostischem Wert, um markergestützte Selektionsschemata aufzubauen. Molekulare Methoden wurden entwickelt, um mit DNA-Sonden die DNA-Polymorphismen aufzuzeigen (Gebhardt und Salamini, 1992). Diese Sonden sind bekannt und beschrieben unter den Akronymen RFLP, RAPD, AFLP und SSR. Sie wurden benutzt, um eine beeindruckende Fülle molekularer Daten zu erzeugen, die die Genorganisation verschiedener Kulturarten beschreiben. Dichte molekulare Kopplungskarten sind konstruiert und eine Reihe von Genen für agronomisch relevante Merkmale kartiert worden. Beides, Kopplungskarten und Lokalisation im Genom von interessanten Genen, ist sehr bedeutsam für die Pflanzenzüchtung. Wichtige Aspekte der Markernutzung in der Pflanzenzüchtung sind die strukturelle Analyse von Pflanzengenomen, die Messung von genetischer Distanz und von evolutionären Beziehungen und die Herstellung von „Fingerabdrücken" von pflanzlichen Genotypen. Markergestützte Selektion wird ebenfalls ein wichtiges Züchtungsinstrument. An ein interessierendes Gen gekoppelte Marker können nicht nur genutzt werden, um in spaltenden Populationen spezifische Resistenzallele auszulesen, sondern auch um die Vererbung quantitativer Merkmalsloci (QTL) (Tanksley, 1993) zu verfolgen. Es handelt sich dabei um solche Gene, die zur quantitativen Variation wichtiger agronomischer Merkmale beitragen und die nun spezifischen Positionen auf chromosomalen Kopplungskarten zugeordnet werden können. Diese Information kann später benutzt werden, um den Züchter bei der Selektion quantitativ vererbter Merkmale zu unterstützen.

Molekulare Marker im Genom können als diagnostische Instrumente angesehen werden. In der Pflanzenzüchtung werden gegenwärtig andere diagnostische Werkzeuge entwickelt, die auf Prinzipien wie Antikörpern, PCR-Amplifizierung und Nukleinsäure-Hybridisierung beruhen.

Eine neuere Anwendung der RFLP-Technik, die in unserer Abteilung durchgeführt wurde, kann man als ein Beispiel für den Einsatz molekularer Marker in der Pflanzenzüchtung heranziehen. Es betrifft einen PCR-Ansatz zur Isolation von Resistenzgenen gegen Pathogene in der Kartoffel. Basierend auf der DNA-Sequenz von *Arabidopsis* und Tabak kodieren *R*-Gene Proteine, die leucinreiche „repeats" enthalten (LRRs); anhand derer wurden Oligonukleotide entworfen und als PCR-Primer an Kartoffel-DNA eingesetzt. Wir erhielten zu LRR-Genen homologe Amplifikationsprodukte, die eng an den Nematodenresistenz-Locus *Gro 1* und den *P. infestans*-Locus *R 7* der Kartoffel gekoppelt waren. Die Kartenpositionen von PCR abstammenden Kartoffel-Genfragmenten waren ebenfalls mit Resistenzloci in den verwandten Tomaten- und Tabak-Genomen korreliert. Diese Ergebnisse – zusammen mit den bereits zitierten – deuten darauf hin, daß pflanzliche Resistenzgene gegen Nematoden, Pilze, Viren und Bakterien anhand gemeinsamer Sequenzmotive und über PCR-Methoden isoliert werden können (Leister et al., 1996). Sie unterstreichen darüber hinaus die Schlußfolgerung, daß aufgrund molekularer Proben eine allgemeine Beschreibung des Genoms mit Haupt- und Nebengenen, die zu spezifischen Merkmalen beitragen, möglich sein wird. Ihre Lage auf den Chromosomen und die Erhellung ihrer Funktion kann auch neue Wege zur Entwicklung von Pflanzengenen eröffnen, die für den Aufgabenbereich der Pflanzenzüchtung besser geeignet sind.

6.4 Ausblick

Bis heute betraf das Engagement großer agrochemischer Firmen und vieler öffentlicher Institutionen in der Pflanzenbiotechnologie den Transfer einzelner Gene, um ein einzelnes agronomisches Merkmal zu verändern; die Züchtung von Herbizid-Toleranz oder Insektenresistenz ist dafür typisch. Die Zukunftsperspektiven dieses Typs molekularer Züchtung erkennt man daran, wie viele agronomische Merkmale bereits erfolgreich verändert worden sind (Tab. 3).

An gentechnische Veränderungen von Pflanzen zur Unterstützung der Pflanzenzüchtung werden heute größere Ansprüche gestellt (Chua, 1996). Dies hängt mit unserem vermehrten Wissen über grundlegende pflanzliche Molekular- und Entwicklungsbiologie zusammen. Ein Ergebnis solcher Studien ist zum Beispiel die Möglichkeit, einen gesamten biosynthetischen Stoffwechselweg zu aktivieren oder die Entwicklung von Pflanzenorganen als ganzes zu verändern. MADS-Box-Gene rufen dramatische Veränderungen in der Blütenmorphologie hervor, wenn sie

Tab. 3: Liste wichtiger Merkmale, die durch Gentechnik bei landwirtschaftlichen Nutzpflanzen verändert wurden (Dale, 1995; James und Krattiger, 1996)

Verändertes Merkmal	Feldversuche in den USA	Verändertes Merkmal	Feldversuche in den USA
Herbizidtoleranz (2,4-D; Asulam; Atrazin; Bromoxynil; Fosametin; Glufosinat bzw. Phosphinothricin)	590	**Produktqualität** (Verspätete Reife; Trockensubstanzgehalt; Verarbeitungsqualität; lösliche Substanzen; Ertrag; Ölgehalt; Phytasegehalt; Speicherproteine in Samen; Stärkestoffwechsel; Streßtoleranz)	570
Insektenresistenz (Antifutter-Protein; B. t.-Protein)	492	**Bakterienresistenz** (Cercopin)	
Virusresistenz (Sojabohnenmosaikvirus; Süßkartoffel Feder Mottle Virus; Tabak Etch Virus; Tabakmosaikvirus; Wassermelonen-Mosaik-2-Virus; Zucchini-Gelbmosaik-Virus; Alfalfamosaikvirus; Kürbismosaikvirus; Papaya Ringspot Virus; Pflaumen Pox Virus; Kartoffelblattrollvirus, Kartoffel-X-Virus; Kartoffel-Y-Virus; Reis-Streifen-Virus)	244	**Andere** (Produktion spez. Chemikalien/ Medizin) (Enkephaline; Fettsäuren; humane Serumalbumine; monomere und temperaturbeständige polymere Zucker; Vaccine: Hepatitis, bakterielle Infektionen)	172
Pilztoleranz (Acetyltransferase; Chitinase/Glucanase; Lysozym; Osmotin)	62	**Markergene** (Chloramphenicol; Gentamycin; Kanamycin; Neomycin; Mannose; Xylose)	
		Streßresistenz (abiotisch)	

an ungewöhnlichen Organen exprimiert werden (Pnueli et al., 1991; Mandel et al., 1992; Kempin et al., 1993; Tsuchimoto et al., 1993), Kelchblätter sind zu Fruchtblättern umgewandelt, Blütenblätter zu Staubgefäßen, Fruchtblätter zu Staubgefäßen. Alle Veränderungen sind nach einfachen Regeln zustande gekommen, die offenbar Zweikeimblättrigen, Einkeimblättrigen und Nacktsamern gemeinsam sind (Martin, 1996). Die praktischen Anwendungen dieser Studien sind von uneingeschränkter Bedeutung sowohl für die Blumenzüchtung (z. B. Herstellung von „Doppelblüten") als auch für das „Engineering" der männlichen Sterilität. Der Zugang zur regulatorischen Genen wird sogar noch bedeutender für die Technik der Veränderung von Blühzeitpunkten. MADS-Box-Gene und Homöobox-Gene sind in diesem Zusammenhang zu nennen (Weigel und Nilsson, 1995; Mandel und Yanofsky, 1995; Müller et al., 1995); aber auch erst neuerdings verfügbare Gene wie *constans* und *luminidependens* (Putteril et al., 1995; Lee et al., 1994) können in *Arabidopsis* den Blühzeitpunkt beschleunigen oder verzögern. Beide Gene kodieren Transkriptionsfaktoren, die nach Transfer in Nutzpflanzen die reale Möglichkeit eröffnen, Tageslängenbarrieren zu überwinden, die der Kultivierung von Pflanzenarten entgegenstehen. Martin (1996) beschreibt die Rolle regulatorischer Gene wie *mixta* in *Anthirrinum*, die bei Überexpression in Tabak die Trichombildung stark fördern. Man kann sich leicht vorstellen, wie viele Züchtungsfragen mit diesem Gen gelöst werden können, wenn man berücksichtigt, daß Trichome eine wichtige Rolle in der Insektenresistenz und der Produktion sekundärer Metabolite spielen. Ähnliche Aussichten bietet die bereits erwähnte Nutzung geklonter Resistenzgene in der Pflanzenzüchtung dann, wenn die Produkte der Resistenzgene besser bekannt sind und der Ursprung und die Entstehung neuer allelischer Spezifitäten erklärt und durch DNA-Manipulation wiederholt werden kann. (siehe Abschnitt *Qualität der Ernteprodukte* in Kapitel 6.3.1 und dieses Kapitel für relevante Zitate).

Eine andere, auf Gentechnik beruhende Perspektive in der Pflanzenzüchtung betrifft die Möglichkeit, die Genomorganisation einer Nutzpflanze zu verändern (Ow, 1996). Das heißt, chromosomale Translokationen, Inversionen und Deletionen zu erzeugen, die zu speziellen Zwecken selektiert und durch direkte Rekombination spezieller Sequenzen hergestellt wurden. Eine Einzel-Polypeptid-Rekombinase kann demnach eingesetzt werden, um spezifischen Austausch zwischen zwei identischen DNA-Sequenzen zu erzeugen, die an verschiedenen Stellen im Genom liegen. Ein derartiges System kann „site-directed" Excision und Inversion von Transgenen, die Integration von Fremd-DNA in genomische Rekombinationsstellen und die Neuordnung von Chromosomensegmenten bewirken. Dies stellt einen neuen Weg eines Genom-„Engineerings" dar und verspricht die vorhersagbare Umstrukturierung von höheren, eukaryotischen Genomen. Das Konzept, Blöcke von chromosomaler Information in neuen Kombinationen zu mischen, kann die Möglichkeit der Herstellung neuer Pflanzensorten eröffnen.

In Zusammenhang mit der zukünftigen molekularen Züchtung wird zunehmend die Nutzung von in Züchtungsschemata integrierten molekularen Markern diskutiert. Flavell (1995) vertritt überzeugend die Ansicht, daß markergestützte Selektion mehr als nur ein Züchtungsinstrument werden wird, wenn ihre Automatisierung technisch durchführbar wird. Er hebt die Rolle hervor, die molekulare Marker in Studien zur Evolution der Genome von Nutzpflanzen haben werden, und die die notwendigen Kenntnisse liefern, um Pflanzengenetiker und Pflanzenzüchter zusammenzubringen, die an verschiedenen Arten interessiert sind. Diese ermöglichen es, die Beziehungen zwischen pflanzlichen Chromosomen von sogar entfernt verwandten Arten zu nutzen, um mehr und nützliche Gene zu klonieren. Die Wahl des anzuwendenden Markersystems in der zukünftigen Pflanzenzüchtung (Powell et al., 1996) und die Übernahme molekularer Marker in rekurrente Rückkreuzungsprogramme zum Transfer von Transgenen (Mazur, 1995) sind weitere Themen für die Zukunft der Pflanzenzüchtung.

Die letzte Anmerkung hat mit der Problematik zu tun, die in den angewandten Wissenschaften durch die Frage nach dem intellektuellen Eigentumsrecht hervorgerufen wird. Der gegenwärtige Trend, der durch große Investitionen der Agrochemiefirmen in die Gentechnik stimuliert wurde, führt zur Patentierung aller Entdeckungen mit praktischer Bedeutung (siehe auch Kapitel 3). Häufig sind Gene für eine spezifische Funktion Gegenstand des Patents. Diese Situation bringt ein starkes Interesse an Routineverfahren hervor, die es ermöglichen, aus einer großen Anzahl von Nachkommen mutagen behandelter Einzelpflanzen jene zu selektieren, die einen spaltenden, mutierten Phänotyp für Gene hervorbringen, die nur als DNA-Sequenz beschrieben sind. Im wesentlichen liefern diese Verfahren eine Funktion für sequenzierte Gene. Umgekehrt erlaubt die Kenntnis der Funktion eines Genes die Patentierung desselben, sollte es für die molekulare Züchtung von Bedeutung sein. In Mais ist das als „Robertson's Mutator" (*Mu*) bekannte Element eingesetzt worden, da es in *Mu*-aktiven Kreuzungen stark amplifiziert wird und die Tendenz besitzt, in transkribierte Bereiche des Genoms zu inserieren. Dies bedeutet mit großer Wahrscheinlichkeit, daß *Mu*-inserierte Allele an Genen mit bekannter Sequenz entstehen. Solche Allele werden mit PCR an „gepoolter", genomischer DNA selektiert, indem eine Sequenz innerhalb des *Mu*-Elements und eine andere innerhalb des interessierenden Gens als Primer dienen. Dieser Ansatz der „Mu-Gen-Maschine" wurde von den Mitarbeitern Meeley und Briggs (1995) der Firma „Pioneer Hi-Bred International" entwickelt und zeigt sich außerordentlich wirksam beim Studium der Genfunktion und Genfitness. Die Maiszüchtung ist durch die Anwendung dieses Verfahrens, das unter anderem die Aufdeckung von das Maiswachstum einschränkenden Genen gestattet, beschleunigt worden. Weitere experimentelle Ansätze mit gleicher Zielsetzung werden wichtige Instrumente der Pflanzenzüchtung des nächsten Jahrhunderts werden.

Zum Schluß dieser Darstellung wird klar, daß 13 Jahre nach der Mitteilung über die erfolgreiche Transformation von Tabak gentechnisch veränderte Pflanzen mehr eine Feldrealität als eine Zukunftsaussicht sind: Saatgut von Baumwolle und Mais mit Resistenz gegen Herbizide und Insekten, von Kartoffeln mit Toleranz gegen Kartoffelkäfer, von Sojabohnen mit Herbizidresistenz, von reiferegulierten Tomaten und von Ölraps mit hohem Stearin- oder Laurinsäuregehalt werden in der Tat an die Landwirte verkauft (Ryals, 1996) (siehe auch Kapitel 1 und 2).

7 Transgene Tiere in Forschung, Medizin und Landwirtschaft

Dr. T. Hankeln und Prof. Dr. E.R. Schmidt

Institut für Molekulargenetik, gentechnologische Sicherheitsforschung und Beratung, Johannes Gutenberg-Universität Mainz, Becherweg 32, D-55099 Mainz

7.1 Einleitung

Obwohl es schon seit Anfang der 70er Jahre möglich war, Gene in Mikroorganismen und Zellkulturzellen zu überführen („klassische" Gentechnik), dauerte es weitere 10 Jahre, bevor es gelang, auch vielzellige Organismen gezielt gentechnisch zu verändern. Bei vielzelligen Tieren ist nicht nur die Vielzelligkeit ein Problem, sondern auch die Existenz einer sog. Keimbahn. Die Keimbahn ist die Generationsfolge einer besonderen Zellpopulation, die ausschließlich für die Bildung der Keimzellen von Tieren verantwortlich ist. Nur die Keim(bahn)zellen geben ihre genetische Information an die nächste Generation weiter. Daraus folgt, daß eine gezielte gentechnische Veränderung eines Tieres, wenn sie über die Generationen hinweg Bestand haben soll, die Chromosomen der Keimbahn betreffen muß. Nur so ist die Erzeugung „transgener" Tiere möglich. Der Begriff transgen (Gordon und Ruddle, 1981) beschreibt demnach Organismen, die in ihrem Genom DNA-Abschnitte zumeist fremder Spezies stabil integriert besitzen und diese Fremd-DNA an ihre Nachkommen weitervererben. Die überführten Transgene können klonierte Gene, neuartig zusammengesetzte Genkonstrukte oder seltener auch nicht-kodierende DNA sein. Selbst völlig synthetisch hergestellte DNA kann als Transgen verwendet werden.

Der methodische Durchbruch bei der Herstellung transgener Tiere gelang 1981/82 mit der Publikation sehr effizienter Keimbahn-Transformationsprotokolle für die Fliege *Drosophila melanogaster* (Spradling und Rubin, 1982) sowie für die Maus als erstem Säugetier. So gelang es, durch Überführen und gezieltes Anschalten der Gene für menschliches bzw. Rinder-Wachstumshormon Mäuse zu erzeugen, die erheblich schneller wachsen und bedeutend größer werden (Palmiter und Brinster, 1986 und1983). Grundlage für die Erfolge bei der Maus waren u. a. die frühen Arbeiten von Jaenisch, der bereits 1974 durch Infektion von Mausembryonen mit Retroviren die ersten transgenen Mäuse erzeugen konnte (Jaenisch, 1988). Die Herstellung transgener Schafe, Schweine und Kaninchen gelang erstmals 1985 (Hammer et al., 1985). Eine Übersicht über die zur Zeit erforschten transgenen Tiermodelle gibt Tab. 1.

Die Bedeutung transgener Tiere für die genetische, biomedizinische und züchterische Grundlagenforschung ist offensichtlich. Transgene Tiere werden erzeugt, um Gene und ihre Kontrollelemente zu identifizieren und ihre Funktion zu studieren. Der Stand der Gentechnik erlaubt es, mit Hilfe solcher Kontrollelemente in Tiere überführte Transgene gezielt organ- und zelltypspezifisch an- oder abzuschalten. Durch transgene Tiere (z. B. solche mit bestimmten zusätzlichen Krebsgenen) können menschliche Erkrankungen simuliert werden. Anhand solcher Tiermodelle werden Ansätze zur Gentherapie entwickelt. Nicht nur das Hinzufügen von Genen, sondern auch das gezielte Verändern oder gar Ausschalten einzelner Gene ist durch die Gentechnik mittlerweile möglich und erlaubt detaillierte Einsichten in die Interaktion zwischen verschiedenen Genen bei der Entwicklung tierischer Organismen.

Tab. 1: Transgene Tiere und ihre Anwendungsgebiete

Organismus	bevorzugte Technologie	Hauptanwendungsgebiete
Maus	Mikroinjektion in Zygoten-Vorkern oder ES-Zelltechnologie	Aufklärung von Genfunktion und -regulation, Krankheitsmodell (Tab. 2)
Ratte	Mikroinjektion in Zygoten-Vorkern	Krankheitsmodell (z.B. Autoimmunerkrankungen)
Kaninchen	Mikroinjektion in Zygoten-Vorkern	Krankheitsmodell (z. B. Arteriosklerose)
Schwein	Mikroinjektion in Zygoten-Vorkern	„Gene Pharming", Organspender, Nahrungsmittelproduktion (Größe; Fleischqualität; Krankheitsresistenz)
Schaf/Ziege	Mikroinjektion in Zygoten-Vorkern	„Gene Pharming"
Kuh	Mikroinjektion in Zygoten-Vorkern	„Gene Pharming"
Geflügel	Injektion von Keimbahnzellen mit retroviralen Vektoren, spermaabhängiger Gentransfer oder Mikroinjektion in Blastoderme	Nahrungsmittelproduktion (Größe und Krankheitsresistenz)
Fische (z. B. Lachs)	Mikroinjektion ins Cytoplasma befruchteter Eizellen oder Gentransfer über Spermien	Nahrungsmittelproduktion (Wachstumssteigerung, Kälteresistenz); Modellsystem der Embryologie und Entwicklungsgenetik
Insekten (z. B. *Drosophila, Ceratitis*)	Mikroinjektion in Embryonen unter Verwendung von Transposons als Vektoren	Aufklärung von Genfunktion und -regulation, Modellsystem der Entwicklungsgenetik, Schädlingsbekämpfung
Nematoden (*C. elegans*)	Injektion in Geschlechtsanlagen erwachsener Zwittertiere	Genfunktion und -regulation, Modellsystem der Entwicklungsgenetik
Amphibien (*Xenopus laevis*)	Mikroinjektion in befruchtete Eizellen oder Herstellung transgener Zellkulturzellen und Transplantation transgener Kerne in unbefruchtete Eizellen	Modellsystem der Entwicklungsgenetik

In der Züchtungsforschung lagen die Schwerpunktziele der Gentechnik bis vor wenigen Jahren darin, Nutztiere mit gesteigertem Wachstum, besserer Fleischqualität oder verbesserter Krankheitsresistenz zu erzeugen. Die schlichte Überexpression z. B. von Wachstumshormonen hatte jedoch vielfach katastrophale Nebenwirkungen auf die Gesundheit der transgenen Tiere (Pursel et al., 1989). Eine erfolgreichere Anwendung der Gentechnik bei Nutztieren wird heute eher in der Produktion biomedizinisch wichtiger Substanzen z. B. in der Kuhmilch gesehen („Gene Pharming"). Darüber hinaus erscheint es möglich, tierische Organe in der Transplantationsmedizin zu verwenden. Dies erfordert ein Ausschalten der Gewebe-Abstoßungsmechanismen mit Hilfe von Gentranfer-Techniken. Eine weitere mögliche Anwendung transgener Tiere wird in der Insekten-Schädlingsbekämpfung gesehen. Dies würde einhergehen mit einer Freisetzung gentechnisch veränderter Tiere. Sicherheitsrelevante Aspekte solcher Freisetzungen werden in Kapitel 7.9 diskutiert.

7.2 Methoden zur Herstellung transgener Tiere

Zur Herstellung transgener Tiere stehen mittlerweile mehrere unterschiedliche Methoden zur Verfügung (Schenkel, 1995; Brem, 1993). Ziel ist es, daß alle Körperzellen, aber auch die Keimzellen, das Fremdgen tragen. Der Gentransfer muß daher in möglichst frühen Stadien der Entwicklung eines Tieres stattfinden. Fremdgene werden deshalb meistens in befruchtete Eizellen oder sehr frühe Embryonen überführt.

Bei der Mikroinjektion wird die Fremd-DNA typischerweise in einen der beiden Vorkerne einer befruchteten Eizelle injiziert, die zuvor aus einem Spendertier gewonnen wurde (Abb. 1). Der injizierte Embryo wird daraufhin in den Reproduktionstrakt einer „Leihmutter" transferiert und von dieser ausgetragen. Meist haben die Nachkommen das Transgen auch in den Keimzellen integriert und vererben es weiter. Reine transgene Linien werden durch geeignete Kreuzungen hergestellt.

Die mikroinjizierte DNA besteht meist aus klonierten Genkonstrukten, deren prokaryotische Vektoranteile vor der Injektion entfernt werden müssen, da sie u. U. die Expression des Transgens beeinträchtigen. Meist sind Transgene nicht länger als 20.000 Nukleotidbausteine. Dies hängt jedoch von den verwendeten, oft prokaryotischen Klonierungsvektoren ab, die eine limitierte Aufnahmekapazität besitzen. Unter der Verwendung von künstlichen Hefe-Chromosomen (YACs) als Vektoren konnten auch transgene Mäuse mit Integraten von mehreren hunderttausend Basenpaaren hergestellt werden (McCormick et al., 1996). Dies ist vor allem für den kompletten Transfer von oft sehr langen eukaryotischen Genen essentiell.

Leider werden die injizierten DNA-Moleküle oft beim Einbau in die Chromosomen der Wirtstiere verändert. So assoziieren DNA-Moleküle häufig miteinander vor der Integration ins Zielge-

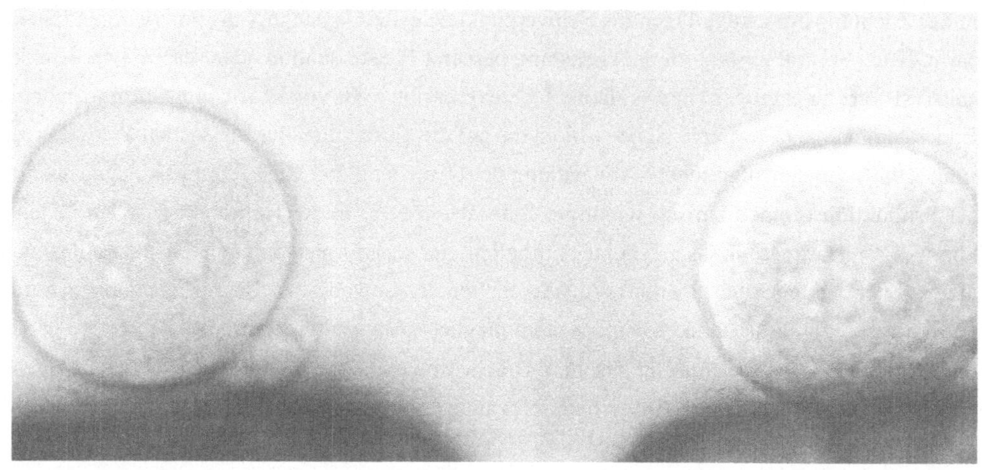

Abb. 1: Mikroinjektion von DNA in eine befruchtete Maus-Eizelle. Die beiden Vorkerne väterlicher und mütterlicher Herkunft sind sichtbar. (Wir danken Herrn Dr. Manfred Blessing, Universität Mainz, für die Aufnahme).

nom, und man findet am Ort der Integration dann bis zu 200 Kopien des Transgens. Der Ort der Transgen-Integration ist bei der Mikroinjektionsmethode nicht im voraus bestimmbar. Man geht davon aus, daß Brüche in der Genom-DNA als bevorzugte Integrationsorte dienen (McFarlane und Wilson, 1996). Häufig wird das Zielgenom am Ort der Integration durch Umbauten der DNA verändert. Beides führt dazu, daß bei einem nicht unerheblichen Teil der so erzeugten tranzgenen Tiere (ca. 5% bei Mäusen) wichtige Genfunktionen durch die Transgen-Integration zerstört werden. Solche Mutanten können jedoch der Forschung von Nutzen sein, da die durch Integration inaktivierten Gene und ihre Funktion auf diese Weise entdeckt und charakterisiert werden können.

Die Vorkern-Injektion gilt allgemein als schnelle, oft erfolgreiche Technik. Bei Mäusen sind zwischen 5% und 30% der aus injizierten Zygoten hervorgehenden Tiere transgen. Aufgrund der bei Mäusen gewonnenen Expertise ist die Mikroinjektion auch die bevorzugte Methode für die Erzeugung transgener Nutztiere. Bei Schweinen, Ziegen, Schafen und Rindern gestaltet sich die Mikroinjektion jedoch schwieriger und erheblich weniger effizient, da die Zygoten-Vorkerne nur schlecht sichtbar sind und die Embryonen-Kultivierung problematischer ist. Bei Rindern variiert die Ausbeute an transgenen Tieren pro injiziertem Ei zwischen 0,04 und 1% (Schenkel, 1995; Brem, 1993). Die niedrige Effizienz der Vorkern-Injektion bei manchen Spezies kann u. U. zukünftig beseitigt werden, indem man die DNA mit bestimmten Liganden koppelt und ins Zytoplasma von Zygoten injiziert. Entsprechende Versuche bei der Maus waren erfolgreich (Page et al., 1995). Auch die kontinuierliche Bereitstellung großer Mengen an Zygoten des

Vorkern-Stadiums durch neuartige Möglichkeiten der Kältekonservierung kann den zeitlichen und finanziellen Aufwand der Herstellung transgener Tiere vermindern helfen (Tada et al., 1995). Neben der Zerstörung vieler Embryonen während der Prozedur gelten jedoch als Hauptnachteile der Mikroinjektionsmethode nach wie vor die Zufälligkeit des Transgen-Integrationsortes und die variable, nicht beeinflußbare Anzahl der integrierten Transgen-Kopien.

Alternativ zur Mikroinjektion hat man in der zweiten Hälfte der 80er Jahre insbesondere für die Maus eine Technik entwickelt, die auch eine gezielte Einschleusung von Fremdgenen als Einzelkopie in das Zielgenom an genau definierten Stellen erlaubt (Abb. 2). Man bedient sich dabei sogenannter embryonaler Stammzellen (ES-Zellen), die aus ca. 3 Tage alten Embryonen (Blastozysten) gewonnen und im Labor permanent kultiviert werden können. In diese ES-Zellen werden in vitro neukombinierte Genkonstrukte überführt (z. B. durch Elektroporation, DNA-Partikel-

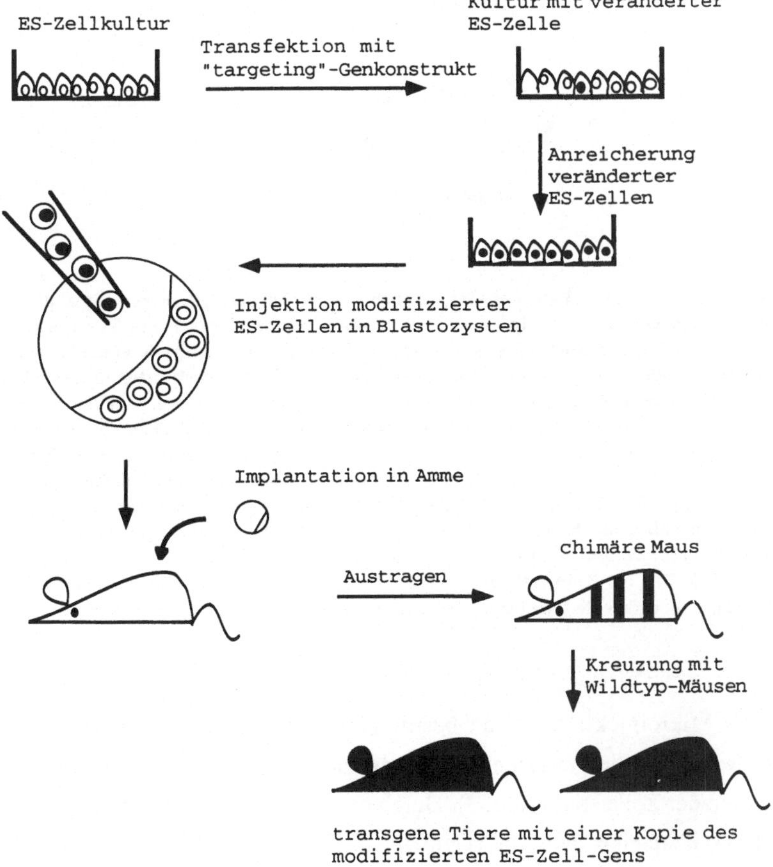

Abb. 2: Herstellung transgener Mäuse durch ES-Zell-Technologie und „Gene Targeting".

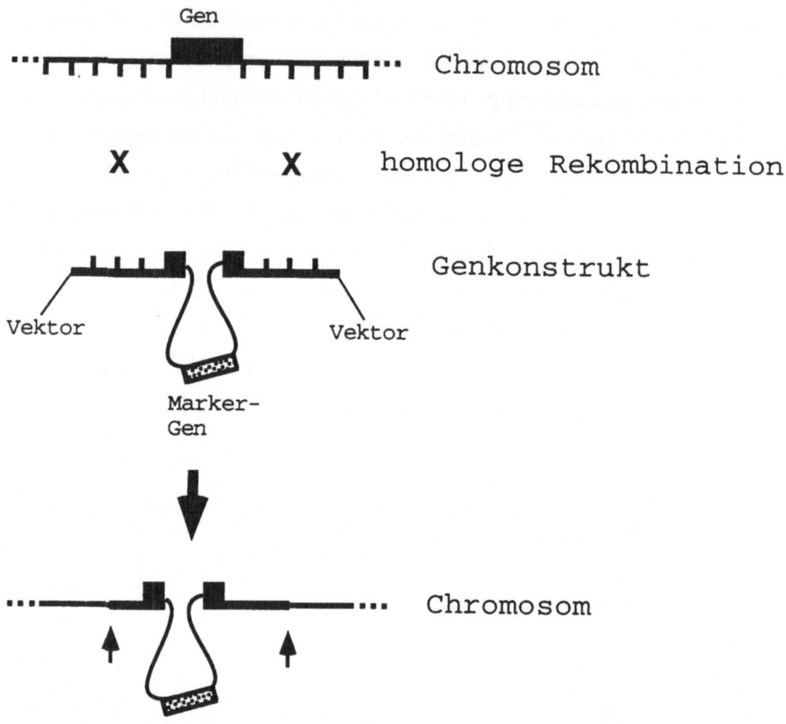

**Abb. 3: Ausschalten eines bekannten Gens durch „Gene Targeting". Eine Kopie des Gens mit flan-
kierenden DNA-Abschnitten wird in einen Prokaryontenvektor kloniert. Ein Teil des Gens wird ersetzt
durch ein sog. Markergen (und wird damit inaktiviert). Das neuartige Konstrukt wird in ES-Zellen
transfiziert. Dort findet zwischen den zueinander passenden DNA-Abschnitten links und rechts des Gen-
bereichs (I I I I I) zwischen einer der beiden „normalen" Genkopien der ES-Zelle und dem veränderten
Genkonstrukt die sog. homologe Rekombination statt (X). Dabei kommt es zu einem reziproken Brechen
und Wiederverheilen der beteiligten DNA-Stränge. Resultat ist der Einbau des modifizierten (inaktiven)
Gens in ein Chromosom der ES-Zelle. Die herausgetrennte chromosomale Genkopie geht verloren. Leider
findet die homologe Rekombination in ES-Zellen nur mit einer geringen Häufigkeit statt. Rekombinante
Zellklone müssen daher mit Hilfe bestimmter Markergene (M) erkannt und selektiert werden. Die ES-
Zelle enthält nun eine veränderte und eine normale Genkopie. Wenn sich aus einer solchen gentechnisch
veränderten ES-Zelle eine Keimzelle entwickelt (Abb. 2), dann enthält diese Keimzelle mit 50% Wahrscheinlichkeit die modifizierte Genkopie, die dann nach den Mendel-Regeln weitervererbt werden kann.**

kanone oder Mikroinjektion). Unter bestimmten Voraussetzungen findet in ES-Zellen eine
homologe Rekombination zwischen dem transfizierten Konstrukt und der passenden, homolo-
gen Genkopie der Zelle statt (Abb. 3). Durch ein solches „Gene Targeting" (Capecchi, 1994;
Melton, 1994) kann eine „normale" Genkopie z. B. gegen eine mutierte Version oder gar eine
inaktive Kopie ausgetauscht werden. So lassen sich Gene definiert verändern oder ganz ausschalten. Insbesondere die Erzeugung transgener Linien, in denen einzelne Gene ausgeschaltet

worden sind („Gene Knockouts"), ist für die funktionelle Charakterisierung neu entdeckter Gene ein sehr wichtiges Verfahren (s. u.). Die so veränderten transgenen ES-Zellen werden unter geeigneten Kulturbedingungen selektiert und in Blastozysten reimplantiert, die zuvor aus Spendertieren gewonnen wurden. Die Blastozysten wiederum werden in Ammen überführt und ausgetragen. Da die ES-Zellen „pluripotent" sind, beteiligen sie sich an der Entwicklung aller Organe des entstehenden Tieres. Es entstehen etwa 35% chimäre Tiere mit ES-Zell-abhängigen und -unabhängigen Geweben. Wenn die veränderten ES-Zellen auch zur Genese der Keimbahn-zellen beigetragen haben (ca. 40%), kann die genetische Veränderung in die nächste Generation vererbt werden. Durch entsprechende Kreuzungen müssen dann reine transgene Linien (mit homozygotem Transgen) hergestellt werden. Die Technik an sich ist relativ aufwendig. Der unschätzbare Vorteil der Methode besteht jedoch darin, daß der Genbestand der ES-Zellen in Kultur sehr gezielt verändert werden kann.

Die gezielte Manipulation von Genen durch „Gene Targeting" ist mittlerweile soweit verfeinert worden, daß man sogar in vivo (d. h. in einem lebenden Organismus) Gene ganz spezifisch in nur einem bestimmten Zelltyp und zu einem ganz bestimmten Zeitpunkt während der Entwik-klung ausschalten kann (Kuhn et al., 1995; Lakso et al., 1996). Dabei bedient man sich des sog. Cre/loxP-Rekombinationssytems aus dem Bakteriophagen P1 (Abb. 4). Dies beruht darauf, daß ein Rekombinationsprotein (Cre) bestimmte, 34 Basenpaare lange DNA-Abschnitte (loxP-Stellen) spezifisch erkennt und zwischen zwei solcher loxP-Stellen eine Rekombination der DNA-Helix vermittelt. Sind die zwei loxP-Stellen auf einem DNA-Molekül in einigem Abstand voneinander angeordnet und zudem gleichsinnig orientiert, so wird bei dem Rekombinations-ereignis der DNA-Abschnitt zwischen den loxP-Stellen spezifisch entfernt (Abb. 4 A). Man generiert nun zunächst durch ES-Zell-Technik und „Gene Targeting" einen transgenen Maus-stamm, in dem ein bestimmtes auszuschaltendes Gen von loxP-Stellen flankiert wird. Parallel wird eine transgene Maus erzeugt, die ein Cre-Transgen unter der Kontrolle eines zelltyp-spezifischen Promotors trägt. Kreuzt man die beiden Stämme miteinander, so wird in dem resultierenden, doppelt-transgenen Tier der Cre-Genschalter zu einem bestimmten Zeitpunkt in einem bestimmten Gewebe aktiv, die Cre-Rekombinase wird gebildet und exzisiert spezifisch das zwischen den loxP-Stellen liegende Zielgen (Abb. 4B). Selbst mehrere hunderttausend Basenpaare lange DNA-Abschnitte lassen sich so in vivo (!) und sogar spezifisch in bestimmten Zellen aus dem Chromosom heraustrennen. Die Konsequenzen dieses Genverlusts – sichtbar an einem veränderten Phänotyp des Tieres – lassen direkt auf die Funktion des analysierten Gens schliessen.

ES-Zell-Technik und „Gene Targeting" sind bislang nur in der Maus anwendbar. Nur im Maussystem konnte eine Keimbahn-Weitergabe der genetischen Veränderungen erzielt werden. Es wird jedoch erwartet, daß in naher Zukunft diese Möglichkeit der zielgerichteten Manipulati-on eines Genoms auch in anderen Säugetieren zur Verfügung stehen wird (Mullins und Mullins,

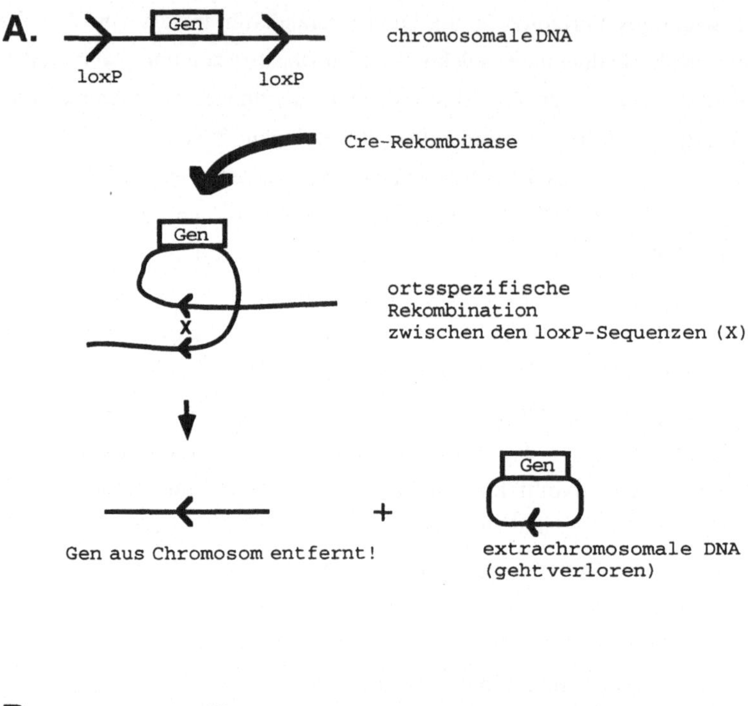

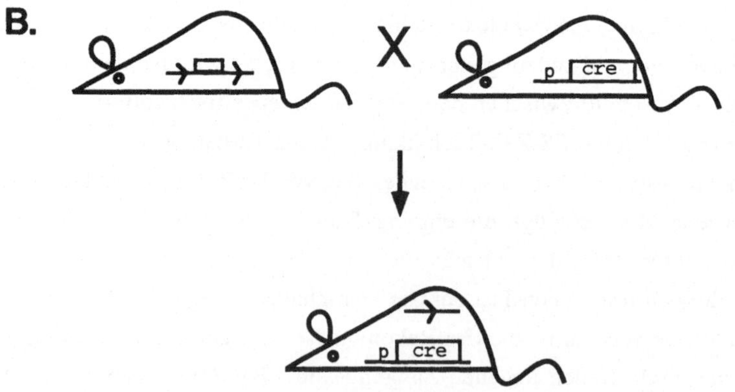

Abb. 4: A. Funktionsweise des ortsspezifischen DNA-Rekombinationssystems Cre/loxP. B. Gezielte Exzision (und damit Inaktivierung) eines bestimmten Gens in der Maus in vivo durch Kreuzung zweier transgener Mausstämme (p= Promotor des Cre-Gens). Weitere Erläuterungen im Text.

1996). Chimäre Schweine, Schafe und Rinder – produziert durch die Injektion frisch isolierter, unveränderter embryonaler Zellen in Blastozysten – können bereits jetzt erzeugt werden.

Als eine einfach anzuwendende Alternative zur Vorkern-Mikroinjektion und ES-Zell-Technik könnte sich die Verwendung von Adenoviren als Gen-Vektoren herausstellen. Tsukui et al. (1996) gelang es kürzlich, transgene Mäuse durch Inkubation *Zona pellucida*-freier, frisch befruchteter Eier mit rekombinanten, selbst nicht vermehrungsfähigen Adenoviren herzustellen. Es gelang, Einzelkopien des Transgens zu integrieren und diese über die Keimbahn an die Nachkommenschaft zu vererben. Eine Anwendung dieses Verfahrens in anderen Spezies wird derzeit überprüft. Retroviren als Vektoren bei der Transgenese werden heute in erster Linie nur noch bei der Erzeugung transgener Vögel eingesetzt (hier ist die Mikroinjektionstechnik nur sporadisch erfolgreich; Vorkerne sind nicht sichtbar). Der virale Gentransfer (meist in frühe Embryonen) ist sehr effizient und ermöglicht die stabile Integration einer einzelnen Transgen-Kopie. Die Integration erfolgt an beliebiger Stelle im Genom. Nachteilig ist, daß retrovirale Vektoren nur eine limitierte Aufnahmekapazität von einigen tausend Basenpaaren besitzen. Zudem werfen manche Vektoren Sicherheitsprobleme auf, da beispielsweise Retroviren aus Vögeln durchaus auch menschliche Zellen infizieren können. Die Entwicklung sicherer Vektorsysteme mit engem Wirtsspektrum steht daher im Vordergrund.

Eine besonders effiziente Form des Gentransfers in Keimzellen wurde für *Drosophila melanogaster* entwickelt (Spradling und Rubin, 1982). Fremd-DNA wird dabei in den posterioren Pol von Embryonen injiziert. Die dort befindlichen Zellkerne nehmen die DNA auf. Da sie zu den Keimzellen der entstehenden Fliege werden, ist eine Vererbung des Transgens sehr wahrscheinlich. Besonders erfolgreich wird diese Methode aber erst dadurch, daß spezielle Vektoren für eine höchst effiziente Integration der Fremd-DNA in die *Drosophila*-Chromosomen sorgen. Dabei handelt es sich um mobile genetische Elemente (sog. Transposons). Solche Transposons (z. B. das häufig verwendete P-Element) können natürlicherweise an beliebige Orte im Genom integrieren. Die zu transferierenden Genkonstrukte werden zwischen die Endstrukturen solcher Transposons kloniert. Von diesen eingerahmt „springen" die Fremd-Gene in die *Drosophila*-DNA. Erforderlich ist für das Hineinspringen in das Genom die Anwesenheit eines speziellen Proteins, der Transposase. Das Gen für dieses Enzym wird bei der Injektion der Fremd-DNA in den Embryo ko-injiziert und auf diese Weise mitgeliefert. Die überführten Transposon/Gen-Konstrukte integrieren als Einzelkopien und bleiben stabil an ihrem Ort, da die Transposase nur kurzzeitig (für die Integration) zur Verfügung steht. Hinzu kommt, daß die Transposase spezifisch in den Keimzellen für die Integration des Vektor-Transgen-Konstrukts sorgt; dieser Effekt ist natürlich sehr willkommen, um erblich stabile transgene Tierstämme zu erzeugen. Da die Integration nur in den Keimzellen erfolgt, ist in den aus den injizierten Embryonen hervorgehenden Fliegen kein veränderter Phänotyp zu sehen, sondern erst in deren Nachkommen. Verfeinerungen des Systems haben dazu geführt, daß in *Drosophila* nicht nur einfach hinzugefügte Fremd-Gene effizient exprimiert werden können, sondern daß auch ein Arsenal weiterer Methoden zur gezielten Genveränderung bereitsteht (ortsspezifische Rekombinationssysteme,

Transposon-vermittelte Genzerstörung, „Trapping" von Gen-Kontrollelementen) (Sentry und Kaiser, 1995).

7.3 Transgene Tiere als Modellsystem für menschliche Krankheiten

Für das Verständnis von Krankheiten, ihrer Ursache, ihres Verlaufs, aber auch für die Entwicklung von Behandlungsmethoden sind Tiermodelle extrem hilfreich und wichtig. Leider gibt es nur für einen kleinen Teil der menschlichen Krankheiten Tiermodelle. Die Transgen-Technik eröffnet hier völlig neue Möglichkeiten, gezielt durch Gentransfer oder „Gen-Knockout" Tiere zu erzeugen, die Krankheiten oder Prädispositionen zur Entwicklung von Krankheiten tragen und die damit als Tiermodelle für menschliche Krankheiten Verwendung finden. Gentransfer und Gen-„Knockout" sind unterschiedliche Transgen-Techniken, die zu prinzipiell verschiedenen Ergebnissen führen. Der „DNA-vermittelte Gentransfer" ist das klassische Verfahren, mit dem transgene Tiere hergestellt werden (s. o.). Dabei werden Gene dem betreffenden Genom hinzugefügt. Ziel ist die zusätzliche Expression eines bestimmten Gens, ohne die endogene Genexpression dadurch im wesentlichen zu stören. Wenn es sich bei dem Transgen, das möglicherweise überdies durch die Hyperaktivität eines künstlich hinzugefügten Promotors viel intensiver als in seiner natürlichen Form ausgeprägt wird, um ein dominantes Gen handelt, dann kann bereits eine Kopie eines solchen Gens das transgene Tier krank machen. Auf diese Weise kann durch den DNA-vermittelten Gentransfer ein wertvolles Tiermodell für menschliche Krankheiten erzeugt werden. Das wohl berühmteste Beispiel für ein auf diese Weise erzeugtes Tiermodell ist die berühmte „Harvard-Maus" oder „Onko-Maus", die von Leder und Stewart Mitte der 80er Jahre erzeugt worden ist. Diese Maus ist wohl besonders deshalb so bekannt geworden, weil sie das erste transgene Tier repräsentiert, auf das von der US-amerikanischen Patentagentur ein umfassendes Patent erteilt wurde (siehe Kapitel 3). Bei den „Onko-Mäusen" handelt es sich um transgene Tiere, in deren Chromosomen aktive, dominante Onkogene (*c-myc*, *neu*, u. a.) unter der Kontrolle hochaktiver Genpromotoren überführt worden sind. Durch die (Hyper-)Aktivität der dominanten Onkogene entwickeln solche Mäuse abhängig von der Art des Onkogens und des Promotors in großer Häufigkeit in bestimmten Geweben Tumore. Die *c-myc*-Onko-Maus zeigt z. B. eine hohe Prädisposition zur Bildung von Adenokarzinomen in den Mammadrüsen (Stewart et al., 1984). Die „Onko-Mäuse" sind hervorragende Tiermodelle zum Studium von Krebserkrankungen. Die Lizenz für die Herstellung und den Verkauf von „Onko-Mäusen" hat der multinationale Chemiekonzern „DuPont" erworben. Neben der „Onko-Maus" gibt es inzwischen eine ganze Palette von transgenen Tieren, überwiegend von transgenen Mäusen, bei denen durch Überexpression oder dysregulierte Expression von Genen Krankheiten ausgelöst werden, die auch beim Menschen vorkommen. Eine kleine Auswahl zeigt Tab. 2.

Tab. 2: Transgene Tiere als Modelle menschlicher Erkrankungen

Tier	Gen (Genprodukt)	pathol. Befund in dem transgenen Tier	menschl. Krankeit (Ref.)
Maus	T-Zell-Rezeptor-Gen		Autoimmunkrankheit (Lo, 1996)
Maus	hGH-Gen (menschl. Wachstumshormon)	Riesenwuchs, Nephropathologische Veränderungen	Riesenwuchs, Glomerulosklerosis (Brem et al., 1988,1989; Wanke et al., 1991)
Maus	humanes Amyloid β-Protein-Gen	Amyloid-Plaques, Fibrillen	Alzheimersche Krankheit (Wirak et al., 1991a und b)
Ratte	Maus-Ren 2-Gen, (Prorenin)	Bluthochdruck	Bluthochdruck (Paul et al., 1994)
Maus	CFTR-Gen (Cystic fibrosis transmembrane conductance regulator)		Mukoviszidose
Maus	Hamster Prn-p-Gen (Prion-Protein)	Prädisposition für „Scrapie"	Creutzfeld-Jakob-Krankheit (Aguzzi et al., 1994)
Maus	HIV gp120-Gen	degenerative Läsionen im Zentralnervensystem	AIDS-Dementia (Aguzzi et al., 1994)
Maus	Apolipoprotein B-Gen	Cholesterin-Kristalle	Arteriosklerose (Breslow, 1996)
Maus	CETP-Gen (Affe) (Cholesterolester-Transferprotein)	Absenken von HDL-Cholesterol, Verstärkung von Läsionen	Arteriosklerose (Breslow, 1996)

Ein weiteres Verfahren zur Erzeugung von Krankheitsmodellen mit Hilfe des einfachen Gentransfers ist die Überführung und Expression von mutierten Genen, die eine transdominante, veränderte Form eines Proteins in dem transgenen Tier erzeugen. Auch hierfür gibt es inzwischen viele Beispiele, von denen nur wenige exemplarisch erwähnt werden sollen. So konnten transgene Mäuse mit transdominanten, mutanten Formen des Gens für das Apolipoprotein E (Apo E Leiden und Apo E R 142 C) des Menschen erzeugt werden, die bei cholesterinreicher Ernährung deutliche Arteriosklerose-ähnliche Symptome bei den Mäusen hervorrufen. Außerdem zeigten die Mäuse einen sehr hohen Cholesteringehalt im Blut nach cholesterinreicher Diät (Breslow, 1996).

Die Überführung eines mutierten Pro-a-1(I) Kollagen-Gens in Mäuse erzeugt eine Wachstumsstörung (*Osteogenesis imperfecta*), die beim Menschen in ihrer schwersten Ausprägung bereits vor der Geburt zum Tode führt. Im Falle der transgenen Mäuse, die zusätzlich zu ihren endogenen, intakten Kollagen-Genen eine künstlich mutierte Kopie des COLIA(I) Gens enthielten (Glycin 859 $\Rightarrow$ Cys bzw. Arg 859), reichten bereits 10% an mutiertem Protein aus, um *Osteogenesis imperfecta* auszulösen (Stacey et al., 1988).

Diese zwei Beispiele sollen zeigen, wie durch einfachen, additiven Gentransfer gezielt ein tierisches Krankheitsmodell erzeugt werden kann. Die Vorteile dieses Verfahrens liegen auf der Hand. Neben der relativ einfachen Herstellung transgener Mäuse ist es mit diesem Verfahren auch möglich, andere Tierarten als transgene Krankheitsmodelle zu verwenden. Das ist vor allem für Tiermodelle wichtig, an denen Therapieverfahren erprobt werden sollen. Aber auch bei Modellen für bestimmte Stoffwechselerkrankungen sind andere Tierarten, wie z. B. die Ratte oder das Schwein sehr viel besser geeignet als die Maus (Tab. 2).

Obwohl das einfache transgene Tiermodell unter Verwendung transdominanter Mutanten bei der gezielten Erzeugung transgener Tiermodelle eine große Zukunft haben wird, ist dieses Verfahren für sehr viele Krankheiten nicht anwendbar. Dies liegt vor allen Dingen darin begründet, daß nur in einer Minderzahl der genetisch bedingten Erkrankungen monogen-dominante Erbgänge vorliegen. Die Mehrzahl der Erkrankungen ist entweder durch rezessive Faktoren bedingt oder wird durch das Zusammenspiel von vielen verschiedenen Genen verursacht. Für diese Fälle ist es wichtig, einzelne Gene gezielt ausschalten zu können. Das wohl bekannteste Verfahren, Gene gezielt auszuschalten, ist die Herstellung der sogenannten „Knockout"-Mäuse (s. o.). Dabei wird im Gegensatz zu „normalen" transgenen Tieren nicht einfach ein Gen in dem Genom des Empfängertiers hinzugefügt, sondern durch sogenannte homologe Rekombination ein Gen oder ein DNA-Abschnitt gezielt entfernt und/oder gegen einen anderen, veränderten DNA-Abschnitt ausgetauscht. Das Entscheidende an dem Verfahren ist, daß damit im Prinzip jedes beliebige Gen ausgeschaltet, mutiert oder in seinem Expressionsmuster nahezu beliebig verändert werden kann. Es besteht sogar teilweise die Möglichkeit, das Gewebe oder den Zeitpunkt zu bestimmen, wo oder wann das Gen seine Funktion einstellt oder ganz aus dem Chromosom entfernt wird. So ist es auch nicht verwunderlich, daß seit der Erfindung des „Gene Targeting" (Thomas und Capecchi, 1987; Doetschman et al., 1987) mehrere hundert verschiedene „Knockout"-Mäusestämme erzeugt worden sind. Eine relativ vollständige Liste der bis 1995 erzeugten „Knockout"-Mäusestämme haben Brandon et al. (1995a, b, c) veröffentlicht. Die Kollektion an „Knockout"-Stämmen wächst so schnell, daß sich führende wissenschaftliche Institutionen entschlossen haben, die aktuelle Liste der verfügbaren „Knockout"-Mäusestämme per Internet/World Wide Web jedem Interessenten zur Verfügung zu stellen („Tbase"; http://www.gdb.org/Dan/tbase.html).

Eine kleine Auswahl von „Knockout"-Mäusen, die als Modellsysteme für wichtige menschliche Krankheiten verwendet werden, ist in Tab. 3 aufgeführt. Wie die Tabelle zeigt, lassen sich sogar pathologische oder von der Norm abweichende Verhaltensweisen durch gezielte Genveränderungen bei Mäusen untersuchen. Sind bisher überwiegend einzelne Gene ausgeschaltet worden, so werden in Zukunft verstärkt Kombinationen von mehreren Genen hinzukommen, so daß die Hoffnung besteht, auch für polygen-bedingte Krankheiten Tiermodelle etablieren zu können. Gerade für diese schwierig zu analysierenden Zusammenhänge ist das „Knockout"-Verfahren von unschätzbarem Wert. Je mehr „Knockout"-Mäusestämme zur Verfügung stehen, umso leichter und schneller können auch die Wirkungen von Genkombinationen durch Kreuzung der entsprechenden Stämme untersucht werden. Die Maus wird mehr und mehr zum sprichwörtlichen Versuchskaninchen der Molekularmedizin. Selbst Gene, deren Verlust frühembryonale Letalität verursacht, können mit der hochentwickelten „Knockout"-Technik des Cre/loxP-Systems (s. o.) untersucht werden (Kuhn et al., 1995). Leider gibt es bisher die Möglichkeit des „Gene Targeting" bei höheren Organismen ausschließlich bei der Maus, da nur hier die Isolierung und Kultivierung der pluripotenten embryonalen Stammzellen gelingt. Weltweit wird intensiv daran gearbeitet, das „Gene Targeting" auch bei anderen Tierarten möglich zu machen.

7.4 Transgene Tiere in der genetischen Grundlagenforschung

So wie transgene Tiere als Modellsysteme für die Erforschung menschlicher Krankheiten dienen, werden die Möglichkeiten der Gentechnik genutzt, um genetische Grundlagenforschung zu betreiben. Die genetische Grundlagenforschung hat das Ziel, die Struktur, die Wirkungsweise, das Zusammenspiel und die Evolution der Gene und anderer Genomkomponenten zu erforschen. Es liegt daher nahe, die Wirkungsweise von Genen dadurch zu studieren, daß man versucht, die Gene zu isolieren, um sie schließlich – vielleicht auch in veränderter Form oder unter der Kontrolle verschiedener Regulatorelemente – wieder in einen Organismus zurück zu überführen. Über die Veränderung, die das Transgen in dem Wirtsorganismus hervorruft, lassen sich dann Erkenntnisse über die Wirkungsweise und die Funktion des betreffenden Gens gewinnen. Beispiele für diese Art der Forschung gibt es unzählige, von denen hier nur wenige, besonders herausragende exemplarisch vorgestellt werden sollen.

Eine der wichtigsten Fragestellungen in der modernen Genetik ist die Frage nach der Funktion eines bestimmten Gens. Häufig (und in zunehmendem Maße im Rahmen großer Genomprojekte) (siehe auch Kapitel 3) ist die komplette Struktur eines Gens bis hin zur Basensequenz bekannt, ohne daß konkrete Vorstellungen über die Funktion des Gens oder des Genprodukts existieren. Die Funktionsanalyse gestaltet sich in solchen Fällen fast immer sehr schwierig. Der beste Beweis für die Funktion eines Gen ist die Komplementation oder das „rescue" („Rettung") einer Mutante des betreffenden Gens. Darunter ist zu verstehen, daß durch Hinzufügen eines definierten DNA-Abschnitts zu dem Genom eines Organismus mit einem mutanten Phänotyp der Wildtyp (der normale Phänotyp) wiederhergestellt werden kann. Beim Menschen würde man ein solches Verfahren als Gentherapie und, wenn es die Keimzellen beträfe, als Keimbahngentherapie bezeichnen. In der Tat gibt es bei allen wichtigen genetischen Modellorganismen heute die Möglichkeit, solche Keimbahngentherapie durchzuführen, allen voran bei *Drosophila melanogaster*.

Tab. 3: „Knockout"-Tiermodelle für menschliche Krankheiten

Krankheit	Ausgeschaltetes Mausgen oder Genprodukt
Kardiologie Arteriosklerose salzsensitiver Bluthochdruck	Apolipoprotein E, „low-density-lipoprotein receptor" (LDL-Rezeptor) atrial natriuretic peptide
Endokrinologie familiäre hypocalciuride Hypercalcämie Glycogenspeicher-Krankheit Typ 1 intrauterine Wachstumsverzögerung Fettsucht	Kalzium-Rezeptor Glucose-6-Phosphatase Insulin-like growth factor II β_3-Adrenerger Rezeptor
Gastroenterologie Hirschsprungs Krankheit Ulcerative Colitis	Endothelin-Rezeptor Interleukin-2
Hämatologie α-Thalassämie Hämophilie A chronische Granulomatose	α-Globin Factor VIII Cytochrome b-245

Immunologie
autoimmunes lymphoproliferatives Syndrom
Bruton's Agammaglobulinämie
Hyper-IgM-Syndrom
schwere kombinierte Immun-Defizienz
  -autosomal rezessiv
  -X-gekoppelt
	FAS
	
	Bruton's Tyrosinkinase
	CD40 Ligand
	
	Janus-Kinase (JAK)-3
	Interleukin-2-Rezeptor Gamma-Kette

Metabolismus Gaucher-Krankheit Homocysteinämie Lesch-Nyhan-Syndrom Niemann-Pick-Krankheit Tay-Sachs-Krankheit	β-Glucocerebrosidase Cystathionin-β-synthase Hypoxanthin-phosphoribosyltransferase saure Sphingomyelinase α-Hexosaminidase A
Neurologie schlechtes Kurzzeitgedächtnis	Calmodulin Kinase II
Oncologie Li-Fraumeni-Syndrom Neurofibromatose Retinoblastom	p53 NF-1 RB
Pulmonologie Mukoviszidose	Cystic fibrosis transmembrane conductance regulator (CFTR)
Psychische Erkrankungen/Verhalten Alkoholismus Agressivität, Schreckhaftigkeit agressives Sexualverhalten, Angriffslust	5-HT (1B) Serotoninrezeptor Monoaminooxidase A neuronale NO Synthase

Es gibt wohl kaum einen anderen Organismus in der Komplexitätsstufe von *Drosophila mela-nogaster*, der klassisch und molekulargenetisch besser untersucht wäre. Deshalb ist es nicht ver-wunderlich, daß die Transgen-Technik bei diesem Modellorganismus besonders hoch entwickelt ist und für die genetische Grundlagenforschung sehr wertvolle Beiträge liefert. Schon 1982 wurde von Spradling und Rubin die P-Element-vermittelte Keimbahntransformation (s. o.) entwickelt, die es gestattet, nahezu jede beliebige DNA in die Chromosomen der Keimzellen von *Drosophila* zu überführen. Durch dieses Genintegrationssystem ist es möglich, schnell und routinemäßig „Rescue"-Experimente durchzuführen, d. h. eine Mutation dadurch auszuglei-chen, daß eine intakte Genkopie dem geschädigten Genom hinzugefügt und damit eine „Repa-ratur" oder eine „Rettung" durchgeführt wird. Die gentechnischen Möglichkeiten mit *Droso-phila melanogaster* gehen aber weit darüber hinaus. Durch die große Auswahl an klassisch wie auch molekulargenetisch gut charakterisierten Genen inklusive ihrer regulatorischen Elemente ist es möglich, die Aktivität von Transgenen oder Genkombinationen gezielt zu steuern. Damit kön-nen insbesondere komplexe Fragen der Entwicklungsbiologie beantwortet werden. Aus der Viel-zahl der auch für die Entwicklung des Menschen relevanten Beispiele sei nur eines herausge-griffen. Das Gene *eyeless*, das in der Augenentwicklung von *Drosophila* eine Rolle spielt, kann, wenn es zum rechten Zeitpunkt, aber an falscher Stelle im Organismus exprimiert wird, multiple Augen z. B. auch an den Beinen der Tiere erzeugen (Halder et al., 1995). Das Beispiel zeigt, welche enorme Wirkung die falsche Ausprägung eines einzigen Gens haben kann.

Ein sehr wichtiges Verfahren zur Identifizierung und zur Funktionsanalyse von Genen mit Hilfe von transgener *Drosophila* ist das „Enhancer-Trap"-Verfahren. Dabei handelt es sich um eine sehr wirkungsvolle Methode zum Auffinden von genregulatorischen DNA-Abschnitten und den dazugehörigen Genen in transgenen Tieren. Das Prinzip ist einfach und gleichzeitig genial (Abb. 5): Die Transgen-Kassette, die an jeweils einer zufälligen Stelle des *Drosophila*-Genoms eingebaut wird, besteht aus a) einem Reportergen unter der Kontrolle eines schwachen Genpro-motors, b) einem Markergen, das der transgenen Fliege rote Augen verleiht, c) P-Element-Abschnitten, die unter Umständen eine Mobilisierung der gesamten Kassette erlauben und d) bakterielle Sequenzen, die alles enthalten, was zur Replikation und Selektion in *Escherichia coli* notwendig ist. Wird die „Enhancer-Trap"-Kassette bei der Transgenese in der Nähe eines Gens integriert, dann kann der Enhancer dieses Gens (Enhancer sind regulatorische Sequenzen, die die Stärke und räumliche sowie zeitliche Ausprägung eines Gens steuern) die Ausprägung des Reportergens um ein Vielfaches steigern. Das Reportergenprodukt, das sich im allgemeinen leicht z. B. durch eine einfache Färbung oder durch Eigenfluoreszenz nachweisen läßt, zeigt dann, wo und in welchen Entwicklungsstadien das entsprechende Gen seine Wirkung entfaltet. Auf diese Weise ist es leicht möglich, Gene zu identifizieren, die in einem speziellen Gewebe oder zu einem speziellen Entwicklungszeitpunkt aktiv sind. Das Verfahren bietet darüber hinaus noch die Möglichkeit, das betreffende Gen auch sofort molekular zu isolieren. Dazu ist es ledig-

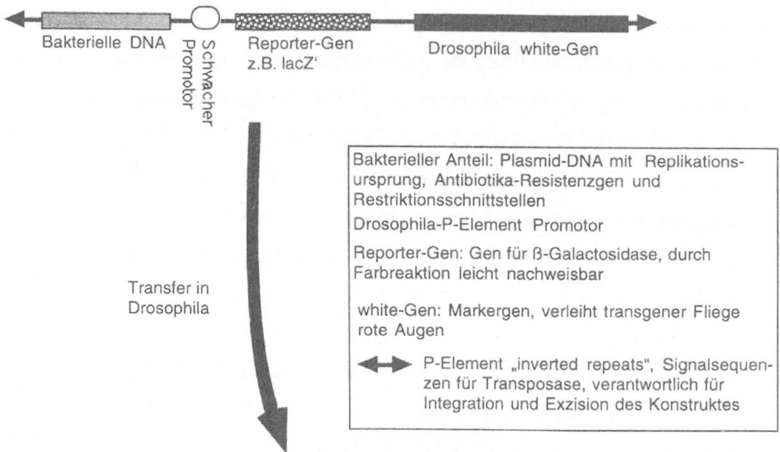

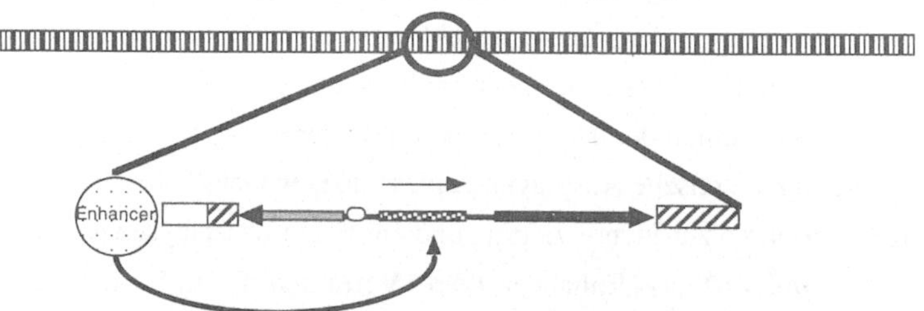

Abb. 5: Aufbau und Wirkungsweise einer „Enhancer-Trap"-Kassette zur Aufklärung der Funktion von Genen in transgener *Drosophila*. Weitere Erklärungen im Text.

lich notwendig, die Fliegen-DNA in kleine Stücke zu zerschneiden, die Fragmente mit einem Enzym (der DNA-Ligase) in Ringform zu überführen und mit dieser DNA Bakterien zu füttern. Da die „Enhancer-Trap"-Kassette sowohl den Replikationsursprung eines bakteriellen Plasmid als auch ein bakterielles Resistenzgen gegen Antibiotika enthält, lassen sich sehr schnell Bak-terienklone selektionieren, die die ursprüngliche *Drosophila*-„Enhancer-Trap"-Kassette aufge-nommen haben. Bei Anwendung der richtigen Strategie enthält die in Bakterien vermehrte DNA auch zusätzlich noch Abschnitte aus der umgebenden Region des *Drosophila*-Chromosoms, so daß mit dieser DNA als Sonde wiederum aus Genbanken das vollständige interessierende Gen herausgesucht werden kann. Das „Enhancer-Trap"-Verfahren hat zu Tausenden von verschiedenen Drosophila-Stämmen geführt, deren molekulare Aufarbeitung vermutlich Jahre in Anspruch nehmen wird. Obwohl *Drosophila* als transgenes Tiermodell sicherlich für die genetische Grundlagenforschung das wichtigste, weil am besten entwickelte Modell ist, darf nicht unerwähnt bleiben, daß das Maus-Modell für das Verständnis der Gene des Menschen und erblicher Erkrankungen sehr viel bedeutsamer ist. Hinzu kommt, daß „Gene Targeting", wie es bei der Maus möglich ist, bei *Drosophila* nur auf Umwegen und sehr kompliziert durchzuführen ist. Als transgene Tiermodelle für die Grundlagenforschung werden sicherlich beide Spezies eine große Zukunft haben.

7.5 Transgene Tiere in Landwirtschaft und Nahrungsmittelproduktion

Obwohl bei vielen landwirtschaftlichen Nutztieren die Erzeugung transgener Tiere gelingt, spielen diese in der landwirtschaftlichen Produktion nur eine untergeordnete Rolle. Dies könnte sich ändern, wenn es in größerem Maßstab gelänge, transgene Tiere zu erzeugen, die gegen Krankheiten (z. B. Viruserkrankungen) resistent wären.

Nutztiere, denen verschiedene Variationen von Wachstumshormongenen (GH) implantiert wurden (Schweine, Schafe), zeigten teilweise ein besseres Wachstum als nicht-transgene Kontrolltiere (Vize et al., 1988). Darüber hinaus aber entwickelten transgene Schweine mit GH-Genen erhebliche gesundheitliche Probleme, die a priori die Verwendung solcher Tiere in der Tierzucht unmöglich machten. Es kommt hierbei noch hinzu, daß in einer kritischen Öffentlichkeit berechtigte Fragen nach dem Sinn und Zweck solcher Züchtungen von Fachleuten nur sehr unbefriedigend beantwortet werden konnten. Gentechnische Strategien zur Erzeugung schnell wachsender landwirtschaftlicher Nutztiere werden zur Zeit offensichtlich nicht weiter verfolgt.

Ein interessanter Ansatz für die Verwendung der Transgen-Technik ist die Überführung von Genen, die einen gewissen Schutz vor Krankheiten verleihen. Dazu gibt es verschiedene Möglichkeiten, wie die Überführung von Immunglobulingenen (genetische Immunisierung) oder spezifischer Krankheitsresistenzgene zeigt (Müller und Brem, 1991).

Wichtiger als landwirtschaftliche Groß-Nutztiere sind transgene Fische und Vögel. Bei transgenen Vögeln ist die Zielrichtung die Erzeugung von Krankheitsresistenz (Virusresistenz), während bei Fischen, die in der Welternährung eine sehr große Rolle spielen, es vor allem auf Wachstumsbeschleunigung und Erhöhung der Endgröße ankommt. Die Anzahl der verschiedenen transgenen Fischarten übersteigt inzwischen deutlich die Zahl der transgenen Säugetierarten: Lachse, Forellen, Barsche, Karpfen, Welse, Medaka, Zebrafische, Schmerlen, Hechte, Schwertträger und Goldfische schwimmen inzwischen weltweit in großen Zahlen in den Aquarien und Wassertanks der Gentechnologen (Iyengar et al., 1996). Beeindruckend sind die Wachstumsleistungen, die manche transgenen Lachse mit einem fremden Wachstumshormongen unter der Kontrolle eines Metallothioneinpromotors erreichen: Ein Exemplar eines transgenen Lachses wuchs tatsächlich in kurzer Zeit auf das 37fache des Gewichts der Kontrolltiere heran. Im Durchschnitt sind die transgenen Lachse immerhin 11mal so schwer wie Kontrolltiere (Devlin et al., 1994). Neben dem Ziel, das Wachstum zu fördern, wird intensiv versucht, die Kälteempfindlichkeit vor allem der Lachse zu steigern. Dazu sind transgene Lachse erzeugt worden, die das Gen für das Anti-Frost-Protein (antifreeze protein AFP) aus der Winterflunder enthalten. Obwohl die transgenen Lachse das AFP exprimierten, zeigten die Lachse keine Frostresistenz. Vermutlich war die Konzentration an AFP im Blut zu gering. Neben der angestrebten Frostbeständigkeit haben AFPs einen weiteren, verwandten positiven Effekt, der für Züchter interessant sein könnte: Bei transgenen Goldfischen konnte gezeigt werden, daß Tiere mit AFP-Genen eine generell bessere Kältetoleranz besitzen (Wang et al., 1995). Eine ganz andere Zielrichtung bei der Erzeugung transgener Fische ist die Verbesserung der Immunität und Krankheitsresistenz. Die verschiedenen Ansätze (z. B. Überführung des antibakteriell wirksamen Lysozymgens oder Immunisierung durch Transfer von Virus-Hüllprotein-Genen) stecken allerdings noch in den Kinderschuhen.

7.6 Transgene Tiere als Bioreaktoren

Eine schon in naher Zukunft realisierbare kommerzielle Anwendung der Transgen-Technik wird darin gesehen, pharmazeutisch wichtige Proteine mit Hilfe von transgenen Tieren zu produzieren. Beim „Gene Pharming" sollen milcherzeugende Tiere durch Gentransfer zur Expression zusätzlicher Proteine in ihrer Milch veranlaßt werden. Bereits 1987 gelang es Simons et al. transgene Mäuse herzustellen, die das Milchprotein β-Laktoglobulin des Schafs mit der Milch sekretieren. Seitdem sind nicht nur in Laborversuchstieren, sondern auch in Schafen, Ziegen, Schweinen und Rindern mehr als 50 verschiedene rekombinante Proteine nach diesem Verfahren hergestellt worden (Houdebine, 1995). Einen kleinen Ausschnitt zeigt Tab. 4. Keines der so erzeugten Pharmazeutika hat bislang den Markt erreicht, da offensichtlich noch einige verfahrenstechnische Probleme zu überwinden sind (s. u.).
Bestimmte Proteine mit komplizierten Faltungsmustern und aufwendigen post-translationalen Modifikationen sind nur schwer (oder gar nicht) in größeren Mengen in Bakterien oder eukaryotischen Zellkulturen herzustellen (Colman, 1996). Müssen die betreffenden Proteine gar aus humanem Blutplasma gewonnen werden (z. B. Blutgerinnungsfaktoren), so besteht die Gefahr einer Verseuchung des Präparats mit humanen Viren (z. B. HIV). Bei solchen biomedizinisch wichtigen Proteinen bietet sich aus Gründen der Produktivität und Produktsicherheit eine Herstellung z. B. in Kühen an: Eine Kuh kann mehr als 10.000 l Milch pro Jahr geben und

Tab. 4: Produktion menschlicher Proteine in der Milch transgener Tiere

transgenes Tier	menschliches Protein
Maus	Serumalbumin Laktoferrin γ-Interferon Wachstumshormon (GH) IGF1 Protein C Superoxiddismutase α-1-Antitrypsin Urokinase Lysozym CD4-Rezeptor
Kaninchen	Gewebe-Plasminogenaktivator (tPA) Interleukin 2 IGF1 Erythropoietin
Ziege	tPA
Schaf	α-1-Antitrypsin Faktor IX
Schwein	Protein C
Rind	Laktoferrin

damit – je nach Stärke der Transgenexpression (sehr variabel!) – einige 100 kg eines Fremd-Proteins liefern.

Eine weitere Anwendung dieser Technologie besteht darin, die Zusammensetzung der Kuhmilch selbst so zu verändern, daß die daraus erzeugten Lebensmittel verbessert werden (Clark, 1996; Maga und Murray, 1995). Milchprodukte tragen in westlichen Ländern immerhin mit 30% zur täglichen Proteinaufnahme bei. Das Protein β-Laktoglobulin beispielsweise ist für viele Kuhmilch-Allergien des Menschen verantwortlich. Ein gezieltes Auschalten des Gens durch „Gene Targeting" (derzeit nur in der Maus möglich!) würde dieses Allergieproblem lösen. Verbunden wäre mit einem solchen „Knockout" jedoch auch eine Verarmung der Milch an wertvollem Cystein, das im wesentlichen im β-Laktoglobulin vorkommt. α-Laktoalbumin, eine anderes Milchprotein, ist für die Synthese von großen Mengen Milchzucker (Laktose) verantwortlich. Laktose jedoch führt bei vielen Menschen zu Verdauungsproblemen, so daß diese Personen Milchprodukte meiden müssen. Die einfache Lösung („Knockout" des Laktoalbumin-Gens) wird jedoch vermutlich keine praktikable Alternative darstellen, da das komplette Ausschalten des Gens zumindest in der Maus zu schweren Störungen der Milchsekretion führte (Clark, 1996; Colman, 1996).

Zur Herstellung einer verbesserten, der menschlichen Milch angepaßten Säuglingsnahrung wird versucht, die Kuhmilch mit zwei antimikrobiell wirksamen, für die Immunabwehr von Kindern sehr wichtigen Proteinen anzureichern, dem Lysozym und dem Laktoferrin. Lysozym kann sehr effektiv das Verderben von Milchnahrung durch Bakterien verzögern, Laktoferrin ist auch als eisenbindendes Protein von Bedeutung. Beide Substanzen sind in der Kuhmilch gegenüber menschlicher Milch in sehr viel geringerer Konzentration vorhanden (bei Lysozym z. B. 3.000 mal weniger). Es gibt bereits transgene Mäuse, die menschliches Lysozym in ihren Milchdrüsen produzieren. Ein transgener Bulle (Hermann) mit dem menschlichen Laktoferrin-Gen wurde 1991 von einer holländischen Firma hergestellt und in der Zucht eingesetzt. Daten zur Expression des Fremdgens fehlen jedoch bislang.

Will man das vielversprechende Potential transgener Nutztiere als Bioreaktoren in Zukunft sinnvoll industriell ausschöpfen, sind jedoch eine Reihe von Aspekten zu beachten:

- Transgene Tiere unterliegen vielfachen strengen behördlichen Regelungen und sind in der Öffentlichkeit bislang wenig akzeptiert. Häufig ist auch die Expression von Genen in Zellkulturzellen zur Produktion pharmakologisch wichtiger Proteine gut geeignet.

- Der erhebliche zeitliche und finanzielle Aufwand zur Herstellung transgener Tiere muß Berücksichtigung finden. Zwischen der Mikroinjektion und der ersten Milch vergehen bei einer Kuh mehr als 2 Jahre, etwa 5–6 Jahre dauert das Heranzüchten transgener Herden. Schweine, Ziegen und Schafe liefern nur etwa 250–500 l Milch pro Jahr, sind dagegen in ca. der Hälfte der Zeit zu generieren. Kaninchen (etwa 50 l Milch/Jahr) sind dann eine Alternative, wenn nicht mehr als 1 kg des rekombinanten Proteins benötigt wird.

- Pilotstudien mit neuen Transgenkonstrukten werden üblicherweise in der Maus durchgeführt. Das Mausmodell hat sich jedoch in einigen Fällen als nicht übertragbar erwiesen (Carver et al., 1993) und erfordert daher Vorsicht bei der Extrapolation von Expressionsmengen.

- Die spezifische Expression von Transgenen in den Mammadrüsen verschiedener Spezies ist durch eine Reihe von Genpromotoren möglich, die weitgehend artübergreifend funktionieren (Rosen et al., 1996; Maga und Murray, 1995). Aufgrund der Zufälligkeit des chromosomalen Integrationsortes und der Anzahl integrierter Transgen-Kopien sind die Ausbeuten bei der Expression in verschiedenen Tierlinien jedoch sehr variabel. Es muß daher versucht werden, durch Einbeziehung übergeordneter Kontrollelemente (locus control regions, LCRs) das Transgen unabhängig von solchen Positionseffekten des Integrationsortes zu machen. Eine weitere Verbesserung der Expressionsspezifität eines Transgens wird erst dann möglich sein, wenn es gelingt, das Transgen durch „Gene Targeting" anstelle eines anderen Milchprotein-Gens in das Genom einzubauen.

- Die Gesundheit der transgenen Tiere muß gewährleistet sein. Menschliches Wachstumshormon, in der Mammadrüse von Mäusen produziert, wird von der Milch spontan in den Blutkreislauf abgegeben und erzeugt Nebenwirkungen, wie z. B. Unfruchtbarkeit (Houdebine, 1995).

- Eine effiziente biochemische Aufreinigung rekombinanter Proteine aus Milch ist – entgegen früherer Bedenken – nun offenbar möglich (Colman, 1996). Problematisch ist nach wie vor das mögliche Vorhandensein humanpathogener Substanzen in den aufgereinigten Proteinen. Prion-Proteine, die Auslöser neurogenerativer Erkrankungen beim Schaf (Scrapie) und Rind (BSE), könnten ein erhebliches Problem darstellen, falls sich herausstellen sollte, daß sie in befallenen Tierbeständen über die Milch weitergegeben werden.

- Die korrekte biochemische Struktur von Proteinen aus der Milch transgener Tiere muß im Einzelfall verifiziert werden: Menschliches α1-Antitrypsin aus Schafmilch und menschliches Antithrombin III aus der Ziege sind offenbar nicht „ordnungsgemäß" glykosyliert (Houdebine, 1995). Vermutlich haben Säugerspezies in ihren Mammadrüsen eine unterschiedliche Ausstattung an proteinmodifizierenden Enzymen.

Die Verwendung transgener Tiere zur Produktion bestimmter Naturstoffe umfaßt schließlich auch Anwendungen mit einem weniger hohen Risikopotential. Damak et al. (1996) gelang es kürzlich, durch Überexpression des Wachstumsfaktors IGF I in Haarfollikeln transgener Schafe eine um 6% höhere Wollproduktion zu erzielen. Zudem ist dies die erste „Verbesserung" eines Nutztieres, die ohne Beinträchtigung der Gesundheit und Fertilität der Tiere erzielt wurde.

7.7 Einsatz transgener Tiere als Organspender

Die mögliche Nutzung transgener Tiere geht weit über das hinaus, was unter dem Begriff „Bioreaktoren" zu verstehen ist. Es gilt heute bereits als möglich, daß gentechnisch veränderte Tiere als Organspender für verschiedenste Organe im Falle von lebensnotwendigen Organtransplantationen herangezogen werden könnten. Bisher ist dies allerdings noch Zukunftsmusik und Fachleute rechnen nicht damit, daß in den nächsten drei Jahren tierische Organe in der humanen Transplantationsmedizin bereits eingesetzt werden können. Nichtsdestotrotz hat es in den letzten zwei bis drei Jahren aufregende Fortschritte in diesem in der Zukunft sicherlich sehr wichtigen Anwendungsgebiet für transgene Tiere gegeben.

Schon 1992 ist es gelungen, transgene Schweine zu erzeugen, die menschliches Hämoglobin produzieren. Dieses „menschliche" Schweineblut soll als Ausgangsmaterial für die Herstellung von Blutersatzstoffen dienen, die bei Notfällen anstelle von nicht verfügbaren Blutkonserven eingesetzt werden sollen. Obwohl schon 1993 mit klinischen Studien begonnen worden sein soll, ist bisher allerdings kein solches Produkt zur Markteinführung gelangt.

Für den Einsatz transgener Tiere in der Transplantationsmedizin sind verschiedene Optionen denkbar. Die offensichtlichste Option ist natürlich die, bei der die tierischen Organe als in vivo Transplantate anstelle von nicht verfügbaren menschlichen Organen in den Körper des Patienten eingesetzt werden (Xenotransplantation; White und Calne, 1996; Kemp, 1996). Hierbei muß gewährleistet sein, daß sowohl die sofortige (hyperakute) als auch die erst nach einiger Zeit einsetzende verzögerte Abstoßungsreaktion unterbleibt. Für die hyperakute Abstoßungsreaktion von Xenotransplantaten sind vorgefertigte, im Blut des Menschen bereits zum Zeitpunkt der Transplantation vorhandene Antikörper verantwortlich, die eine Aktivierung des Komplementsystems auslösen. Es kommt sehr schnell – manchmal innerhalb von Minuten – zu einem Verschluß der Blutgefäße des transplantierten, artfremden Organs und damit zu einem Versagen und zur Zerstörung des Organs. Die Komplement-Reaktion wird durch Komplement-regulierende Proteine (CRP) normalerweise im Zaume gehalten. Leider funktionieren diese Proteine nur weitgehend artspezifisch, d. h. menschliche CRPs wirken nur auf das menschliche Komplementsystem inhibierend, Schweine-CRPs entsprechend nur bei Schweinen. Wenn also ein Organ aus dem Schwein durch Transplantation dem menschlichen Komplementsystem ausgesetzt wird, dann sind Schweine-CRPs unwirksam und es kommt zur sofortigen Abstoßungsreaktion wie oben geschildert. Wenn nun die Schweinezellen, vor allem die Endothelzellen an den Innenwänden der Blutgefäße, die menschlichen CRPs produzieren könnten, könnte damit die sofortige Aktivierung des menschlichen Komplementsystems eben durch diese menschlichen Proteine verhindert oder zumindestens verringert werden. Zwei der menschlichen CRPs sind molekular charakterisiert und in Schweine überführt worden (Diamond et al., 1995, 1996). Der eine ist der „human decay-accelerating factor" (hDAF) (Rosengard et al., 1995), der zweite ist der „membrane-associated complement inhibitor" CD59 (Kroshus et al., 1996). Beide Humanproteine zeigen, wenn sie von Schweine-Endothelzellen einzeln oder in Kombination exprimiert werden, eine deutliche Reduktion der hyperakuten Abstoßreaktion. Die Expression des hDAF führte dazu, daß die transgenen Schweineherzen nach Transplantationen in Affen nicht mehr sofort abgestoßen wurden und die Affen damit zum Teil mehr als 2 Monate überlebten. Die Ergebnisse sind so vielversprechend, daß mit dem Beginn klinischer Studien schon 1996/97 gerechnet wird (Dickson, 1995). Man kann zwar nicht davon ausgehen, daß morgen schon die ersten Patienten mit Schweineherzen die Kliniken füllen. Es besteht aber eine realistische Chance, in wenigen Jahren mit Schweineorganen Menschen das Leben zu retten, und sei es auch nur zur Überbrückung bis ein ideales menschliches Spenderorgan zur Verfügung steht.

Die zweite Option, tierische Organe in der Transplantationsmedizin erfolgreich und lebensrettend einzusetzen, ist die extrakorporale Perfusionstechnik. Dabei werden die Ersatzorgane nicht dauerhaft in dem Körper eines Patienten implantiert, sondern nur für eine begrenzte Zeit an den Blutkreislauf eines Menschen angeschlossen, um eine lebensbedrohliche Situation zu überbrücken, z. B. bis zu einem Zeitpunkt, an dem ein geeignetes Spenderorgan zur Verfügung steht.

Hierfür ist es vor allem notwendig, die hyperakute Abstoßungsreaktion in den Griff zu bekommen. Die erst sehr viel später einsetzende verzögerte Abstoßungsreaktion spielt dagegen keine Rolle. Hier gibt es schon eindeutige Erfolge mit transgenen Schweinen, die wiederum das menschliche hDAF-Gen enthalten. Transgene Schweinelebern, die in einem Testsystem von menschlichem Blut durchströmt wurden, zeigten eine deutlich bessere Organfunktion und längere Überlebensraten als normale Schweinelebern (Pohlein et al., 1996).

Die dritte Option, die vielleicht noch in fernerer Zukunft liegt, ist die Rekonstitution von Organen, Organteilen oder bestimmter Zellpopulation innerhalb von Organen mit Hilfe von isolierten, xenogenen (speziesfremden) Zellen. Es ist schon seit langem bekannt, daß bestimmte Zellen (Stammzellen) ganze zerstörte Organe wieder aufbauen können. Das wird z. B. bei der sog. autologen Knochenmarkstransplantation zur Behandlung von bösartigem Blutkrebs ausgenutzt. Dabei gelingt es, mit relativ wenigen gesunden Knochenmarksstammzellen eines Patienten das gesamte blutbildende Organ wiederherzustellen, wenn dieses im Verlauf der Tumortherapie (Chemo- oder Radiotherapie) zerstört worden ist. Auch die Wiederherstellung der Funktionsfähigkeit der Leber durch die Zufuhr von Leberzellen funktioniert im Tiermodell. Kürzlich gelang Rhim et al. (1995), die vollständige Funktionsfähigkeit der zerstörten Leber einer transgenen Maus wiederherzustellen, indem der Maus Leberzellen einer Ratte zugeführt wurden. Auch hier werden transgene Tiere sowohl bei der Entwicklung eines klinisch anwendbaren Verfahrens wie auch bei der Unterdrückung der Abstoßungsreaktion eine wichtige Rolle spielen.

7.8 Transgene Tiere in der Schädlingsbekämpfung

Insekten verursachen nicht nur in der Landwirtschaft als Fraßschädlinge erhebliche ökonomische Verluste, sondern können auch eine ganze Reihe von Krankheitserregern auf den Menschen übertragen. Allein die Übertragung des Malaria-Erregers durch Mosquitos der Gattung *Anopheles* ist weltweit für etwa 500 Mio. Erkrankte und 3 Mio. Todesfälle jährlich verantwortlich. Die Erfolge der Transgen-Technik bei der Fliege *Drosophila* haben daher Hoffnungen geweckt, dieses Methodenarsenal zur Bekämpfung von Schädlingsinsekten einzusetzen (Hoy, 1993). Die Kontrolle solcher Schädlinge erfolgt bislang nur unzulänglich entweder durch die Vernichtung von Brutplätzen, durch massenhaftes Freisetzen steriler Männchen oder durch den massiven Einsatz von Insektiziden. Der Einsatz von Insektiziden über längere Zeiträume hat bisher fast immer zur Entwicklung von resistenten Stämmen geführt. Hinzu kommt, daß die eingesetzten Insektengifte höchst bedenkliche Nebenwirkungen auf Nicht-Ziel-Organismen haben. Um diese Probleme zu umgehen, müssen neue Wege beschritten werden. Mit großem finanziellen Aufwand werden derzeit die Genome von Krankheitsvektoren (z. B. der *Anopheles*-Mücke) nach Genen durchsucht, deren Veränderung (durch Transgen-Technik) beispielsweise Mosquitos gegen die Infektion durch den Malariaerreger resistent machen könnten (Crampton, 1994). Auch eine „genetische Impfung" der Stechmücken durch Übertragung von Antikörper-Genen wird erforscht. Weiterhin wird nach Keimbahn-Transformationssystemen gesucht, die bei einer Vielzahl verschiedener Insektenarten angewendet werden können. Die Verwendung von Transposon-Vektoren mit breitem Wirtsspektrum (z. B. hobo und mariner) liefert hier erfolgversprechende Ansätze (Lozovskaya et al., 1996; Lohe und Hartl, 1996). Kürzlich gelang es, ein minos-Transposon in die Keimbahn der Mittelmeerfliege *Ceratitis capitata* (ein Fraßschädling auf Zitrusfrüchten) zu überführen (Loukeris et al., 1995). Für Mosquitos ist eine effiziente, routinemäßig anwendbare Methode zur Keimbahntransformation jedoch bislang nicht beschrieben (wenn auch prinzipiell eine solche Transformation in einigen Fällen gelungen ist; Miller et al., 1987). Das u. U. größte praktische Problem stellt sich darin, mögliche gentechnisch veränderte Insekten in die bestehenden Populationen so einzubringen, daß sie diese wirksam verdrängen und ihre „genetische Aufgabe" (die Verbreitung und Expression des Transgens) erfüllen können. Hierfür sind noch vermehrt Erkenntnisse über die Populationsbiologie von Insektenarten notwendig (Collins und Besansky, 1994).

Der Einsatz gentechnisch modifizierter Insekten impliziert in jedem Falle eine großräumige, vielleicht sogar kontinentweite Freisetzung dieser Organismen. Die hiermit verbundenen Probleme sind vielfältig (s. u.) und führen unter Fachleuten zu der Ansicht, daß der routinemäßige Einsatz transgener Insekten in der Schädlingsbekämpfung frühestens in etwa 10 Jahren zu erwarten ist. Zur Erforschung des Verhaltens gentechnisch veränderter Arthropoden im Freiland haben die US-Behörden 1996 der Universität von Florida die Genehmigung erteilt, lokal begrenzt (auf Bohnenpflanzen eines kleinen Feldes) eine transgene Milbe (*Metaseiulus occidentalis*) auszubringen. Diese Milbe ist insofern ein nützliches Insekt, als sie andere Milben frißt, die wiederum Spinnen befallen. Die freigesetzte Milbenart besitzt ein bakterielles Markergen, anhand dessen sie im freien Feld „erkannt" werden kann. Untersucht werden soll, inwieweit die modifizierte Milbe unter Feldbedingungen die Vermehrung von Spinnenmilben begrenzen kann.

7.9 Sicherheitsaspekte bei transgenen Tieren

Freisetzung: Im Gegensatz zu der Situation bei transgenen Pflanzen gibt es noch keine umfangreichen Freisetzungen von genetisch modifizierten Tieren. Dies schließt aber selbstverständlich nicht aus, daß in Zukunft in großem Maßstab auch transgene Tiere in die Umwelt entlassen werden. Sicherlich wird es bei großen landwirtschaftlichen Nutztieren, die eventuell im Freiland gehalten werden, nicht das Problem einer unkontrollierten Ausbreitung oder einer dramatischen Veränderung des ökologischen Gleichgewichts geben. Es ist jedoch auch daran zu denken, daß kleine, schwer oder gar nicht zu kontrollierende Arthropoden in großen Mengen irgenwann freigesetzt werden, bei denen die Frage nach den ökologischen Konsequenzen solchen Tuns keineswegs unsinnig ist. In Florida/USA sind bereits in diesem Jahr transgene Milben in einem begrenzten Areal freigesetzt worden, um die Voraussetzungen zu studieren, unter denen eine umfassendere Freisetzung möglich ist (s. o.). Es ist auch in Betracht zu ziehen, daß transgene Tiere aus den Labors oder Zuchtbetrieben entkommen und sich in freier Natur etablieren. Es gibt Beispiele genug dafür, wie nicht-heimische Tiere ungewollt in Ökosysteme eingeschleppt worden sind und in diesen erheblichen ökologischen und ökonomischen Schaden angerichtet haben (z. B. Kartoffelkäfer, Reblaus und Waschbär in Europa, Kaninchen in Australien, Mittelmeerfruchtfliege in Kalifornien, Afrikanische Honigbiene in Südamerika) (Katzek und Wackernagel, 1992). Besondere Aufmerksamkeit verdienen unter diesem Aspekt transgene Fische und Arthropoden. Die meisten bisher erzeugten transgenen Fischarten sind in natürlichen Ökosystemen überlebens- und vermehrungsfähig. Es ist demnach davon auszugehen, daß sich transgene Fische in Wildpopulationen etablieren können (Bruggemann, 1993). Da es sich bei manchen der erzeugten transgenen Fischarten um typische Räuber handelt, sind die ökologischen Folgen einer Freisetzung z. B. von schnell wachsenden oder kälteresistenten Lachsen derzeit nicht vorhersehbar. Ein ökologisches Risiko ist hierbei keinesfalls auszuschließen. Das gleiche gilt im Prinzip für gentechnisch modifizierte Insekten oder andere Arthropoden. So gibt es Bestrebungen, bestimmte Nützlinge (z. B. Schädlingsparasiten oder auch Bienen) mit Resistenzgenen auszustatten, die eine Toleranz gegen häufig verwendete Insektizide oder Pestizide verleihen. Dies könnte die unerwünschten „Non-target"-Effekte von chemischer Schädlingsbekämpfung verringern helfen. Massenfreisetzungen transgener Tiere wären hierzu jedoch erforderlich. Bei der Freisetzung von in freier Natur überlebens- und vermehrungsfähigen Tieren muß aller Erfahrung nach damit gerechnet werden, daß sich diese Tiere global in alle geeigneten Lebensräume ausbreiten. Es gibt praktisch keinen Weg, diese Freisetzung rückgängig zu machen. Aus diesen Gründen ist es unbedingt notwendig, jedmögliches denkbare Risiko intensiv zu erforschen, bevor in großem Maßstab Freisetzungen solcher Tierarten erfolgen. Vor allem bei Genen, die einen vermutlichen Selektionsvorteil verleihen, muß vor einer Entlassung der Tiere in die Natur erforscht werden, welche ökologischen Konsequenzen solche freigesetzten Tiere haben könnten. Leider gibt es bisher nur sehr wenige Studien, die sich experimentell mit dieser Fragestellung befassen (Hoy, 1993 und 1995). Hier sind deshalb sicherlich noch sehr viele grundlegenden Untersuchungen notwendig, bevor an Freisetzungen dieser Art gedacht werden kann.

Horizontaler Gentransfer: Im Zusammenhang mit Freisetzungexperimenten, aber auch bei kontrollierter Laborhaltung von transgenen Tieren und anderen genetisch modifizierten Organismen spielt in der Sicherheitsdebatte fast immer die Frage nach dem horizontalen Gentransfer eine große Rolle. Unter horizontalem Gentransfer ist zu verstehen, daß Gene von einem Organismus auf einen anderen übergehen, ohne daß dazu eine genetische Kreuzung notwendig wäre. Bei bestimmten Mikroorganismen ist dieser Vorgang lange bekannt und gut untersucht. Manche

Mikroorganismen können DNA direkt aus ihrer Umwelt aufnehmen (Transformation) oder Vektoren (oft Viren) können DNA von einem Organismus auf einen anderen übertragen (Transduktion). Bei Eukaryonten sind die Beispiele für erfolgreichen horizontalen Gentransfer äußerst rar (Schmidt und Hankeln, 1996). Allerdings sind gerade die Beispiele, bei denen ein horizontaler Gentransfer vermutet wird, besonders relevant für die Sicherheitsdiskussion. Mehrere Untersuchungen haben gezeigt, daß transponierbare genetische Elemente (Transposons) wahrscheinlich durch horizontalen Gentransfer von einer Spezies in eine andere gelangt sind. So sind z. B. die P-Elemente erst vor ca. 50 Jahren in das Genom der Spezies *Drosophila melanogaster* eingedrungen (Kidwell, 1993). Es ist sehr gut möglich, daß die DNA-Übertragung durch die parasitische Milbe *Proctolaelaps regalis* verursacht worden ist (Houck et al., 1991). Diese Milbenart ernährt sich von *Drosophila*-Eiern/Embryonen verschiedener Spezies. Es könnte bei einem nacheinander erfolgten Anstechen von Eiern der Art *Drosophila willistoni* und anschließend der Art *D. melanogaster* zu einer „Infektion" von *D. melanogaster* mit *D. willistoni*-P-Elementen gekommen sein (Houck et al., 1991). Ein ähnlicher Fall wird für die Übertragung der mariner-Elemente angenommen, einer im Tierreich sehr weit verbreitete Transposon-Familie (Maruyama und Hartl, 1991). Sowohl mariner- als auch P-Elemente werden sehr häufig als Vektoren bei der Herstellung transgener Arthropoden eingesetzt, natürlich gerade weil sie die Eigenschaften haben, die für die Integration der DNA in Chromosomen erforderlich sind. Wenn es richtig ist, daß solche Elemente die horizontale Übertragung von Genen zwischen verschiedenen Spezies vermitteln, muß mit transgenen Tieren, die Transposonsequenzen (besonders aber aktive Transposons) enthalten, sehr vorsichtig umgegangen werden. Natürlich ist bei der Bewertung eines Risikos durch horizontalen Gentransfer auch zu berücksichtigen, um welche Gene es sich im Einzelfall handelt. Als „gefährliche" Gene gelten allen voran Resistenzgene, die Schutz vor Insektiziden/Pestiziden verleihen. Es ist offensichtlich, daß es höchst unangenehme Folgen hätte, wenn ein Resistenzgen gegen ein in großem Umfang eingesetztes Insektizid sich in der Population eines Schadinsektes oder eines Krankheitsüberträgers ausbreitete. Hier muß also jeweils am Einzelfall sorgfältig überlegt und abgewogen werden, ob der Nutzen transgener Tiere das potentielle Risiko wirklich deutlich übersteigt. Es ist zur Zeit nicht vorherzusagen, wohin sich die tierische Transgen-Technik im landwirtschaftlich-ökologischen Bereich entwickeln wird. Es ist aber anzunehmen, daß in diesem Bereich auch die größten Sicherheitsbedenken und damit verbunden die geringste öffentliche Akzeptanz zu finden sein werden.

Stabilität und Expression der Transgene: Ein weiteres Sicherheitsproblem, das generell bei transgenen Organismen eine Rolle spielt, ist die Stabilität der transgenen DNA sowie die Verläßlichkeit der Expression der Transgene. Manche DNA-Abschnitte, wie z. B. tandemrepetitive Sequenzen verhalten sich in transgenen Genomen extrem instabil (Hankeln et al., 1996). Innerhalb weniger Zellgenerationen können lange Abschnitte transgener, tandemrepetitiver DNA völlig aus dem Genom eines transgenen Tiers eliminiert werden. Ähnlich Probleme können bezüglich der Kontinuität der Expression eines Transgens auftreten. Positionseffekte können die Expressionsrate stark beinflussen oder die vollständige Abschaltung eines Transgens bewirken (Dorer und Henikoff, 1994). Häufig kommt es aus bisher nicht geklärten Gründen zu eine de novo Methylierung von transgener oder neu integrierter DNA (Doerfler, 1992), die zu einer Inaktivierung von Transgenen führt. Der Verlust eines Transgens oder seine Inaktivierung ist dann ein Problem, wenn die Funktionsunfähigkeit des Transgens die Sicherheit eines transgenen Tiers oder die Eigenschaften des aus dem transgenen Organismus gewonnenen Produkts beeinträchtigt. Ein hypothetisches Beispiel für ein Sicherheitsrisiko durch Inaktivierung eines Transgens wäre ein transgener nicht-permissiver *Anopheles*-Stamm, der, zur Bekämpfung der Malaria in Massen freigesetzt, plötzlich seine Überträgereigenschaften wiedererlangte.

Produktsicherheit: Viele der transgenen Tiere werden in Zukunft in der Nahrungs- und Arzneimittelproduktion eingesetzt werden. Dabei muß sichergestellt sein, daß das erzeugte Produkt für den Menschen unschädlich ist. Das transgene Tier ist zwar ein wesentlicher Faktor im Produktionsprozess, für die Sicherheit des Produktes sind aber eine ganze Reihe weiterer Faktoren mitbestimmend, die alle entsprechend zu kontrollieren sind. Für zulassungspflichtige Produkte, wie z. B. Arzneimittel ist die Zusammenarbeit von Gentechnologen, Pharmakologen, Toxikologen und Medizinern erforderlich. Bei Nahrungsmitteln aus transgenen Tieren sind neben den Gentechnologen die Züchter, die Landwirte, Veterinäre und auch Lebensmittelchemiker für die Sicherheit des Produkts mitverantwortlich. Nur wenn die Produkt- und Verfahrenssicherheit mindestens den gleichen Standards unterliegt wie bei entsprechenden konventionellen Produkten, kann die notwendige öffentliche Akzeptanz für diese in ihren langfristigen Auswirkungen noch nicht abzuschätzende Technologie erwartet werden.

Die größten Zukunftschancen für transgene Tiere sind mittelfristig wahrscheinlich in der medizinischen Anwendung zu sehen, und zwar sowohl als Modellsysteme für Krankheiten als auch als Bioreaktoren. Langfristig jedoch könnte der Einsatz transgener Tiere in der Nahrungsmittelproduktion in der Folge einer zunehmenden Nahrungsmittelverknappung und Überfischung der Meere eine wesentlich größere Rolle spielen (siehe auch Kapitel 2).

8 Gentherapie

Prof. Dr. B. Wittig

Institut für Molekularbiologie und Biochemie, Gentherapie-Forschungszentrum der Freien Universität Berlin, Arnimallee 22, D-14195 Berlin

8.1 Einleitung

Bei Erscheinen dieses Buches wird die erste Gentherapie, mit der die Heilung eines Kindes von seiner äußerst selten vorkommenden, angeborenen Stoffwechselstörung versucht wurde, mehr als sechs Jahre zurückliegen. In dieser Zeit ist die Zahl der genehmigten und tatsächlich begonnenen gentherapeutischen, klinischen Behandlungsprotokolle von zwei im Jahre 1990 auf ca. 200 im Jahr 1996 angewachsen. Zur Zeit werden wohl 2.000 Patienten nach gentherapeutischen Protokollen behandelt. Mehr als 70% dieser Patienten befinden sich in den USA. Der weitaus überwiegende Teil dieser Patienten (mehr als 60%) leiden an bösartigen Tumorerkrankungen. Ein steigender Anteil im gentherapeutischen Patientenkollektiv (z. Zt. ungefähr 25%) sind Patienten in verschiedenen Stadien des erworbenen Immunschwäche-Syndroms AIDS. Diese kurze Zusammenfassung der quantitativen Entwicklung zeigt, daß die Gentherapie, obwohl sicherlich noch in den Kinderschuhen der Medizin, ein Momentum entwickelt hat, das sie zu einem Träger der molekularen Medizin wachsen werden läßt. Bietet sie doch prinzipiell die Möglichkeit, qualitative oder quantitative molekularbiologische Fehlsteuerungen, die Ursache aller medizinisch definierten Krankheiten sind, mit molekularbiologischen Werkzeugen zu reparieren. Dies stellt einen in diesem Zusammenhang schon häufig zitierten Paradigmenwechsel in der Medizin dar: die Heilung von Krankheiten durch molekularbiologische Wiederherstellung des ursprünglichen „gesunden" Zustandes und nicht Heilung durch Begrenzung der Auswirkungen des molekularbiologischen Defektes, den Symptomen.
Bei so viel einleitender Grundsätzlichkeit soll nicht unerwähnt bleiben, daß in vielen Fällen auch die Therapie von Symptomen mit molekularbiologischen Werkzeugen zukünftig pharmakologische und sogar chirurgische Maßnahmen ergänzen wird. Vielleicht wird hier die Gentherapie sogar ihre ersten tatsächlichen Heilungserfolge aufweisen können. Ich denke in diesem Zusammenhang an die Verbesserung der Wundheilung, die Reparatur von Knorpeldefekten, die Wiederherstellung durchtrennter peripherer Nervenbahnen und die Rekanalisierung von Blutgefäßen.
Hinter den Zahlen zur Entwicklung der Gentherapie verbirgt sich allerdings auch ein Wechsel in der Begriffsbestimmung. Aus der Therapie von Genen ist in der überwiegenden Zahl der klinischen Stadien eine Therapie mit Genen geworden. Angeborene genetische Defekte, die zu Stoff-

wechselstörungen führen und nur durch Therapie (Rekonstitution) des betroffenen Gens geheilt werden können, kommen in allen Populationen nur selten vor: dies ist die offensichtliche Grundlage ihrer biologischen Stabilität. Es ist die Therapie mit Genen bei erworbenen Erkrankungen, die das Momentum der Gentherapie ausmacht. Therapie im Sinne einer Heilung bei angeborenen Stoffwechselerkrankungen wird wohl eher durch eine genetische Rekonstitution in der Keimbahn erreicht werden, während die somatische Gentherapie die Konzepte zur Behandlung erworbener Krankheiten beherrscht. Diese Zuordnung von Keimbahn-Gentherapie und somatischer Gentherapie ist allerdings im weitesten Sinne fließend und von zukünftigen Entwicklungen bei den molekularbiologischen Werkzeugen zum Einbringen therapeutischer Gene in erkrankte Organe abhängig.

8.2 Molekularbiologische und immunologische Grundlagen der Gentherapie

Wegen der eingangs beschriebenen zahlenmäßigen Dominanz von klinischen Studien, die sich dem Krebsproblem widmen, und selbstverständlich auch, weil diese Thematik seit längerer Zeit mein Arbeitsgebiet beherrscht, will ich im folgenden einige molekularbiologische und immunologische Grundlagen der Gentherapie von Krebserkrankungen darstellen. Es sei jedoch nochmals darauf hingewiesen, daß dies nur einer der vielen Aspekte der Gentherapie ist, vergleichbare Darstellungen wären z. B. auch für Krankheitsbilder im Zusammenhang mit Bluthochdruck möglich.

Zellteilung und Zelltod nach programmierten Kriterien sind Grundlagen nicht nur der embryonalen, fötalen und nachgeburtlichen Entwicklung zum erwachsenen Organismus, sondern auch wichtige Voraussetzung für das Erreichen des ebenso programmierten menschlichen Lebensalters von ungefähr 100 Jahren. Bei einer Zellzahl in der Größenordnung von 10^{14}, aus denen sich ein menschlicher Organismus zusammensetzt, muß die Homöostase aus Zellteilung und Zelltod exakt reguliert werden, sonst kommt es zu Zelluntergang- oder Zellwachstum-Katastrophen, die als Degeneration oder Tumorwachstum bekannt sind. Diese Homöostase wird durch zwei große Regelkreise kontrolliert. Alle Typen von Zellen, durch die ungefähr 150 unterschiedliche Gewebe im menschlichen Körper gebildet werden, haben eine molekularbiologische Uhr, den Zellzyklus, der die Anzahl der möglichen Zellteilungen und deren zeitliche Steuerung kontrolliert. Haben Zellen eines Gewebetyps das programmierte Lebensalter erreicht, scheiden sie aus dem Zellzyklus aus und leiten ihren programmierten Zelltod ein. Der zweite Regelkreis, dessen wesentliche Regelgröße Identitäts- und Qualitätsüberwachungsstrukturen auf der Zelloberfläche sind, besteht aus den Erkennungszellen und den zellzerstörenden Zellen des Immunsystems. Unter dem Einfluß dieses Regelkreises werden Zellen vor dem Erreichen ihres programmierten Lebensalters durch das Immunsystem eliminiert, wenn sie nicht oder nicht mehr der immunologischen Identität oder statistischen Normalität des jeweiligen Gewebetyps entsprechen.

Fehlsteuerungen in beiden Regelkreisen sind in gegenseitiger Abhängigkeit für Tumorentstehung, -wachstum und -metastasierung verantwortlich. Deshalb setzen die meisten gentherapeutischen Strategien bei den normalen und pathologischen Funktionen der Regelkreise Zellzyklus und Immunsystem an.

8.3 Zellzyklus

Die molekularbiologische Forschung konnte in den vergangenen zwei Jahren eine Reihe von Genen identifizieren, deren Genprodukte (Proteine) direkt mit den Effektoren des Zellzyklus interagieren. Hierzu gehören die Produkte des *rb*-Gens, des *p16*-Gens, des *p53*- und des *p21*-Gens. Diese Gene werden auch als Tumorsupressor-Gene bezeichnet, da ihre Proteine Tumorwachstum unterdrücken. Sie sind im Zellkern Bestandteil eines Regulationssystems, das gegen Ende der G1-Phase des Zellzyklus entscheidet, ob durch Übergang in die S-Phase eine erneute Zellteilung eingeleitet oder der Mechanismus für den programmierten Zelltod (Apoptose) aktiviert wird. In der G1-Phase erfüllen Zellen ihre Funktion entsprechend der biologischen Aufgabe des jeweiligen Gewebes, stellen gegenüber anderen Zellen ihre immunologische Identität dar und nehmen Kontakt zu benachbarten Zellen oder extrazellulären Substanzen auf. In der S-Phase erfolgt die Kopie des Genoms, des genetischen Bauplans der Zelle (siehe auch Kapitel 3). Nach Überprüfung der Kopie und Beseitigung von Fehlern in der G2-Phase kann die Mitose, die eigentliche Zellteilung, erfolgen. Verbliebene Kopierfehler würden in der folgenden G1-, S- oder G2-Phase als Mutation wirksam werden.

Das Regulationssystem für den Zellzyklus im Zellkern wird wiederum durch Signale beeinflußt, die von außen auf die Zellmembran treffen. Es handelt sich dabei um Wachstumsfaktoren (Cytokine), die von benachbarten Zellen gebildet und abgegeben werden. Sie binden an Rezeptoren in der Zellmembran der Empfängerzelle, die dadurch aktiviert werden und das Signal in das Zellinnere weiterleiten (Signaltransduktion). Die erste Relais-Station der Transduktion dieser Signale sind fast immer dichotome Systeme aus Phosphokinasen und Phosphatasen, die durch Übertragung oder Entfernung von Phosphatgruppen intrazellulär ein Aktivierungs- oder Inaktivierungssignal bilden. Die Phosphorylierung und Dephosphorylierung erfolgt auf dieser Ebene meistens an der Aminosäure Tyrosin in bestimmten Strukturmotiven (SH2 und SH3) der Rezeptor-Proteine. Durch Adapterproteine, die an die phosphorylierten Strukturmotive binden, werden die Aktivierungs- oder Inaktivierungssignale zunächst auf Proteine der Gene *ras*, „phospholipase c(γ)", *jak* und/oder „pi-3 kinase" übertragen, um nur einige Beispiele für diese Relais-Ebene zu nennen. Kaskaden von Phosphokinasen und Phosphatasen (hier wird häufig an den Aminosäuren Serin und Threonin phosphoryliert und dephosphoryliert), die auch signalverstärkend wirken, übergeben die verstärkten und gefilterten Signale im Zellkern an das Regulationssystem für den Zellzyklus.

Für alle Relais-Stationen des dichotomen Systems hat die molekularbiologische Forschung Gene gefunden, deren Produkte bei Fehlregulation Ursachen der Tumorentstehung sind, das Wachstum von Tumorzellen fördern oder deren Metastasierung ermöglichen. Ursachen der Fehlregulationen können Mutationen in den Genen, größere genetische Umordnungen (Translokationen) oder vermehrte/verminderte Synthese der Genprodukte (Über- und Unterexpression) sein. Die funktionellen Konsequenzen sind entweder die Inaktivierung von Tumorsupressor-Genen oder die Aktivierung von Onkogenen.

Die Inaktivierung der Tumorsupressor-Gene *p53* und *p16* und die permanente Aktvierung des Onko-Gens *ras* gehören zu den häufigsten Veränderungen bei den bösartigen Tumoren der Lunge und des Dickdarms. Gentherapeutische Strategien in diesem Zusammenhang sind auf die Rekonstitution der Funktion von *p16* oder *p53* oder auf die Unterdrückung der *ras*-Funktion gerichtet. Die Rekonstitution eines Tumorsupressor-Gens kann durch den Transfer von Genkonstrukten in Tumorzellen erreicht werden, bei denen z. B. das Gen für das normale, funktionierende *p16*-Gen (es wird nicht das eigentliche Gen mit seinen kodierenden Exon- und nicht-kodierenden Intron-Abschnitten verwendet, sondern eine sog. cDNA) unter der Kontrolle seines regulativen Steuerelements steht. Als Beispiel für ein solches Genkonstrukt ist in Abb. 1 ein zirkuläres DNA-Molekül (Plasmid) dargestellt. Als Grundbaustein wurde hier ein bakterielles Plasmid eingesetzt. Solche Expressionskonstrukte werden deshalb als plasmidbasierte Vektoren

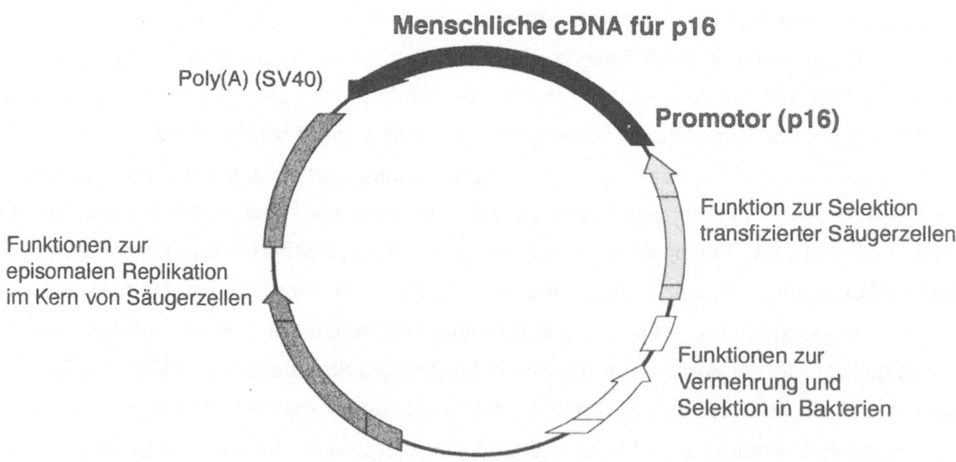

Abb. 1: Darstellung eines zirkulären DNA-Moleküls (Plasmid). Weitere Erläuterungen im Text.

bezeichnet. Der Vektorbegriff wird nicht ganz zutreffend in seiner ursprünglichen biologischen Bedeutung für alle Nukleinsäure-Konstrukte verwendet, die zur Übertragung und Expression genetischer Information geeignet sind. Das hier dargestellte Konstrukt, das in seinem prinzipiellen Aufbau auch in den weiteren Beispielen dieses Artikels verwendet wird, besteht aus den folgenden funktionellen Abschnitten:

- Funktionen zur Vermehrung und Selektion in Bakterienzellen, um das Konstrukt in ausreichender Menge herstellen zu können,
- Funktionen zur Selektion in Säugerzellen, um nach Transfer des Konstruktes in Tumorzellen die erfolgreich transferierten Zellen selektieren zu können,
- Funktionen, die im Zellkern die Vermehrung des Konstruktes unabhängig vom Zellzyklus vermitteln (episomale Replikation),
- das eigentliche therapeutische Gen.

Das *p16*-Promotorelement sorgt dafür, daß das *p16*-Gen häufig genug in RNA transkribiert wird, so daß – nach Prozessierung zu einer funktionsfähigen mRNA und dem Transport der mRNA vom Kern in das Cytoplasma – an den Ribosomen eine ausreichende Anzahl von *p16*-Protein-Molekülen synthetisiert wird. Diese finden dann ihren Weg in den Zellkern und machen dort den Regelkreis Zellzyklus wieder funktionsfähig. Am Ende des *p16*-Gens (durch einen Pfeil dargestellt) befindet sich eine DNA-Sequenz aus dem SV-40-Virus, die dafür sorgt, daß nach Transkription eine Folge von 100–200 Adenosin-Nukleotiden [Poly(A)-Ende] an das Transkript gehängt wird. Ein solches Poly(A)-Ende gehört zur notwendigen Ausstattung einer funktionellen mRNA in Säugerzellen.

8.4 Immunsystem

Der vorhergehende Abschnitt hat gezeigt, daß Tumorentstehung, -wachstum und -metastasierung an die Inaktivierung von Tumorsupressor-Genen oder die Aktivierung von Onkogenen gebunden sind. Da diese Inaktivierungen und Aktivierungen durch Mutationen, Translokationen oder Über/Unterexpression der entsprechenden Gene verursacht werden, sind auch deren Proteinprodukte qualitativ oder quantitaiv verändert. Solche qualitativen oder quantitativen Veränderungen von zellulären Proteinen sollten durch den anderen Regelkreis der Homöostase, das Immunsystem, erkennbar sein und die entsprechenden Zellen sollten durch eine cytotoxische Immunantwort eliminiert werden können. Die meisten Körperzellen präsentieren auf ihrer Zelloberfläche über einem dafür spezialisierten Proteinkomplex (MHC I) kurze Bruchstücke (Peptide) all ihrer Proteine, die extra für diesen Zweck proteolytisch prozessiert werden. Auf diese Weise präsentieren die Zellen nach außen ein Bild der aktuellen qualitativen und quantitaiven Zusammensetzung ihrer Proteine. Solange dieses Bild dem entspricht, was das Immunsystem als

„eigen" oder „normal" akzeptiert, werden die Zellen toleriert. Tauchen auf der Oberfläche MHC-präsentierte Peptide von mutierten Proteinen auf, sollte das Immunsystem diese als „fremd" oder „nicht normal" erkennen und sie durch den Angriff seiner cytotoxischen T-Lymphocyten (CTL) eliminieren. Dieser Reaktionsweg des Immunsystems, also die Präsentation von zelleigenen Proteinfragmenten durch den MHC I-Komplex und letztlich der Angriff von CTL gegen die präsentierten Zellen, wird als Th1-Antwort bezeichnet. Da Tumorzellen häufig die Expression ihrer MHC I-Gene herunterexprimieren oder auf andere Art die Präsentation und Detektion MHC I-präsentierter mutierter Peptide verhindern, ist ein anderer Reaktionsweg des Immunsystems wahrscheinlich für die Unterdrückung des Tumorwachstums von größerer Bedeutung. Im Rahmen der „Zellmauserung" zur dauernden Erneuerung des Organismus werden gealterte oder auf andere Weise defekte Körperzellen von dafür spezialisierten Freßzellen (Makrophagen und dendritische Zellen) aus dem Organismus entfernt. Auch Tumorzellen werden so von Makrophagen oder dendritischen Zellen gefressen und im Innern der Freßzellen fragmentiert. Freßzellen, insbesondere die dendritischen Zellen, sind spezialisiert darauf, Peptidfragmente der gefressenen Zellen auf ihrer Zelloberfläche zu präsentieren. Diese Präsentation erfolgt über den dafür spezialisierten Proteinkomplex auf der Zelloberfläche der antigenpräsentierten Zellen, der als MHC II bezeichnet wird. Diese Form der Präsentation führt normalerweise zur Proliferation von B-Lymphocyten und Plasmazellen, die Antikörper bilden und sezernieren. Dieser Reaktionsweg des Immunsystems wird als Th2-Antwort bezeichnet. Die Bildung von Antikörpern im Rahmen der Th2-Antwort ist eine adäquate Reaktion des Immunsystems bei bakteriellen Infektionen, jedoch für die Elimination von Tumorzellen ungeeignet. Hierzu werden die CTL der Th1-Antwort benötigt. Die beiden möglichen Reaktionswege sind jedoch nicht nur von der Art der Peptidpräsentation abhängig, nach der also eine MHC I-Präsentation zu einer Th1-Antwort und eine MHC II-Präsentation zu einer Th2-Antwort führt, sondern auch vom lokalen Cytokin-Milieu während der Präsentation. Typische Cytokine für eine Th1-Antwort sind die Interleukine-2, -7 und insbesondere -12 (IL-2, IL-7, IL-12). Tumor-Nekrosefaktor (TNFα) oder Granulocyten-Makrophagen-Colony-Stimulating-Factor (GM-CSF). Eine Th2-Antwort wird gefördert durch Interleukin-4 und Interleukin-10 (IL-4, IL-10). Neuere immunologische Forschungsergebnisse zeigen, daß während der Antigen-Präsentation durch hohe lokale Konzentrationen der jeweils anderen Cytokinfamilie die Art der Anwort umgesteuert werden kann. Hohe Konzentrationen von IL-12 bewirken auch bei Präsentation von Peptiden auf MHC II-Komplexen eine Th1-Antwort, also letztlich die Proliferation von CTL.

Eine weitere wichtige Waffe des Immunsystems gegen Tumorzellen stellt eine Familie von Immunzellen dar, die z. T. Zelloberflächen-Eigenschaften von T-Lymphozyten aufweisen, aber auch unabhängig von einer Peptidpräsentation über MHC-Komplexe in ihrem Wachstum und ihrer cytotoxischen Aktivität stimuliert werden. Man spricht in diesem Fall von einer nicht MHC-restringierten Antwort. Diese Zellen werden unter dem Oberbegriff natürliche Killerzellen

(NK-Zellen) zusammengefaßt. Verschiedene Subtypen werden als Lymphokin-aktivierte Killer-zellen (LAK), Cytokin-induzierte Killerzellen (CIK) oder Tumor-infiltierende Lymphocyten (TIL) bezeichnet.

Gentherapeutische Strategien, die darauf gerichtet sind, in Patienten Immunzellen zu erzeugen, die deren Tumorzellen angreifen und eliminieren können, versuchen dies meistens über die Er-höhung der lokalen Konzentration von Th1-Cytokinen. Hierzu werden in Tumorzellen Genkon-strukte transferiert, mit deren Hilfe in den Tumorzellen große Mengen der jeweiligen Cytokine gebildet und sezerniert werden. Häufig werden gleichzeitig Genkonstrukte für die Expression von Zelloberflächenproteinen transferiert, die als zusätzliche stimulatorische Signale während der MHC I- bzw. MHC II-Präsentation benötigt werden, um die Proliferation aktiver CTL zu gewährleisten.

Ein Beispiel für Genkonstrukte, die in diesem Zusammenhang eingesetzt werden, ist in Abb. 2 dargestellt. Es handelt sich wieder um das bereits in Abb. 1 beschriebene Grundkonstrukt. Als therapeutisches Gen zur Steuerung und Verstärkung der immunologischen Antwort (hier Th1) steht eine cDNA für GM-CSF unter der Kontrolle des starken Steuerelementes (Promotor) aus Cytomegalie-Viren (CMV). Durch Transfer derartiger Genkonstrukte in Tumorzellen und nach-folgende Anreicherung der transferierten Zellen können Cytokin-Sekretionsleistungen von 0,1 – 1000 ng pro 10^6 Tumorzellen in 24 Std. erreicht werden.

Eine weitere gentherapeutische Maßnahme in diesem Zusammenhang ist der Transfer von Gen-konstrukten in Tumorzellen, die zur Expression von allogenen (vom Menschen stammend, aber nicht der genetischen Individualität des Patienten entsprechend) oder xenogenen (von anderen

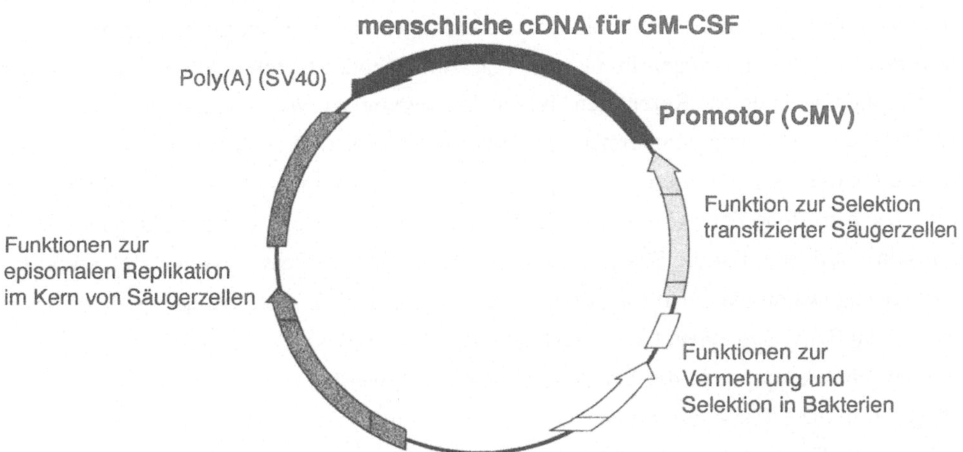

Abb. 2: Darstellung des Genkonstrukts aus Abb. 1 hier unter der Kontrolle des Promotors aus CMV. Weitere Erläuterungen im Text.

Organismen oder von Viren stammend) führen. Auf diese Weise sollen Tumorzellen dem Immunsystem eher als „fremd" erkennbar gemacht werden. Die experimentelle Forschung hat gezeigt, daß dann auch Tumorzellen durch das Immunsystem erkannt werden, die eine derartige „Allogenisierung" oder „Xenogenisierung" nicht aufweisen.

8.5 Programmierter Zelltod (Apoptose)

Das Zusammenwirken der beiden Regelkreise „Zellzyklus" und „Immunsystem" produziert als Ergebnis drei Regelgrößen, die in den Zellen überprüft werden und bei entsprechenden Schwellenwerten die Apoptose auslösen. Die drei Regelgrößen sind „Veränderungen im Genom", ein „unzureichendes Cytokin-Milieu" und die „direkte Aktivierung von Apoptose-Rezeptoren".

Hierbei werden unter „Veränderungen im Genom" sowohl Mutationen, Translokationen und Über/Unterexpression verstanden, die zur Aktivierung von Onkogenen oder Inaktivierung von Tumorsuppressorgenen führen. Sie sind im Abschnitt 8.3 beschrieben. Unter „unzureichendem Cytokin-Milieu" werden quantitative Veränderungen in der Zusammensetzung von wachstums-fördernden und wachstumshemmenden Faktoren verstanden, die als Agonisten an membranstän-digen Rezeptoren binden, wie sie im Abschnitt 8.3 als Rezeptor-Tyrosin-Kinasen oder im Abschnitt 8.4 als Interleukin-Rezeptoren beschrieben sind. Unter „direkter Aktivierung von Apoptose-Rezeptoren" sollen hier die Bindung des Fas-Liganden an den Fas-Rezeptor verstanden werden, die ebenfalls im Abschnitt 8.4 beschrieben wurde.

Der eigentliche molekulare Schalter zum Ein- und Ausschalten des Apoptose-Reaktionsweges wird durch die Produkte der Genfamilien *bax* und *bcl* gebildet. Bei Überschreitung des Schwel-lenwertes für „Veränderungen im Genom", „unzureichendes Cytokin-Milieu" oder „direkte Aktivierung von Apoptose-Rezeptoren" führen Aktivierung der *bax*-Gene und Inaktivierung der *bcl*-Gene zur Ausbildung homodimerer Proteine aus jeweils zwei Proteinmolekülen der BAX-Familie (BAX/BAX). In dieser Konfiguration steht der Apoptose-Schalter in der Stellung „ein". Die betroffene Zelle wird sich in der Folge durch Aktivierung von Proteasen und Nukle-asen selbst auflösen. Für die Stellung „aus" des Apoptose-Schalters müssen die *bax*- und *bcl*-Gene gleichgewichtig aktiviert sein, damit sich auf Protein-Ebene heterodimere Schalter aus je-weils einem BAX- und einem BCL-Molekül bilden können (BAX/BCL). Zellen mit BAX/BCL-Schalter, also Apoptose in der Schalterstellung „aus", werden nach Ende der G1-Phase des Zellzyklus in die S-Phase übergehen und sich dann teilen.

Im Laufe der Tumorzellen-Entwicklung kommt es häufig zu einer Überexpression des *bcl*-Gens und entsprechend zur Bildung von sehr viel BCL-Proteinen, die mit BAX-Molekülen BAX/BCL-Heterodimere bilden und damit den Apoptose-Schalter unwiderruflich in Stellung „aus" legen. Zellen mit dieser Schalterkonfiguration können auf Überschreiten des Schwellenwertes für eine der drei Regelgrößen nicht mehr reagieren und werden sich weiter teilen, obwohl die Werte der Regelgrößen das Einschalten der Apoptose verlangen.

In diesem Zusammenhang sei auch darauf hingewiesen, daß Tumorzellen, deren Apoptose-Schalter durch *bcl*-Überexpression irreversibel ausgeschaltet ist, aber auch solche, deren Zellzyklus-Regelkreis durch Inaktivierung von *p53* oder *p16* nicht funktioniert, auf etablierte tumortherapeutische Behandlungen wie Chemotherapie und Bestrahlung nicht mehr reagieren können, da sie unfähig sind, durch Apoptose zu sterben. Eine denkbare gentherapeutische Strategie wäre die Rekonstitution des Apoptose-Schalters in Tumorzellen, die das *bcl*-Gen überexprimieren und deshalb die Apoptose ausgeschaltet haben. Das in Abb. 3 dargestellte Expressionskonstrukt geht davon aus, daß Tumorzellen, die das *bcl*-Gen überexprimieren, das zugehörige Steuerelement, ihren *bcl*-Promotor, sehr stark ansteuern und unter anderem dadurch die Überexpression des *bcl*-Gens erreichen. In dem dargestellten gentherapeutischen Konstrukt ist allerdings hinter den *bcl*-Promotor das Gen zur Expression von *bax* eingefügt worden. In allen Zellen, die den *bcl*-Promotor ansteuern, wird jetzt mit Hilfe dieses Konstruktes das BAX-Protein in hoher Konzentration hergestellt. Dies führt zu einer Verdrängung des BCL-Proteins aus dem heterodimeren BAX/BCL-Komplex und zur Ausbildung des homodimeren BAX/BAX-Komplexes. Dies ist molekularbiologisch gleichbedeutend mit dem Umlegen des Apoptose-Schalters in die Stellung „ein", so daß alle Zellen mit diesem Expressionsmuster wieder durch Apoptose sterben können.

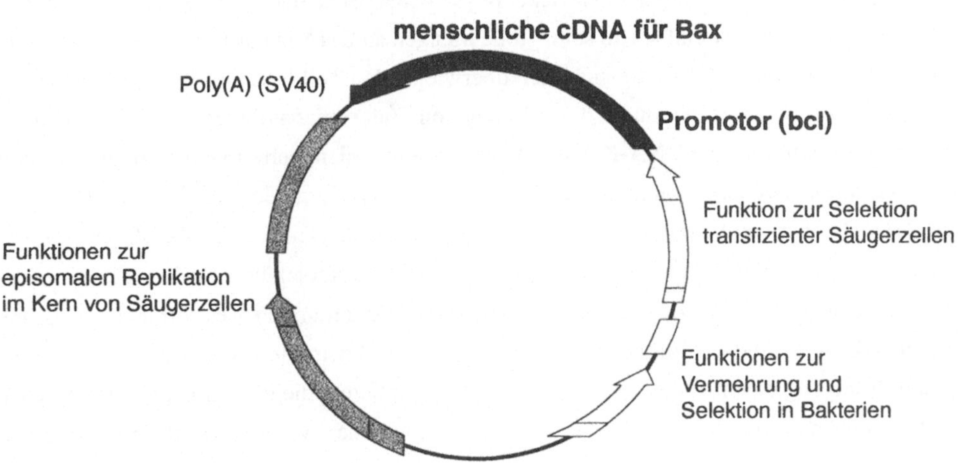

Abb. 3: Expressionskonstrukt mit bax-Gen. Weitere Erläuterungen im Text.

8.6 Transfer gentherapeutischer Nukleinsäuren (Transfektion)

Bei den heute verwendeten gentherapeutischen Expressionssystemen sind grundsätzlich drei Typen zu unterscheiden. Solche, die nur transient exprimiert werden, solange sich eine Kopie des Vektors im Zellkern befindet. Dies trifft für solche Vektoren zu, die weder in das Genom integriert werden, noch die Fähigkeit besitzen, sich selbständig zu replizieren. Die Dauer der Transienz hängt dann von der Zellteilungsrate ab, da bei jeder Zellteilung die im Zellkern vorhandenen Vektormoleküle (meistens nur eines oder wenige) auf die Tochterzellen aufgeteilt werden. Dies führt offensichtlich schnell zu einem Überwachsen der Zellpopulation mit solchen Zellen, die keine Vektoren mehr enthalten. Der zweite Typ von Expressionsvektor wird in das Genom der Wirtszelle integriert. Häufigste Repräsentanten dieser Expressionsvektoren sind retrovirale Systeme. Sie werden, soweit sie nicht durch reprimierende Faktoren im Chromatin der Wirtszelle abgeschaltet werden, permanent exprimiert. Beim dritten Vektortyp sind neben dem expressionssteuernden Komponenten auch Faktoren kodiert, die eine selbständige, d. h. vom Zellzyklus unabhängige Replikation des Vektors bewirken. Diese Vektoren werden ebenfalls nicht in das Genom integriert, aber in einer Chromatinstruktur so organisiert, daß sie sich wie ein zusätzliches Chromatinpartikel, ein Episom, verhalten. Diese Art der Replikation wird deshalb auch als episomale Replikation bezeichnet. Sie exprimieren, wenn sie stabil sind, das jeweilige Gen ebenfalls permanent, da sie nicht der „Verdünnung" durch die Zellteilung unterliegen. Die Effizienz aller bisher bekannten Transfektionsverfahren, d. h. der Anteil an Zellen, die nach Transfektion tatsächlich expressionsfähige DNA-Konstrukte im Zellkern tragen, ist sehr gering. Dies gilt sowohl für die weit verbreiteten retroviralen Transduktionssysteme, wie auch für das Einbringen von Plasmiden durch chemische, physikochemische und rezeptorvermittelte Transfektion. Es scheint relativ einfach zu sein, große Mengen an DNA in das Cytoplasma von Zellen zu transferieren. Dort befindet sie sich zum überwiegenden Teil in Endosomen, aus denen sie dann erst zufällig oder gezielt durch die Wirkung von Endosomenaufbrechenden Proteinen, die vor der Transfektion an die DNA-Konstrukte gebunden wurden, befreit werden muß. Hat diese DNA aber die Größe expressionsfähiger Gene, so stellt die Kernmembran die nächste normalerweise nicht überwindbare Barriere dar. Nur wenn Zellen sich teilen und dabei ihre Kernmembranen auflösen, kommt es vor, daß eines oder wenige Vektormoleküle vom Cytoplasma in den Zellkern gelangen. Nur im Zellkern kann es zur Transkription und Prozessierung expressionsfähiger mRNA anhand der Informationen auf den DNA-Konstrukten kommen. Wir haben uns deshalb frühzeitig davon abgewandt, Verfahren zu optimieren, die die Aufnahme von DNA in das Cytoplasma oder dort die Freisetzung aus Endosomen verbessern, da dies nicht die limitierenden Schritte sind.

Von besonderem Interesse für viele gentherapeutische Überlegungen ist die Transfektion von Stammzellen oder von hochspezialisierten (differenzierten) Zellen. Stammzellen befinden sich im bezug auf den Zellzyklus in einer Ruhephase und gehen nur in Anwesenheit bestimmter Wachstumsfaktoren in die Zellteilung über (vergleiche auch Kapitel 7). Differenzierte Zellen haben in Abhängigkeit von ihrem Spezialisierungsgrad fast immer die Fähigkeit zur Zellteilung verloren. Daher sind beide Zellgruppen also nicht oder nur bei sehr geringer Effizienz durch Verfahren zu transfizieren, die über die Aufnahme von DNA ins Cytoplasma arbeiten.

Im Rahmen unserer langjährigen Forschungsarbeiten zur Regulation der Genexpression auf Chromatinebene und zur Signaltransduktion hatten wir das Verfahren der direkten Injektion von DNA in Zellkerne von Säugerzellen eingesetzt. Nur durch dieses Verfahren läßt sich eine 100%ige Effizienz der Transfektion in den Zellkern erreichen. Außerdem ist die Anzahl der injizierten Moleküle direkt kontrollierbar. Leider ist dieses Verfahren für gentherapeutische Verfahren nicht einsetzbar, da selbst mit Computer-Unterstützung nur ungefähr 1.000 Zellen pro Stunde injiziert werden können. Für gentherapeutische Zwecke interessante Zellzahlen bewegen sich zwischen 10^6 und 10^{10} Zellen. Einen Ausweg aus diesem Dilemma bietet das von uns entwickelte Verfahren des ballisto-magnetischen Transfers von Vektoren, das ebenfalls die DNA direkt in den Zellkern transferiert. Sein Prinzip ist in Abb. 4 dargestellt.

Das Verfahren beruht auf der Kombination von zwei in anderen biotechnologischen Zusammenhängen etablierten Prinzipien – dem ballistischen Transfer von Biomolekülen und der magnetischen Zellsortierung. Damit gelingt es, Komponenten des Transkriptionsapparates, Antikörper gegen Chromatin-Bestandteile, „antisense"-Oligonukleotide oder Expressionsvektoren für Säugerzellen in gleichzeitig mehr als 10^7 Zellkerne einzubringen. Das im oberen Teil von Abb. 4 schematisch dargestellte Gerät besteht aus einer Metallkammer mit zwei Einschüben. Die Kammer ist über die mit „Druck" bezeichnete Zuleitung mit einer Heliumdruckflasche verbunden. Die Verbindung zwischen Druckseite und dem eigentlichen Transferraum, in dem unten die Zellen in einer Petrischale eingebracht werden, ist durch eine Berstscheibe unterbrochen. Über eine weitere Verbindung ist der Transferraum an eine Vakuumpumpe angeschlossen. Bei einer bestimmten Druckdifferenz an der Berstscheibe reißt diese und das einströmende Heliumgas beschleunigt die darunter angebrachte Trägerscheibe, die auf ihrer Unterseite die ballistischen Partikel trägt. Bei den ballistischen Partikeln handelt es sich um Goldpartikel mit einem Durchmesser von entweder 1 µm oder 1,6 µm, die in Abhängigkeit vom Zelltyp ausgesucht werden. Auf diese Goldkügelchen aufgetragen sind paramagnetische Partikel, die sehr viel kleiner sind (50 nm) als bisher zur Verfügung stehende Systeme (5 µm). Diese neuen submikroskopischen Partikel, deren Magnetkerne in einer Dextranmatrix sitzen, sind mit der entsprechenden Vektor-DNA beladen. Beim Auftreffen der beschleunigten Trägerscheibe auf das Stoppgitter wird die Trägerscheibe so abrupt gestoppt, daß die Goldpartikel mit ihrer Beschichtung aus Magnetpartikeln und DNA mit hoher Geschwindigkeit weiterfliegen. Sie treffen auf die Zellen in der Petrischale, durchschlagen die Zellmembran, Cytoplasma, Kernmembran und Kern und treten zum größten Teil wieder aus den Zellen aus. Bei dieser Passage werden insbesondere im

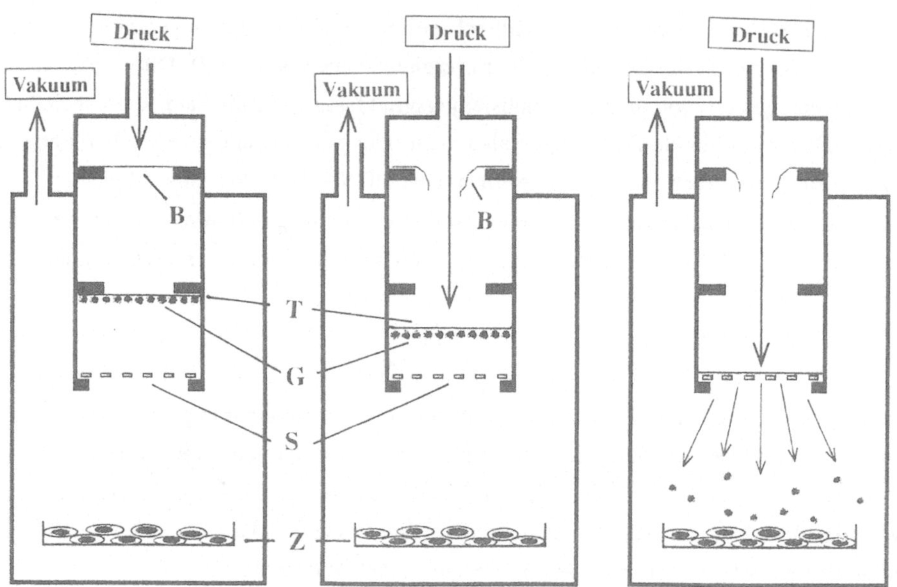

Abb. 4: Schematische Darstellung des Verfahrens zum ballisto-magnetischen Transfer von Vektoren. Weitere Erläuterungen im Text. B = Berstscheibe; T = Trägerscheibe; Z = Petrischale mit Zellen; S = Stoppgitter; G = Goldpartikel mit paramagnetischen Partikeln und DNA.

Zellkern mit seiner hohen Viskosität viele Magnetpartikel abgestreift, die dann wiederum durch Diffusion im Zellkern die expressionsfähige DNA entladen. Nach dem Beschuß können alle die Zellen, in deren Zellkern mindestens 10–20 Magnetpartikel abgestreift worden sind, durch magnetische Sortierung isoliert werden. Auf diese Weise werden in kurzer Zeit, je nach Anzahl der eingesetzten Apparaturen, $10^7 - 10^9$ Zellen erhalten, die zu über 90% transfiziert sind. Bei fast allen gentherapeutischen Applikationen kann so auf eine langwierige Selektion und Propagation transfizierter Zellen (meistens über viele Wochen) verzichtet werden. Dadurch wird insbesondere bei Projekten, in denen die Autovakzinierung mit Tumorzellen eine Rolle spielt, die ursprüngliche immunologische Identität optimal erhalten, während sie bei langwierigen Selektions- und Propagationsverfahren weitestgehend verloren geht.

8.7 Klinische Studien am Centrum Somatische Gentherapie der Freien Universität

An meinem Lehrstuhl für Molekularbiologie und Bioinformatik an der Freien Universität Berlin sind wir seit Anfang 1993 mit der Entwicklung von molekularbiologischen Werkzeugen beschäftigt, die zur somatischen Gentherapie von Tumorerkrankungen geeignet sind. Trotz der besonderen Bedingungen, denen damals in Deutschland der Einsatz der somatischen Gentherapie unterlag, gelang uns ein erster experimenteller Einsatz eines gentherapeutischen Verfahrens in Deutschland bei einem Patienten mit Nierenzellkarzinom. Das wissenschaftliche Konzept wurde aus Gründen, die wir nicht zu vertreten hatten, im Mai 1994 öffentlich und löste ein erhebliches, durchweg positives Echo in den Medien aus. Trotz unserer eindringlichen Mahnungen konnte allerdings nicht vermieden werden, daß zu früh unbegründete Hoffnungen bei Krebspatienten geweckt wurden. Wir haben uns daraufhin entschlossen, klinische Modellvorhaben in die Wege zu leiten, mit denen geklärt werden kann, welche der prinzipiell heute möglichen gentherapeutischen Ansätze, die alle im Tierversuch belegbar sind, auch in menschlichen Patienten wirksam sein könnten. Von den in Deutschland genehmigten Phase I/II-Studien zur Gentherapie von Tumoren führen wir drei in Zusammenarbeit mit Universitätskliniken in Berlin durch. Es handelt sich um:

a) eine Phase I-Studie zur Gentherapie des Colonkarzinoms und des Nierenzellkarzinoms in Zusammenarbeit mit der Abteilung Hämatologie und Onkologie von Prof. Huhn am Virchow Klinikum der Humboldt Universität (federführend Dr. Schmidt-Wolf),

b) eine Phase I-Studie zur Gentherapie des malignen Melanoms in Zusammenarbeit mit der Abteilung Dermatologie von Frau Prof. Henz (geb. Czarnetzki) am Virchow Klinikum der Humboldt Universität (federführend PD Dr. Schadendorf),

c) eine Phase I-Studie zur Gentherapie der akuten lymphoblastischen Leukämie bei Kindern in Zusammenarbeit mit der Abteilung Onkologische Pädiatrie von Prof. Henze (federführend Dr. Borgmann).

Eine gentherapeutische Studie beim kleinzelligen und nicht-kleinzelligen Lungenkarzinom [d] haben wir beantragt. Eine weitere, bei der molekularbiologische Werkzeuge zur Entfernung von Tumorzellen der chronisch-myeloischen Leukämie (CML) aus Stammzelltransplantaten eingesetzt werden sollen [e], befindet sich in der experimentellen Vorbereitung.

In den Projekten a) und b) wird die gentherapeutische Expression von Cytokinen (IL-2, IL-7, IL-12, GM-CSF) in autologen (d. h. vom Patienten stammend) Tumorzellen zur Erzeugung einer Th1-Antwort eingesetzt. Im Projekt c) soll durch die gentherapeutische Expression eines allogenen (d. h. vom Menschen stammend, aber nicht identisch zum entsprechenden Protein des Patienten) Proteins eine Th1-Antwort auch gegen nicht gentherapeutisch veränderte Tumorzellen des Patienten erreicht werden (Grundlagen zu a), b) und c) siehe Abschnitt 8.4). Im Projekt d) werden gentherapeutische Maßnahmen zur Erzeugung einer Th1-Antwort mit der Rekonstitution der Funktion des *p53*-Gens kombiniert (Grundlagen siehe Abschnitt 8.3). Das gentherapeutische Prinzip im Projekt e) besteht in der Expressionshemmung eines Gens für eine Signaltransduktionskomponente, die nur in CML-Zellen vorkommt. Durch die Expressionshemmung wird die Apoptose ausgelöst (siehe Abschnitt 8.5).

In allen diesen Studien werden als Expressionskonstrukte plasmidbasierte Vektoren eingesetzt, die mit Hilfe des ballisto-magnetischen Vektorsystems transfiziert werden.

Schon zu Beginn dieser Therapieversuche zeigte sich, daß die personellen, räumlichen und finanziellen Ressourcen, die unter dem Zwang der schnellen Weiterentwicklung der klinischen Studien und Therapieverfahren aus vielerlei Quellen, und dabei eher spontan als geplant, zusammengebracht wurden, nicht ausreichen, die Therapiekonzepte weiter zu vervollkommnen und die daraus folgenden Behandlungen von Patienten in ausreichender Qualität und im nötigen Umfang zu ermöglichen.[39]

8.8 Prognose

Nach geradezu infantiler Euphorie in den Medien und von Wissenschaftlern zur inhaltlichen und zeitlichen Zukunft der Gentherapie in den Jahren 1994 und 1995 war 1996 ein wissenschaftspolitisch schwieriges Jahr für die Protagonisten auf dieser Qualitätsebene. Im Gefolge von Veränderungen in der Leitung des „National Institute of Health" (NIH) und den damit verbundenen Revier-Kämpfen wurden Äußerungen einer wissenschaftlich hochrangig besetzten Expertenkommission publiziert, die das Stimmungspendel auch bei den deutschen Förderinstitutionen spürbar in die andere Richtung ausschlagen ließen. Mit Aussagen wie „less hype more biology" und „back to the lab bench with gene therapy" wurden renommierte Virologen zitiert und die NIH Kommission urteilte „clinical efficacy has not been definitively demonstrated at this time in any gene therapy protocol despite anecdotical claims of successful therapy".

Richtig ist, daß durch gentherapeutische Maßnahmen bisher keine Patienten von ihren schweren Erkrankungen geheilt wurden. Richtig ist aber auch, daß die Strategien der Gentherapie, von denen einige in diesem Artikel dargestellt sind, in den klinischen Studien der Phase I/II nicht widerlegt worden sind. Publizierte Ergebnisse und solche, die zwischen den Arbeitsgruppen zirkulieren, zeigen, daß Zellzyklus, Immunsystem oder der Apoptose-Weg prinzipiell so auf den

---

[39] Angesichts dieser Situation hat die Freie Universität an meinem Institut in einem begeisternd formlosen Verfahren mehrere Baumaßnahmen bewilligt, die einen Gesamtumfang von ca. 1 Mio. DM ausmachen. Mit dieser Unterstützung, die auf eine persönliche Initiative des Präsidenten der Freien Universität, Prof. Gerlach, und ihres Kanzlers, Herrn Hammer, zurückgeht, konnte innerhalb von drei Monaten die räumliche Grundlage für das Centrum Somatische Gentherapie an der Freien Universität geschaffen werden. Es ist damit die erste universitäre Einrichtung in Deutschland (vielleicht in Europa) geschaffen worden, in der die Produktion gentherapeutischer Stammzellen und Tumorzellen unter den Bedingungen der „Good Manufacturing Practice" (GMP) möglich ist. Die Produktion gentherapeutischer Patientenzellen unter GMP-Bedingungen ist eine wichtige Voraussetzung dafür, die begonnenen klinischen Studien mit ausreichenden Patientenzahlen weiterführen zu können. Da wir Patienten berlin- und deutschlandweit behandeln, unterliegt die Herstellung der gentherapeutischen Patientenzellen den Vorschriften des Arzneimittelgesetzes, welches wiederum die Einhaltung von GMP zwingend vorschreibt.

Einsatz der „Gentherapeutika" reagieren, wie es die entsprechende molekularbiologische Grundlagenforschung erwarten ließ. Allerdings steht „proof of principle" ganz am Anfang einer klinischen Prüfung und läßt keine Aussage über die tatsächliche therapeutische Wirksamkeit in langfristigen Studien mit ausreichend großen und kontrollierten Patienten-Kollektiven zu. Deshalb steht nicht in Frage, daß die Gentherapie die angewandte Medizin grundlegend verändern wird, sondern die Frage ist, wann das ist.

Die Antwort hängt ab von der Lösung eher technisch-experimenteller Probleme bei der Konstruktion und Applikation der Vektoren zum Gentransfer und vom „Ausmaß der Individualität" in der Molekularbiologie und Immunologie der jeweiligen Patienten. Bei der Vektor-Problematik ist es sinnvoll, die Transfektion ex vivo von der in vivo zu unterscheiden. Bei der Transfektion ex vivo werden den Patienten Zellen entnommen, außerhalb des Patienten transfiziert und dann den Patienten zurückgegeben. Hier gibt es eine Reihe von Transfektionsverfahren, von denen insbesondere unser ballisto-magnetisches Vektorsystem gut für den Einsatz in großen gentherapeutischen Studien geeignet ist. Ex vivo Transfektionen sind aber nur für immunologische Strategien geeignet, bei denen gentherapeutisch modifizierte Zellen als Impfstoffe therapeutisch oder prophylaktisch eingesetzt werden. Ein anderer Einsatzbereich, der zunehmende Bedeutung erlangt, ist die ex vivo Transfektion von Stammzellen, insbesondere des Organs Blut, um nach Re-Infusion der transfizierten Zellen eine langanhaltende Expression des/der entsprechenden Gene in den Organen zu erreichen, zu deren Entwicklung die Stammzellen beitragen. Die Verfahren der ex vivo Transfektion ist sicherlich noch zu optimieren, schwerwiegende oder gar prinzipielle Entwicklungsprobleme sind aber nicht zu erkennen.

Für viele gentherapeutische Strategien, insbesondere zur Beeinflussung von Zellzyklus und Apoptose bei der Behandlung von arteriosklerotischen Veränderungen oder in pharmakologisch schwer zugänglichen Bereichen, wie dem Gehirn, werden allerdings in vivo Transfektionsverfahren benötigt. Es ist anzunehmen, daß sich in diesem Bereich virale Vektoren durchsetzen werden. Die Möglichkeit, die Infektionseffizienz bestimmter Viren für eine „therapeutische Infektion" einzusetzen und/oder deren Organspezifität zu nutzen, sprechen für die Weiterentwicklung viraler in vivo Transfektionssysteme. Es könnte allerdings sein, daß hier ein prinzipielles Problem nicht hinreichend zu lösen sein wird. Viren benötigen für die effiziente Transfektion (der Begriff hat sich auch hier durchgesetzt) und/oder für ihre Organspezifität die Funktionen ihrer eigenen viralen Proteine. Diese werden vom Immunsystem der Patienten als „fremd" erkannt und sind deshalb Ziele von Immunantworten. Die Reduktion der Viren auf Minimal-Konstrukte, die derartige Proteine nicht mehr enthalten oder produzieren, führte bisher immer zum Verlust oder zu schwerwiegenden Einschränkungen in den gerade benötigten Eigenschaften Transfektionseffizienz und Organspezifität.

Der empirisch-wissenschaftliche Umgang mit dem zweiten Punkt, der molekularbiologischen und immunologischen Individualität der Patienten ist für Pharmakologen und Kliniker Teil ihrer

„Erfahrung" bei der klinischen Prüfung von herkömmlichen Arzneimitteln. Für Molekularbiologen und Immunologen, die durch die Gentherapie gerade erst den Weg in klinische Prüfungen und Anwendungen suchen, ist dies ein zwar bekanntes theoretisches Problem, in seinen tatsächlichen und prospektiven Konsequenzen aber auch nur am Patienten zu „erfahren". Es handelt sich um den Übergang von Modellsystemen im Labor, die für bestimmte Fragestellungen homologiert, definiert und optimiert sind, auf ein Kollektiv von Individuen (Patienten), deren gemeinsame statistische Eigenschaft ein Krankheitsbild ist. Modellsysteme im Labor, als Zellkulturen oder als Tierversuche in syngenischen Mäusestämmen, liefern Ergebnisse, die kausale Aussagen zulassen. Hier ist der Einsatz von Statistik eine Maßnahme zur Qualitätskontrolle, die wegen der Eindeutigkeit der Ergebnisse häufig gar nicht angewendet werden muß. Das Patienten-Kollektiv stellt eine statistische Verteilung von Eigenschaften dar, von denen eine die gleiche Erkrankung ist, die auch in Schweregrad und Symptomatik nur statistisch zu beschreiben ist. Es ist der wissenschaftlich nicht zulässige Übergang von Modellsystemen mit kausalen Zusammenhängen auf Patienten-Kollektive, die statistisch definiert sind, der zu der in diesem Abschnitt eingangs erwähnten Negativ-Propaganda geführt hat.

Einzige Lösung dieses Dilemmas ist eine seit Jahrzehnten geübte Praxis bei der klinischen Prüfung von Arzneimitteln: Prüfung eines kausal definierten Modells in einer begrenzten klinischen Studie; Einbringen der statistischen Ergebnisse in eine erneute experimentelle Laborphase zur Verbesserung des kausalen Modells und nächste klinische Prüfung nach einem verbesserten Protokoll bis Korrelationsanalysen Mißerfolg oder Erfolg anzeigen.

Derartige Zyklen erfordern allerdings Zeit, Infrastrukturen und finanzielle Ressourcen. Die Zeit drängt angesichts der fatalen Krankheitsbilder, deren Heilung sich die Gentherapie zur Aufgabe gemacht hat. Mit dem Aufbau der notwendigen Infrastrukturen ist in den vergangenen zwei Jahren begonnen worden. Sollte allerdings die finanzielle Zerstörung der universitären Grundlagenforschung in Deutschland weiter fortschreiten, wird die Entwicklung der somatischen Gentherapie zu Heilverfahren für derzeit unheilbare Krankheiten zumindest in diesem Land nicht möglich sein.

9 Militärischer Mißbrauch der molekularen Biotechnologie und seine Verhinderung

Prof. Dr. E. Geissler

Max-Delbrück-Centrum für molekulare Medizin, Robert-Rössle-Str. 10, D-13122 Berlin

Die Einführung der (molekularen) Biotechnologie war nach Meinung des US-Verteidigungsministeriums das vermutlich wichtigste Ereignis in der Geschichte der Entwicklung Biologischer Waffen. Sie „erlaubt die Entwicklung neuer Mikroorganismen und von Produkten mit neuen, unorthodoxen Eigenschaften." ... „Durch Einsatz der Biotechnologie können sehr wirksame Substanzen in Mengen produziert werden, die für einen militärischen Einsatz groß genug sind." ... „Dieser Durchbruch und die sich daran anschließenden Entwicklungen machen Biologische Kriegführung viel vorstellbarer und effektiv für Staaten, die entweder nicht durch die (B-Waffen) Konvention gebunden sind oder die sich entscheiden, diese zu verletzen" (Department of Defense, 1986).

Im Folgenden soll diskutiert werden, inwieweit diese – inzwischen mehr als ein Jahrzehnt alte – Einschätzung der amerikanischen Militärs zutrifft, und welche Probleme sich am Ausgang des 20. Jahrhunderts daraus ergeben. Ausführlichere Diskussionen der Problematik finden sich an anderer Stelle (Geissler, 1986; Piller und Yamamoto, 1988; Wright, 1990; Dando, 1994; Geissler und Woodall, 1994; Pearson und Dando, 1996; Thränert, 1996).

9.1 Definitionen

Biologische Kampfmittel oder Biologische Waffen (BW) sind solche Viren, Bakterien, Pilze und Arthropoden, die direkt oder in Verbindung mit geeigneten Trägersystemen dafür mißbraucht werden, um bei Mensch, Tier oder Pflanze Krankheit oder Tod zu bewirken. Da BW wie auch als Waffe eingesetzte Toxine (TW) im Gegensatz zur überwiegenden Mehrzahl aller anderen Waffensysteme nicht bewußt als Kampfmittel konstruiert wurden, sondern Produkte der biotischen Evolution sind, die – global oder auf bestimmte Weltregionen beschränkt – eine natürliche Bedrohung als Krankheitserreger darstellen, können sie als „zweifach bedrohliche Agenzien" („dual-threat agents", DTAs) bezeichnet werden (Geissler, 1992). Nur das inzwischen ausgerottete Variolavirus stellt heute ein „single-threat agent" dar (Fenner, 1994).

Andererseits ist vorstellbar, daß mittels der Methoden der molekularen Biotechnologie Konstrukte entwickelt werden, indem hoch-contagiöse Viren gleichzeitig als BW und als Vektor für Toxin-Gene dienen. Derartige explizit vom Menschen konstruierte BTW-Agenzien wären keine

DTAs und können deshalb als „Biologische Waffen der zweiten Generation" bezeichnet werden.

Wegen der DTA-Natur der BW und TW, und weil zu ihrer Entwicklung, Produktion und Verbreitung in der Regel die gleichen Kenntnisse, Methoden und Geräte benötigt werden, die auch für Gesundheitsschutz sowie Bekämpfung von Tier und Pflanzenkrankheiten notwendig und somit von „dual-use" sind, ist die Kontrolle von BW und TW, also die Verhinderung des militärischen Mißbrauchs der Biowissenschaften nicht nur ein politisches und technisches, sondern auch – viel stärker als in anderen Rüstungskontrollbereichen – ein ethisch-moralisches Problem. Es sind beispielsweise allein die Intentionen der – bewußt und voll informiert – an einem militärischen Vakzine-Entwicklungs- und Einsatzprogamm verantwortlich Beteiligten, die darüber entscheiden, ob die betreffenden Impfstoffe zum Schutz vor BW- oder TW-Attacken entwickelt werden oder zur Vorbereitung offensiver Biologischer Kriegführung.

9.2 Potentielle Biologische Waffen und Toxin-Waffen

Insgesamt gelten einige Dutzend Mikroorganismen, Pilze und Arthropoden sowie Toxine als potentielle BW beziehungsweise TW. Beispiele für potentielle BW sind unter anderem *Bacillus anthracis* (Erreger des Milzbrand), *Francisella tularensis* (Erreger der Tularämie), *Coxiella burnetti* (Erreger von Q-Fieber), Pockenviren, Hantaanviren (Koreanisches hämorrhagisches Fieber), Maul- und Klauenseuche-Viren, Rinderpestviren sowie Kartoffelkäfer. Potentielle TW sind unter anderem *Botulinus*-Toxin, Rizin und Staphylokokken-Enterotoxine (Tab. 1). Darüber hinaus kommen verschiedene Arthropoden, z. B. Moskito, sowie (Pest-)Floh-Arten als Vektoren zur Verbreitung von BW in Frage.

Die Mehrzahl dieser Kampfmittel wurde spätestens während des zweiten Weltkrieges auf allen Seiten aus offensiven und/oder defensiven Erwägungen untersucht und von Japan gegen China auch eingesetzt (Geissler und van Courtland Moon, 1997), nachdem sie zuvor in Menschenexperimenten an vermutlich mehr als zehntausend Gefangenen erprobt wurden (Harris, 1997).

Erst 1995 wurde bekannt, daß der Irak – bis zu seiner Niederlage im Golfkrieg – im Rahmen seines BTW-Rüstungsprogramms in fünf Forschungs- und Produktionsstätten mindestens 19.000 l konzentriertes *Botulinus*-Toxin, 8.500 l *Bacillus-anthracis*-Konzentrat, 2.200 l konzentriertes Aflatoxin[40] sowie zehn Liter konzentriertes Rizin produziert und Artilleriegranaten, Fliegerbomben sowie Raketensprengköpfe damit beladen hatte (UN, 1995). Nach Kalkulationen des

---

[40] Warum das hepatotoxische Karzinogen Aflatoxin im Irak produziert und munitioniert wurde, ist Gegenstand intensiver Spekulationen. Bisher galt Aflatoxin – im Gegensatz zu Mykotoxinen vom Trichotezän-Typ – nicht als TW.

Tab. 1: Vom Irak in den Jahren 1975 bis 1990 bearbeitete Biologische Waffen und Toxin-Waffen (UN, 1995)

Agens	Krankheit	Bemerkung
Bacillus anthracis	Milzbrand	munitioniert
Clostridium botulinum (Botulin)	Botulismus	munitioniert
Clostridium perfringens	Gasbrand	
Aflatoxin	Hepatome	munitioniert
Trichothecen Mykotoxine (T-2, DAS)	verschiedene Symptome, Hautabsorption	
Ustillago sp.	Weizenrost	
Rizin	tödliche Hämorrhagien	munitioniert, nach Test eingestellt
Hämorrhag. Konjuctivitis-Virus	vorübergehende Erblindung	
Rotavirus	akute Diarrhoe	
Kamelpocken-Virus	Mensch kaum sensibel	
Bacillus subtilis	als Simulanz	munitioniert

Pentagon hätte ein mit *Botulinus*-Toxin gefüllter Sprengkopf einer einzigen Scud-Rakete etwa 3.700 km^2 verseucht haben können (Waller, 1995).

9.3 Bewertung von Biologischen und Toxin-Waffen

Spätestens im japanischen-chinesischen Krieg und während des Zweiten Weltkrieges wurde der Einsatz von BTW auch gegen Menschen vorbereitet und in begrenztem Ausmaß auch praktiziert. Von japanischer Seite wurde dies als Folge des „Fortschritt(s) der menschlichen Gesellschaft" bezeichnet: „So wie Steinschwerter und -äxte zu Kupfer- und Eisenschwerter würden und dann Lanzen zu Gewehren und Artillerie … ließen die Bemühungen, für den bevorstehenden Krieg den Fortschritt der menschlichen Kultur, die Früchte der Wissenschaft zu verwenden, Bakterien zu Waffen werden" (Anonym, 1943).
Vor und während des Ersten Weltkrieges dagegen galt der Einsatz von BW gegen Personen als unsittlich und wurde offenbar von keiner Seite praktiziert. Nach der 1902 artikulierten Meinung des deutschen Großen Generalstabs seien im Kriege gewisse „unnötig Leiden herbeiführende Kampfmittel von jeglicher Anwendung auszuschließen. (…)" Hierzu gehören (u. a.) „der Ge-

brauch von Gift sowohl dem einzelnen Feinde als auch den Massen gegenüber (Vergiftung von Brunnen und Lebensmitteln), (...) Verbreitung von ansteckenden Krankheiten etc." (Großer Generalstab, 1902).

Die Deutschen hatten während des Ersten Weltkrieges allerdings keine Skrupel, Pathogene für Sabotageakte einzusetzen. Den vom Generalstab herausgegebenen Richtlinien folgend wurde aber – zumindest bei der Vorbereitung deutscher BW-Sabotageaktionen in Rumänien – von der dafür zuständigen Abteilung des Generalstabs explizit angewiesen: „Anwendung von Seuchenmitteln gegen Menschen nicht erwünscht, nur gegen Pferde und Vieh für Armee" (Nadolny, 1915). Und als ein Stabsarzt 1916 vorschlug, England mit Pestbakterien anzugreifen, wurde dies von der Obersten Heeresleitung auf Vorschlag des Chefs des Feldsanitätswesens abgelehnt, „sowohl aus wissenschaftlich-technischen, wie aus humanitären Gründen" (von Boetticher, 1929). Zur Begründung meinte der stellvertretende Generalstabsarzt dem Vorschlagenden gegenüber „Mein lieber Stabsarzt, Ihren Mut und Ihre Vaterlandsliebe in Ehren, aber wenn wir einen solchen Schritt begehen, sind wir nicht mehr Wert als Nation zu existieren" (Winter, 1942). Einer der an dieser und ähnlichen Entscheidungen beteiligten Experten schrieb später, der Grund hierfür sei „ebenso einfach wie überzeugend: einmal bedeutet es ein geradezu ungeheuerliches Maß von Verrohung, eine Waffe zu verwenden, deren Tragweite niemand sicher abschätzen kann und deren Wirkungen auch die letzten Bande von Gesittung zerreißen müßten" (Konrich, 1931). Allerdings wurden diese sittlichen Bedenken in den zwanziger und dreißiger Jahren zunehmend hintangestellt. So meinten drei führende britische Bakteriologen im Jahre 1934 in einem vom Komitee der britischen Stabschefs angeforderten geheimen Memorandum, der ethische Status Biologischer Waffen sei „nicht geringer oder höher (einzuschätzen) als der von Bajonetten, Geschossen oder chemischen Waffen" (Douglas et al., 1934).

Außerdem wurde etwa schon zur gleichen Zeit erkannt, daß Biologische Waffen die ideale Waffe für „arme" Völker sind oder – wie der Vorsitzende des amerikanischen BW-Komitees Merck nach Ende des Zweiten Weltkrieges zeitgemäß formulierte – „poor countries atomic bombs". Banse schrieb 1933, „wenn schon die von England zum Kampfmittel erklärte Aushungerung eines Volkes, ferner der chemische Krieg und die furchtbare Wirkung der modernen Artillerie dem Kriege jeden Kavalierscharakter genommen haben, so wird die Biologie ihn vollkommen zum Ausrottungskampfe ganzer Völker stempeln. ... Zweifellos ist eins: der Biologische Krieg ist die gegebene Waffe für entwaffnete, wehrlos gemachte Völker. Man kann solchen nicht verdenken, wenn sie sich dermaleinst durch derartige Mittel gegen brutale Vergewaltigung zur Wehr setzen und ihren Bedrückerstaat auf einem wissenschaftlichen Wege vernichten. ... Wenn es sich um das Dasein eines Staates und Volkes handelt, dann muß diesem jedes Mittel recht sein, den überlegenen Gegner abzuwehren und darüber hinaus zu besiegen".

Allerdings wurde im Zusammenhang mit der Ablehnung Biologischer Kriegführung durch den deutschen Generalstab im Ersten Weltkrieg unter anderem auch darauf hingewiesen, daß „diese

Waffe viel zu langsam und unsicher wirken (würde), um den Gegner wesentlich zu schwächen; drittens aber würde sie die eigenen Reihen kaum weniger gefährden als die des Feindes" (Konrich, 1931). Diese Einschätzung hatte dann jahrzehntelang Bestand. Noch 1969 meinte der damalige US-Präsident, der Biologische Krieg habe „massive, unvorhersehbare und praktisch unkontrollierbare Konsequenzen. Er könnte globale Epidemien auslösen und die Gesundheit zukünftiger Generationen beträchtlich beeinflussen" (Nixon, 1969). Nixon begründete damit das unilaterale Verbot offensiver BTW-Aktivtäten in den USA, wodurch der Weg zu direkten BTW-Abrüstungsverhandlungen geöffnet wurde.

9.4 Biologische und Toxin-Waffen und die Möglichkeiten der molekularen Biotechnologie

Wenige Jahre nach der Entscheidung der US-Administration und der nicht zuletzt dadurch ermöglichten Vereinbarung über ein Biologisches Rüstungskontrollabkommen (siehe unten) wurde die Gentechnik eingeführt. Das hatte eine völlig neue Situation auf dem BTW-Gebiet zur Folge, was aber lange Zeit von führenden Molekularbiologen als auch Abrüstungsexperten übersehen und zum Teil sogar vehement geleugnet wurde. Auch das von der Nationalen Akademie der Wissenschaften der USA unter der Leitung von Paul Berg eingesetzte Komitee zur Einschätzung der Risiken der Gentechnik („Berg-Komitee") diskutierte, ob es möglich sei, „die Technologien zur DNA-Rekombination zur Förderung Biologischer Kriegführung zu nutzen, beispielsweise indem man *E. coli* die Fähigkeit verleiht, *Botulinus*-Toxin zu produzieren. Dies war eine sehr naheliegende und beängstigende Gefahr" (Watson, 1979). Entsprechend wurde in zwei Entwürfen der Stellungnahme dieses Komitees der folgende Absatz aufgenommen: „Da es offensichtlich ist, daß die neuen technologischen Möglichkeiten potentiell dazu genutzt werden könnten, neuartige ausgeklügelte Waffen für die Biologische Kriegführung zu entwickeln, fordern wir die Bürger, Wissenschaftler und Regierungsbeamten auf, die notwendigen Maßnahmen zu treffen, um eine derartige Anwendung zu verhindern" (zitiert bei Russel, 1988). Darüber hinaus drückte eine der Arbeitsgruppen zur Vorbereitung des Asilomar-Konferenz („Plasmid Working Group") ihre Überzeugung aus, „daß vielleicht das größte Potential für Gefahren („biohazards") der genetischen Manipulation von Mikroorganismen aus deren möglicher militärischer Anwendung resultiert" („Plasmid Working Group", 1975) – eine Einschätzung, die fast wörtlich mit jener einleitend zitierten Stellungnahme übereinstimmt, die zehn Jahre später das amerikanische Verteidigungsministerium abgab. „Wir sind völlig überzeugt davon", so die Mitglieder der Arbeitsgruppe 1975 weiter, „daß die Schaffung genetisch veränderter Mikroorganismen für jegliche militärische Anwendungen durch internationale Abkommen explizit verboten werden sollte".

Die Mitglieder des „Berg-Komitees" entschlossen sich jedoch, dieses Problem in der endgültigen Fassung ihres offenen Briefes nicht zu erwähnen (Berg et al., 1974). Darüber hinaus wurde das Thema der Optimierung Biologischer Waffen durch Gentechnik explizit von der Agenda der Asilomar-Konferenz ausgeschlossen (Krimsky, 1982).

Watson erklärte später, nachdem er während des Beginns des Vietnam-Krieges im „Science Office" von Präsident Kennedy gearbeitet habe, wisse er, was in Fort Detrick, d. h. im „US Army Medical Research Institute for Infections Diseases", gemacht würde. Nachdem er sich einige Monate lang in geheime Dokumente und Analysen vertieft habe, habe er „aufgehört, sich Sorgen über BW als realistische Methode zur Kriegführung zu machen". Watson fügte zu, daß niemand glaubte, „daß unser Moratorium die CIA oder die Armee daran hindern würde, solche Arbeiten durchzuführen" (Watson, 1979). Baltimore, ein anderes Mitglied des „Berg-Komitees", meinte, sie hätten den Einsatz des „Genetic Engineering" zur Entwicklung Biologischer Waffen in der endgültigen Fassung ihres offenen Briefes nicht erwähnt, weil Präsident Nixon die Vorbereitungen zur Biologischen Kriegführung abgebrochen habe (nach Krimsky, 1982). Etwa zehn Jahre später schloß sich Baltimore jedoch einer Erklärung an, in der ein internationales Expertenteam feststellte, daß die Erkenntnisse der Gentechnik und der Methodenfortschritt auf diesem Gebiet zunehmend die Gefahr in sich bergen, Biologische und Toxin-Waffen zu entwickeln und anzuwenden (Geissler et al., 1986). Heute – weitere zehn Jahre später – wird diese Einschätzung fast ausnahmslos von einschlägig interessierten Biowissenschaftlern, Rüstungskontrollexperten, Militärs und Politikern geteilt.

Die Bedeutung molekularer Biotechnologien für Entwicklung und Anwendung von B- und T-Waffen besteht u. a. in der Möglichkeit

- potentielle Biologische Waffen u. a. so zu optimieren, daß sie schwerer zu identifizieren und zu bekämpfen sind und/oder Immunbarrieren überwinden können,
- Impfstoffe zu entwickeln, mit denen Hersteller und Anwender sich vor dem „Bumerang-Effekt" der eigenen Biologischen Waffen schützen können,
- von genetisch manipulierten Zellen auch solche supertoxischen Toxine kilogrammweise produzieren zu lassen, die früher nicht in größerem Ausmaß gewonnen werden konnten,
- einzelne bis mehrere Toxin-Gene in das Erbmaterial von Vektor-Bakterien oder -Viren einzubauen. Auf diese Weise entstehen – einfach unter Anwendung der Methoden, die bei der Entwicklung von „vector based vaccines" erfolgreich eingesetzt werden – ganz neuartige Kampfstoffe. In ihnen könnten die Effekte von Biologischen Waffen (Infektiosität beispielsweise) und Toxinen (keine oder drastisch reduzierte Inkubationsphase) kombiniert werden. Derartige, explizit vom Menschen konstruierte, BTW-Agenzien wären keine DTAs und können deshalb – wie bereits erwähnt – als „Biologische Waffen der zweiten Generation" bezeichnet werden.

Darüber hinaus müssen in diesem Zusammenhang auch bedeutende gerätetechnische Verbesserungen erwähnt werden. Sie erlauben, daß entweder pro Volumen- und Zeiteinheit größere Mengen von Zellen, Viren, Antikörpern, Toxinen etc. produziert oder kleinere Produktionseinheiten verwendet werden können. Dadurch wird in jedem Fall die Herstellung von DTAs und ihre Bearbeitung erleichtert – unabhängig von der Intention dieser Arbeiten – und gleichzeitig schwerer nachweisbar.

Andererseits darf auch in diesem Zusammenhang die „dual-use"-Problematik nicht übersehen werden. Unter Experten herrscht Einmütigkeit darüber, daß die molekulare Biotechnologie auch zur Verhinderung Biologischer Kriegführung beziehungsweise zur Verteidigung gegen den Einsatz Biologischer und Toxin-Waffen genutzt werden kann, speziell zur Früh- und Differentialdiagnose entsprechender Kampfmittel sowie zur Entwicklung von geeigneten Vakzinen und Therapeutika.

9.5 Völkerrechtliche Regelungen

Genfer Protokoll: Bereits im Jahre 1925 wurde das sog. „Genfer Protokoll" vereinbart, das „Protocol for the Prohibition of the Use in War of Asphyxiating, Poisonous or Other Gases, and of Bacteriological Methods of Warfare", das 1928 in Kraft trat und 1929 von Deutschland ratifiziert wurde (Protocol ..., 1986). Das Gesetz verbietet den Einsatz von Chemischen und Biologischen Waffen im Kriege. Der Vertrag war offenbar wirksam genug, um im Zweiten Weltkrieg auf dem europäischen Kriegsschauplatz Biologische Kriegführung zu verhindern. Hitler hatte – offenbar unter dem Einfluß dieses Abkommens (Geissler, 1997) – deutsche offensive BTW-Aktivitäten mehrfach verboten. Deshalb kam es auf dem europäischen Kriegsschauplatz glücklicherweise nicht zum Einsatz von *Bacillus anthracis*-Sporen und *Botulinus*-Toxin, die von den Briten und ihren Verbündeten munitioniert worden waren, erklärtermaßen um in der Lage zu sein, bei einem befürchteten deutschen BW-Abgriff mit entsprechenden Biologischen Gegenschlägen reagieren zu können (Carter und Pearson, 1997).
Andererseits gibt es Hinweise, daß das sehr intensive japanische BTW-Programm erst dadurch ausgelöst wurde, daß BW durch das Genfer Protokoll gleichsam eine „Aufwertung" erfahren hatten (Tsuneishi, 1991; Harris, 1997). Japan ratifizierte das Protokoll erst 1970, die USA noch fünf Jahre später. Ingesamt wurde das Protokoll bis zum 31. Dezember 1995 von 132 Staaten ratifiziert; ein weiterer Staat hat es signiert.
Biologische Waffen-Konvention: Nixons oben erwähnte Entscheidung eröffnete den Weg für Verhandlungen über ein Verbot der Entwicklung Biologischer und Chemischer Waffen. Wegen der offensichtlichen militärischen Bedeutungslosigkeit der BW konnte bereits 1972 eine „Convention on the Prohibition of the Development, Production and Stockpiling of Bacteriological

(Biological) and Toxin Weapons and on Their Destruction" (BWC) abgeschlossen werden, die 1975 in Kraft trat und der inzwischen 133 Staaten beigetreten sind (Convention ..., 1986). Weitere 19 Staaten haben die BWC bisher lediglich signiert. Die DDR wurde 1972 Vertragspartner der BWC, die BRD 1983. Die BWC verbietet Entwicklung, Produktion, Lagerung, Erwerb und Weitergabe von Biologischen und Toxin-Waffen und gebietet deren Vernichtung. Unkontrollierte Weitergabe von BTW ist in Deutschland durch das „Gesetz über die Kontrolle von Kriegswaffen" verboten, in dessen „Kriegswaffenliste" auch BTW aufgeführt sind (Gesetz ..., 1990).

Chemie-Waffen-Konvention: Erst 1993 endeten die Anfang der 1970er Jahre begonnenen Verhandlungen über den Abschluß einer Chemiewaffen-Konvention, der „Convention on the Prohibition of the Development, Production, Stockpiling and Use of Chemical Weapons and on their Destruction" (CWC) (The Convention ..., 1993). Da Toxin-Waffen keine BW sind, weil sich TW-Agenzien im Gegensatz zu BW-Agenzien nicht vermehren können und weil sie durch ihre direkte Toxizität wirken, handelt es sich bei ihnen um Chemische Waffen (CW). Tatsächlich werden Toxine von der CWC explizit erfaßt. Bisher (Oktober 1996) haben 169 Staaten die CWC signiert und 64 Staaten sie ratifiziert. Nachdem Ungarn Ende Oktober 1996 das Übereinkommen als 65. Staat ratifiziert hat, kann die CWC nun nach 180 Tagen, das heißt April 1997, in Kraft treten, obwohl die beiden bedeutendsten CW-Staaten, Rußland und die USA, den Vertrag bisher (Stand: November 1996) noch nicht ratifiziert haben.

9.6 Schwachstellen von Genfer Protokoll und Biologische Waffen-Konvention

Genfer Protokoll und BW-Konvention enthalten aber eine Reihe gravierender Schwachstellen, deren Bedeutung erst dank der Einführung der molekularen Biotechnologie relevant wurde.

Forschungen an „dual-threat agents". Eine dieser Schwachstellen besteht darin, daß Forschungsarbeiten an (potentiellen) B- und T-Waffen nicht explizit verboten sind, selbst wenn sie rein offensiv militärisch motiviert sind. Inzwischen ist aber – vor allem „dank" der Einführung der molekularen Biotechnologie – einschließlich der gerätetechnischen Innovationen die Grenze zwischen Forschung und Entwicklung in diesem Gebiet völlig fließend geworden. Zumindest für punktuelle oder terroristische Einsätze können schon im Forschungslabor ausreichende Mengen von BTW produziert werden. Andererseits darf nicht übersehen werden, daß zumindest manche Typen von BW und TW – speziell für begrenzte Einsätze – auch mit den klassischen bakteriologischen und toxikologischen Verfahren hergestellt werden können, wie dies beispielsweise die in einigen Ländern vor und während des Zweiten Weltkrieges betriebenen Vorbereitungen zur Biologischen und Toxin-Kriegführung beunruhigend demonstrieren.

Die Dimension dieser Schwachstelle kann an der endgültigen Vernichtung der letzten, in Rußland und den USA gelagerten Variolavirus-Stämme exemplifiziert werden. Seit der weltweiten Ausrottung dieses „single-threat agent" und wegen des daraufhin erfolgten Einstellens der Pockenvakzinierung stellen Pockenviren, die schon vor 250 Jahren von den Engländern als BW gegen aufständische Indianerstämme eingesetzt wurden (Wheelis, 1997), in der Hand von gewissenlosen Militärs oder Terroristen eine brisante Bedrohung der Menschheit dar. Trotzdem wurde die endgültige Vernichtung der Viren unter anderem deshalb immer wieder aufgeschoben, weil Genom und Genexpression des Variolavirus so außergewöhnlich komplex und deshalb ein für die Analyse der Genexpression hervorragend geeignetes Modell sei. Auch das Argument der „Bewahrung der Schöpfung" sollte bezüglich der endgültigen Eliminierung eines derart gefährlichen Killervirus keine Rolle spielen.

Defensiv-Arbeiten: Eine weitere gravierende Schwachstelle der BWC besteht darin, daß Arbeiten mit BW- und TW-Agenzien für prophylaktische und projektive „und andere friedliche Zwekke" explizit erlaubt sind. Diese Erlaubnis aber eröffnet dem Mißbrauch Tür und Tor. Schon in den zwanziger Jahren stellten deutsche BW-Experten fest: „Die Beurteilung der Abwehrmöglichkeiten setzt allerdings auch die Erkenntnis und Erforschung der Wege voraus, die ein vom Bazillenkrieg aktiv Gebrauch machender Feind mit Erfolg einschlagen kann und wird" (Auer, 1924). Diese Einschätzung wurde auch in anderen Staaten getroffen und dürfte auch noch heute Gültigkeit besitzen und Rüstungskontrollmaßnahmen letztlich konterkarieren. Beispielsweise stellte das amerikanische „War Bureau of Consultants Committee" 1942 fest: „Vorbereitung von Verteidigungsmaßnahmen erfordert eine Kenntnis der offensiven Möglichkeiten, und wenn dieses Wissen nicht aus Erfahrung stammt, muß es aus den Ergebnissen sorgfältiger Untersuchungen resultieren" (zitiert von van Courtland Moon, 1997). Mit der gleichen „Begründung" wurden in Deutschland trotz Hitlers Verbot – allerdings nur sehr eingeschränkt – Feldversuche mit Kartoffelkäfern und Maul- und Klauenseuche-Viren durchgeführt, die aber augenscheinlich offensiven Charakter hatten (Geissler, 1997).

Noch problematischer ist die Situation hinsichtlich der Entwicklung und Anwendung von Vakzinen und Antitoxinen gegen DTAs, speziell wenn sie vom Militär betrieben werden. Hier handelt es sich eindeutig um „dual-use"-Aktivitäten, da Impfstoffe auch für offensive BTW-Programme gebraucht werden, sowohl zum Schutz der BTW-Entwickler und -Produzenten als auch der derartige Waffen einsetzenden Armee-Einheiten. Es ist deshalb wenig beruhigend, daß sich eine breite Koalition von Partnerstaaten der BW-Konvention seit nunmehr mehr als 10 Jahren dahingehend einig sind, daß über militärische Programme zur Impfstoffentwicklung und -anwendung auch im Rahmen der 1987 eingeführten und 1991 optimierten und erweiterten „vertrauensbildenden Maßnahmen" zur BW-Konvention nicht berichtet werden muß.

Weitere Schwachstellen der Verträge: Darüber hinaus enthalten weder das Genfer Protokoll noch die BW-Konvention Bestimmungen, wie ihre Einhaltung überprüft werden kann und legen nicht fest, ob und wie im Falle von Vertragsverletzungen zu reagieren sei.

Schließlich ist die Konvention in sich widersprüchlich: Einer ihrer Artikel (Artikel III) gebietet Maßnahmen zur Verhinderung der Proliferation von B- und T-Waffen und entsprechender Technologien. Ein anderer Artikel (Artikel X) fordert die Teilnehmerstaaten zur Förderung der friedlichen Kooperation auf dem Gebiet von Mikrobiologie (und Biotechnologie) auf. Von den Industrienationen praktizierte Exportkontrollen auf dem BTW-Gebiet sind aber wenig effektiv, während sie andererseits eine friedliche Zusammenarbeit der Nord- und Südstaaten auf dem Gebiet der Biotechnologie beeinträchtigen. Zudem sind derartige Kontrollen letztlich inhuman, sofern die Industrienationen nicht bereit sind, den Bürgern in Entwicklungsländern und unterentwickelten Staaten ein ähnliches Gesundheitsschutzniveau zu vermitteln wie ihren eigenen Bürgern. Aber dazu fehlen sowohl Bereitschaft wie auch Kapazität.

9.7 Stärkung der Norm gegen Biologische Kriegführung

Seit Mitte der 80er Jahre, als die Gentechnik Praxisreife erlangte und dadurch auch ein Umdenken bezüglich des militärischen Wertes von BW und TW bewirkte, gibt es im internationalen Rahmen, auf Regierungsebene und bei Nichtregierungsorganisationen vielfältige Bemühungen zur Beseitigung der Schwachstellen der BW-Konvention. Da dies indirekt auch die Schwachstellen des Genfer Protokolls beseitigen wird, werden diese Aktivitäten zur Stärkung der mittlerweile zum Gewohnheitsrecht gewordenen internationalen Norm gegen Biologische und Toxin-Kriegführung und damit gegen den militärischen Mißbrauch der molekularen Biotechnologie beitragen.

Die Rolle der Wissenschaftler: Seit Ende der 50er Jahre engagierten sich Molekularbiologen, Mikrobiologen und Genetiker gegen Biologische (und Chemische) Kriegführung vor allem im Rahmen der Pugwash-Bewegung (1995 mit dem Friedensnobelpreis ausgezeichnet) aber auch in wissenschaftlichen Gesellschaften (Geissler, 1997c). Aktivitäten amerikanischer Wissenschaftler bereiteten den Weg für Präsident Nixons Verzicht auf offensive BTW-Aktivitäten und zur Verabschiedung der BW-Konvention. Auch bei der Stärkung der beiden Abkommen sind (allerdings bisher noch zu wenig) Naturwissenschaftler und Mediziner aktiv engagiert.

Ethische Probleme der Verifikation: Auf der dritten Konferenz zur Überprüfung der BW-Konvention wurde 1991 unter anderem beschlossen, mit den Vorbereitungen zur Schaffung eines Zusatzdokuments zur Konvention zu beginnen, das auch einen Katalog von Verifikationsmaßnahmen enthalten soll. Seit 1992 tagen regelmäßig Arbeitsgruppen der Partnerstaaten, in denen – wieder mit aktiver Unterstützung von innerhalb und außerhalb der Administrationen angesiedelten Wissenschaftlern – technisch mögliche und politisch durchsetzbare Maßnahmen zur Stärkung der BW-Konventionen beraten und ausgearbeitet werden.

Das zentrale Problem der Stärkung der Konvention ist die Frage, ob und inwieweit ihre Einhaltung überprüft werden kann und wie im Verdachtsfall Vertragsverstöße nachzuweisen (und dann auch zu ahnden) sind. Daß dies eine fast unmögliche Aufgabe ist, ergibt sich nicht nur aus der einleitend in diesem Beitrag erwähnten „dual-threat"- und „dual-use"-Problematik, sondern vor allem auch aus den Erfahrungen, die bei der Untersuchung des irakischen BW-Programmes von der vom UN-Sicherheitsrat eingesetzten Expertenkommission gemacht werden mußten (UN, 1995).

Bei der Ausarbeitung von Vorschlägen für entsprechende Überprüfungsmaßnahmen haben die Arbeitsgruppen inzwischen eine ganze Reihe von unterschiedlich aussagekräftigen Kontrollverfahren zusammengestellt, die von Interviews vor Ort bis zur Satellitenüberwachung reichen. Natürlich hängt die Beweiskraft dieser Kontrollmaßnahmen davon ab, wie tiefgründig (intrusiv) und weitgehend sie sind. Bei der Auswahl möglichst intrusiver Kontrollmechanismen gibt es aber aus unterschiedlichen Gründen Probleme und Widerstände. Selbst mit (vorgeschobenen?) ethisch-moralischen Argumenten wird dabei operiert.

Die aussagekräftigsten Methoden, Vertragsverstöße zu überprüfen und/oder nicht ordnungsgemäß deklarierte bzw. erlaubte Arbeiten mit DTAs nachzuweisen, sind immunologische und andere molekularbiologische Verfahren. Ein immunologisch oder molekularbiologisch geführter Nachweis, daß Mitarbeiter einer in Verdacht geratenenen Einrichtung unerlaubterweise mit einem bestimmten DTA gearbeitet haben oder ihm anderweitig exponiert worden waren, würde sehr überzeugende Anhaltspunkte hinsichtlich etwaiger Vertragsverletzung liefern bzw. könnte diese zwingend ausschließen.

Nun wird aber von leider zahlreichen Gegnern intrusiver Verifikationsmaßnahmen geltend gemacht, daß die Ermittlung des Immunstatus von Beschäftigten einer in den Verdacht geratenen Einrichtung ethische Grenzen verletzen könnte. Es liegt aber nicht in der Entscheidung von Politikern oder Diplomaten, sondern in der des Individuums, ob sie oder er mit einer Zustimmung zu einem immunologischen Test zur Entscheidung darüber beiträgt, ob eine Verletzung eines wichtigen Abrüstungsabkommens nachgewiesen oder aber Vertragstreue bestätigt werden kann. Wenn es heute üblich ist, mittels Blutproben alkoholbedingte Verstöße gegen Verkehrsregeln nachzuweisen oder durch den genetischen Fingerabdruck Straftäter zu überführen, sollte es möglich sein, wenigstens immunologische Analysen, wenn nicht sogar DNA-Untersuchungen einzusetzen, wenn der begründete Verdacht besteht, ein Partnerstaat der BW-Konvention oder eine seiner Einrichtungen habe gegen das Völkerrecht verstoßen, sofern das Einverständnis der betroffenen Mitarbeiter erlangt werden kann. (Es sei hier nur am Rande erwähnt, daß Briten und Amerikaner während des Zweiten Weltkriegs keine ethischen Bedenken hatten, den Immunstatus deutscher Kriegsgefangener zu analysieren, um daraus auf eventuelle deutsche BW-Vorbereitungen schließen zu können.)

Verrat von Vertragsverletzungen: Es wurde bereits mehrfach erwähnt, daß wegen der DTA-und „dual-use"-Natur der beteiligten Agenzien und Aktivitäten Vertragsverletzungen überaus schwer nachweisbar sind. Tatsächlich belegen die Ergebnisse einer vergleichenden internationalen Analyse, daß die jeweils „andere Seite" vor und während des Zweiten Weltkrieges kaum verläßliche Informationen über BTW-Aktivitäten der Gegenseite hatte (Geissler und van Courtland Moon, 1997). Schon dies wirft nicht nur Verteidigungsprobleme, sondern auch ethische Probleme auf. Ist es beispielsweise gerechtfertigt, noch in der Entwicklung befindliche Vakzinen, deren staatliche Zulassung noch aussteht, bereits bei dem begründeten Verdacht anzuwenden, der Kriegsgegener könne Biologische Waffen einsetzen? Und wie sind solche Entscheidungen zu bewerten, wenn die Informationen über gegnerische BTW-Aktivitäten unvollkommen oder völlig falsch sind?

Wegen der Schwierigkeit, geheime Vertragsverletzungen nachzuweisen, und weil nur die Intentionen über erlaubte defensive und verbotene offensive BW-Aktivitäten unterscheiden, erlangt das „whistle blowing" eine besondere Bedeutung: die Aufdeckung von Gesetzesverstössen durch Mitarbeiter der betreffenden Einrichtung und deren Anzeige bei nationalen oder internationalen Kontrollbehörden oder in den Massenmedien. Fraglos bringt dies den „Verräter" in einen Loyalitätskonflikt. Zudem hat er möglicherweise Sanktionen durch Vorgesetzte und/oder staatliche Institutionen zu befürchten. Andererseits besteht natürlich auch die Gefahr, daß durch wissenschaftlich falsche Beschuldigungen „persönliche Rechnungen" beglichen werden, ohne daß irgendwelche Gesetzesvorstöße vorliegen. Oder es erfolgen entsprechende Denunziationen aus (vielleicht durchaus hehren) politischen oder ideologischen Motiven. Deutschlands Kriegsgegner waren beispielsweise vor und während des Zweiten Weltkrieges nicht zuletzt deshalb sehr über ein angebliches, tatsächlich aber nicht existentes deutsches BW-Programm besorgt, weil dies von einigen einflußreichen antifaschistischen Emigranten behauptet worden war.

Trotzdem sollten Regelungen von staatlichen Organen und Wissenschaftlerverbänden gefunden werden, wie solche Informanten vor Sanktionen geschützt werden. Andererseits setzen derartige Handlungen – noch dazu, wenn sie gegen innere oder äußere Widerstände begangen werden – Problembewußtsein voraus; dies muß in erster Linie von (Hochschul)lehrern und Angehörigen aller Leitungsebenen in einschlägigen Forschungs- und Produktionseinrichtungen, bei Studenten und/oder Mitarbeitern viel stärker als bisher entwickelt werden.

9.8 Umsetzung von Artikel X der Biologische Waffen-Konvention

Vor allem Entwicklungsländer und unterentwickelte Staaten bestehen darauf, daß auch die noch weitgehend ausstehende Umsetzung der Auflagen von Artikel X zu den notwendigen Maßnahmen zur Stärkung der BW-Konvention gehört. Der Artikel X fordert die Partnerstaaten zum Austausch von Agenzien, Instrumenten, Wissen und Materialien für die Bearbeitung von Organismen und Toxinen für friedliche Zwecke auf.

Außerdem werden die Staaten zur Kooperation bei der Nutzung biowissenschaftlicher Erkenntnisse zur Bekämpfung von Krankheiten und für andere friedliche Zwecke aufgerufen. Zur Umsetzung dieser Verpflichtung sind seitens der Industriestaaten bisher kaum nennenswerte Anstrengungen unternommen worden, vordergründig aus Angst vor der Proliferation von BW und TW und entsprechender Entwicklungs- und Produktionskapazitäten. Sicherlich sind dabei aber auch ökonomische Interessen im Spiel. Bisher liegen nur drei realistische Vorschläge zur Umsetzung der Auflagen von Artikel X vor. Bezeichnenderweise kommen sie nicht aus Regierungskreisen: ProMED, VFP und ProCEID.

„Program for Monitoring Emerging Diseases" (ProMED): Der Vorschlag, die BW-Konvention durch Einführung eines globalen epidemiologischen Überwachungsprogrammes zu stärken, wurde von Wheelis (1991) auf dem XII. Kühlungsborner Kolloquium gemacht. Er bewirkte, daß 1993 von der Förderation amerikanischer Wissenschaftler mit maßgeblicher Unterstützung durch die WHO die Einführung des „Program for Monitoring Emerging Diseases" (ProMED) beschlossen wurde (Morse und Rosenberg, 1993). ProMED ist ein koordiniertes globales Programm, das über ein im Aufbau befindliches Netzwerk von regionalen Zentren und Referenzlaboratorien erlaubt, auf das Auftreten von Infektionskrankheiten zu reagieren, speziell wenn es sich um „emerging diseases"(neuartige Krankheitsausbrüche) handelt.

„Vaccines for Peace" (VFP): Von einer Arbeitsgruppe des „Max-Delbrück-Centrums für Molekulare Medizin" wurde vorgeschlagen, unter dem Dach der Weltgesundheitsorganisation ein „Vaccines for Peace"-Programm (VFP) als internationales Programm zur Entwicklung von Impfstoffen einzuführen (Geissler, 1992). Dabei soll es sich explizit um Impfstoffe gegen DTAs handeln. VFP soll dazu beitragen, daß weltweit Impfstoffe gegen DTAs entwickelt, produziert und gelagert werden, die Zivilisten und Militärpersonen gleichermaßen sowohl vor natürlichen Infektionen und Intoxinationen als auch vor den Folgen des militärischen oder terroristischen Einsatzes Biologischer und Toxin-Waffen schützen (während DTA-Impfstoffe bisher fast ausschließlich nur in militärischen Einrichtungen und nur für militärische Bedürfnisse hergestellt werden). VFP würde bewirken, daß Forschung, Entwicklung und Produktion von Impfstoffen gegen DTAs durch militärische Einrichtungen nicht länger dem Verdacht ausgesetzt sind, letztlich mit offensiver Intention betrieben zu werden, und würde die Gefahren der Entwicklung von BTW und ihres Einsatzes zumindest minimieren, weil die weltweite Verfügbarkeit

entsprechender Impfstoffe die Wirksamkeit derartiger Waffen einschränkt und somit abschrekkend wirkt. Vor allem aber würde VFP zur Umsetzung von Artikel X beitragen, weil dadurch die (Bio)Technologie-Lücke zwischen Nord und Süd nicht weiter vergrößert, sondern verringert wird. Dies wäre ohne Erhöhung der Proliferationsgefahr zu erreichen, weil VFP durch internationale Teams von Wissenschaftlern und technischen Mitarbeitern in völliger Transparenz durchgeführt und auch entsprechende Militäreinrichtnngen mit involvieren sollte. VFP würde zu einem System globaler Biologischer Sicherheit führen, indem es – trotz des verbrieften Rechtes der Staaten auf Selbstverteidigung – die für den Schutz vor DTAs verfügbaren intellektuellen und technischen Kapazitäten und Finanzmittel auf internationaler Ebene bündeln würde, um einen gemeinsamen Schutz vor DTAs einzuführen, mögen sie nun eine natürliche Gefahrenquelle darstellen oder böswillig verbreitet werden, in kriegerischen Einsätzen oder durch terroristische Aktionen.

„Programme for Countering Emerging Infectious Diseases“ (ProCEID): Zumindest derzeit sind allerdings die westlichen Industriestaaten, deren Teilnahme an VFP essentiell ist, noch nicht bereit, auf in militärischen Einrichtungen durchgeführte Biologische Verteidigungsprogramme zu verzichten und diese völlig transparent zu machen (Geissler und Woodall, 1994). Speziell militärische Impfstoffentwicklungs- und anwendungsprogramme sollen weitgehend geheim bleiben, angeblich, um potentiellen Gegnern keine Hinweise auf Biologische Verwundbarkeit zu geben. Deshalb wurde nach vielen internationalen Abstimmungen von Wissenschaftlern mit Militärs und Diplomaten ein erheblich modifiziertes Projekt vorgeschlagen, das „Programme for Countering Emerging Infectious Diseases (ProCEID) by prophylactic, diagnostic and therapeutic measures“ (Meeting Report, 1996).

ProCEID würde nicht nur dem Namen nach ProMED ergänzen, sondern würde einerseits über die Intentionen von VFP hinaus auch eine globale Entwicklung, Produktion und Bereitstellung von Diagnostika, Seren und anderen zur Bekämpfung von Infektionen und Intoxinationen benötigten Biopräparaten unter besonderer Berücksichtigung der Entwicklungsländer in Gang setzen. Andererseits würde eine Beteiligung an ProCEID zunächst nicht die völlige Öffnung militärischer Forschungs- und Entwicklungseinrichtungen voraussetzen, obwohl dies aus den oben angedeuteten Gründen natürlich angestrebt ist. Wie VFP würde auch ProCEID durch internationale Teams ausgeführt, wobei Voraussetzung ist, daß die teilnehmenden Länder Partnerstaaten der BW-Konvention sind, die Chemie-Waffen-Konvention ratifiziert haben und sich auch an den zu erwartenden Maßnahmen zur Stärkung der BW-Konvention beteiligen. Speziell bei gemeinamer Einführung würden ProCEID und ProMED nicht nur zur Stärkung der Norm gegen Biologische und Toxin-Kriegführung beitragen und nicht nur zur Reduzierung der immer mehr ins Blickfeld rückenden Gefahren des „Bioterrorismus“ (Tucker, 1996), sondern auch zur Verbesserung des internationalen Gesundheitsschutzes und zur Verringerung der (Bio)Technologielücke zwischen Nord und Süd.

Gleichzeitig liefert ProCEID ein Beispiel dafür, wie die Biowissenschaften – speziell die Gentechnik – nicht nur vor militärischem und terroristischem Mißbrauch geschützt, sondern explizit dafür genutzt werden können, das Risiko der Anwendung Biologischer und Toxin-Waffen zu minimieren.

Danksagung: Mein besonderer Dank gilt der Volkswagen-Stiftung, die – beginnend mit der Unterstützung des XII. Kühlungsborner Kolloquiums über „Prevention of a Biological and Toxin Arms Race and the Responsibility of Scientists" (Geissler und Haynes, 1991) – meine Untersuchungen zur Biologischen Rüstungskontrolle großzügig fördert.

10 Gentechnik in der Lebensmittelherstellung

Prof. Dr. Dr. P. Brandt

Institut für Pflanzenphysiologie und Mikrobiologie der Freien Universität Berlin, Königin-Luise-Str. 12–16, D-14195 Berlin

10.1 Einleitung

Die schon länger andauernde Diskussion in der Öffentlichkeit über Lebensmittel, die mit Hilfe gentechnischer Verfahren erzeugt werden, hat zum Jahreswechsel 1996/97 an Intensität durch mehrere Ereignisse zugenommen. In der zweiten Jahreshälfte 1996 ist die Einfuhr und damit auch die Verarbeitung von gentechnisch veränderten Sojabohnen bzw. gentechnisch verändertem Mais aus nordamerikanischen Anbaugebieten von der EU genehmigt worden und im Januar 1997 stand die Abstimmung über die „Novel Foods"-Verordnung im Europaparlament bevor, die unter anderem auch die Kennzeichnung solcher Lebensmittel regelt. Beispielhaft sei in diesem Zusammenhang das Ergebnis einer Umfrage von „Greenpeace" erwähnt, bei der per Telefon 4.840 Personen aus den EU-Staaten nach ihrer Meinung zum Verzehr von gentechnisch veränderten Lebensmitteln befragt wurden[41]. Auf die gesamte EU bezogen sprachen sich 59% der Befragten gegen den Verzehr von gentechnisch veränderten Lebensmitteln aus, wobei in Schweden die Ablehnung mit 76% am höchsten und in Italien mit 44% am niedrigsten war. Verständlicherweise fand dieses Umfrageergebnis im Vorfeld der Abstimmung über die „Novel Foods"-Verordung in den Medien die entsprechende Beachtung.

Nachvollziehbar erscheint die Furcht vor und die Ablehnung von gentechnisch veränderten Lebensmittel[42] vor dem Hintergrund, daß zum Beispiel der vormalige Enthusiasmus bei der Anwendung von Herbiziden oder Insektiziden ökologisch in einigen Fällen – so wird von etlichen betont – „teuer bezahlt" werden mußte und in manchen Fällen gesundheitliche Schäden durch Verzehr derartig behandelter Lebensmittel für die Zukunft vermutet werden. Der Verlust an Vertrauen in manche „prophezeiten Segnungen des Fortschritts" hat vielfach die Hinwendung zu „natürlichen" Lebensmitteln gefördert und muß notwendigerweise gleichzeitig dazu führen, daß eine „Verbesserung" der Lebensmittel durch gentechnische Methoden abgelehnt wird. Es wird auch die Aufgabe derjenigen sein, die gentechnisch veränderte Lebensmittel

---

[41] news alert (SMTP: news-alert@mond.org) 10. Jan. 1997.
[42] In den Medien werden für den Begriff "gentechnisch veränderte Lebensmittel" meist einprägsamere Kürzel in Kombination mit dem Wort "Gen" verwendet [z. B. am 10. 01. 1997: "Gen-Food" (Berliner Morgenpost), "Gen-Nahrung" (Bild-Zeitung) oder "Gen-Essen" (Berliner Zeitung)], die aber insofern irreführend sind, als grundsätzlich und natürlicherweise in Lebensmitteln jeder biologischen Herkunft Gene bzw. Nukleinsäuren enthalten sind oder sein können.

anbieten und verkaufen wollen, dieses Vertrauen wiederzugewinnen. Nur so kann es gelingen, Anerkennung für eine Risikovorsorge zu erlangen und die Gentechnik auch in dem Bereich der Lebensmittelherstellung zu nutzen.

10.2 Anwendungsmöglichkeiten der Gentechnologie in der Lebensmittelherstellung

Gentechnische Methoden finden bei der Lebensmittelherstellung auf fünf verschiedenen Gebieten Anwendung (Konietzny und Jany, 1994). Dies sind (1) der Einsatz von gentechnisch veränderten Organismen für die fermentative Gewinnung von Substanzen (Enzyme, Hilfs- und Zusatzstoffe), (2) der Einsatz von gentechnisch veränderten Organismen bei der Herstellung von Lebensmitteln (Starterkulturen im Braugewerbe sowie der Fleisch- und Milchverarbeitung), (3) die Züchtung transgener Pflanzen, (4) die Züchtung transgener Tiere und (5) der Einsatz von Gensonden zur Kontrolle der Hygiene und Qualität von Lebensmitteln bzw. zum Nachweis gentechnisch veränderter Lebensmittel[43].

10.2.1 Enzyme, Hilfs- und Zusatzstoffe

Die Produktion von Enzymen, Hilfs- oder Zusatzstoffen erfolgt durch Einsatz von Mikroorganismen und kann auf eine lange Tradition zurückblicken; insbesondere werden dazu Bakterien, filamentöse Pilze und Hefen eingesetzt, deren Verwendung sich für diese Zwecke als sicher erwiesen hat (GRAS[44]-Organismen). Mit ihrer Hilfe werden Enzyme, Proteine oder Zusatzstoffe synthetisiert (u. a. Farbstoffe, Vitamine, Aromastoffe, Antioxidantien, Stabilisatoren, Emulgatoren, Geschmacksverstärker und Dickungsmittel). Diese Substanzen finden Anwendung bei der Produktion von Milch- und Fleischprodukten sowie von Säften.
Die Verwendung von gentechnisch veränderten Mikroorganismen in diesem Produktionsbereich führt zu größeren Ausbeuten und größerer Reinheit des Endprodukts. Damit werden Kosten und Energie gespart. Diese Produktionsweise ist zudem umweltschonender in bezug auf den Verbrauch von Wasser und der anfallenden Abfallmenge (Tab. 1).

---

[43] Auf die Punkte (3) und (4) wird nicht weiter eingegangen, da sie bereits in den Kapiteln 6 und 7 behandelt worden sind.
[44] GRAS = Generally Recognized As Safe.

Tab. 1: Gegenüberstellung der für die Produktion des Enzyms Glucose-6-phosphatdehydrogenase aufgewendeten Mittel bei herkömmlicher Produktion mit Hilfe von *Leuconostoc* sp. bzw. mit Hilfe von gentechnisch verändertem *Escherichia coli* (verändert nach Brunner, 1993)

	Leuconostoc sp. (Wildtyp)	*Escherichia coli* (gentechnisch verändert)
Biomasse	22.000 kg	200 kg
Abwasser	1.200 m^3	0,2 m^3
Wasser	300 m^3	10 m^3
Eiswasser	4.000 m^3	50 m^3
Trinkwasser	300 m^3	10 m^3
Dampf	180 t	10 t
Strom	4.000 kWh	100 kWh
Ammoniumsulfat	13.000 kg	200 kg

10.2.2 Starterkulturen

Große Bedeutung für die Lebensmittelproduktion haben Kulturen von Hefen, Milchsäurebakterien oder Schimmelpilzen. Werden diese Organismen gentechnisch verändert, so soll in den meisten Fällen die Produktqualität und -vielfalt erhöht, das Herstellungsverfahren optimiert und hygienische Risiken verringert werden (Hammes et al., 1991).

In England wurde eine Backhefe derart gentechnisch modifiziert, daß sie Kohlehydrate gleichmäßiger abbaut, kontinuierlich CO_2 entwickelt und damit die Gehzeit verkürzt; diese Backhefe ist seit 1990 zugelassen, wird aber wegen fehlender Akzeptanz nicht vertrieben. Für den Bereich der Brauindustrie wurden Hefen ebenfalls mittels gentechnischer Methoden optimiert. Dies betrifft z. B. den Abbau von Glucanen[45] oder von Stärke[46] Mit der gentechnischen Veränderung von Milchsäurebakterien, die in der Milch- und Fleischverarbeitung eingesetzt werden sollen, wurde im Labormaßstab begonnen (Geisen et al., 1989). Die gentechnischen Veränderungen sind in diesem Fall die Übertragung eines plasmidcodierten Resistenzgens zur Vermeidung von Fehlfermentationen durch Phagenbefall, die Übertragung von Genen für die Aromabildung zur Verkürzung der Reifezeit von Wurst und Käse sowie die Übertragung von Genen für Bakteriostatika oder Bakteriozide zur Wachstumshemmung unerwünschter Fremdorganismen.

---

[45] Im Produktionsprozeß verstopfen Glucane Filteranlagen.
[46] Dadurch kann der kostenaufwendige Mälzprozeß entfallen.

10.2.3 Nachweisverfahren

Gleichzeitig mit der Etablierung von gentechnisch veränderten Organismen (GVOs) und ihrer Überprüfung für den Einsatz zu Futter- bzw. Lebensmittelzwecken stehen dann grundsätzlich auch die „Werkzeuge" zur Verfügung, diese GVOs nachweisen zu können. In Deutschland wird die Entwicklung von Verfahren zum Nachweis von gentechnisch veränderten Organismen vom „Bundesinstitut für gesundheitlichen Verbraucherschutz und Veterinärmedizin" in Berlin koordiniert und werden dort zum Teil selbst derartige Verfahren erarbeitet (Schulze et al., 1996). Dazu werden die in der Molekularbiologie gebräuchlichen Verfahrensweisen immunologischer Art oder DNA-Hybridisierungstechniken zur gezielten Identifizierung eines bestimmten GVO den Anforderungen im Lebensmittelsektor angeglichen und standardisiert. Bei Lebensmitteln, die den GVO enthalten oder aus ihm bestehen, stellt der Nachweis der GVO-typischen DNA-Sequenz mittels der verfügbaren Gensonden in Kombination mit der Polymerasekettenreaktion (PCR) kein experimentelles Problem dar, es sei denn, das zur Transformation des GVO benutzte Konstrukt stammt aus dem Empfängerorganismus (Selbstklonierung). Wurden GVOs zu Lebensmitteln verarbeitet, so dürfte ihr Nachweis nur dann gelingen, wenn noch längere, für diese GVO typische DNA-Sequenzen das Produktionsverfahren unbeschädigt überstanden haben. Für Hilfs- oder Zusatzstoffe, die identisch mit den konventionell erzeugten Substanzen sind, ist ein Nachweis dieser Art unmöglich.

10.3 Mehr Allergien durch Verzehr von gentechnisch veränderten Lebensmitteln?

In Pflanzen sind bis zu 100.000 verschiedene Proteine nachweisbar, von denen aber – wenn sie in Lebensmitteln vorhanden sind – nur ein geringer Anteil für allergene Reaktionen in Frage kommt. Bezogen auf die mit herkömmlichen Verfahren erzeugten Lebensmittel ist es unumstritten, daß 1–2% der Erwachsenen empfindlich gegen bestimmte Lebensmittel sind und daß 2–5% der Kinder unter sechs Jahren reproduzierbar allergisch auf bestimmte Lebensmittel reagieren (Chandra et al., 1993; Sampson, 1992). Umfragen in der Bevölkerung ergeben jedoch, daß bis zu 25% der Erwachsenen von sich oder ihren Kindern glauben, daß sie gegen bestimmte Lebensmittel aus herkömmlicher Erzeugung allergisch reagieren. Unter diesen Umständen ist es nicht verwunderlich, daß die allgemeine Meinung in bezug auf gentechnisch veränderte Lebensmittel vorzuherrschen scheint (siehe Abschnitt 10.1), diese seien potentiell auch (oder erst recht) mit Allergie-Risiken belastet. Allerdings schätzen offenbar selbst einige Gegner der gentechnischen Veränderung von Lebensmitteln dieses Allergierisiko gering ein. Nach Aussage des Molekularbiologen Wurz (Firma Hydrotex) wäre das geringe Allergierisiko durch gentechnisch veränderte Lebensmittel sogar tolerierbar, wenn es durch die Gentechnologie irgendeinen Gewinn für die Landwirtschaft gäbe. Die große Aufregung über Allergien durch „Gen-Food" sei aufgekommen, weil die Gentechnologie-Gegner Allergien für ihre Sache instrumentalisiert hätten; Allergien seien nun einmal ein Reizthema und man erreiche viele Leute damit[47].

Furcht und Prophezeiungen sind ein wenig geeigneter Ausgangspunkt, um die Möglichkeit für ein Allergierisiko abschätzen zu können, das beim Verzehr von gentechnisch veränderten Lebensmitteln aufgrund ihrer Herkunft aus transgenen Pflanzen oder aufgrund eines für ihre Herstellung verwendeten gentechnischen Verfahrens bestehen soll. Sinnvoller ist es – ausgehend von dem Wissensstand über den Ablauf und die Eigenschaften allergischer Reaktionen auf Lebensmittel herkömmlicher Art – die Eintrittswahrscheinlichkeit solcher Reaktionen beim Verzehr von gentechnisch veränderten Lebensmitteln zu beurteilen.

Nahrungsmittelallergien sind Reaktionen des menschlichen Immunsystems auf bestimmte Nahrungsmittelkomponenten (meist Proteine) (Taylor, 1987). Bei Kontakt mit einem für das jeweilige Individuum allergenen Protein (z. B. durch den Verzehr von Nahrungsmitteln aber auch durch das Einatmen von Pollen) kommt es zur körpereigenen Produktion von allergenspezifischen IgE-Antikörpern (Sensibilisierung), die z. B. an der Oberfläche bestimmter, spezialisierter Zellen (Mastzellen) gebunden werden. Bei erneutem Kontakt mit dem allergenen Protein, das zur Sensibilisierung geführt hat, wird es von jeweils zwei IgE-Antikörpern in einer Kreuzreaktion gleichsam „wiedererkannt" und werden als „Antwort" aus den Zellen, an deren Oberfläche die IgE-Antikörper gebunden sind, Stoffe freigesetzt (u. a. Histamine), die zu der Ausprägung der allergischen Reaktion führen. Am bekanntesten hierfür wird die als „Heuschnupfen" bezeichnete allergische Reaktion mancher Mitmenschen zur Blütezeit bestimmter Pflanzen sein. In den meisten Fällen haben durch Lebensmittel hervorgerufene allergische Reaktionen glücklicherweise keine schweren Symptome zur Folge, in Einzelfällen kann eine allergische Reaktion allerdings auch in kurzer Zeit zum Tode führen (Anaphylaktischer Schock) (Yuninger et al., 1988).

Zu den Lebensmitteln, die am häufigsten allergische Reaktionen hervorrufen können, gehören Kuhmilch, Hühnereier, Fische, Krebse, Muscheln, Walnüsse, Erdnüsse, Sojabohnen und etliche Getreidesorten. Aber nur ganz bestimmte Proteine dieser Lebensmittel kommen als Auslöser in Frage für allergische Reaktionen und dies auch nur bei Menschen, die dafür genetisch prädestiniert sind. Charakteristisch für Proteine mit allergener Wirkung ist nach derzeitigem Wissensstand (a) ein Molekulargewicht zwischen 10 und 70 kD, (b) eine Aminosäuresequenz (und eine Tertiärstruktur), die die Bildung spezifischer IgE-Antikörper hervorruft, sowie (c) ihre Resorbierbarkeit im Magen-Darmtrakt (oder den Schleimhäuten der Atemwege) des Menschen (Taylor, 1992). Außerdem können Proteine mit allergener Wirkung Erhitzung bzw. Säurebehandlung offensichtlich unverändert überstehen, wie sie in vielen Verfahren zur Lebensmittel-

---

[47] Neumann R (1997) „Kaum Pickel in Sicht"? Laborjournal 1/1997, pp. 20–21.

herstellung verwandt werden, und ebenso die verschiedenen Etappen des menschlichen Verdauungsprozesses unverändert durchlaufen (Taylor et al., 1987). Mit Hilfe molekularbiologischer Methoden ist es in den letzten Jahren gelungen, Proteine mit allergener Wirkung zu charakterisieren (Tab. 2).

Wenn das Gen und seine DNA-Sequenz für ein allergenes Protein in einem Nahrungsmittel bekannt ist, so eröffnet sich damit auch die experimentelle Möglichkeit, mit gentechnischen Methoden den Organismus, mit dessen Einsatz das Nahrungsmittel erzeugt wird, derart gentechnisch zu verändern, daß im Idealfall das allergene Protein nicht mehr im dem betreffenden

Tab. 2: Bekannte Allergene in Lebensmitteln (verändert nach Hefle, 1996)

Allergen	Nahrungsmittel	Aminosäure-sequenz	DNA-Sequenz	Protein-Typ bzw. Homologie
Ara h 1	Erdnuß		GS	Vicilin
Ara h 2	Erdnuß		TS	
Ber e 1	Paranuß	GS	GS	
Bra j 1	Serepta-Senf	GS		
Fag e 1	Buchweizen	TS		
Gad c 1	Dorsch	GS		Parvalbumin
Gal d 1	Eiweiß	GS	GS	Ovomucoid
Gal d 2	Eiweiß	GS	mRNA	Ovalbumin
Gal d 3	Eiweiß	GS	mRNA	Ovotransferrin
Gal d 4	Eiweiß	GS	mRNA	Lysozym
Gly m 1	Sojabohne	TS		Lipid-assoziiertes Protein
Hor v 1	Gerste		GS	α-Amylase-Inhibitor
Met e 1	Garnele		GS	Tropomyosin
Pen a 1	Garnele	TS		Tropomyosin
Pen i 1	Garnele	TS		Tropomyosin
Sin a 1	Weißer Senf	GS	GS	
α-Lactalbumin	Milch	GS	GS	
Rinderserumalbumin	Milch	GS		
β-Lactoglobulin	Milch	GS	GS	
Casein	Milch	GS		
KSTI	Sojabohne	GS		Trypsin-Inhibitor
14 – 16 kD-Protein	Reis		GS	
14 kD-Protein	Weizen	GS		Amylase-Inhibitor
68 kD-Protein	Sojabohne		GS	β-Conglycinin-α-Untereinheit

GS = gesamte Sequenz bekannt; TS = Teilsequenz bekannt; KSTI = Kunitz-Sojabohne-Trypsin-Inhibitor.

Nahrungsmittel enthalten ist. In diesem Sinne ist es bereits einer japanischen Arbeitsgruppe gelungen, durch Einbringen eines sogenannten „Antisense"-Konstruktes die Synthese des allergenen 14–16 kD-Protein im Reis weitgehend zu unterdrücken (Tada et al., 1996). Damit kann möglicherweise in Zukunft dieses Grundnahrungsmittel von mehr Menschen genutzt werden, wenn sichergestellt werden kann, daß das allergene 14–16 kD-Protein in dieser gentechnisch veränderten Reissorte nicht enthalten ist.

Zum Nachweis charakterisierter Proteine mit allergener Wirkung stehen erprobte Laborverfahren (ELISA[48], Immunoblot oder RAST[49]) zur Verfügung. So konnte zum Beispiel die allergene Wirkung eines Proteins der Paranuß nachgewiesen werden, dessen Gen mit gentechnischen Methoden in das Genom der Sojabohne integriert worden war. Die Firma Pioneer wollte mit dieser gentechnischen Veränderung den Futterwert der Sojabohnen erhöhen; theoretische Überlegungen und Tierversuche hatten zuvor keine Hinweise auf ein allergenes Risikopotential erbracht. Im Ergebnis kam es nicht zu der Vermarktung dieser gentechnisch veränderten Sojabohne.

Wird in transgenen Pflanzen aufgrund ihrer gentechnischen Veränderung dagegen ein Protein produziert, dessen Gen aus Organismen stammt, die bislang nicht im Zusammenhang mit der menschlichen Ernährung standen, so sind die oben genannten Nachweisverfahren nur bedingt sinnvoll einsetzbar. Beispiele für derartig gentechnisch veränderte Pflanzen sind die meisten transgenen Kulturpflanzen mit einer Herbizidresistenz, die auf der Transformation dieser Pflanzen mit Genen bakteriellen Ursprungs beruht.

Welche Belege für oder gegen ein Allergierisiko sprechen, haben zum Beispiel das „International Food Biotechnology Council" (IFBC) (Biotechnologies …, 1990) im Zusammenarbeit mit dem „Allergy & Immunology Institute of International Life Sciences" (The Assessment of Novel Foods, …, 1995) zusammengestellt. Drei dieser Überlegungen seien exemplarisch dargestellt:

- Ein Vergleich der Aminosäuresequenzen von allergenen Proteinen mit denjenigen von Proteinen, deren allergenes Potential unbekannt ist, ist nur bedingt sinnvoll, da nicht die gesamte Aminosäuresequenz eines Proteins Auslöser der allergischen Reaktion ist, sondern nur ein bestimmter Bereich seiner Tertiärstruktur (Epitop), der sich aus der räumlichen Faltung des Proteins ergibt.[50]

- Jedes Protein kann grundsätzlich – unabhängig davon, ob es zum Beispiel durch gentechnisch veränderte Pflanzen, durch Import exotischer Früchte oder durch konventionell gezüch-

---

[48] ELISA = enzyme-linked immunosorbent assay.

[49] RAST = Radioallergosorbent-Test.

[50] In dem Zusammenhang sei auch auf die Kreuzreaktionen von IgE-Antikörpern, die spezifisch für allergene Pollenproteine sind, mit allergenen Proteinen aus Nahrungsmitteln verwiesen (Heiss et al., 1966; Valenta und Kraft, 1996).

tete Sorten Eingang in die menschliche Ernährung findet – zunächst keine allergene Reaktionen auslösen, aber durch Änderung der Eßgewohnheiten (z. B. gesteigerte Häufigkeit des Verzehrs, Veränderung des Zeitpunkts, zu dem eine Pflanze geerntet und zu Lebensmitteln verarbeitet wird, oder Veränderung der Verarbeitung, so daß es zu einer Anreicherung des betreffenden Proteins im Endprodukt kommt) in der Zukunft ein allergenes Potential erlangen.

- Zu den oben bereits genannten Eigenschaften allergener Proteine (Hitze- und Säurebeständigkeit sowie Molekulargewicht zwischen 10 und 70 kD) erscheint die Resistenz gegen

Tab. 3: Stabilität verschiedener Proteine in einem simulierten „Verdauungsversuch" gemessen als Zeitdauer, nach der sie noch unverändert nachweisbar sind; weitere Erklärungen im Text (verändert nach Astwood et al., 1996a und 1996b)

Protein	Herkunft	Anteil am Gesamtprotein (%)	Stabilität im „Verdauungsversuch"
Teil A			
Ara h 2	Erdnuß	6	60 Min
Bra j I	Serepta-Senf	20	60 Min
Gal d 1	Eiweiß	11	8 Min
Gal d 2	Eiweiß	54	60 Min
Sin a 1	Weißer Senf	20	60 Min
Rinderserumalbumin	Milch	1	30 Sek
β-Lactoglobulin	Milch	9	60 Min
Casein	Milch	80	2 Min
KSTI	Sojabohne	2 – 4	60 Min
68 kD-Protein	Sojabohne	19	2 Min
Teil B			
Glycolatreduktase	Spinat	< 1	< 15 Sek
Lipoxygenase	Sojabohne	< 1	< 15 Sek
β-Amylase	Mais	< 1	< 15 Sek
Phosphofructokinase	Kartoffel		< 15 Sek
Saccharose-Synthase	Gerste	< 1	< 15 Sek
Carboxydismutase	Spinat	25	< 15 Sek
Teil C			
EPSP-Synthase	Bakterium[1]	< 0,1	< 15 Sek
Glyphosatoxidoreduktase (GOX)	Bakterium[2]	< 0,01	< 15 Sek
β-D-Glucuronidase (GUS)	Bakterium[3]	< 0,01	< 15 Sek
Neomycinphosphotransferase (NPTII)	Bakterium[4]	< 0,01	< 10 Sek
B. t.-Endotoxin	Bakterium[5]	< 0,01	< 30 Sek

1) = *Agrobacterium sp.*; 2) = *Ochrobactrum anthropi*; 3) = *Escherichia coli*; 4) = *Escherichia coli*;
5) = *Bacillus thuringiensis*.

verdauende Enzyme von Bedeutung[51] (Bargman et al., 1992).

- Der prozentuale Anteil von Proteinen mit allergenem Potential in Lebensmitteln ist in der Regel sehr groß.

Diese grundsätzlichen Überlegungen waren auch Anlaß für Untersuchungen, welche Eigenschaften die durch gentechnische Methoden in Kulturpflanzen eingebrachten Fremdproteine besitzen. Es zeigte sich, daß Proteine mit allergenem Potential der Verdauung durch Enzyme zum Teil mehrere Minuten und sehr häufig mindestens eine Stunde widerstehen können (Tab. 3, Teil A). Andere Proteine dagegen, die keine allergischen Reaktionen hervorrufen, (Tab. 3, Teil B) oder Proteine, die durch gentechnische Verfahren in Pflanzen eingebracht worden sind (Tab. 3, Teil C), waren nach maximal 15 Sekunden verdaut und nicht mehr nachweisbar. Außerdem lag der quantitative Anteil der letztgenannten Proteine in der Mehrzahl der Fälle bei unter 0,01% (Astwood et al., 1996a und 1996b).

10.4 Was hat es mit den Marker-Genen für eine Bewandtnis?

In der traditionellen Züchtung werden Einzelindividuen aufgrund von besonderen, ohne wesentliche Hilfsmittel erkennbaren Eigenschaften (z. B. besondere Blattform oder Blütenfarbe) ausgewählt, von denen man weiß, daß sie mit anderen, mehr nutzungsorientierten Merkmalen (z. B. höherer Ertrag) gekoppelt sind. Derartige phänotypische Marker dienen also der schnellen und effektiven Selektion von Nachkommen, z. B. innerhalb eines Züchtungsprogramms. Zu dem analogen Zweck werden für die Transformation von Organismen die dazu verwendeten DNA-Konstrukte in der Regel zusätzlich mit Marker-Genen gekoppelt, um nach dem eigentlichen Transformationsvorgang die erhoffte gentechnische Veränderung des Organismus sicher und schnell nachweisen zu können. Als Marker-Gene sind meist Antibiotika- (Tab. 4) oder Herbizid-Resistenzgene bakteriellen Ursprungs gebräuchlich; sie werden grundsätzlich mit genetischen Steuerelementen versehen, die nur in Bakterien, nicht aber in pflanzlichen oder tierischen Zellen funktionieren. Die Anwendung solcher selektiven Marker ist meist auf die Anfangsphase der Untersuchungen im Labor beschränkt, die zu einer transgenen Pflanze, einem transgenen Tier oder einem transgenen Bakterium führen sollen. Soll es allerdings am Ende solch eines Entwicklungsverfahrens zur Vermarktung eines gentechnisch veränderten Organismus und damit auch zur Verwendung (direkt oder nach Verarbeitung) als Lebensmittel kommen, so ist selbstverständlich neben der eigentlichen „beabsichtigten" gentechnischen Veränderung auch die des eingebrachten Marker-Gens zu bewerten.

---

[51] Zum Beispiel können etliche Proteine aus Früchten nur im Bereich der Mundschleimhäute allergene Reaktionen auslösen, aber nicht mehr beim Erreichen des Magen-Darmtraktes.

Tab. 4: Beispiele für bakterielle Antibiotika-Resistenzgene, die häufig als Marker-Gene in Verfahren verwendet wurden, um Organismen gentechnisch zu verändern (verändert nach Bowen (1993) und Angaben der WHO (1996))

Marker-Gen	Herkunft	Antibiotikum	Verwendung
Kanamycin-Resistenz	*Escherichia coli*	Kanamycin Paromomycin Geneticin	begenzter Einsatz in der Humanmedizin
Hygromycin-Resistenz	*Streptomyces hygroscopicus*	Hygromycin	nur Einsatz in der Veterinär-medizin
Streptomycin-Spectinomycin-Resistenz	*Escherichia coli*	Streptomycin Spectinomycin	begrenzter Einsatz in der Humanmedizin
Gentamicin-Resistenz	*Escherichia coli*	Gentamicin	Einsatz in der Humanmedizin
Phleomycin-Resistenz	*Streptoalloteichus hindustanus*	Phleomycin Bleomycin	begrenzter Einsatz zur Tumortherapie

Am Beispiel des Maises der Firma „Ciba-Geigy", der mittels gentechnischer Methoden gegen bestimmte Schadinsekten resistent gemacht worden war und der außerdem als Marker ein Resistenz-Gen bakteriellen Ursprungs gegen das Antibiotikum Ampicillin enthielt, soll das Pro und Contra der Diskussion um die Anwesenheit von Marker-Genen in Futter- und Lebensmitteln verdeutlicht werden. Auf einer Tagung 1996 in Frankreich[52] gelangten unabhängige Experten aus dem Bereich Mikrobiologie und Lebensmittelsicherheit zu dem Ergebnis, daß die Ampicillin-Resistenz des gentechnisch veränderten Maises und anderer transgener Nutzpflanzen keine signifikante Bedrohung der menschlichen Gesundheit darstellt. Die Wahrscheinlichkeit einer Übertragung des Resistenzgens sei wegen der komplexen Abfolge zahlreicher dazu notwendiger Vorgänge äußerst gering. Im gleichen Sinn äußerte sich Roger Beachy, der Leiter der „Division of Plant Biology" am „Scripps Research Institute" in La Jolla[53], indem er darauf hinwies, daß es keinerlei wissenschaftliche Daten dafür gibt, daß DNA aus dem Futter im Darm von Tieren auf darin befindliche Mikroorganismen übergehen kann, und daraus folgert, daß „transgenic foods pose no risk to the public, nor to the farm animals for which they serve as food". Andererseits kann es nach Ansicht des britischen „Advisory Committee on Novel Foods and Processes" (ACNFP) – zumindest theoretisch – nicht ausgeschlossen werden, daß ein derartiges Antibiotika-Resistenzgen bei Verfütterung des gentechnisch veränderten Maises an Tiere zunächst auf Mikroorganismen und dann auch auf den Menschen übertragen werden

---

[52] Nature 383:559 (1996).
[53] Wadman M (1996) „Genetic resistance spreads to consumers", Nature 383:564.

könnte[54]. Jens Katzek[55] vom „Bund für Umwelt und Naturschutz" (BUND) räumt zwar ein, daß die Resistenz gegen das Antibiotikum Ampicillin zwar weit verbreitet sei, daß sie sich aber bei Verwendung derartig gentechnisch veränderter Futter- oder Lebensmittel noch schneller ausbreiten könne. Selbst die Firma „Ciba-Geigy" widerspricht nicht der theoretischen Möglichkeit, daß bei Verfütterung von Frischmais Darmbakterien die Information „Antibiotika-Resistenz" in ihr Erbgut einbauen. Wichtiger erscheint, daß selbst wenn vereinzelt Übertragungen stattfinden, diese ohne klinische Relevanz wären. Dieses Ampicillin-Resistenzgen wurde in den sechziger Jahren aus Bakterien isoliert und macht heutzutage klinisch keine Probleme mehr; es gibt zahlreiche erfolgreiche Ampicillin-Varianten gegen Bakterienstämme, die dieses Ampicillin-Resistenzgen enthalten. Es sei außerdem darauf hingewiesen, daß durch den vermehrten und „sorglosen" Einsatz von Antibiotika zunehmend Antibiotika-Resistenzen auftreten und daß – auch ohne Gentechnik – beim Verzehr von Obst und Gemüse eine Vielzahl von antibiotikaresistenten Mikroorganismen aufgenommen werden, ohne daß bisher – aus Erfahrung – negative Auswirkungen festgestellt oder bekannt geworden sind (Jany, persönliche Mitteilung).

Nach einem langen Entscheidungsprozeß, an dem in der letzten Phase drei verschiedene wissenschaftliche Ausschüsse beteiligt waren, hat die EU-Kommission schließlich im Dezember 1996 in Kenntnis der obigen Argumente den Import und die Verarbeitung dieses gentechnisch veränderten Maises zu Futter- oder Lebensmitteln genehmigt, weil „there is no evidence that the maize will harm human or animal health"[56].

10.5 Was ist neu an „Novel Foods"?

Über „neuartige Lebensmittel" bzw. „Novel Foods" wird schon seit Jahren diskutiert, wobei in den meisten Fällen „Novel Foods" in vereinfachender Weise mit Lebensmitteln gleichgesetzt werden, die Produkte aus gentechnisch veränderten Organismen enthalten oder selbst das Produkt einer gentechnischen Veränderung darstellen. Der Geltungsbereich der im Januar 1997 vom Europaparlament verabschiedeten „Novel Foods"-Verordnung ist jedoch weit umfassender. Sie soll gelten für das „Inverkehrbringen von Lebensmitteln und Lebensmittelzutaten", wenn diese (1) im Bereich der EU „bisher noch nicht in nennenswertem Umfang für den menschlichen Verzehr verwendet wurden" und (2) unter nachstehende Lebensmittel oder Lebensmittelzutaten fallen, a) „die gentechnisch veränderte Organismen enthalten oder aus solchen bestehen oder b) die aus gentechnisch veränderten Organismen hergestellt wurden, solche jedoch nicht enthalten, oder c) die eine neue oder gezielt modifizierte primäre Molekularstruktur

---

[54] anonym (1996) „Distrust in genetically altered foods", Nature 383:559.
[55] Gilgenberg A „Präzedenzfall Gen-Mais", Die Welt, 15. 01. 1997.
[56] news-alert (SMTP: news-alert@mond.org) 19. 12. 1996.

besitzen oder d) die aus Mikroorganismen, Pilzen oder Algen bestehen oder aus diesen isoliert worden sind oder e) die aus Pflanzen bestehen oder aus Pflanzen isoliert worden sind sowie Lebensmittelzutaten, die aus Tieren isoliert wurden[57], oder f) bei deren Herstellung ein nicht übliches Verfahren angewandt worden ist und bei denen dieses Verfahren eine bedeutende Veränderung ihrer Zusammensetzung oder der Struktur der Lebensmittel oder der Lebensmittelzutaten bewirkt hat, was sich auf ihren Nährwert, ihren Stoffwechsel oder auf die Menge unerwünschter Stoffe im Lebensmittel auswirkt."

Zur Verdeutlichung seien einige Beispiele genannt, die in den Bereich der „Novel Foods"-Verordnung fallen. Zu den Lebensmitteln, die im Bereich der EU nicht in größerem Umfang verzehrt werden, gehören Früchte, Gemüse, Fleisch oder Fische exotischen Ursprungs sowie auch Plankton oder Algen. Beispiele für Lebensmittel, die gentechnisch veränderte Organismen enthalten oder aus solchen bestehen, sind Joghurt mit gentechnisch veränderten Lebendkulturen oder die „Flavr Savr"-Tomate. Ein Beispiel für ein Lebensmittel, das aus einem gentechnisch veränderten Organismus hergestellt wurde und eine wesentliche Veränderung in seiner Zusammensetzung erfahren hat, könnte das mit Hilfe einer gentechnisch veränderten Hefe erzeugte alkoholfreie Bier sein.

10.6 Ist eine Kennzeichnung nötig?

Fast ebenso heftig wie die Debatte über die möglichen Gefahren durch den Verzehr von gentechnisch veränderten Lebensmitteln werden Meinungen über die Notwendigkeit ausgetauscht, ob und wie gentechnisch veränderte Lebensmittel zu kennzeichnen seien. Je nach Interessenlage ist die ganze Bandbreite von „Keine Kennzeichnung" bis „Immer Kennzeichnung" vertreten. So vertrat Eugen Viehof, Präsident des „Bundesverbandes der Filialbetriebe und Selbstbedienungswarenhäuser", in einem Interwiew[58] die Ansicht, daß „im Interesse des Verbrauchers eine umfassende Kennzeichnung nötig ist. Wir fordern einen offenen Umgang mit der Gentechnik. … Ich meine, wenn man weiß, daß durch Gentechnik etwas verändert worden ist, muß man es angeben." Ebenso sprach sich die „Bundesvereinigung der Deutschen Ernährungsindustrie" und der „Deutsche Bauernverband" anläßlich der „Grünen Woche" für eine „klare Kennzeichnung" aus; „die Ablehnung vieler Konsumenten habe ihre Ursache in unzureichenden und falschen Informationen"[59]. Paul Drazek, tätig im US-amerikanischen Agrarhandel, verwies im Zusammenhang mit dem Export der herbizidresistenten Sojabohnen der Firma „Monsanto"

---

[57] Ausgenommen sind Lebensmittel oder Lebensmittelzutaten, die mit herkömmlichen Vermehrungs- oder Zuchtmethoden gewonnen wurden und die erfahrungsgemäß als unbedenkliche Lebensmittel gelten können.
[58] „Machtlose Konsumenten", Die Weit, 15. 01. 1997.
[59] wüp „Ernährungsbranche setzt auf die Gentechnik", Frankfurter Rundschau, 16. 01. 1997.

darauf, daß eine Kennzeichnung dieses gentechnisch veränderten Produkts „aus wissenschaftlicher Sicht sinnlos ist."[60] Daraus spricht die aus fachlicher Sicht abzulehnende Entscheidung für eine Kennzeichnung von gentechnisch veränderten Lebensmitteln, wenn die Kennzeichnung vorrangig nur auf die Gentechnik als eingesetztes Verfahren hinweist; wichtiger wäre für den Verbraucher eine Kennzeichnung der Inhaltsstoffe, damit z. B. Allergiker bestimmte Inhaltsstoffe meiden können. Ebenso ist es nicht aus fachlicher Sicht nachvollziehbar, wenn eine solche nur verfahrensbezogene Kennzeichnung als „Verbraucherschutz" dargestellt wird; nicht das Verfahren sagt etwas über die Eigenschaften des Produktes aus, sondern die in ihm enthaltenen Substanzen.

Die Entscheidung, verfahrensbezogen zu kennzeichnen, ist keine fachliche, sondern eine politische Entscheidung. So hat die niederländische Regierung entschieden, daß vom 1. April 1997 an Lebensmittel aus diesen gentechnisch veränderten Sojabohnen mit der Kennzeichnung „enthält Protein aus Sojabohnen, das auf der Basis moderner Biotechnologie hergestellt wurde" zu versehen sind[61]. Die niederländische Regierung sah sich zu dieser nationalen Entscheidung veranlaßt, da sie das Inkrafttreten der „Novel Foods"-Verordnung in der EU erst in der zweiten Jahreshälfte 1997 erwartet. In der „Novel Foods"-Verordnung ist eine Kennzeichnung vorgesehen, die zur Unterrichtung des Endverbrauchers Auskunft gibt über „alle Merkmale oder Ernährungseigenschaften, wie Zusammensetzung, Nährwert oder nutritive Wirkungen und Verwendungszweck des Lebensmittels, die dazu führen, daß ein neuartiges Lebensmittel oder eine neuartige Lebensmittelzutat nicht mehr einem bestehenden Lebensmittel oder einer bestehenden Lebensmittelzutat gleichwertig ist". Diese Gleichwertigkeit besteht nicht mehr, „wenn durch eine wissenschaftliche Beurteilung auf der Grundlage einer angemessenen Analyse der vorhandenen Daten nachgewiesen werden kann, daß die geprüften Merkmale Unterschiede gegenüber konventionellen Lebensmitteln oder Lebensmittelzutaten aufweisen, unter Beachtung der anerkannten Grenzwerte für natürliche Schwankungen dieser Merkmale". Es ist vorgesehen, daß „die Etikettierung diese veränderten Merkmale oder Eigenschaften sowie das Verfahren, mit dem sie erzielt wurden," angibt. Die Kennzeichnung soll Hinweise enthalten auf

- vorhandene Stoffe, die in bestehenden gleichwertigen Lebensmitteln nicht vorhanden sind und die Gesundheit bestimmter Bevölkerungsgruppen beeinflussen können,
- vorhandene Stoffe, die in bestehenden gleichwertigen Lebensmitteln nicht vorhanden sind und gegen die ethische Vorbehalte bestehen,
- vorhandene gentechnisch veränderte Organismen.

---

60 Wadman W (1996) Nature 383:564.
61 news-alert (SMTP:news-alert@mond.org) 24. 12. 1996.

11 Gentechnisch veränderte Enzyme für den technischen Einsatz

Dr. P. Steinrücke und Prof. Dr. S. Diekmann

Institut für Molekulare Biotechnologie Jena, Abteilung Molekularbiologie, Beutenbergstraße 11, D-07745 Jena

11.1 Biokatalyse

Chemische Reaktionen werden durch Katalysatoren beschleunigt. Dabei gehen die Katalysatoren aus der Reaktion unverändert hervor und stehen nach der Reaktion für einen neuen Reaktionszyklus zur Verfügung. Katalysatoren reduzieren die Aktivierungsenergie. Sie verschieben nicht das chemische Gleichgewicht und beschleunigen folglich nicht nur die Hin-, sondern auch die Rückreaktion. Viele Katalysatoren, die zur Zeit in der Chemie eingesetzt werden, arbeiten oft nur bei hohen Drücken und Temperaturen und katalysieren Reaktionen, die in organischen Lösungsmitteln ablaufen. Für die unter hohem Kostendruck arbeitende chemische Industrie sind daher alternative Prozesse von Interesse, die Material- und Energiekosten senken.

In der Biologie spielen Katalysatoren eine entscheidende Rolle. Lebensformen müssen zur Aufrechterhaltung ihrer Existenz eine Fülle von Aufgaben bewältigen: die Erschließung von Nahrungsquellen, die Bereitstellung von Energie, den Aufbau von Biomasse, um sich zu regenerieren und zu vermehren. Ferner ist ein sensorischer Apparat notwendig, der innerhalb biologisch sinnvoller Zeiträume eine Reaktion auf äußere Umweltreize ermöglicht. Diese Aufgaben sind ohne die Unterstützung durch Katalysatoren nicht möglich. Bei der Vielzahl erforderlicher Reaktionen ist es zudem unumgänglich, daß die Teilreaktionen möglichst effektiv ablaufen, damit der Organismus nicht mit Abfallstoffen und Nebenprodukten überschwemmt wird. Somit bestand im Verlauf der Evolutionsgeschichte stets eine Selektion zugunsten effektiverer Stoffwechselzyklen. Die besondere Effektivität und die moderaten Bedingungen (gängige Temperaturen, Normaldruck, wässriges Milieu) sowie die vielfältigen Möglichkeiten der Regulation zeichnen die biologische Katalyse in besonderer Weise aus.

Wir möchten dazu beitragen, daß diese Vorteile biologischer Katalysatoren in wachsendem Maße auch technisch genutzt werden können. Heute werden bereits eine Reihe von Enzymen industriell eingesetzt. Tab. 1 listet eine Reihe dieser Enzyme auf. Bei den technisch genutzten Enzymen handelt es sich mehrheitlich um Hydrolasen.

Enzyme gelten allgemein als labil und deshalb für eine technische Nutzung nur eingeschränkt nutzbar. In einem biokompatiblen Milieu kommt es immer wieder zur Ausbildung komplexer Biofilme und zur Ablagerung biologischen Materials und mikrobieller Kontamination, die Kapazität und Lebensdauer einer biotechnologischen Anlage begrenzen. Da die mikrobielle Kontamination sich bei Temperaturen jenseits 50 °C eindämmen läßt, sind hitzebeständige Enzyme bio-

Tab. 1: Beispiel wichtiger industriell produzierter Enzyme (Kula, 1994)

Enzym	Spezies	Reaktion	pH Optimum	T-Opt	t/a	Anteil am Weltverkauf
Bacillus-Protease	*Bacillus sp.*	Endohydrolyse von Proteinen	pH 8−11	80 °C	500	30−35%
Pilz-Protease	*Aspergillus sp.* *Mucor sp.*	Endohydrolyse von Stärke	pH 4−6	60 °C	20	8%
α-Amylase bakteriell	*Bacillus sp.*	Endohydrolyse von Stärke	pH 5−7	110 °C	300	10−12%
α-Amylase Pilz	*Aspergillus sp.*	Endohydrolyse von Stärke zu β-D-Glucose	pH 4−5	60 °C	10	3%
Glucoamylase	*Aspergillus sp.*	Exohydrolyse Stärke	pH 4−5	60 °C	300	8−10%
Pullulanase	*Klebsiella sp.*	Hydrolyse Stärke	pH 6−7	60 °C	?	<1%
Glucoseisomerase	*Streptomyces sp.* *Actinoplanes sp.* *Bacillus sp.*	Isomerisierung (D-Glucose zur D-Fructose)	pH 6.5−8.5	90 °C	50	5−7%
Pektinase (Sammelbegriff)	*Aspergillus sp.*	Hydrolyse von Polygalacturonsäure	pH 4−5	50 °C	10	4−5%
Cellulase (Sammelbegriff)	*Trichoderma reesei*	Hydrolyse von Cellulose	pH 4−5	50 °C	?	<1%
Lactase	*Aspergillus sp.*	Hydrolyse von β-Galactosiden	pH 3.5−6.6	55 °C	?	<1%
Invertase	*Saccharomyces fragilis* bzw. *sp.*	Saccharose zu Fructose und Glucose	pH 4.5	60 °C	?	<1%
Glucoseoxidase	*Penicillium* sp.	Glucose zu Gluconsäure	pH 5−7	40 °C	?	<1%

? = unbekannt

technologisch besonders interessant. Eine Reihe von Enzymen sind in der Tat thermostabil und können über mehrere Stunden bei nur geringem Aktivitätsverlust erhitzt werden (Tab. 2). Wir müssen solche Stabilitätsfaktoren erkennen und für technisch einzusetzende Enzyme nutzbar machen. Katalysatoren gehen aus einem Reaktionszyklus unverändert hervor. Um Enzyme mehrmals verwenden zu können, ist es notwendig, sie zu immobilisieren.

Tab. 2: Beispiele thermostabiler Biokatalysatoren (Adams, 1993)

Organismus	Enzym	Grösse [kDa]	T-Opt. [°C]	t_{50} [h/°C]	Funktion
Pyrococcus furiosus	Protease	66 (α)	115	33/98	Peptidhydrolyse
	α-Glucosidase	125 (α)	110	48/98	Hydrolyse von Maltose
	DNA-Polymerase	93 (α)	>75	20/95	DNA Replikation
	Aldehydoxido-reduktase	85 (α)	>95	6/80	glykolytisches Enzym
	Glutamatde-hydrogenase	270 (α_6)	95	10/100	Glutamatoxidation
	Hydrogenase	160 ($\alpha\beta\gamma\delta$)	>95	2/100	Wasserstoff-produktion
Pyrococcus woseii	Amylase	70 (α)	100	6/100	Hydrolyse von Stärke
Thermococcus litoralis	Formaldehyd-oxidoreduktase	280 (α_4)	95	2/80	unbekannt
Thermotoga maritima	GAPDH	148 (α_4)	>90	2/95	Glykolyse
	Hydrogenase	280 (α_4)	>95	1/90	Wasserstoff-produktion
	LDH	144 (α_4)	>90	1,5/90	Reduktion von Pyruvat

t_{50} = die bei vorgegebener Temperatur bestimmte Halbwertszeit der enzymatischen Aktivität in Stunden.

11.2 Bioreaktoren

Die Produktion von Biopolymeren mit gentechnisch veränderten Organismen birgt das prinzipielle (wenn auch äußerst geringe) Risiko, daß die neuen Eigenschaften solcher Zellen bei Freisetzung in die Umwelt neue Gefahren hervorrufen. Wir vermuten, daß die Biopolymer-Produktion langfristig in zellfreien Systemen möglich ist und damit eine potentielle Gefährdung entfällt. Enzyme arbeiten in ihrer natürlichen Umgebung äußerst effizient. Wie das Beispiel der chemischen Synthese von Nukleinsäuren zeigt, gibt es aber Bereiche, in denen synthetische in vitro Verfahren bereits Beachtliches leisten. Die technische Nutzung von hitzeresistenten DNA-Polymerasen in der Polymerasekettenreaktion (PCR) erlaubt heute bereits die in vitro Vermehrung beliebiger DNA ausgehend selbst von kleinsten DNA-Mengen, ohne daß es dazu des Einsatzes von gentechnisch veränderten Organismen bedarf.

Auch die Synthese von Proteinen erfolgt in der Natur mit beachtlicher Geschwindigkeit. Global handelt es sich um einen der bedeutendsten biologischen Syntheseprozesse. Demgegenüber ist die rein chemische Peptidsynthese im Labor eher vernachlässigbar. Die Synthese kleiner Polypeptide oder Oligopeptide gestaltet sich hier ungeachtet aller Fortschritte vergleichsweise aufwendig. Die Isolierung eines stereochemisch einwandfreien Produkts macht in der Folge weitere Reinigungsschritte notwendig. Der biologische Syntheseprozeß verläuft sehr kontrolliert und setzt mit den Ribosomen bereits eine eigens zu diesem Zweck entwickelte Maschinerie voraus. Ungeachtet der Komplexität des Prozesses ist es dennoch die Hoffnung vieler Wissenschaftler, eines Tages ein in vitro System in den Händen zu halten, welches die Synthese von Proteinen ermöglicht. Werden Enzyme nicht von Zellen produziert, entfallen viele Aufreinigungs- und Sicherheitsprobleme, die beim Umgang mit lebenden Organismen den Produktionsprozeß stets begleiten. Von einer technisch nutzbaren zellfreien biologischen Peptidsynthese ist man heute allerdings noch weit entfernt. Gentechnologie und Molekularbiologie werden sich mit einem solchen Meilenstein schlagartig vieler Sicherheitsprobleme entledigen. Da ein solches System sich weder selbst vermehren noch evolutiv verändern kann, läßt sich auch das Risiko schädlicher Kontaminationen minimal halten.

Bereits heute nutzt eine Handvoll industrieller Prozesse immobilisierte Enzyme zur Produktion im technischen Maßstab. Da Katalysatoren auch die Rückreaktion beschleunigen, arbeiten einige Proteasen in der Synthese von kleinen Peptiden, die für die parenterale Ernährung eingesetzt werden (Jakubke et al., 1985; Groeger et al., 1989). Süßstoffe, die Aspartam enthalten, werden gleichfalls mit Hilfe von Enzymen synthetisiert (Oyama et al., 1987). Die chemoenzymatische Herstellung künstlicher Polymere (siehe Abschnitt 11.4.3) ist ein künftiges Einsatzfeld. Dem Markt für pharmakologisch wirksame saubere Enantiomere wird eine wachsende Bedeutung vorausgesagt. Enzyme werden hier entscheidende Beiträge leisten.

Die Enzymtechnologie hat zum Ziel, in einer den Ingenieurwissenschaften vergleichbaren Weise planvoll und steuerbar biologische Katalysatoren für technische Zwecke einzusetzen. Die Tatsache, daß nur vergleichsweise wenig Enzyme überhaupt in technischen Mengen produziert werden (nicht einmal 100), legt nahe, daß es auf dem Weg zu diesem Ziel noch beträchtliche Hindernisse gibt.

11.3 Enzymgewinnung

Um Enzymtechnologie betreiben zu können, muß man Biokatalysatoren in technischen Mengen und in reproduzierbarer Qualität zur Verfügung stellen. Die Produktionskosten für das Enzym sind dabei möglichst gering zu halten. Neben der klassischen Biotechnologie ist es unzweifelhaft die Gentechnik, die hierzu ganz wesentliche Beiträge leistet. Sie hilft bei der Optimierung der Genexpression, erleichtert die Isolierung des Enzyms und erlaubt es schließlich, das Enzym für den beabsichtigten technischen Einsatz molekular zu optimieren.

In einigen Fällen findet man Biomaterial, welches das gewünschte Enzym bereits in annehmbarer Konzentration enthält. Klassische Beispiele sind das Labferment aus dem Labmagen von Wiederkäuern oder die Protease Papain, die aus der Papaya-Frucht gewonnen wird. Aber selbst der Bedarf an Labferment für die Käseherstellung kann heute bereits ohne Gentechnologie nicht mehr gedeckt werden. Gentechnologie bietet die Möglichkeit, sich von Mengenbegrenzungen und Unwägbarkeiten natürlicher Enzymquellen (z. B. weit entfernte Anbaugebiete, lange Transportwege und saisonal wechselnder Enzymgehalt) unabhängig zu machen. Und sie erlaubt uns, Mikroorganismen zu rekrutieren, die – mit dem gewünschten Gen versehen – sich in kurzer Zeit rasch vermehren lassen und dabei große Mengen Enzym produzieren können. Die gewünschten Gene müssen hierzu identifiziert und kloniert werden. Kennt man erst einmal ihre DNA-Sequenz, kann man damit beginnen, die Genexpression an die Besonderheiten des Produzentenstammes anzupassen. Biotechnologen sind in der Folge dann darum bemüht, die Zellanzucht-Bedingungen für den technischen Maßstab zu optimieren. Für eine Vertiefung des Themas sei auf die umfangreiche Lehrbuchliteratur verwiesen (Glick und Pasternak, 1994; Präve et al., 1994; Bailey und Ollis, 1986; Weide et al., 1991).

11.3.1 Fusionsproteine

Die Aufreinigung von Enzymen gestaltet sich ohne gentechnische Hilfsmittel oft sehr zeit- und kostenintensiv. Das gilt im besonderen für Produkte, die im Lebensmittel- oder Pharmabereich eingesetzt werden sollen. Sie unterliegen besonders strengen Qualitäts- und Reinheitskriterien. Ist Proteinisolierung also immer noch mehr Kunst als Können? Gibt es eine allgemein gültige Aufreinigungsstrategie, die sich auf eine Vielzahl unterschiedlicher Proteine anwenden läßt? Und wie sähen solche Anforderungen aus? Wir möchten hier darstellen, daß Fusionsproteine und molekulare „Etiketten" ein universelles Hilfsmittel für die Isolierung und den technischen Einsatz von Enzymen sind.

- Ein Protein sollte bei hoher Expressionsrate in möglichst wenig Reinigungsschritten aufzureinigen sein. Im Idealfall steht hierzu ein affinitätschromatographischer Reinigungsschritt zur Verfügung. Wie aber geht man bei Proteinen vor, für die keine affinitätschromatographischen Reinigungsschritte bekannt sind? Sie werden gentechnisch mit solchen Proteinen fusioniert, für die eine solche Reinigung existiert. Dieser Fusionsmarker sollte im Idealfall selbst katalytische Aktivität besitzen oder sich anders, z. B. optisch, leicht detektieren lassen. Für die immunologische Detektion des Fusionsproteins ist es hilfreich, wenn Fusionsmarkerspezifische Antikörper zur Verfügung stehen.

- Eine Aufreinigung aus dem zellfreien Kulturüberstand ist einer Präparation aus dem Ganz-
  zellysat vorzuziehen. Cytosolische Proteine müssen hierzu durch Anheften einer Transport-
  signalsequenz entsprechend verändert und aus der Zelle ausgeschleust werden.
- Das Fusionsprotein sollte so beschaffen sein, daß man nach seiner Aufreinigung das Zielprotein durch proteolytische Behandlung vom Fusionspartner freisetzen kann.

11.3.2 Polypeptide als Fusionsmarker

Beispiele gebräuchlicher makromolekulare Marker sind Fusionen mit β-Galactosidase
(116 kDa), der Glutathion (GSH)-S-Transferase (26 kDa; C-terminales Fragment) oder mit dem
Maltose bindenden Protein (40 kDa). LacZ-Fusionen mit Galactosidase lassen sich über immo-
bilisiertes p-Amino-β-D-thiogalactosid (APTG) aufreinigen. Die Elution erfolgt mit einem alka-
lischen Puffer. Die Glutathion-S-transferase bindet an GSH-Sepharose. Die Elution ist möglich
durch Waschen mit Glutathion-haltigem Puffer. Tab. 3 gibt einen Überblick über gebräuchliche
Fusionsmarker und erhältliche Vektorsysteme für ihren Einsatz. Die meisten Systeme sind im
Laborbereich seit Jahren in Gebrauch. Für die in Tab. 3 aufgeführten Marker existieren spezifisch bindende chromatographische Säulenmaterialien.
Fällt exprimiertes Protein im Cytosol inaktiv als „Inclusion Bodies" aus, so läßt es sich in
dieser Form zwar leicht isolieren, muß aber renaturiert werden. Die Renaturierung zum biolo-
gisch aktiven Material ist zeitaufwendig und erfolgt aus meist stark verdünnter Lösung. Für die
Produktion von Enzymen in technischen Mengen ist dieses Verfahren daher nicht befriedigend.
Zur zumindest teilweisen Abhilfe gelangt man durch Absenken der Anzuchttemperatur oder

**Tab. 3: Markergene zur Herstellung und Isolierung von Fusionsproteinen; aufgelistet sind Markerpro-
teine, die auch als Affinitätsmarker zur Reinigung benutzt werden können**

Markerprotein	Vektor	Referenz
Calmodulin	pDN152	Neri et al., 1995
β-Galactosidase	pAX	Markmeyer et al., 1990
Glucoamylase	?	Word et al., 1995
Glutathion-S-Transferase	pGEX	Smith et al., 1988
β-Lactamase	pHK	Kolmar et al., 1992
Maltose binding protein	pMAL	Maina et al., 1984
Protein A IgG binding domain	pRIT	Nilsson et al., 1985
ZZ/IgG binding protein	pEZZ	Lowenadler et al., 1991
Thioredoxin	pTRX	La Vallie et al., 1992

Ausschleusen des Fusionsproteins in das Kulturmedium. Beides soll helfen, die Ausbildung von „Inclusion Bodies" möglichst gering zu halten (Schein und Noteborn, 1988). Einige Studien zeigen für Fusionen mit Thioredoxin (La Vallie et al., 1992) oder Ubiquitin (Butt et al., 1989) zum Teil signifikante Stabilisierungseffekte. Folgerichtig hat man beide Proteine für die Konstruktion von Fusionsproteinen benutzt. Zur einfachen Aufreinigung hat man zusätzlich Affinitätsmarker eingeführt (siehe 11.3.3).

Es soll ein terminal möglichst intaktes und homogenes Protein isoliert werden, das dem natürlichen (z. B. humanen) Protein in allen Belangen gleicht. Dies ist gerade für Pharmaproteine wichtig. Nur so lassen sich allergene Reaktionen weitgehend ausschließen. Der eigentlich nur übergangsweise angehängte Fusionsmarker muß daher proteolytisch freigesetzt und abgetrennt werden. Die enzymatischen Spaltungen verlaufen nicht immer vollständig und sind zeit- und kostenintensiv. Nicht alle Proteasen schneiden das Protein so, daß die ursprüngliche natürliche Sequenz wieder hergestellt wird. Für die Anwendung im Pharmabereich sind solche Verfahren daher nicht ideal. Was im Labormaßstab praktikabel erscheint, ist für industrielle Anwendungen nicht notwendigerweise hinreichend. In jedem Falle wird eine sorgfältige Nachreinigung unumgänglich. Eine Wiederholung des Affinitätschromatographie-Schrittes entfernt den Fusionsmarker. Das nicht zurückgehaltene Protein muß gegebenenfalls nachgereinigt werden. Die Anforderungen für technische Zwecke sind hingegen nicht so streng.

Zwei Alternativen zur enzymatischen Proteinspaltung verdienen angesprochen zu werden. Die Freisetzung eines Proteins durch chemische Spaltung, z. B. mit Bromcyan, ist eine wohlerprobte Methode, die für die Proteinsequenzierung benutzt wird, um gezielt kleinere Fragmente herzustellen und zu untersuchen. Die Bromcyan-Spaltung verläuft oft quantitativer als die proteolytische. Bei vollständiger Spaltung wird nach jedem Methioninrest geschnitten. Kleinere Proteine und Oligopeptide, die selbst kein Methionin enthalten, lassen sich intakt freisetzen.

Der Einsatz von Proteasen verursacht zusätzliche Aufreinigungsprobleme und Kosten. Die Frage ist naheliegend, ob es nicht Fusionsproteine gibt, die sich selbst prozessieren, ohne daß es dazu einer zusätzlichen Protease bedarf. In der Molekularbiologie der mRNA kennt man vergleichbare Reaktionen als RNA-Splicing, d. h. die reife mRNA wird aus einer längeren Vorläuferform herausgeschnitten, die auch nicht-kodierende Abschnitte enthält. Die nicht-kodierenden „Introns" werden dabei exakt entfernt. Bei den Genen einiger weniger Proteine fand man, daß solche Abschnitte, die im reifen Protein nicht mehr zu finden waren, überraschend auf der Ebene des Proteins (d. h. posttranslational) herausgeschnitten worden sind und nicht – wie eingangs vermutet – aus einer mRNA. In Anlehnung an das Vorbild mRNA hat man die entfernten Proteinabschnitte als „Inteine" bezeichnet und spricht den Vorgang als „Proteinsplicing" an (Hodges et al., 1992; Xu und Perler, 1996). Es ist mittlerweile ein kommerzielles Expressionssystem auf dem Markt, bei dem man das Zielgen an ein solches Intein aminoterminal fusioniert. Das isolierte Fusionsprotein wird leicht reduktiven Bedingungen ausgesetzt und spaltet sich vom

Fusionsmarker ab, der an der Affinitätsmatrix gebunden zurückbleibt (Abb. 1). Eine Protease ist nicht erforderlich, das Protein wird ohne zusätzliche Aminosäure intakt freigesetzt.

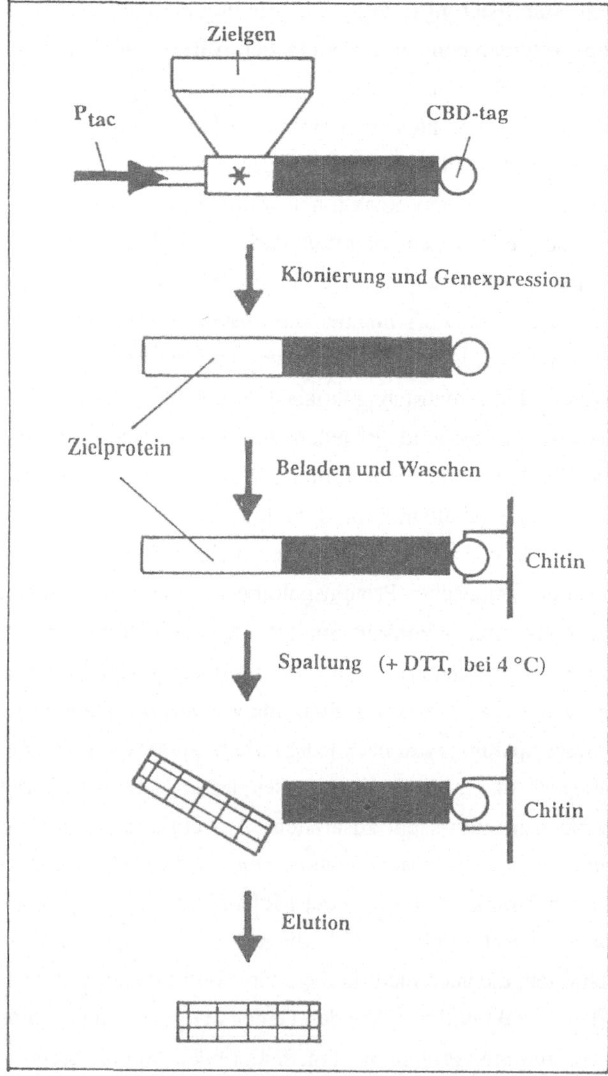

Abb. 1: „Protein Splicing" als Instrument zur Proteinaufreinigung. Ein zu exprimierendes Gen wird mit dem Gen eines Inteins ▆▆▆ fusioniert. Das entstehende Fusionsprotein trägt am anderen Ende eine Chitin-bindende Domäne (CBD), die als „tag" funktioniert. Das Protein bindet an einer mit Chitin beladenen Säule. Verunreinigungen werden von der Säule gewaschen. In Gegenwart eines Thiolreagens [z. B. Dithiothreitol (DTT)] spaltet das Intein sich ab. Während das Inteinfragment an der Säule zurückgehalten wird, kann man das zu isolierende Protein ⊞⊞ intakt eluieren. Eine Protease wird nicht benötigt. * = multiple copie site.

11.3.3 Molekulare Etiketten als Fusionspartner

Damit man am Etikett ein Protein erkennen kann, muß das molekulare Etikett nicht unbedingt die Größe des Proteins besitzen, das es kennzeichnet. Tatsächlich sind Affinitätsreinigungen möglich, wenn man sich für die Fusion auf ein Minimum dessen beschränkt, was für die spezifische molekulare Erkennung zwischen Chromatographiematerial und Protein unerläßlich ist. Statt eines kompletten katalytisch aktiven Markerproteins fusioniert man in solchen Fällen mit kleine Oligopeptiden. Das aufzureinigende Protein erhält dadurch eine molekulare Erkennungsmarke („molecular tag"), an der man es affinitätschromatographisch erkennen und aufreinigen kann. Der Eingriff in die Tertiärstruktur des aufzureinigenden Proteins ist nicht so nachhaltig wie bei der Fusion mit kompletten Proteinen oder Proteindomänen. Bei technischen Anwendungen kann man daher auf eine spätere Entfernung des Tags oft verzichten. Tab. 4 gibt einen Überblick zu den verwendeten molekularen Tags und ihre Unterteilung nach Art der Ligandenbindung.

Tab. 4: Molekulare Etiketten

Tags	Göße/Art	Referenzen
His-tag	poly-His 6-8mer	Crowe et al., 1995
Strep-tag	10mer Peptid	Schmidt und Skerra, 1994
IBI-Flag	8mer Epitop	Hopp et al., 1988
T7-tag	11mer Epitop	Lutz-Freyermuth et al., 1990
S-tag	15mer Peptid	Kim und Raines, 1993
CBP tag*	4 kDa	Stofko-Hahn et al., 1992

*CBP = calmoduline binding peptide.

Epitop-Tags: Viele Antikörper erkennen einen nur wenige Aminosäurereste umfassenden Peptidabschnitt, den man als Epitop bezeichnet. Mit hinreichend affinen Antikörpern sind alle Voraussetzungen erfüllt, um das Zielprotein affinitätschromatographisch aufzureinigen. Wie eingangs erwähnt, sind solche Verfahren aber für die Produktion im technischen Maßstab weniger geeignet.

Streptavidin-Biotin: Das Streptavidin-Biotin-System findet vielseitige Verwendung (Wilcheck und Bayer, 1990). Es macht sich die außerordentlich hohe Affinität zunutze, mit der Biotin an Avidin oder das aus *Streptomyces avidinii* stammende Streptavidin binden kann. Dabei handelt es sich um ein homotetrameres Protein mit je einer Biotin-Bindungsstelle pro Monomer (Chaiet und Wolf, 1964). Die Bindung ist die stärkste in der Biologie beschriebene nicht-kovalente

Wechselwirkung ($K_a = 10^{15}\,M^{-1}$). Die hohe Bindungsstärke eignet sich daher hervorragend zur Immobilisierung eines biotinylierten Moleküls. Umso schwieriger gestaltet sich allerdings die Elution eines Proteins von einer mit Streptavidin oder Avidin beladenen Chromatographiesäule. Das Problem läßt sich durch Verwendung eines reduktiv spaltbaren Biotinlinkers umgehen oder durch die Verwendung eines weniger affinen monomeren Avidins ($K_a = 2 \times 10^7\,M^{-1}$). Eine spezifische Biotinylierung erfolgt biologisch (Cronan, 1988, 1990) oder – falls man es nur für Immobilisierungen nutzen will – chemisch durch Markierung mit Biotin.

Anstelle des Biotins gelang es, eine Peptidsequenz zu selektieren, die ebenfalls in spezfischer Weise an das Streptavidin bindet (Schmidt und Skerra, 1993). Die Affinität des 9mer zum Streptavidin ist im Vergleich zum Biotin gemindert, so daß sich die Elution von der Affinitätsmatrix unkomplizierter gestaltet. Ein rekombinantes mit Blick auf die Bindung des „Streptags" optimiertes Streptavidin wurde ebenfalls beschrieben (Schmidt und Skerra, 1994). Eine Immunoaffinitätsreinigung von Cytochrom-c-Oxidase, bei der man das „Streptag" nutzt, lieferte sehr homogenes Material, mit dem die Kristallisierung und spätere Strukturaufklärung der Oxidase erfolgreich gelang (Kleymann et al., 1995).

His-Tag-Systeme: His-Tag-Systeme nutzen die hochaffine Bindung einer Abfolge von mindestens 6 Histidylresten an immobilisierte Nickelionen. Begleitproteine werden unter stringenten Bedingungen von der Säule gewaschen. Das mit einem His-Tag markierte Protein kann danach mit Imidazol oder durch Absenken des Puffer-pH-Werts freigesetzt werden. Die Bindung des markierten Proteins erfolgt an ein mit einem Nitrilotriessigsäure (NTA)-Liganden komplexiertem Ni^{2+} Atom. His-Tag-Systeme sind also der Metallchelat-Affinitätschromatographie zuzuordnen (Porath et al., 1975; Yip und Hutchens, 1994). Die Ni-NTA-Affinitätsmatrix läßt sich leicht regenerieren und verhält sich auch unter extremeren Bedingungen robust. Besonders vorteilhaft ist es, daß die Bindung der Histidylreste nicht eine intakte Tertiärstruktur des Fusionsproteins verlangt. Somit lassen sich Proteine auch aufreinigen, wenn sie denaturiert vorliegen. His-Tag-Systeme haben daher eine weite Verbreitung gefunden (Crowe et al., 1995).

Doppelmarkierungen: Unerwünschte proteolytische Abbauprodukte, denen nur wenige terminale Aminosäurereste fehlen, kopurifizieren lange im Verlauf der Aufreinigung eines Proteins, da sie sich in ihren physikochemischen Eigenschaften meist nur unwesentlich vom intakten Protein unterscheiden. Bei hohen Anforderungen an die Reinheit nötigt dies zu aufwendigen Nachreinigungen. Das Problem läßt sich aber elegant umgehen, indem man das Zielprotein an beiden Enden mit verschiedenen „Tags" markiert. Im Idealfall erlaubt dies in einer Zweischritt-Aufreinigung die Isolierung eines sehr reinen und homogenen Materials. Murby et al. (1991) haben diese Strategie genutzt, um besonders labile Enzyme zu stabilisieren und homogen zu isolieren. Abb. 2 zeigt, daß sich doppelmarkierte Zielproteine wie bivalente Moleküle auch für den Aufbau sandwichartiger Strukturen eignen, die im Biosensorbereich zur Signalverstärkung genutzt werden können. ·

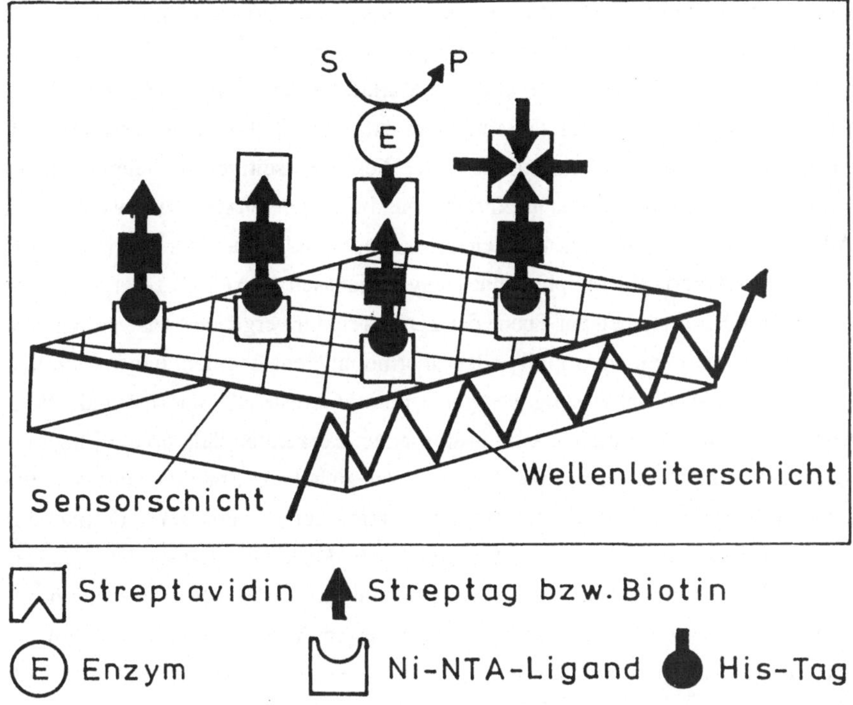

Abb. 2: Molekulare Etiketten („Tags") zur Signalverstärkung in Biosensoren. Ein mit 2 molekularen Etiketten doppeltmarkiertes Enzym wird auf der Oberfläche eines Sensors (z. B. ein optischer Fasersensor) gerichtet immobilisiert, wobei die spezifische Bindungsfähigkeit des „Tag" genutzt wird. Das andere freie Etikett kann auf verschiedene Weise beladen werden. Von links nach rechts dargestellt: (i) Beladung mit einem Rezeptormolekül (hier Streptavidin) (ii) mit einem ebenfalls markiertem Enzym (iii) mit einem polyvalenten Rezeptor, der sich mit weiteren Liganden spezfisch beladen läßt und den Aufbau von Sandwich-Architekturen ermöglicht. Alle Varianten lassen sich zur Verstärkung eines ursprünglich schwachen Meßsignals nutzen.

11.4 Proteinstabilität und Biomimetik

11.4.1 Steigerung der Proteinstabilität

Der Stabilitätsbegriff ist sehr facettenreich. Ein zu exprimierendes Protein gegenüber proteolytischem Abbau zu stabilisieren (Bachmaier et al., 1986), ist ebenso von Bedeutung, wie nach Maßnahmen zu suchen, seine Lagerstabilität zu erhöhen. Die Steigerung der Arbeitsstabilität berücksichtigt ebenso Einflüsse des Trägermaterials und des verwendeten Immobilisierungsprozesses wie Störungen durch Eigenschaften des Milieus oder die äußeren technischen Randbedingungen.

Die Biokomponente stellt meist das schwächste Glied in technischen Applikationen dar. Die Erhöhung der Enzymstabilität ist daher von grundsätzlicher Bedeutung für das Spektrum enzymtechnologischer Anwendungen und ihre Marktfähigkeit. Folgerichtig ziehen besonders jene Enzyme Aufmerksamkeit auf sich, die unter extremen Bedingungen besondere Stabilität zeigen. Die Untersuchung solcher „Extremozyme" liefert vielseitiges Studienmaterial, um nach dem Vorbild der Natur das technische Einsatzgebiet bekannter Enzyme zu erweitern (Jaenicke, 1991; Adams et al., 1995). Wie ein Vergleich mesophiler und homologer thermophiler Enzyme am Beispiel der Glycerinaldehydphosphat-Dehydrogenasen (GAPDH) zeigt, sind die Unterschiede zwischen den Enzymen auf Ebene der Tertiärstruktur vergleichsweise gering. Die Stabilitätsbeiträge, die zwischen „mesophil" oder „thermophil" entscheiden, liegen lediglich in der Größenordnung der Wechselwirkung weniger Aminosäurereste (Korndörfer et al., 1995). Eine einfache Signatur, die an Hand der Aminosäuresequenz erkennen läßt, ob ein Enzym thermostabil ist, scheint es nicht zu geben. Also führt der Weg zu höherer Stabilität über viele Pfade: Thermostabile Enzyme sind oft rigider in ihrer Struktur, zeigen verstärkt hydrophobe Interaktionen zwischen den Untereinheiten und eine verbesserte Packungseffizienz. Salzbrücken tragen ebenso zur Stabilisierung bei wie Veränderungen, die (z. B. durch Verringerung des Glycingehalts) die Entropie des Entfaltungsprozesses herabsetzen (Vieille und Zeikus, 1996).
Der gentechnologisch gezielte Eingriff im Sinne eines „Rational Design" setzt stets klare Vorstellungen über die molekulare Struktur des zu verändernden Proteins voraus und benötigt ein brauchbares Modell zur Vorhersage der Auswirkungen eines Eingriffs. Es wird zurecht beklagt, daß es bislang in diesem Bereich für Proteine mehr „Nachsage" als „Vorhersage" gibt (Jaenicke, 1991). Umso bedeutsamer sind Bemühungen, das Kaleidoskop bekannter extremophiler Organismen zu erweitern, um ihre Enzyme zu beschreiben (siehe auch Adams, 1993).

11.4.2 Enzyme in organischen Lösungsmitteln

Die gentechnische Veränderung von Proteinen ist nur ein Weg, um die natürlichen Eigenschaften eines Enzyms gezielt zu verändern. Vor allem die Arbeiten der Gruppe um Klibanov lenkten den Blick auf die Möglichkeit des Enzymeinsatzes in organischen Lösungsmitteln (Zaks und Klibanov, 1985; Russel und Klibanov, 1988). Dabei findet man neben erhöhter Enzymstabilität oft noch erheblich gesteigerte Aktivitäten und Substratspezifitäten (Dabulis und Klibanov, 1993). Auch Antikörper lassen sich in organischen Lösungsmitteln erfolgreich einsetzen, so daß sich für die Biotechnologie viele weitere Anwendungsfelder ergeben (Stöcklein und Scheller, 1995). Lösungsmitteleffekte lassen sich gezielt einsetzen zur Steuerung der enzymatischen organischen Synthese, so daß „Protein Engineering" um das komplementäre „Medium Engineering" ergänzt werden muß (Carrea et al., 1995). An dieser Stelle sei erwähnt, daß Enzyme in superkritischem Kohlendioxid (Randolph et al., 1985, 1988) oder in der Gasphase eingesetzt werden können (Pulvin et al., 1986; Dennison et al., 1995). Die Verwendung von Enzymen zur chemoenzymatischen Polymersynthese in organischen Lösungsmitteln liefert neue optisch aktive Polymere, die allein auf rein chemischem oder enzymatischem Wege nicht zugänglich sein würden (Dordick, 1992). Die Gentechnologie leistet hier wertvolle Beiträge, indem sie hilft, das Protein den Erfordernissen des technischen Prozesses anzupassen. Da andererseits damit die verfahrenstechnische Eleganz enzymatischer Katalyse weitere Verbreitung findet, kann man eine solche Entwicklung auch aus umweltpolitischer Sicht nur begrüßen.

11.4.3 Biomimetische Ansätze

Mit der wachsenden Zahl publizierter Röntgenstrukturen oder NMR-Strukturen von Proteinen wächst auch unser Verständnis für die Grundlagen biologischer Katalyse. Gleichzeitig bewegt sich die supramolekulare Chemie oder Polymerchemie immer mehr in Denkbahnen biologischer Modelle, um nach dem Vorbild der Natur neue Materialien zu entwickeln. Auch wächst das Interesse an molekularen Schaltelementen. Daher sollen an dieser Stelle einige Beispiele angesprochen werden, wie auf Grund theoretischer Überlegungen enzymatisch aktive synthetische Enzyme (Synzyme) de novo synthetisiert oder in einen neuen technischen Zusammenhang gestellt werden.

Katalytische Antikörper (Abzyme): Katalytische Antikörper fußen auf dem klassischen Konzept eines Katalysators, der eine Reaktion dadurch beschleunigt, daß er Affinität zum Übergangszustand einer Reaktion besitzt. Antikörper, die gegen ein Analogon gerichtet sind, das einen solchen Übergangszustand nachbildet, zeigen in der Tat katalytische Aktivitäten. Mit der Vorgabe des synthetischen Analogons eines Übergangszustandes lassen sich somit verschiedene theoretische Konzepte zur Katalyse eines bestimmten Reaktionstypus abfragen. Andererseits realisisiert ein damit konfrontiertes Immunsystem einen Kanon verschiedenster Antikörper mit unterschiedlich ausgeprägten Affinitäten zum Übergangszustand. Synthetische Kreativität und biologische Vielseitigkeit erlauben uns auf elegante Weise einen Einblick in die Rolle der molekularen Erkennung und Bindung bei der Katalyse. Das Ziel solcher Bemühungen ist das Design beliebiger Katalysator-Eigenschaften.

Wie aber steht es um die katalytische Kompetenz solcher Antikörper? Reaktionen wie Esterhydrolyse (Lerner und Tramontano, 1987), β-Eliminierung, [2+2] Cycloreversion, Transacylierungen und Claisen-Umlagerungen (Schultz, 1989), kationische Cyclisierung (Li et al., 1994), Diels-Alder Reaktion (Yli-Kauhaluoma et al., 1995) werden von Abzymen katalysiert. Die Zahl antikörperkatalysierter Reaktionen beziffert sich auf über 60 (Stewart und Benkovic, 1995). Die gegenüber der unkatalysierten Hintergrundreaktion erreichten Beschleunigungsfaktoren variieren dabei je nach experimentellem Zugang stark. Sie können zwischen Extremen von 10 bis 10.000 liegen. Die Bewertung katalytischer Hintergrundaktivitäten muß allerdings – wie unlängst von Hollfelder et al. (1996) gezeigt – sehr sorgfältig erfolgen. Antikörper, die eine Reaktion nur wenig beschleunigen, fallen in einigen Kriterien hinter Enzymen um Größenordnungen zurück. Für eine erhöhte katalytische Kompetenz müssen daher Antikörper mit hoher Affinität zum Übergangszustand selektiert werden. „Gute" Antikörper binden ihr Hapten/ Antigen mit einer Dissoziationskonstante von 10^{-9} M. Für Enzyme findet man hingegen Werte bis zu 10^{-24} M. Auf Grund theoretischer Überlegungen schließen Stewart und Benkovic (1995), daß die Reaktionsbeschleunigung durch die derzeitigen Abzyme bei einer Obergrenze von ca. 10^6 liegt. Diese Leistungslücke zwischen Enzymen und Abzymen kann vielleicht dadurch geschlossen werden, daß die strukturelle Dynamik bei der Erkennung des Übergangszustandes durch Antikörper verbessert wird.

MIPS – polymere Katalysatoren durch „Molecular Imprinting": Die Polymerchemie hat in den vergangenen Jahren verstärkt Konzepte aus der Biologie entlehnt, um sie im eigenen Forschungsfeld zu nutzen. An der Nahtstelle von molekularer Erkennung in Biopolymeren und klassischer Polymerchemie hat sich dabei ein für die Biotechnologie aufregendes Feld entwikkelt. Viele Bio- und synthetische Polymere verfügen über ein großes Potential, um ein Molekül mit zahlreichen nicht-kovalenten Wechselwirkungen zu erkennen und zu binden. Dies macht man sich beim „Molecular Imprinting" zunutze. Das klassische Bild vom Schlüssel/ Schloß-Prinzip molekularer Erkennung hilft anschaulich, das „molekulare Gedächtnis" und das phänomenologisch zugrundeliegende „Molecular Imprinting" zu illustrieren: Ein in Knetmasse genommener Schlüsselabdruck läßt sich nicht nur als Form verwenden, um neue Schlüssel damit zu fertigen, sondern kann auch dazu dienen, unter vielen verschiedenen Schlüsseln den ausfindig zu machen, von dem dieser Abdruck stammt. Voraussetzung ist, daß der Abdruck fein genug ist und das verwendete Material, mit dem man den Abdruck nimmt, formstabil bleibt. Damit man einen Abdruck hinterlassen kann, muß zum Zeitpunkt der Abnahme des Abdrucks das Material andererseits hinreichend nachgiebig sein.

Wie hinterläßt man nun einen „Eindruck" bei Polymeren? Der Abdruck wird erzeugt, indem man in Gegenwart der Schlüsselsubstanz auspolymerisiert. Wäscht man die Schlüsselsubstanz nach abgeschlossener Polymerisation aus, sollte sich das Polymer „erinnern" und exakt jene Substanz wieder erkennen, mit der es geprägt wurde. Tatsächlich lassen sich auf diese einfache Weise Polymere erzeugen, die Stereoisomere voneinander unterscheiden können (Mosbach, 1994; Mosbach und Ramström, 1996). Damit besteht innerhalb kurzer Zeit Zugang zu preiswerten, maßgeschneiderten chromatographischen Medien. Mehr noch: Die geprägten Polymere verhalten sich gegenüber ihrem Substrat wie Antikörper. Im Gegensatz dazu handelt es sich aber um nichtbiogenes Material (wie z. B. Polyacrylat/Acrylamidpolymere oder Polystyrol). Es ist über Monate stabil und im Vergleich zu Proteinen chemisch widerstandsfähiger.

Auch die mit katalytischen Antikörpern gemachten Erfahrungen sind übertragbar. Ein Polymer mit Affinität zum Übergangszustand einer Reaktion zeigt wie bei Abzymen katalytische Aktivität. Die bislang erzeugten katalytischen MIPs („Molecular Imprinted Polymers") zeigen bislang noch eher bescheidene katalytische Kompetenz. Doch ist damit zu rechnen, daß durch kombinatorische Chemie neue Varianten erzeugt werden können, die deutlich leistungsfähiger sind. Bei konsequenter Verfolgung des eingeschlagenen Weges werden mit Hilfe von Gentechnologie und Strukturaufklärung biokatalytische Leitmodelle erstellt, die in nichtbiologischen Systemen biomimetisch nachgestellt werden können. Die zu erwartende Vielfalt möglicher synthetischer Strukturen wird dabei auch Lösungen für solche Milieus bereit halten, die für biologische Systeme unzuträglich sind. MIPs als Sensorkomponenten (Hutchins und Bachas, 1995; Kriz et al., 1996) oder zur Proteinaufreinigung (Kempe et al., 1995) eröffnen weitere Anwendungsfelder. Die Kombination molekularer Etiketten (siehe oben) mit „Molecular Imprinting" weist den Weg zu alternativen Aufreinigungs- und Immobilisierungsstrategien.

Spezielle Anwendungen: Biomimetische Ansätze, die natürlichen Eigenschaften photosynthetischer Antennenpigmente zu imitieren, um in organischen Lösungsmitteln neue photochemische Reaktionen zu befördern, haben zur Entwicklung von Photozymen geführt (Guillet, 1996). Diese lassen sich selbst bei hoher Verdünnung für den photochemischen Schadstoffabbau oder zur photoselektiven Katalyse z. B. von Provitamin D_3 verwenden. Die Hoffnung ist auch hier, daß es gelingt, biologische Prozesse wasserlöslicher Enzyme oder enzymatisch aktiver Membransysteme synthetisch nachzuempfinden, um photoselektive Reaktionen mit hoher Effizienz auszuführen. Gentechnik und Strukturaufklärung liefern im Vorfeld solcher Unternehmungen die nötige Basisinformation für effizientere und umweltverträglichere Verfahren.

Signalwandelnde Proteine sind von besonderem Interesse. In der Biologie sind sie lebenswichtig, damit sich der Organismus mit seiner Umgebung auseinandersetzen kann. Sie stellen Kommunikationsmöglichkeiten nach außen wie nach innen zur Verfügung, regeln Stoff- und Energiekreisläufe und sind somit Schaltstellen für die Evolution komplexerer Lebenformen. Biotechnologisch interessant sind vor allem möglichst einfache Proteine oder Peptide mit molekularer Schalterfunktion. Der schalterauslösende Reiz kann ein pH-Sprung sein, die Anwesenheit eines bestimmten Metaboliten oder einfach eine Temperaturveränderung. Urry (1993) beschreibt künstliche Peptide und Proteine, die in diesem Sinne genutzt werden können als molekularer Sensor oder Aktuator, zur Herstellung von „Drug Release" Systemen, zur Verhinderung postoperativer Adhäsionen, als mechanochemische Motoren oder auch als Signalwandler. Die sensorische Komponente muß aber nicht zwingend ein Protein sein.

Daß auch Proteinkonjugate mit künstlichen Polymeren interessante Lösungswege bieten, zeigt das Beispiel reizbeantwortender synthetischer Polymere (Snowden et al., 1996). Stayton et al. (1995) nutzten den reversiblen Kollaps eines thermosensitiven Polymers, um den Zugang von Biotin zur Bindungsstelle im Streptavidin temperaturabhängig zu regeln. Um das Polymer Poly-

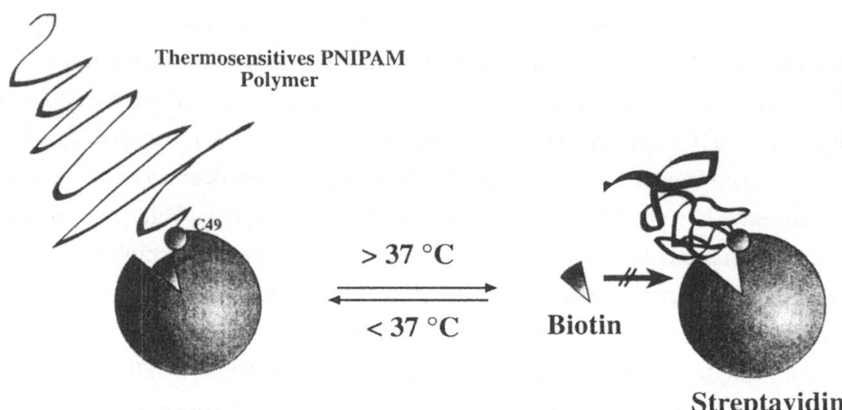

Abb. 3: Temperaturkontrollierte Wechselwirkung von Biotin und Streptavidin als Beispiel eine molekularen Schalters. Gezeigt wird die schematische Darstellung eines gentechnisch veränderten, monomeren Streptavidins. Im Bereich der Biotin-bindenden Domäne wurde ein Cysteinrest eingeführt, an den kovalent ein thermosensitives p-N-Isopropylacrylamid (PNIPAM) gekoppelt wurde. Während das PNIPAM unterhalb 37 °C die Gestalt eines Zufallsknäuels einnimmt, kollabiert es bei Temperaturen oberhalb 37 °C zu einer kompakteren Form, die den freien Zugang des Biotin zum Streptavidin unterbindet: Das Proteinkonjugat wird durch die physikochemischen Eigenschaften des angekoppelten Polymers reguliert.

(N-Isopropylacrylamid) (PNIPAM) an das Protein kovalent zu binden, wurde ein Cysteinrest anstelle eines Asparaginrestes in das Streptavidin eingeführt. In unmittelbarer Nähe zur Biotinbindestelle wird das Polymer daran gekoppelt (Abb. 3). Der Zugang des Liganden oder des Substrates ist sterisch kontrolliert. Durch Variation von Art und Größe des Polymers im Proteinkonjugat lassen sich verschiedene Formen der Reizbeantwortung realisieren. Damit eröffnen sich vielfältige Anwendungsmöglichkeiten:

Das Proteinkonjugat erkennt und bindet je nach Stimulus Substrate bestimmter Größe selektiv und von außen regelbar. Zu großen Molekülen bleibt der Zugang weiter verwehrt. Das Resultat ist ein in seiner Selektivität regelbares Medium zur Aufreinigung von Molekülgemischen. Kontrolliert man auf gleiche Weise den Zugang zu einer allosterischen Bindungsstelle eines Enzyms, läßt sich dessen Aktivität über die Vorgabe der physikochemischen und sensorischen Eigenschaften des synthetischen Polymers regeln. Reizbeantwortende Proteinkonjugate könnten als regelbare Rezeptoren eines Tages auch eine Rolle spielen, um molekular adressierbare Oberflächen zu schaffen. Dabei handelt es sich um ein Konzept, das im Zusammenhang steht mit einer der wichtigsten Herausforderungen für die künftige technische Nutzung von Biomolekülen: der Immobilisierung.

11.5 Immobilisierung

11.5.1 Immobilisierung ganzer Zellen

Katalysatoren gehen aus der Reaktion unverändert hervor. Auch im technischen Prozeß sollte der Katalysator nach der Reaktion wieder zur Verfügung stehen. Er darf also nicht mit dem Produkt weggeschwemmt werden. Eine technisch besonders einfache Fixierung von Enzymen ist zu erreichen, indem man ganze Zellen einsetzt und die Enzyme in ihrem natürlichen Milieu beläßt. Die Zellen werden zurückgehalten durch semipermeable Membranen oder an einen Träger gebunden. Meist werden Keramikträger eingesetzt und Alginatperlen verwendet. Der Einsatz ganzer Zellen erfolgt bislang vor allem, wenn mehrere an einer Reaktionskette beteiligte Enzyme genutzt werden sollen. Gleiches gilt, wenn Oxidoreduktasen involviert sind. In diesem Fall muß am Ende des katalytischen Zyklus das Enzym wieder reduziert (bzw. oxidiert) werden. Die Regenerierung der dazu benötigten Redoxäquivalente stellt technisch ein Problem dar, ist aber regulärer Bestandteil des normalen Zellstoffwechsels.

11.5.2 Einsatz von Enzymen in isolierter Form

Mit der Loslösung eines Enzyms aus seinem ursprünglichen biologischen Zusammenhang verliert man die Vorzüge zellulärer Regenerierung. Viele Bemühungen in der Enzymtechnologie konzentrieren sich daher darauf, mit minimalem Aufwand das ursprüngliche biologische Milieu kontrolliert und für den technischen Prozeß kompatibel wieder aufzubauen.
Gegenüber dem Einsatz von Enzymen in Zellen bietet jedoch die Verwendung isolierter Enzyme eine Reihe besonderer Vorteile:

- weniger Diffusionsbarrieren im Vergleich zu Zellen (z. B. keine Zellmembran),
- unmittelbare technische Kontrolle und Berechenbarkeit,
- höhere Aktivitätsdichte,
- neue Kombination von Aktivitäten, wie sie in Zellen nicht vorkommt,
- der Aufbau neuer molekularer Architekturen und
- ein breiteres technisches Einsatzgebiet.

Werden die isolierten Enzyme ungeordnet fixiert, ist der Zugang zum aktiven Zentren der Enzyme oft sterisch behindert oder die Struktur des Proteins wird negativ beeinflußt: Die Enzyme können im fixierten Zustand nicht ihre volle Aktivität entfalten. Wir möchten deshalb Immobilisierungsverfahren benutzen, die die volle Aktivität der Enzyme erhalten. Wenn Biokatalysatoren auf Oberflächen binden, dann leisten die Oberflächen einen nicht zu vernachlässigenden Beitrag. Letztlich hat die Oberfläche teilweise die Rolle des natürlichen Milieus wahrzunehmen. Das verwendete Trägermaterial ist daher nicht allein bloßer Träger, sondern spielt eine aktive Rolle im technischen Prozeß.

11.6 Aktive Oberflächen

Das Trägermaterial für den fixierten Biokatalysator ist über seine Beeinflussung des Reaktionsmilieus generell am Reaktionsprozeß beteiligt. Auf der Grundlage molekularer Konzepte gilt es, diese Beteiligung gezielt zu nutzen. Der Träger kann verwendet werden, um ein optimiertes Mikromilieu zu schaffen. Er könnte z. B. das Enzym gegenüber dem pH der Bulkphase stabilisieren oder schädliche Einflüsse des Lösungsmittels minimieren. Das Material kann so beschaffen sein, daß es das Substrat an der Oberfläche anreichert oder z. B. einen Inhibitor abweist. Sogar eine unmittelbare Beteiligung des Trägers am katalytischen Prozeß ist möglich, wenn der Träger bestimmte Moleküle ausfiltert und der Reaktion entzieht oder im Falle von Oxidoreduktasen gleichzeitig als Elektrode dient (Scouten et al., 1995). Polymere Trägermaterialien lassen weitere Ergänzungen zu. Die Enzyme können an Polymere mit Erinnerungseffekten angekoppelt werden (siehe „Molecular Imprinting") wie auch an Polymere, die signalinduzierte Konformationswechsel durchlaufen (Nagasaki und Kataoka, 1996; Willner und Rubin, 1996). Eine mögliche Zielsetzung wäre es, Enzyme, deren Metaboliten oder auch Biopharmaka unter sehr kontrollierten Verhältnissen freizusetzen oder zu aktivieren. Im Pharmabereich arbeitet man z. B. intensiv an „Drug Release"-Systemen, die eine auf lokale Regionen beschränkte Freisetzung von Medikamenten am Ort des Geschehens im Körper ermöglichen sollen (Kost und Langer, 1992). Im Bioreaktorbereich könnte man komplexere Reaktionen in gewünschte Richtungen dirigieren, indem man zu gegebener Zeit weitere Enzyme ein- oder bereits vorhandene Enzyme ausschaltet.

Zum einen soll das Mikromilieu vom Trägermaterial optimal beeinflußt werden, zusätzlich sollen die Biokatalysatoren auch an gezielter Stelle plaziert sein. Bei gängigen Immobilisierungsverfahren ist die Fixierung vergleichsweise unspezifisch und schlecht reproduzierbar. Das Enzym wird ohne Vorzugsrichtung fixiert und seine meßbare biologische Aktivität ist oft stark reduziert. Derartige Immobilisierungen mit Aktivitätseinbußen von 20–80% sind für den Aufbau einer geordneten Struktur mit definierter Geometrie in der Regel ungeeignet. Die Immobilisierung muß im Idealfall an vorbestimmter Position mit räumlicher Vorzugsrichtung geschehen. Dies gilt in besonderer Weise für mikrostrukturierte oder nanostrukturierte Oberflächen, wo Halbleitertechnologie und Biotechnologie zusammenwirken sollen. Die berechtigte Hoffnung ist es, daß man auf diese Weise die katalytische Aktivität maximieren kann. Auf molekularer Ebene erfordert dies zu lernen, definierte Distanzgeometrien aufzubauen. Damit läßt sich nicht nur die Belegungsdichte optimieren, sondern im speziellen Fall der Oxidoreduktasen erarbeitet man das nötige Instrumentarium, um die Donor-Akzeptor-Geometrie des Elektronentransports zu optimieren.

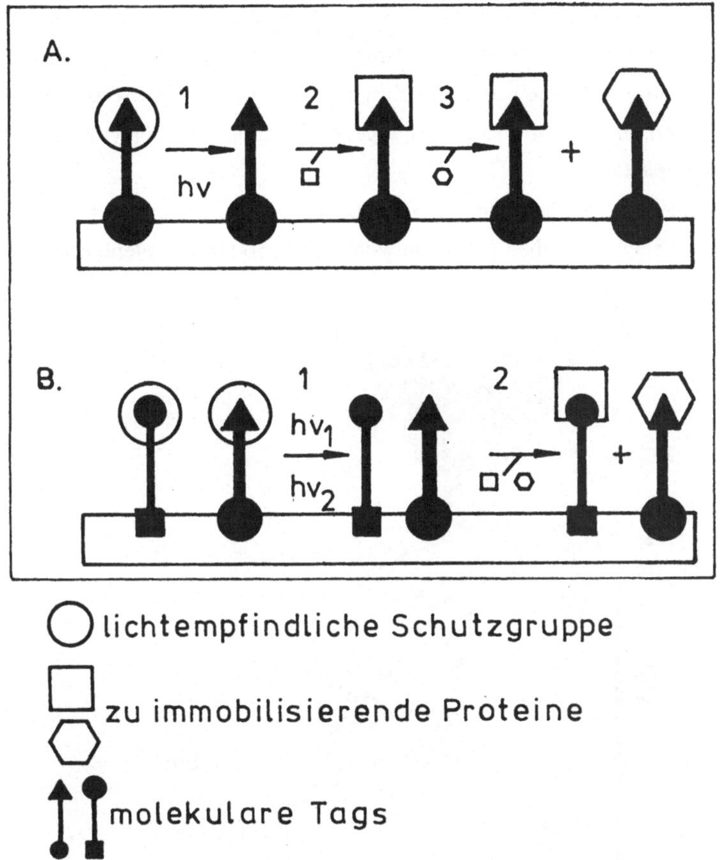

Abb. 4: Gezielte Funktionalisierung von Oberflächen. Um mehr als eine Proteinspezies auf einer Oberfläche räumlich geordnet zu immobilisieren, kann man entweder sukzessive vorgehen (a) oder durch unterschiedliche molekulare Adressierbarkeit die Fläche simultan mit beiden Proteinen belegen (b). (a) Das Trägermaterial wird mit mit einem durch lichtempfindliche Schutzgruppen blockierten Biotin (z. B. NVOC-Biotin) beschichtet. Mit einer photographischen Maske werden nur ausgewählte Bereiche des Trägers aktiviert (Schritt 1) und mit Enzym belegt (Schritte 2 und 3). Im vorliegenden Fall geschieht das durch Nutzung der Biotin/Streptavidin-Technologie. Durch Wiederholung der Schritte 1 und 2 lassen sich weitere Proteine auftragen (Schritt 3). Ein von der Firma „Affymax" (USA) vorgestelltes Verfahren arbeitet mit einer Auflösung bis in den Mikrometerbereich (Sundberg et al., 1995). Alle Proteinspezies werden über das gleiche molekulare Etikett immobilisiert. Sie müssen sukzessiv aufgetragen werden. Die immobilisierten Spezies sind später nicht mehr sukzessiv oder voneinander unabhängig vom Träger abzulösen. (b) Mit weiteren molekularen Etiketten kann man Flächen schaffen, die molekular adressierbar und somit simultan (Schritt 2) zu beladen sind. Die verschiedenen Proteine lassen sich im Idealfall voneinander unabhängig immobilisieren, ablösen und können regeneriert werden. Die Photoaktivierung (Schritt 1) erfolgt im vorliegenden Fall bei 2 unterschiedlichen Wellenlängen.

Auf diese Weise entsteht ein zunächst zweidimensionaler, wohlstrukturierter Reaktionsraum, der in seinen Parametern optimiert werden kann. Oberflächen sollen derartig funktionalisiert werden, daß mehrere Enzyme in eine vorgegebene molekulare Architektur gebracht werden können. Auf Grund spezifischer molekularer Erkennung zwischen der funktionalisierten Oberfläche und der Biokomponente sollte idealerweise jedes Enzym auch im Gemisch mit anderen seine ihm vorbestimmte Position erkennen und einnehmen. Das Fernziel sind somit molekular adressierbare Oberflächen, die man mit Enzymen eigener Wahl optimal belegen kann. Wir möchten einige Beispiele vorstellen.

Sundberg et al. (1995) von der Firma „Affymax" (USA) stellen ein Verfahren vor, mit dem dicht beieinander liegende Flächen (Quadrate von jeweils 500 µm Kantenlänge) mit unterschied-

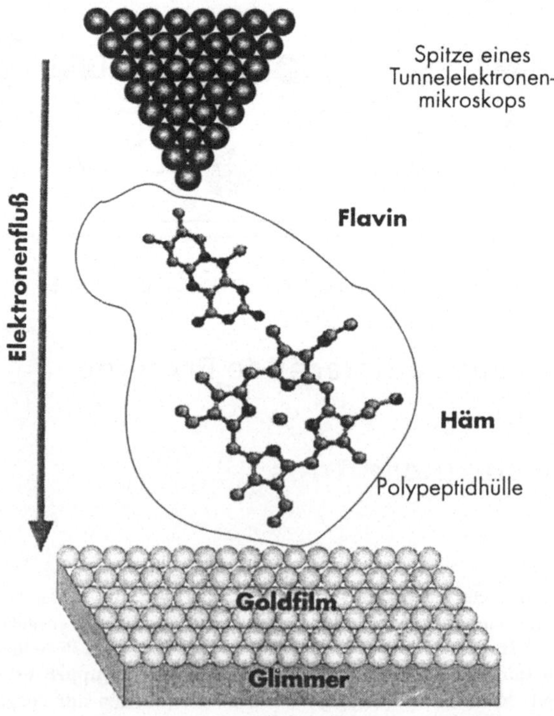

Abb. 5: Ein künstliches Flavocytochrom als Biodiode. Forscher der Firma „Mitsubishi Electric" entwik-kelten eine biologische Diode. Sie schufen hierzu ein künstliches Flavocytochromprotein (Marks, 1996). Einzelmoleküle wurden mit der Tunnelelektronenmikroskopie untersucht. Bei gegenüber der Goldfläche positiv geladener Mikroskopspitze fließt kein Strom. Kehrt man die Stromrichtung um, wurde bei 900 mV ein Strom von 70 pA gemessen. Rein rechnerisch lassen sich bei 2,5 nm Länge für das Flavocytochrom Schaltelemente realisieren mit einer gegenüber herkömmlicher Technik 10.000fach größeren Dichte. Eine technische Nutzung erfordert jedoch neue Immobilisierungstechniken.

lichen Proteinen beschichtet werden. Die mit NVOC-Biotin (eine mit lichtempfindlichen Schutz-gruppen geblockte Biotinverbindung) belegte Fläche wird über eine Maskentechnik lokal durch Licht aktiviert (Abb. 4). Über eine auf das Streptavidin/Biotin System zurückgehende Technik wird im Sandwich-Verfahren die aktivierte Fläche mit Protein belegt. Durch Wiederholung des Verfahrens mit einer anderen Maske kann man auf diese Weise sukzessive ein Muster mit verschiedenen Enzymen belegter Flächen erzeugen. Die Auflösung des Verfahrens reicht derzeit in den Bereich weniger Mikrometer. Die molekulare Adressierbarkeit wird durch die Masken-technik gewährleistet.

Bei Nutzung eines dem Biotin/Streptavidin analogen unabhängigen zweiten Systems mit ande-ren molekularen Erkennungsprozessen ist prinzipiell auch eine simultane und gezielte Belegung der Oberfläche mit zwei verschiedenen Proteinen denkbar. Die Verantwortlichkeit für die mole-kulare Adressierbarkeit der Oberfläche liegt in diesem Fall bei der chemischen Funktiona-lisierung der Oberfläche. Steht eine solche Technik zur Verfügung, kann man mehrere verschie-dene Proteine simultan auf Oberflächen immobilisieren.

Die Firma „Mitsubishi Electric" (Marks, 1996) konnte Dioden-Eigenschaften beobachten, als ein Protein zwischen der Spitze eines Scanning-Tunnelelektronenmikroskops und einem Goldfilm plaziert wurde. Das Protein enthält eine Flavin- und eine Häm-Gruppe und zeigt die Eigenschaften einer Diode (Abb. 5). Der technische Einsatz solcher molekularen biologischen Schaltelemente setzt ein entsprechend elegantes Instrumentarium für deren Immobilisierung voraus, an dem es derzeit immer noch mangelt. Damit erweist sich die Fertigkeit zur Erzeugung molekular adressierbarer biokatalytische Oberflächen auch hier als Schlüsseltechnologie.

11.7 Ausblick

Es besteht im chemischen Reaktorbau wachsendes Interesse an Mikroreaktoren. Man will Systeme entwickeln mit Mikroreaktoren als Einzelemente, die die Abmessungen von Säuger-zellen haben. Infolge des hohen Oberfläche/Volumen Verhältnisses kann der Energie- und Stoffaustausch dann wesentlich effizienter erfolgen als bei konventionellen großen Reaktoren. Die prozeßtechnische Kontrolle selbst schwieriger Reaktionen wird dadurch erleichtert. Der Reaktorbau greift damit letztlich biologische Vorbilder auf. Gleichzeitig beginnen supramole-kulare Chemie und Polymerchemie neue Materialien zu entwickeln und greifen dabei auch auf das in der Biologie eindrucksvoll realisierte Konzept selbstorganisierender Systeme zurück.

Biologische Systeme unterliegen vielfältigen Selektionsmechanismen. Das, was wir heute als Struktur/Funktionsbeziehung aus Biomolekülen ablesen, erzählt die Geschichte eines seit Milli-onen von Jahren permanent stattfindenden molekularen Informationsaustausches. Gleiches gilt für die supramolekulare und zelluläre Architektur und die Regelkreise, die für die Steuerung dieser übergeordneten Strukturen notwendig sind. Die Komplexität der nötigen Biochemie ist ohne entsprechend befähigte Biokatalysatoren undenkbar. Es ist gerade die Leistungsfähigkeit dieser Katalysatoren, die beeindruckt. Wir wollen die Grundlage dieser Leistungsfähigkeit verstehen. Gentechnologie ist ein wertvolles Instrument, um das beeindruckende Potential biologischer Katalysatoren zu erschließen. Das Ziel unserer Forschung ist es, Biokatalysatoren in einer molekular optimierten Technologie einzusetzen und für technische Anwendungen zu nutzen.

12 Freisetzungspraxis und ökologische Begleitforschung

Dr. G. Neemann* und Dr. P. Braun**

* GeUm-Umweltstudien, Wilhelm Raabe Str. 9, D-37083 Göttingen
** Institut für Biometrie, Universität Gießen, Ludwigstr. 27, D-35390 Gießen

12.1 Einleitung

Anbau und Nutzung transgener Nahrungspflanzen werden in vielen europäischen Nationen wegen noch unzureichend geklärter Fragen im Hinblick auf mögliche Folgen für die menschliche Gesundheit und für die Umwelt besonders kontrovers diskutiert (Wadman, 1996). Ungeachtet dessen erfolgen Freisetzungen gentechnisch veränderter Pflanzen (GVP) auch hierzulande häufiger als noch vor drei Jahren (Hobom, 1996; Weber, 1996b). Von der Öffentlichkeit nur am Rande registriert hat die Nutzung gentechnisch veränderter Pflanzenarten in der Landwirtschaft durch die Genehmigung mehrerer Anträge zum Inverkehrbringen entsprechender Kultivare eine neue Qualität erreicht (siehe Kapitel 1 und 2). Vor diesem Hintergrund wird die fachliche Beurteilung möglicher Umweltwirkungen gentechnisch veränderter Pflanzen immer drängender.

Der Anbau transgener Pflanzen wird die landwirtschaftliche Praxis in vielerlei Hinsicht verändern. Auf den Gebieten Unkrautkontrolle, Schädlings- und Krankheitsbekämpfung, Ackerbau und zukünftig auch im Düngemitteleinsatz kündigen sich erhebliche Veränderungen an. Entsprechend sind je nach der rekombinanten Pflanzenart, der neu erworbenen Eigenschaft und den damit einhergehenden geänderten Anbaumethoden spezielle Auswirkungen auf die Segetalflora, die Bodenfauna und -mikroflora sowie die phytophagen Insekten denkbar. Ein weiterer Aspekt betrifft die über den Anbaubereich hinausreichenden Beeinflussungen von Nicht-Zielökosystemen und Nicht-Zielorganismen. Gentransfer durch Pollenflug, Hybridisierung, Verwilderung, Invasivität, die Möglichkeit eines horizontalen Gentransfers bei Zersetzungsprozessen und bei Fraß seien als Beispiele genannt (siehe auch Kapitel 13).

Die Gentechnik unterliegt im Hinblick auf die von ihr ausgehenden Risiken derselben Einengung wie andere Bereiche menschlicher Tätigkeit. So haben viele Techniken mit dem Erreichen eines hohen technologischen Standards eine neue Umweltrelevanz erlangt. Als Beispiele seien die Energietechnik, die Verkehrstechnik oder die Abfallwirtschaft genannt. Fachliche Beurteilungen der denkbaren Risiken einer neuen hochentwickelten Technologie sind nur mit Hilfe entsprechender Untersuchungsansätze möglich. Im vorliegenden Beitrag werden vornehmlich die ökologischen und evolutionsbiologischen Aspekte der aktuellen Freisetzungspraxis diskutiert.

12.2 Beispiele ökologischer und evolutionsbiologischer Effekte gentechnisch veränderter Pflanzen (GVP)

Die ökologische Forschung verfügt über ein breites methodisches Repertoire, mit dessen Hilfe sich sowohl die Beziehungen zwischen der Verbreitung von Organismen im Freiland und den Standortsbedingungen (Aut- und Synökologie) als auch die Wechselbeziehungen zwischen den Organismen eines Standorts und deren Einfluß auf ihre Häufigkeit (Populationsökologie) feststellen lassen (Ellenberg et al., 1986; Mueller-Dombois und Ellenberg, 1974; Harper, 1977). Bei ihrem klassischen Vorgehen machen Ökologen häufig die vereinfachende Annahme, daß ihre Objekte (z. B. Zönosen, Arten, Populationen, Organismen) in bezug auf die betrachteten standörtlichen und biologischen Wechselwirkungen zwar einer räumlichen und zeitlichen Dynamik unterliegen, genetisch aber weitgehend unveränderlich sind. Vor dem Hintergrund der oftmals enormen Komplexität des Untersuchungsgegenstandes erscheint eine derartige Vereinfachung gerechtfertigt. Soll jedoch das Verhalten eines bestimmten Genotyps bzw. seine Anpassungsfähigkeit in der Umwelt das Ziel einer Untersuchung sein, müssen zusätzlich die Methoden der Populationsgenetik bzw. der Evolutionsbiologie zur Anwendung kommen.

Die heutigen Kenntnisse über das Verhalten transgener Pflanzen beruhen zumeist auf Untersuchungen, die im Sinne eines „step-by-step"-Vorgehens mit kleinmaßstäblich angelegten autökologischen Versuchen gewonnen wurden. Gedanken von Umweltwissenschaftlern und Evolutionsbiologen zum Verhalten rekombinanter Sorten unter realen Anbaubedingungen fußen zumeist auf den Ergebnissen dieser Versuche. Sie sind daher gezwungen, für weitergehende Überlegungen mehr oder weniger theoretische Szenarien zu entwickeln. Drei Beispiele solcher Szenarien werden im folgenden vorgestellt (Beispiel 3 geht über rein umweltbezogene Aspekte hinaus):

• Beispiel 1: Transgener, herbizidresistenter Raps
Bei der Prüfung des Umweltverhaltens gentechnisch veränderter Organismen wird der Zusammenhang zwischen Ökologie und Evolutionsbiologie deutlich. Betrachten wir die transgene Herbizidresistenz gegen das als Totalherbizid wirkende Phosphinotricin bei Raps (*Brassica napus*). Im Fall der Übertragung einer Herbizidresistenz gegen ein nicht-selektives Herbizid auf eine in Mitteleuropa heimische Kultupflanzenart sind unter dem Aspekt der Risikobewertung zwei Problemfelder zu betrachten. Das erste Feld betrifft die direkten und indirekten Wirkungen des regelmäßigen Herbizideinsatzes auf die Agrozönose, das zweite den Faktor Auskreuzungsmöglichkeit und Verbreitung der transgenen Eigenschaft in Ziel- und Nicht-Zielökosysteme (Verwilderung herbizidresistenter Sippen).

Bei einem Anbau transgener herbizidresistenter Rapssorten ist es möglich, die Unkrautbekämpfung in jedem Wachstumsstadium der Kultursorte durchzuführen. Ein solches Zwei-Komponenten-Produktionssystem – transgener Raps/Komplementärherbizid – wirkt sich somit unmittelbar sowohl auf die Artenvielfalt der Phytozönose als auch auf die von ihr zusammen mit der Kulturpflanze geschaffene Struktur innerhalb dieser Kulturen aus (Mahn, 1992). Sämtliche nicht-transgenen Pflanzenarten – im gewünschten Fall alle Arten außer Raps – können durch den Einsatz des Phosphinotricin vernichtet werden. So ist zu erwarten, daß bei einem vorzugsweise im Frühjahr durchgeführten Herbizideinsatz das Agrarökosystem „Kulturraps" durch die gewünschte Verdrängung der Beikräuter einen plötzlichen Diversitäts- und Strukturverlust erfahren wird. Das plötzliche Vernichten der Beikräuter führt mittelbar zu einer Veränderung der Abundanzen und der Aktivitäten der Makro- und Mesofauna sowie der Destruenten-Gruppen im Boden (Carlisle und Trevors, 1986; Mahn et al., 1988; Tischler, 1993). Vier Faktoren werden als Hauptursachen für die Verschlechterung der strukturellen Bedingungen diskutiert: Änderung des Mikroklimas im bodennahen Bereich durch eine geringere Bodenbedeckung, zunehmende Austrocknungsgefahr in den oberen Bodenschichten, verminderte Durchwurzelung des Bodens, abrupter Wechsel des Nahrungsangebotes für die epigäische und die endogäische Fauna (Mahn et al., 1988; Mahn und Kästner, 1985; Prasse, 1985). Aktivitäts- und Diversitätsverluste werden generell als ein Hinweis auf einen Stabilitätsrückgang in Ökosystemen gewertet (Neemann, 1993; Johnson et al., 1996) (Fragen des horizontalen Gentransfers im Boden siehe Kapitel 13).

Raps repräsentiert eine einheimische einjährige Kulturpflanzenart mit hoher Pollen- und Samenproduktion. Sie ist durch Bastardbildung aus dem Wildkohl (*Brassica oleracea*) und aus Rübsen (*Brassica campestris*) entstanden. Cruciferen der Gattungen *Brassica*, *Raphanus* u. a. besitzen in Mitteleuropa eine große Anzahl potentieller Kreuzungspartner über Art- und Gattungsgrenzen hinaus. Neuere Untersuchungen von Eber et al. (1994), Jørgensen und Andersen (1994) und Frello et al. (1995) belegen die spontane Hybridisierungsneigung des Raps.

Unter evolutionsbiologischen Gesichtspunkten ist die Möglichkeit der „Auskreuzung" (Genfluß) der transgenen Eigenschaft „Herbizidresistenz" aus Raps in verwandte, zur Hybridisierung mit Raps neigende Arten von großer Bedeutung. Durch Auskreuzung der Herbizidresistenz könnten sich bislang leicht bekämpfbare Unkräuter wie *Brassica campestris* oder *Raphanus raphanistrum* auf Äckern, die mit Phosphinotricin behandelt werden, zukünftig ausbreiten. Sie erhielten durch ihr vermehrtes Auftreten auf Rapsäckern verbesserte Konkurrenzbedingungen und könnten neben dem herbizidresistenten Raps bestehen (ökologischer/populationsbiologischer Effekt). Vice versa bestünde durch das dichte Nebeneinander gleichzeitig auch die Möglichkeit einer Introgression der rekombinanten Eigenschaften durch Rückkreuzungen (evolutionsbiologischer Effekt). Dieses Beispiel zeigt die enge Verzahnung ökologischer und evolutionsbiologischer Wirkungen.

Zu der darüber hinaus denkbaren Ausbreitung des transgenen herbizidresistenten Rapses in Nicht-Zielökosysteme, worunter im Fall des Rapses andere als Ackerökosysteme zu verstehen sind, existiert eine eigene, sehr umfangreiche Untersuchung von Crawley et al. (1993). Die Untersuchung ist wesentlicher Gegenstand der Ausführungen in Abschnitt 12.3. Dort wird auch eine Wertung der gewonnenen Ergebnisse vorgenommen.

• *Beispiel 2: Transgener, männlich steriler Raps*

Transgener männlich steriler Raps wird zur Züchtung von Hybridraps verwendet. Entsprechende Linien sind nicht zur Pollenverbreitung fähig. Ihre Sterilität beruht zumeist auf der Expression einer antherenspezifischen Ribonuclease. Sie bieten den Züchtern die Möglichkeit, Selbstbefruchtung zu vermeiden und/oder ungewollte Auskreuzungen weiterer neuer Eigenschaften in andere Linien oder Kultivare zu verhindern (Raybould und Gray, 1994). Die männliche Sterilität kann durch spezifische Ribonuclease-Inhibitoren wieder aufgehoben werden.

Bei einer verbreiteten Anwendung männlich-steriler Linien durch Züchter besteht in Mitteleuropa jedoch die Möglichkeit, daß es zunehmend zu Einkreuzungen in diese Rapslinien auch durch den Pollen verwandter Wildarten, wie z. B. *Brassica campestris*, *Raphanus raphanistrum*, *Hirschfeldia incana* kommt. In den Hybriden-Populationen kann sich die männliche Sterilität durch Rückkreuzung mit Elternpopulationen manifestieren. Kreuzungen und Rückkreuzungen sind besonders an Acker- und Straßenrändern möglich, wo nicht selten nebeneinander Populationen von Wildarten aber auch von Ausfallraps wachsen. Aufgrund der beschriebenen Introgression könnte der Anteil männlich steriler Pflanzen zunehmen und sich die Fremdbefruchtungsraten dieser Populationen ändern. Eine veränderte Fertilität – eventuell einhergehend mit Konsequenzen für die Samenproduktion – kann ein neues Konkurrenzverhalten und damit schwer vorhersehbare Verhaltensänderungen im Freiland zur Folge haben.

Auch die Frage einer möglichen Fitneßsteigerung von Hybriden-Populationen als Resultat einer durch Gynodiözie hervorgerufenen veränderten Ressourcenallokation ist ungeklärt (David und Pham, 1993; Horovitz und Beiles, 1980; Willson, 1983). Eine verbesserte Ausbreitungsfähigkeit ist nicht auszuschließen. Tragen die ursprünglichen männlich sterilen Transgene weitere neue Eigenschaften, z. B. Herbizidresistenz, erhalten die Hybriden in Agrarökosystemen zudem einen Selektionsvorteil.

• *Beispiel 3: Transgener, insektenresistenter Mais*

Das Beispiel des transgenen, insektenresistenten Maises (*Zea mays*) soll die in einer üblichen Sicherheitsforschung immer noch ruhenden Unwägbarkeiten über mögliche Folgen des verbreiteten Anbaus transgener Maissorten verdeutlichen. Das vornehmlich gegen Lepidopteren Resistenz verleihende cry1 A(b)-Gen aus *Bacillus thuringiensis* var. *kurstaki* exprimiert im transgenen Mais ein Protoxin. Dieses Protoxin wird von fressenden Larven aufgenommen und in deren Darm aktiviert. In der Folge treten in der Darmwand der Insekten Perforationen auf, die zum Absterben der Tiere führen. Solch eine spezifische Wirkung ist im Sinne eines integrierten

Pflanzenschutzes. Dennoch ergeben sich bei derart transformierten Sorten Aspekte, die über die bisherigen Erfahrungen mit *B. t.*-Toxin hinausgehen. Das in allen Geweben der Empfänger-pflanze Mais konstitutiv exprimierte Transgen verleiht der Pflanze lebenslangen Schutz vor dem Zielorganismus *Ostrinia nubilalis* (Maiszünsler). Dieser polyphage Schmetterling schädigt die Maispflanze zu deren Blütezeit, indem sich dessen Larven im Stengel bis zur Basis fressen. Befallene Pflanzen knicken vor der Körnerrreife um (Hoffmann und Schmutterer, 1983). Mais-zünsler sind mit chemischen Mitteln schwierig zu bekämpfen. Aus diesem Grund werden gegen diesen Schädling häufig Methoden des integrierten Pflanzenschutzes eingesetzt (Heitefuß, 1987). Diese umfassen physikalische (Erntemethoden) und biologische Verfahren (z. B. Einsatz der parasitierenden Schlupfwespe *Trichogramma pretiosum*, Versprühen von *B. t.*-Präparaten, Züchtung toleranter Maissorten). Die Züchtung des genannten transgenen, insektenresistenten Maises wird daher als wirtschaftlich interessant erachtet.

Bezüglich der ökologischen und evolutionsbiologischen Wirkung einer begrenzten Freisetzung, aber auch einem Inverkehrbringen tauchen eine Reihe zu klärender Fragen auf (Tab. 1).

Das Ausbreitungspotential für Mais (Tab. 1, Nr. 1) in Deutschland ist unter den gegenwärtigen Klimabedingungen gering, da die Samen die Winterkälte nicht überstehen und in der heimischen Flora keine Kreuzungspartner existieren. Diese Frage kann für den jeweiligen Fall ohne weitere Forschung noch innerhalb der Risikoabschätzung geklärt werden.

Untersuchungen zum Einfluß von *B. t.*-Präparaten auf Nicht-Zielorganismen (Tab. 1, Nr.2) zeigen, daß diese Mittel das Auftreten und die Populationsgröße von Tierpopulationen sowohl direkt als auch indirekt beeinflussen (Addison, 1993; Charbonneau et al., 1994; Jackson et al.,

Tab. 1: Potentielle Risiken beim Anbau transgener, insektenresistenter Maissorten

Nr.	Risikofelder	Effekt	Sicherheitsforschung	
1	Ausbreitungspotential	ökol.	RA	—
2	Wirkung auf Nicht-Zielorganismen	ökol.	RA	FBS
3	Änderung der Diversität im Ziel-/Nicht-Zielökosystem	ökol.	—	—
4	Human-/Tiertoxizität	ökol.	RA	FBS
5	Allergenes Potential	ökol.	RA	—
6	Auswirkung auf Pansen-/Darmflora	ökol.	—	—
7	Auskreuzen (Genfluß) des Transgens	evol.	RA	—
8	Genetische Stabilität	evol.	—	FBS
9	Resistenzentstehung (Koevolution)	evol.	RA	—

ökol. = ökologischer Effekt, evol. = evolutionsbiologischer Effekt, RA = Risikoabschätzung, FBS = freiset-zungsbegleitende Sicherheitsforschung.

1994; Johnson et al., 1995; Kreutzweiser et al., 1994; Marques und Alves, 1995; Miller, 1990). Bei einem Inverkehrbringen von insektenresistentem Mais ist eine schädliche Wirkung auf Fauna und Nahrungsnetze daher wahrscheinlich. Diese Effekte werden verstärkt, weil das *B. t.*-Toxin länger als bei üblichen Anwendungen im jeweiligen Agrarökosystem wirkt. Die transgenen Pflanzen synthetisieren das Protoxin während der gesamten Vegetationsperiode. Üblicherweise werden *B. t.*-Präparate nur bei akuten Befallssituationen und dann auch nur zeitlich begrenzt durch Versprühen im Bestand eingesetzt. Unerwünschte Nebeneffekte auf andere Lepidopteren-Populationen sind aufgrund der dauernden Exprimierung des Protoxins in transgenem Mais somit wahrscheinlich. Eine Quantifizierung dieser Effekte wird im Rahmen der Sicherheitsforschung nicht ausreichend vorgenommen.

Die unter Nr. 2 beschriebenen Wirkungen auf Lepidopteren lassen Diversitätsänderungen (Tab. 1, Nr. 3) in Maisbeständen erwarten, die transgenes *B. t.*-Toxin exprimieren. Mit einem Rückgang der Abundanzen empfindlicher Arten ist zu rechnen. Je nach Größe der Anbauflächen können auch Populationen in angrenzenden Ökosystemen unter Umständen beeinträchtigt sein. Im Verbund der Nahrungsnetze wären Auswirkungen auch auf Vögel und Säuger durch die permanente Reduktion von Lepidopteren zu befürchten (Cox, 1993). Hierzu wäre eine Sicherheitsforschung spätestens nach dem Inverkehrbringen wünschenswert.

Obschon die Nr. 4 bis 6 aus Tab. 1 auch in den Bereich der Human- bzw. Veterinärmedizin gehören, werden sie mit aufgeführt, da sie der Frage der Auskreuzung und der Wirkung auf Nichtzielorganismen ein zusätzliches Gewicht verleihen. Human- und/oder tiertoxische Wirkungen lassen sich auf Grund einzelner Beobachtungen in den USA nicht gänzlich von der Hand weisen. Auch mit einem allergenen Potential (Tab. 1, Nr. 5) können *B. t.*-Spritzmittel behaftet sein (Swadener, 1994). Theoretische Überlegungen hatten diese Möglichkeit bislang ausgeschlossen. Wenn auch diese Beobachtungen Einzelfälle sind, so sind sie doch Anlaß, entsprechende epidemiologische Studien anzustellen. Hier ist es nicht ausreichend, lediglich Verfahren der Risikoabschätzung bzw. Laborversuche anzustellen. Auch hier verbleibt noch Forschungsbedarf.

Eine weitere Frage steht im Zusammenhang mit möglichen Wirkungen des Protoxins auf die Pansenflora von Wiederkäuern (Tab. 1, Nr. 6). Bestandteile des transgenen Maises werden in der Tierernährung eingesetzt werden. Zum Nachweis der Unbedenklichkeit des Protoxins werden Abbauversuche in simulierter Verdauungsflüssigkeit mit reinem Protoxin durchgeführt. Da in der Tierfütterung das *B. t.*-Toxin aber durch Pflanzengewebe geschützt wird, kann das Protoxin länger im Verdauungssystem vorhanden bleiben als das ungeschützte Protein. Damit verlängert sich aber auch der Zeitraum, in dem das Protoxin in Wechselwirkung mit der Flora des Verdauungstraktes treten kann. Die Frage einer schädlichen Nebenwirkung sollte darum nicht ausschließlich mit reinem Protoxin in simulierten Verdauungssäften überprüft werden. Aus diesem Mangel an Fraßversuchen leitet sich die Sorge ab, ob nachteilige Wirkungen auf die Pansen- oder Darmflora zu erwarten sind.

Die Auskreuzung (Tab. 1, Nr. 7) erhält unter den drei vorgenannten Aspekten ein anderes Gewicht. Auskreuzungen mit der Gefahr der Ausbreitung in Wildpopulationen, wie beim Raps, sind beim Mais zwar auszuschließen. Gemeinhin wird jedoch die Möglichkeit der Auskreuzung des Transgens in *B. t.*-Toxin-freie Maissorten anerkannt. Die Körnermaisernte dieser Sorten wird dadurch mit einem Protein verunreinigt, welches der Anbauer vor Ort möglicherweise nicht in seinem Produkt haben will. Eine erste Quantifizierung dieses Genflußes wäre anhand von Modellrechnungen möglich, ist aber nach Kenntnis der Autoren noch nicht erfolgt.

Freisetzungsbegleitende Sicherheitsforschung geht in der Regel von einer stabilen Insertion des Transgens aus (Tab. 1, Nr. 8). Abschätzungen zur genetischen Stabilität müssen jedoch mit großen Stichprobenumfängen und unter Berücksichtigung von Genotyp/Umwelt-Interaktionen vorgenommen werden. Eine geeignete Versuchsplanung sollte hierbei biometrische Grundsätze stärker berücksichtigen als bisher gefordert.

Resistenzentstehung (Tab. 1, Nr. 9) ist in einer begrenzten Freisetzung von untergeordneter Bedeutung. Daraus darf jedoch nicht geschlossen werden, daß bei einem unbegrenzten Anbau der Sorte keine Resistenzprobleme auftreten werden. Die Gefahr ist groß, daß koevolutive Prozesse die Resistenzbildung gegen *B. t.-Toxin* auf seiten des Zielorganismum *(Ostrinia nubilalis)* beschleunigen (Braun, 1996). Verschiedene Autoren beschreiben eine wachsende Resistenz gegen *B. thuringiensis* (Bauer, 1995; Tabashnik, 1994). Aktuelle Meldungen über eine mögliche Resistenzzunahme bei Schädlingen an *B. t.*-Toxin exprimierender Baumwolle (Macilwein, 1996; Kaiser, 1996) weisen auf die Möglichkeit der Resistenzzunahme in einer Zielpopulation hin. Durch eine vergleichbare Resistenzentwicklung von *O. nubilalis* gegen insektenresistenten Mais wären Pflanzenproduzenten betroffen, welche das entsprechende *B. thuringiensis*-haltige Spritzmittel auf ihren Maisproduktionsflächen einsetzen wollen. Auf Grund koevolutiver Anpassung ginge dann die vormalige Wirksamkeit des *B. t.*-Präparats verloren. Da *O. nubilalis* nicht nur spezifisch Mais parasitiert, sondern auch andere Nutzpflanzen (Clark, 1939; Dicke, 1932), wäre bei weiteren Kulturen mit einer nachlassenden Wirksamkeit von *B. t.*-Anwendungen zu rechnen. Ob Nichtziel-Organismen resistent werden und dann gleichfalls schwerer bekämpfbar sind oder ob sie möglicherweise als Sekundärparasiten auftreten, bleibt ungeklärt. Hier zeigt sich, daß das Fehlen ökologischer bzw. evolutionsbiologischer Wirkungen in begrenzten Freisetzungsversuchen noch nicht beweist, daß entsprechende Effekte bei einem Inverkehrbringen der transgenen Pflanze ausbleiben.

Wie das Beispiel 2 belegt, sind einige Risikoaspekte bei der Freisetzung bzw. dem Inverkehrbringen von transgenem Mais nicht befriedigend geklärt. Trotzdem ist das EU-weite Inverkehrbringen einer ersten derartigen transgenen Maissorte erfolgt, obwohl noch Forschungsbedarf bleibt. Es wird gegenwärtig auch nicht deutlich, ob eine Begleitforschung erfolgen wird und wie sie aussehen soll.

• *Beispiel 4: Transgene, virusresistente Zuckerrüben*

Zuckerrüben (*Beta vulgaris* ssp. *rapacea*) sind ebenfalls seit Jahren Gegenstand gentechnischer Eingriffe. Neben der gentechnisch erzeugten Fähigkeit zur Herbizidresistenz existieren auch transgene Linien, die eine Resistenz gegen das im Boden mancher Anbauregionen vorkommende *Rizomania*-Virus (= beet necrotic yellow vein virus = BNYVV) besitzen (Bartsch et al., 1994). Das *Rizomania*-Virus erzeugt das Krankheitsbild der Wurzelbärtigkeit, das in Befallsgebieten einen starken Ertragsverlust und somit einen gravierenden wirtschaftlichen Schaden verursacht.

Die kommerziell angebauten Zuckerrübensorten sind zweijährig. Sie entwickeln sich im ersten Jahr – von wenigen Schossern abgesehen – zwischen Saat im Frühjahr und Ernte im Herbst ausschließlich vegetativ. Nur im Boden verbleibende und im Winter nicht erfrierende Zuckerrüben bilden im zweiten Jahr einen Blütenstand. Vor allem im Westen Deutschlands mit seinen milderen Wintern werden auf brachgefallenen Äckern derartige Beobachtungen gemacht (Bartsch, 1996a). Zuckerrüben besitzen – vergleichbar dem Raps – eine wildverwandte, jedoch einjährige Form in unserer heimischen Flora: die Wildrübe (*Beta vulgaris* ssp. *maritima*). Sie kommt an den Küsten der Nord- und Ostsee in Südengland, Nordfrankreich, Belgien, den Niederlanden, Deutschland und Dänemark vor. Daneben existieren Vorkommen im Mittelmeerraum in Südfrankreich und Italien, dort vor allem in der Poebene. Andere verwandte Arten sind der Mangold und die Rote Beete.

Auskreuzungen rekombinanter Gene aus angebauten Zuckerrüben in wildverwandte Populationen sind beim Auftreten von Schossern möglich, vor allem in der Nähe von Wildpopulationen. Hybridisierungen zwischen Wildpopulationen und Kulturformen sind für Küstenregionen beschrieben (Coons, 1975; Bartsch et al., 1993), können aber auch in entfernteren Anbaugebieten auftreten (Bartsch und Pohl-Orf, 1996). Ein weiterer Auskreuzungsweg von Kulturformen zu Wildformen existiert in Gebieten, in denen das Kultursaatgut gezüchtet wird, wie beispielsweise in Norditalien und in Südfrankreich (Santoni und Berville, 1993). Die daraus potentiell entstehenden Hybride (Unkrautrüben) würden die transgenen Eigenschaften sowie das Einjährigkeitsmerkmal tragen. Sie können mit dem Zuchtsaatgut auch nach Mittel- und Nordeuropa gelangen. Besonders geeignet zur Manifestation von einjährigen Unkrautrüben sind Brachflächen (Bartsch, 1996b).

Eine Einkreuzung der Einjährigkeit in Zuchtpopulationen ist in Zuckerrüben-Zuchtgebieten zu erwarten, in denen gleichzeitig Unkrautrüben vorkommen. Bartsch et al. (1995) beschreiben ein solches Zusammentreffen für Zuchtgebiete in Nordfrankreich und Ostengland. Ähnlich wie beim Raps – wenn auch auf Grund der Zweijährigkeit der Zuchtrüben und der räumlichen Distanz zwischen vielen Anbau- und den natürlichen Verbreitungsgebieten seltener – ist auch bei Zuckerrüben mit Hybridisierungen zu rechnen. Möglicherweise ist das Eintreten von Hybridisierungen in wintermilden ozeanisch geprägten Gebieten (Westdeutschland, Niederlande, Belgien, Nordfrankreich) eher zu erwarten als in östlichen Anbauregionen.

Eine Bewertung der ökologischen und evolutionsbiologischen Folgen der Herbizidresistenz ist weitgehend im Beispiel 1 vorgenommen worden. Speziell auf die Zuckerrübe bezogen ist eine Untersuchung von El-Titi (1986), in der festgestellt wird, daß die Befallsdichte der Blattlausart *Aphis fabae* und der Rübenfliege *Pegomyia hyoscamy* in Beständen mit fehlender Unkrautzönose signifikant erhöht ist im Vergleich zu einem Bestand mit Unkrautzönose.

Neue Aspekte für eine Risikobeurteilung besitzt die mit dem rekombinanten Gen erworbene Eigenschaft der Virusresistenz. Übertragen wird das BNYVV durch den Bodenpilz *Polymyxa betae*, der an Pflanzenwurzeln parasitiert. Die Resistenz wird erzeugt durch die Übertragung eines Gens, das die Synthese des Virushüllproteins codiert. Jede Zuckerrübenzelle ist in der Lage, das (nackte) Hüllprotein zu exprimieren. Bei Infektionen mit dem *Rizomania*-Virus wird vermutlich die Enthüllung des Virus unterbunden, die vorhandenen Hüllproteine „konkurrieren" in noch ungeklärter Weise mit dem Hüllprotein des infektiösen Virus und unterbinden ein Entstehen des Krankheitsbildes (Nejidat et al., 1990; Beachy et al., 1990).

Transgene rizomaniaresistente Hybride hätten einen Vorteil auf Äckern, in denen die Krankheit verbreitet ist. Das mag auch auf brachgefallene rizomaniaverseuchte Böden zutreffen. Darüber hinaus sind Entwicklungsvorteile durch die Übertragung des Rizomania-Hüllprotein-Gens schwer vorstellbar.

Für die Erkennung und Übertragbarkeit von Pflanzenviren durch ihre Vektoren – im vorliegenden Fall durch den Bodenpilz *Polymyxa betae* – sind die Hüllproteine von entscheidender Bedeutung. Bei Mischinfektionen mit anderen Zuckerrüben-Viren könnten die Virus-Hüllproteine durch Transkapsidierung (heterologe Enkapsidierung) oder durch heterologe Rekombination andere Viren übernehmen. Diese könnten dann ebenfalls von dem als Vektor dienenden Bodenpilz aufgenommen und auf andere Wirtspflanzen übertragen werden (Palukaitis, 1991). Dort wären neue Schadbilder die Folge.

Die Weitergabe von Viren, die durch heterologe Enkapsidierung in einem fremden, aber leeren Hüllprotein verpackt sind, wird als ein realistisches Risiko gesehen. Neben den infektiösen Bodenpilzen kann die Weitergabe fremdverpackter Viren auch durch Blattläuse erfolgen, wenn blattlausspezifische Hüllproteine für die Erzeugung der Virusresistenz eingesetzt werden. Blattläuse besitzen ein sehr weites Wirtsspektrum. Allgemein wird dieser Weg jedoch für eine „Einbahnstraße" gehalten, da nach der Infektion in den neuen Wirten vom „fremden" Virusgenom das für die Erkennung und Weitergabe durch den Vektor spezifische Hüllprotein nicht wieder codiert werden kann. Bei einer verbreiteten Anwendung dieses Schutzprinzips gegen Pflanzenviren können auch bei einmaligen, aber womöglich jährlich wiederkehrenden Infektionen, wirtschaftliche Schäden eintreten.

12.3 Erfahrungen aus Freisetzungen zu Zwecken der Risikobeurteilung

Crawley et al. (1993) untersuchten während dreier Jahre (1990–1992) in Großbritannien in einem umfangreichen populationsökologischen Forschungsprogramm die Fähigkeit zur Überdauerung und Verwilderung transgener Rapslinien in Nicht-Zielökosystemen (vgl. Anmerkung zu Beispiel 1). Ihre Testpflanzen besaßen entweder eine Kanamycin-(Antibiotikum-) oder eine Glufosinat-(Herbizid-)Resistenz. An zwölf nicht ackerbaulich genutzten Habitaten in drei Klimaregionen Großbritanniens säten die Autoren transgene und nicht-transgene Rapslinien sowie Ackersenf aus. Zudem vergruben sie Rapssaatgut in Beuteln im Boden, um dessen Überlebensfähigkeit zu prüfen. Das selektiv wirkende Glufosinat wurde nicht eingesetzt. Die Versuchsflächen blieben entweder ungestört oder die vorhandene Vegetation wurde vor der Aussaat durch Jäten und Umgraben entfernt.

Über sämtliche Versuchsansätze hinweg fällt die Überdauerungsfähigkeit der transgenen Linien geringer aus als die der nicht-transgenen. Das Resultat wird jedoch auf eine allgemein geringere Fitneß der rekombinanten Sorten zurückgeführt. Die Ursache beruht nach Aussage der Autoren jedoch nicht auf der transgenen Eigenschaft, sondern auf anderen Bedingungen während der Vorkultur der Mutterpflanzen der transgenen Linien.

Abgesehen von dieser Einschränkung kommen die Autoren zu dem Ergebnis, daß die Keimlings- und Pflanzenentwicklung sowie die Samenproduktion und die Überdauerung der Samen aller ausgesäten Linien wesentlich stärker von den jeweiligen Standortverhältnissen als vom Genotyp abhängen. Insbesondere den Konkurrenzbedingungen, daneben aber auch den Licht-, Feuchte- und Nährstoffverhältnissen wird eine entscheidende Rolle beigemessen. Unter ständigem oder bei wachsendem Konkurrenzdruck ist die Überlebensfähigkeit von Raps nur sehr gering unabhängig davon, ob die Linie antibiotikum- oder herbizidresistent ist. Längerfristig überdauern kann die Art demnach nur in konkurrenzarmen Lücken oder an regelmäßig gestörten Plätzen. Einschränkend bemerken die Autoren jedoch, daß sich gerade unter starkem Konkurrenzdruck einige Pflanzen besonders kräftig entwickelten und unter sehr ungünstigen Voraussetzungen hohe Samenmengen produzierten.

Aus den Ergebnissen folgern die Autoren, daß Raps nicht in ungestörte naturnahe Habitate eindringen kann. Auch an gestörten Plätzen besitzen transgene, herbizid- oder antibiotikumresistente Linien keine höhere Invasivität oder höhere Persistenz als nicht-transgene. Die Ursache wird im fehlenden Selektionsdruck zur Etablierung entsprechender Linien in herbizidfreien Habitaten gesehen.

Die getroffenen Schlußfolgerungen sind naheliegend. Stark domestizierte, herbizidresistente Rapssorten besitzen ohne einen entsprechenden Selektionsdruck aller Wahrscheinlichkeit nach nur ein geringes Potential zur Etablierung in ungestörten Habitaten. Der Versuchansatz läßt jedoch einige für die breite Anwendung transgener herbizidresistenter Rapssorten entscheidende

Fragen unbeantwortet. Ist es unter den zu erwartenden Anbaubedingungen sinnvoll, sich auf für die Art völlig fremde Standorte zu konzentrieren und das Verhalten auf Äckern und an gestörten Plätzen völlig außer acht zu lassen?

Bei einer verbreiteten Nutzung können die transgenen Sorten gerade auf Äckern bei Anwendung des selektiv wirkenden Herbizids zu einem Problem werden. Beim Rapsdrusch fallen große Mengen an Ausfallsaatgut an. Rapssamen vermag aber lange im Boden zu überdauern. Später als Durchwuchs auftretende Rapspflanzen lassen sich mit dem Herbizid, gegen das sie tolerant sind, nicht bekämpfen. Eine Entwicklung neuer Sorten mit neuen Resistenzen wird vermutlich die Folge sein.

Raps produziert sehr große Pollenmengen, die durch Insekten, z. T. jedoch auch durch den Wind weit verbreitet werden. Durch Windverbreitung sind Bestäubungen noch in mehreren Kilometern Entfernung weit über den üblichen Flugradius der bestäubenden Insekten (Bienen u. a.) möglich (Timmons et al., 1995). Unabhängig von der Art der neuen Eigenschaft erscheint somit eine recht rasche Auskreuzung der rekombinanten Eigenschaft in nicht-transgene Rapssorten bei einem verbreiteten Anbau transgener Sorten sehr wahrscheinlich.

An Ackerrändern und auf anderen häufig von Raps besiedelten gestörten Stellen fallen beim Transport verlorengegangene Samen an. Das Auftreten von Raps wird an diesen Stellen in den letzten Jahren vermutlich auf Grund der immer größer werdenden Rapsanbaufläche zunehmend beobachtet. Wenig spricht dagegen, daß es an derartigen Standorten auch zu einer Ausbreitung transgener Linien kommen wird. In diesen Habitaten finden sich auch viele der potentiellen Kreuzungspartner des Rapses aus der heimischen Vegetation. Diese Orte könnten somit bei einem starken Anbau rekombinanter Rapssorten eine große Bedeutung erlangen im Hinblick auf die Auskreuzung des Transgens in verwandte Wildpopulationen und die Entstehung von Hybriden. Die Überlebensfähigkeit der Hybride hängt ab von dem möglichen Vorteil, den sie durch die neue Eigenschaft erlangt haben und ihrer Fitneß.

Zu wenig Beachtung schenken Crawley et al. (1993) der mehrfach gemachten Beobachtung von besonders kräftigen und samenreichen Einzelexemplaren an ungünstigen Standorten. Diese Fälle sprechen dafür, daß sich unter hohem selektierend wirkendem Konkurrenzdruck ein offenbar entsprechend angepaßter Genotyp entwickeln kann. Wichtig wären bei derartigen Beobachtungen weitere Untersuchungen über das Schicksal dieser Pflanzen und ihrer Nachkommen. Sie können der Ausgangspunkt für die Bildung einer Gründerpopulation sein, die längerfristig oder plötzlich das Potential zur Etablierung entwickelt (Kareiva, 1993; Weber, 1996a).

12.4 Sicherheitsforschung und Freisetzungspraxis

Wie an den Beispielen des transgenen Rapses sowie des transgenen Maises dargelegt, sind Auswirkungen gentechnisch veränderter Pflanzen auf die Umwelt recht wahrscheinlich. Die Quantifizierung dieser Effekte ist mit Hilfe einer geeigneten Sicherheitsforschung anzustreben. Bei den bisherigen Freisetzungen transgener Organismen weltweit wurde nur in ca. 1% aller Fälle eine begleitende Sicherheitsforschung in irgendeiner Form durchgeführt (Weber, 1996b). Daraus läßt sich folgern:

a) Vorweg durchgeführte ökologische und evolutionsbiologische Risikobeurteilungen erfolgten im wesentlichen auf Grund vorhandenen Wissens, z. B. aus der klassischen züchterischen Praxis, aus pflanzensoziologischen und/oder verbreitungsbiologischen Studien, und stellten somit eine reine Risikoabschätzung dar.

b) Eine begleitende Sicherheitsforschung parallel zu begrenzten Freisetzungen transgener Organismen erscheint bisher von untergeordneter Bedeutung.

Die Aussage unter a) impliziert, daß die gentechnische Veränderung eines Organismus aus ökologischer oder evolutionsbiologischer Sicht keine neue „Qualität" darstellt und das Eintreten unerwünschter Effekte für unwahrscheinlich gehalten wird. Die Neukombination singulärer Gene über Artgrenzen hinweg, wie es bei der Schaffung von gentechnisch veränderten Pflanzen in der Regel der Fall, ist jedoch bei höheren Organismen als ein Prozeß anzusehen, der unter natürlichen Bedingungen selten eintritt. Gerade wegen dieses Mangels an Wissen über die Folgen einer quasi grenzenlosen Neukombination genetischen Materials muß spätestens bei der begrenzten Freisetzung eine Sicherheitsforschung einsetzen. Demgegenüber läßt sich aus der Aussage unter b) folgern, daß die Neuartigkeit der angewendeten Verfahren und der damit verbundenen Folgen für die Umwelt annähernd durchgängig negiert wird. Die geringe Bereitschaft zur Durchführung von Risikostudien suggeriert gleichsam eine Sicherheit, die nur auf sehr begrenzten Kenntnissen beruht.

Tab. 2: Gliederung der Sicherheitsforschungen bei Freisetzungen von gentechnisch veränderten Pflanzen

Sicherheitsforschung		
Risikobeurteilung („step-by-step-Verfahren")		Begleitforschung
Laborversuche	begrenzte Freilandversuche	
- Klimakammerversuche - Gewächshausversuche - Mikrokosmosversuche - Modellrechnungen	- freisetzungsbegleitende Sicherheitsforschung - Modellvalidierung	- Monitoring - epidemiologische Studien - Modellevaluierung

An dieser Stelle wird Begleitforschung in Anlehnung an Köhler und Braun (1995) definiert. Begleitforschung sollte zukünftig immer dann einsetzen, wenn gentechnisch veränderte Pflanzen der kommerziellen Nutzung (Inverkehrbringen) zugeführt werden. Tab. 2 soll die Abstufungen verdeutlichen.

12.5 Inverkehrbringen als neue Stufe der Freisetzung von gentechnisch veränderten Pflanzen

Die Ergebnisse der in wenigen Fällen durchgeführten begleitenden Sicherheitsforschung werfen nur einige Schlaglichter auf einzelne Aspekte möglicher Umweltfolgen. Gerade vor dem Hintergrund der geplanten großflächigen Freisetzungen bestehen wesentliche Kenntnislücken, vor allem in bezug auf die längerfristigen ökologischen und evolutionsbiologischen Effekte.

Heutige Entscheidungen über ein Inverkehrbringen transgener Kulturpflanzensorten müssen unter Inkaufnahme eines partiellen Nicht-Wissens vollzogen werden (Neemann und Bartsch, 1996). „Nach dem Stand des Wissens" zu entscheiden bedeutet daher, sich mit der Einschätzung zufrieden zu geben: „Über Wirkungen ist nichts bekannt". Weitergehende Untersuchungen zur Verbreitung und zu den Wirkungen von gentechnisch veränderten Organismen unter Labor- sowie unter Anbaubedingungen, wie in Tab. 2 vorgeschlagen, sind dringend notwendig. Etliche der bisher ausschließlich im Labor/Gewächshaus oder unter den Bedingungen eines begrenzten Freisetzungsversuches gewonnenen Erkenntnisse sind unter den Bedingungen des Inverkehrbringens neu zu bewerten. So ist beispielsweise die Gefahr der Resistenzbildung bei begrenzten Freisetzungen gering. Diese Gefahr steigt unter den Bedingungen eines Inverkehrbringens erheblich, da zeitliche und räumliche Begrenzungen weitgehend entfallen und gänzlich veränderte kommerzielle und landwirtschaftliche Rahmenbedingungen gelten.

Die praktischen Erfahrungen mit der begrenzten Freisetzung transgener Organismen dienen üblicherweise als Basis für die Beurteilung der nach §1 GenTG zu schützenden Rechtsgüter auch im Falle ihres Inverkehrbringens. Im Hinblick auf die zu schützende „Umwelt in ihrem Wirkungsgefüge" lautet die Argumentation für die Unbedenklichkeit einer kommerziellen Nutzung, daß bei den begrenzten Freisetzungen keine nachteiligen Umweltwirkungen beobachtet wurden. Inverkehrgebrachte transgene Pflanzensorten besitzen jedoch im Vergleich zu ausschließlich in begrenzten Maße zu Versuchszwecken freigesetzten Pflanzen erheblich mehr Möglichkeiten, mit ihrer Umwelt in Wechselwirkung zu treten. Eine Begleitforschung muß den neuen Bedingungen des Inverkehrbringens Rechnung tragen. Einige wesentliche Veränderungen im Vergleich zu den bisher praktizierten begrenzten Freisetzungen sind in Tab. 3 wiedergegeben.

Tab. 3: Veränderte Bedingungen durch das Inverkehrbringen von gentechnisch veränderten Pflanzen gegenüber einer begrenzten Freisetzung

1.	Wegfall zeitlicher Begrenzungen
2.	Wegfall von Sicherheitsmaßnahmen zur Ausbreitungskontrolle:
2.1	Fehlen räumlicher Beschränkungen
2.2	Fehlen ausbreitungsmindernder ackerbaulicher Maßnahmen
2.3	Fehlen einer Nachkontrolle
3.	Wegfall von Vorsichtsmaßnahmen durch Anbau nach landwirtschaftlicher Praxis

zu Punkt 1: Begrenzte Freisetzungen von gentechnisch veränderten Pflanzen zu Versuchszwekken besitzen einen von Fall zu Fall festgelegten zeitlichen Rahmen. Nach dem Inverkehrbringen transgener Pflanzen fallen zeitliche Einschränkungen weg. Eine auf die veränderten Bedingungen des Inverkehrbringens abzielende Begleitforschung muß daher gleichfalls über längere Zeiträume erfolgen als bei den begrenzten Freisetzungen notwendig. Unter den neuen Anbaubedingungen besitzen die transgenen Kulturpflanzen ebenso wie die herkömmlichen die Möglichkeit, mit ihrer Umwelt (Anbaufläche, Randflächen, benachbarte Anbauflächen) womöglich über viele Anbauperioden hinweg in Wechselwirkung zu treten.

zu Punkt 2: Bei begrenzten Freisetzungen zur Überprüfung der Expressionsstabilität einer gentechnisch erworbenen Eigenschaft oder im Rahmen von Sortenprüfungen u. ä. sind eine Reihe von Sicherheitsauflagen zu erfüllen. Das Areal, auf dem die Freisetzung stattfinden soll, ist sehr genau einzugrenzen, wenn es sich nicht um einen nach dem vereinfachten Verfahren gestellten Antrag handelt. Auch Maßnahmen zur Verhinderung der Pollen- oder Samenverbreitung sind von Fall zu Fall detailliert zu beachten. Besteht die Möglichkeit, daß überdauerungsfähiges Saatgut in den Boden gelangt, ist durch gezielte Maßnahmen für eine rasche und möglichst weitgehende Entfernung des Saatgutes zu sorgen. Auflagen dieser Art einschließlich einer Nachkontrolle der Freisetzungsflächen entfallen nach einer Genehmigung zum Inverkehrbringen einer transgenen Pflanzensorte.

zu Punkt 3: In der landwirtschaftlichen Praxis wird versucht, den mit dem Anbau von Kulturpflanzen verbundenen Aufwand so gering wie möglich zu halten. Nach dem Inverkehrbringen transgener Sorten besteht für Landwirte kein Grund, anders als gewohnt bei der Ernte vorzugehen. Somit ist zukünftig mit Saatgutverlusten durch Ausfall bei der Ernte zu rechnen. Die Samen können durch wendende Bodenbearbeitung in die Samenbank gelangen und dort – soweit sie die hiesigen Winter überstehen – viele Jahre keimfähig überdauern. Rapssamen können in tieferen Bodenschichten durchaus 10 Jahre überdauern und durch einen Lichtreiz beginnen auszukeimen.

12.6 Anforderungen an eine freisetzungsbegleitende Risikoforschung

Eine Begleitforschung, die sich zum Ziel setzt, sowohl ökologische als auch evolutionsbiologische Auswirkungen bei Freisetzungen zu erkunden, sieht sich auf Grund der sprunghaften Entwicklungen im Bereich der gentechnisch veränderten Pflanzen unterschiedlichsten Anforderungen gegenübergestellt. Zeitlich begrenzte Freisetzungen gentechnisch veränderter Pflanzen vor allem mit züchterisch-wissenschaftlichem Hintergrund und unterschiedlichsten Objekten und Zielsetzungen nehmen auch in Deutschland stetig an Zahl zu (Hobom, 1996) (siehe auch Kapitel 1 und 2).

Verursacht durch die große Zahl unterschiedlichster Freisetzungsanträge werden individuelle Vorstudien zur Erforschung der damit im Einzelfall verbundenen potentiellen Umweltrisiken zukünftig immer unwahrscheinlicher. In den konkreten Fällen werden Risikostudien daher überwiegend nur im Rahmen eines „Monitoring-nach-Genehmigung" durchführbar sein. Ein „step-by-step"-Vorgehen (Labormaßstab, Gewächshausversuche, begrenzte Freisetzung), wie es von Umweltwissenschaftlern gewünscht wird, wird voraussichtlich nur noch bei wenigen Neuanträgen möglich sein.

An den vier ausführlicher vorgestellten Beispielen ist die Bandbreite der Freisetzungen nur in den Ansätzen erkennbar. Doch die getroffene Auswahl zeigt bereits, welch unterschiedlichen Anforderungen ein freisetzungsbegleitendes Monitoring genügen muß. An der Komplexität der geschilderten Wirkungspfade wird deutlich, daß Risikostudien mit ökologisch-evolutionsbiologischer Zielsetzung ökosystemorientiert angelegt sein sollten und nicht nur unmittelbare Wirkungen umfassen dürfen.

Die Planung entsprechender Studien hat sich sehr eng an den Versuchsbedingungen zu orientieren. Nicht nur die Spezies des Empfängerorganismus (Verbreitungsmuster, Domestikationsgrad, Vorhandensein von Kreuzungspartnern, Wahrscheinlichkeit von Hybridisierungen) und die neu erworbene Eigenschaft (Grad der ökologischen Relevanz nach der Bedeutung und Funktion des exprimierten Proteins) sowie die Wahl und die Funktion des eingesetzten Promotors (konstitutiv, gewebsspezifisch) sind von Bedeutung. Auch die erwünschten, aber vor allem die unerwünschten „Nebenwirkungen" auf andere Organismen nehmen Einfluß auf die Systeme. Der Einsatz herbizidresistenter Pflanzen hat nicht nur eine radikale Abundanz- und Diversitätsabnahme der Unkrautzönose und eine Zerstörung ihrer Struktur zur Folge, sondern bewirkt auch eine Beeinflussung der phytophagen Mesofauna (siehe Beispiele 1 und 4).

Bei fremdbefruchteten und windbestäubten Pflanzenarten besteht eine größere Gefahr eines ungewollten Genflusses als bei Selbstbefruchtern sowie insektenbestäubten Arten (Raybould und Gray, 1994). Trotzdem fanden Jørgensen und Andersen (1994) unter Freilandbedingungen kürzlich Hybridisierungen zwischen der Kulturpflanze Raps und der Wildverwandten *Brassica campestris.* Auskreuzungswahrscheinlichkeiten sowie die Fähigkeit zur Verwilderung und

Invasivität hängen in einem ganz starken Maße von der Bindung der Kulturart an die heimische Vegetation ab. Ein Genfluß zwischen *Beta vulgaris*-Unterarten und der Zuckerrübe, zwischen *Brassica*-Arten und dem Raps sowie zwischen Cichorien und *Cichorium intybus* (Wegwarte) sind mit großer Wahrscheinlichkeit zu erwarten, da sich deren Lebens- und Anbauräume häufig überschneiden.

Zu fragen bleibt, inwieweit ein Genfluß tolerabel ist. Ein Kriterium, nach dem dieser Aspekt häufig beurteilt wird, ist die Frage: Bringt das neue Gen der Hybride einen Fitneßvorteil oder nicht? Im Falle der Herbizidresistenz ist ein Vorteil auf den Agroökosystemen mit Sicherheit zu erwarten (s.o.), eine Ausbreitung resistenter unerwünschter Arten in Zielsystemen ist recht wahrscheinlich, in Nicht-Zielökosystemen dagegen weniger (Crawley et al., 1993). Gänzlich auszuschließen ist sie auf Grund der von Crawley vereinzelt gefundenen Exemplare in Fremdhabitaten jedoch auch nicht. Vermutlich unabhängig von der neuen Eigenschaft dürfte die Konkurrenz angepaßte Genotypen herausselektiert und die Entwicklung kräftiger Pflanzen gefördert haben. Eine Weiterverbreitung der rekombinanten Eigenschaft dürfte damit erfolgreich sein.

Eine Ausbreitung des Gens für männliche Sterilität könnte dagegen zu einer starken Veränderung von Wildtyppopulationen in Nicht-Zielökosystemen führen. Männliche Sterilität bedeutet die Möglichkeit zu erhöhten Einkreuzungsraten und damit eines rascheren Genflusses. Neue Genotypen mit neuen Möglickeiten können sich rasch entwickeln. An diesem Beispiel relativiert sich die Aussage von Raybould und Gray (1994), wonach gentechnische Eingriffe in Pflanzen die Hybridisierungsraten nicht erhöhen werden.

Völlig anders zu bewerten ist die potentielle Weitergabe eines Gens zur Ausprägung einer Insektenresistenz (z. B. *Bacillus thuringiensis*-Toxin). Obwohl im genannten Beispiel (Übertragung auf *Zea mays*) wegen fehlender Kreuzungspartner lediglich eine intraspezifische Verbreitung möglich ist, birgt auch dieser Verbreitungsweg zusätzliche ökologische Risiken. Die ständige, starke Präsenz des Protoxins in Agroökosystemen bewirkt eine hohe Expositionsrate für die Zielorganismen. Eine solche Situation erhöht den Selektionsdruck und fördert die Entwicklung von Resistenzen. Da es sich bei dem genannten Spritzmittel um ein auch im alternativen Landbau eingesetztes Präparat handelt, wird dessen Wirksamkeit bei einer verbreiteten Anwendung zurückgehen.

Das Beispiel Zuckerrübe mit Virusresistenz zeigt, daß gerade bei gentechnisch erzeugten Krankheitsresistenzen auch andere Wege der Verbreitung rekombinanter Eigenschaften existieren. Das im genannten Beispiel gewählte System zur Erzeugung der Resistenz: Schutz durch die Expression klonierten Virushüllproteins nach gentechnischer Insertion des codierenden Gens besitzt ein immanentes Ausbreitungsrisiko. „Leere" Hüllproteine sind theoretisch in der Lage, bei Mischinfektionen fremde Virusgenome zu verpacken (Palukaitis, 1991). Sie können dann mit den gleichen Vektoren (Blattläuse, Pilze) auf neue Wirte übertragen werden. Eine Weiterverbreitung erscheint jedoch wegen des fehlenden Hüllproteingens in der neuen Wirtspflanze unwahrscheinlich. Vektoren mit breitem Wirtsspektrum stellen ein besonderes Ausbreitungsrisiko dar.

Unter Umständen muß von Fall zu Fall die Gewichtung zwischen ökologischen und evolutionsbiologischen Tests anders ausfallen. Manche gentechnisch erworbenen Resistenzen (z. B. die Herbizidresistenz) bewirken vor allem in den Zielsystemen unter der Anwendung des Toxins sehr starke direkte und indirekte Effekte, die beispielsweise mit dem im Rahmen ökotoxikologischer Forschung entwickeltem Instrumentarium bestimmt werden können (Mathes und Weidemann, 1991; Mathes, 1996; Neemann, 1993).

Sämtliche oben besprochenen Beispiele betreffen bereits freigesetzte transgene Pflanzen. Trotzdem beruhen viele der in den Szenarien getroffenen Aussagen bis auf wenige Ausnahmen auf Überlegungen, die deduktiv aus autökologischen oder kleineren evolutionsbiologischen Versuchen entwickelt wurden. Der Rückgriff auf Szenarien ist im jetzigen Stadium der Begleitforschung zur Beschreibung von Risiken, über die noch keine Daten vorliegen, unumgänglich. Darüber hinaus sind sie notwendig zur Planung von neuen Versuchsansätzen, auch im Hinblick auf ein anzustrebendes Monitoring. Jede Freisetzung muß jedoch, vor dem Hintergrund des begrenzten Wissens im Sinne eines „case-by-case"-Vorgehens mit entsprechend angepaßten Methoden gesondert untersucht werden.

Erfahrungen mit der Einbürgerung und Ausbreitung von Neophyten in Mitteleuropa zeigen, daß Effekte von ökologischer Bedeutung erst nach vielen Generationen evident werden. Evolutionsbiologische Wirkungen sind nicht sofort nach ihrem Eintreten erkennbar.

Ein Monitoring, das Aussagen unter ökologischen oder evolutionsbiologischen Gesichtspunkten zulassen soll, muß über mehrere Jahre angelegt sein. Bei einem Inverkehrbringen gentechnisch veränderter Kulturarten ist von einem mehrjährigen Anbau in der gleichen Region auszugehen. Da somit die Möglichkeit zu einem Genfluß über Auskreuzungen wesentlich höher ist, sollten entsprechend ausgelegte Versuche einen breiten Raum einnehmen. Für die Auswertung der Ergebnisse ist eine statistisch valide Versuchsplanung unabdingbar. Die Untersuchungen sollten sich nicht auf Äcker beschränken, sondern auch Randbereiche, Brachflächen und Wegränder mit einbeziehen, in denen potentielle Kreuzungspartner vorkommen. Hinsichtlich eines Monitorings des Auskreuzungsverhaltens sind Kulturarten mit einheimischen Kulturverwandten von besonderer Dringlichkeit.

Die Erfahrungen aus den Risiskostudien von Crawley et al. (1993) haben gezeigt, daß Mittelwerte das Verhalten von Einzelexemplaren nicht genügend berücksichtigen. Evolutionsbiologisch bedeutsam sind die „Ausreißer", denn diese können für die Entstehung von Gründerpopulationen verantwortlich sein. Das muß beim Monitoring sowie bei der anschließenden Auswertung besondere Beachtung finden.

Beim Monitoring seltener kultivierter, rekombinanter Empfängerpflanzen, die beispielsweise für die Synthese von Industrierohstoffen herangezogen werden sollen, haben Risikostudien die

Möglichkeit zur Verbreitung der neuen Eigenschaften, vor allem über den Pollenflug und die Diasporenbildung, zu untersuchen. Die Verankerung der Empfängerart in der heimischen Vegetation, die Zahl und Häufigkeit von Kreuzungspartnern sowie ihre sonstigen potentiellen Verbreitungswege sind zu bewerten.

Auch Änderungen in den herkömmlichen Pflanzenschutz- und Pflegemaßnahmen während der Kultur von gentechnisch veränderten Pflanzen werden voraussichtlich ökologische oder evolutionsbiologische Bedeutung erlangen. Die landwirtschaftliche Praxis ist als weitere Einflußgröße mitzuberücksichtigen. Unkräuter können beim Anbau herbizidresistenter Kulturpflanzen zukünftig in jedem Entwicklungsstadium erfolgreich bekämpft werden. Eine Rücksichtnahme auf den Entwicklungszustand des zu bekämpfenden Unkrautes oder der zu schützenden Kultur ist nicht mehr notwendig. Durch die regelmäßige Anwendung des gleichen Totalherbizids herrscht jedoch in der Unkrautgesellschaft ein starker Selektionsdruck, der die Entwicklung von Resistenzen fördert, so daß Resistenzentwicklungen im Unkrautbestand zu beachten sind.

Die Praxis der Sortenzulassung in Deutschland belegt deutliche regional unterschiedliche phänotypische Ausprägungen bei gleichen Sorten. Im Rahmen von Untersuchungen zur Überwinterungsfähigkeit transgener Zuckerrüben stellt Bartsch (1996a) einen starken Ost-West-Gradienten in Deutschland fest. Je weiter in Richtung des stärker atlantisch geprägten Westens die Rüben angebaut werden, desto größer ist deren Überwinterungsfähigkeit. Die an einem Ort in Mitteleuropa gewonnenen Freisetzungsergebnisse lassen sich daher nicht ohne weiteres auf andere geographische Standorte übertragen. Ein Monitoring sollte standörtliche Unterschiede in die Planung einbeziehen.

Die Insertion neuer Gene in das Genom einer Empfängerpflanze ist ein molekularbiologischer Vorgang. Methoden, die zum Nachweis ökologischer Veränderungen geeignet sind, setzen in der Regel erst auf höheren Integrationsstufen ein. Der Nachweis eines Gentransfers läßt sich nur durch die Einbeziehung molekularbiologischer Tests erbringen.

In jedem Fall sollten die gewonnenen Ergebnisse zentral z. B. in Form einer Datenbank gesammelt und anschließend ausgewertet werden. Nur so ist längerfristig die von Sukopp und Sukopp (1995) vorgeschlagene Ableitung von Modellen möglich. Erst sobald validierte Modelle über das Verhalten transgener Pflanzen verfügbar sind, lassen sich auch absicherbare Prognosen erarbeiten.

12.7 Schlußfolgerung

Die bisherige Praxis der Freisetzung zeigt, daß die Kenntnisse über ökologische bzw. evolutionsbiologische Effekte noch lückenhaft sind. Aus diesem Grund muß Sicherheitsforschung weiterhin betrieben werden. Im Zusammenhang mit dem Inverkehrbringen von transgenen

Pflanzen treten neue Randbedingungen auf, die eine Begleitforschung notwendig machen, da nicht alle offenen Fragen in einer der davorliegenden Freisetzungsstufen geklärt werden können. Es darf nicht einseitig die Erforschung der Nutzungsmöglichkeiten der Gentechnik gefördert werden, sondern auch jene Bereiche, die bereits früh die möglichen negativen Folgen einer neuen Technologie beleuchten. Das ist keine Behinderung einer neuen Technologie, sondern schafft erst die Voraussetzung für einen offenen gesellschaftlichen Diskurs.

13 Horizontaler Gentransfer bei Herbizidresistenz? Der Einfluß von Genstabilität und Selektionsdruck

Prof. Dr. H. Sandermann, Jr., H. Rosenbrock und Dr. D. Ernst

GSF-Forschungszentrum für Umwelt und Gesundheit GmbH, Institut für Biochemische Pflanzenpathologie, D-85764 Oberschleißheim

13.1 Einleitung: Herbizidresistenz in Landwirtschaft und Forschung

Gentechnologische Methoden erlauben bei praktisch allen landwirtschaftlichen Nutzpflanzen die Einführung von Genen, die die Nahrungsqualität erhöhen oder die Widerstandsfähigkeit oder den Ertrag der Pflanze fördern. Die biotechnologische Anwendung der Gentechnologie bei Pflanzen reicht von medizinisch nutzbaren Inhaltsstoffen oder Antikörpern bis zur Produktion kurzkettiger Fette oder biologischer Polymere.

Die Einführung von Herbizidresistenz[62] steht dabei seit über zehn Jahren im Vordergrund der internationalen Forschung. Hauptgründe dafür ist die Tatsache, daß oft nur ein einziges Gen übertragen werden muß und daß die Herstellerfirmen von Herbiziden sich stark in diesem neuen Forschungsgebiet engagiert haben. Anfänglich bestand Übereinstimmung unter Herstellerfirmen, Wissenschaftlern und auch Teilen der Öffentlichkeit, daß gentechnologische Methoden eingesetzt werden sollten, um deutliche ökologische Vorteile gegenüber dem jetzigen Einsatz von Pflanzenschutzmitteln in der Landwirtschaft zu erzielen. Inzwischen haben jedoch viele Firmen transgene Pflanzen für die hauseigenen Herbizide hergestellt, ohne ökologische Analysen vorzulegen. Die publizierten Daten zur Rückstandsbildung und zu toxikologischen Eigenschaften lassen keine klaren Umweltvorteile der durch Gentransfer vermehrt einsetzbaren Herbizide erkennen (Sandermann und Ohnesorge, 1994).

Einige der gentechnologisch zugänglichen Herbizide (z. B. Atrazin, Bentazon, Metribuzin, Pyridat) unterliegen bereits seit Jahren Einschränkungen zum Gewässerschutz (Industrieverband Agrar, 1991). Weiterhin befinden sich gentechnologisch zugängliche Herbizide, wie z. B. Atrazin, Metribuzin sowie die Sulfonylharnstoffe und Imidazolinone auf der Liste derjenigen Herbizide, die in hohem Maße spontane Herbizidresistenz bei Unkrautarten hervorrufen (LeBaron und McFarland, 1990). Bei den zur Zeit im Vordergrund des Interesses stehenden Breitbandherbiziden Glyphosat[63] und Basta[64] konnte gezeigt werden, daß beide Herbizide entgegen den Angaben der

---

[62] Herbizidresistenz ist hier so definiert, daß die transgene Pflanze Herbizidmengen verträgt, die zum Abtöten der nicht transgenen Ausgangspflanze führen.

[63] Glyphosat hat den chemischen Namen N-Phosphonomethylglycin und den Handelsnamen Roundup (Monsanto).

[64] Basta (Hoechst/Schering-AgrEvo) ist der Handelsname für den Wirkstoff Glufosinat-Ammonium (chemisch: Ammonium-D,L-homoalanin-4-yl(methyl)-phosphinat). Nur das zu 50% in Glufosinat enthaltene L-Isomere, das wissenschaftlich als L-Phosphinothricin (L-PPT) bezeichnet wird, ist als Herbizid aktiv und somit der eigentliche Wirkstoff.

Herstellerfirmen einem pflanzlichen Metabolismus unterliegen (Komoßa und Sandermann, 1992; Komoßa et al., 1992). Das Herbizid Basta enthält zu 50% das D-Isomere des Phosphinothricins, das von Bodenmikroorganismen nur langsam abgebaut werden kann (Hoerlein, 1994). Bei Glyphosat gibt die enorme Spannbreite der Halbwertszeiten im Boden von wenigen Tagen bis zu mehreren Jahren (Grossbard und Atkinson, 1985; Carlisle und Trevors, 1988; Malik et al., 1989) zu denken. Bei der großflächigen Anwendung erscheint eine Belastung durch Glyphosat oder Basta bzw. ihrer Primärmetabolite im Sinne der EU-Trinkwasser-Richtlinie möglich. Weiterhin könnte eine bisher nicht schlüssig beschriebene spontane Resistenz von Unkrautarten für beide Herbizide dadurch auftreten, daß die relativ niedrige pflanzliche Metabolismusrate der Herbizide sich erhöht (Gressel et al., 1996).

Der vorliegende Artikel konzentriert sich auf die künstliche Herbizidresistenz als Werkzeug, um das Umweltverhalten von transgenen Pflanzen zu erforschen. Das für Basta-Resistenz sorgende L-Phosphinothricin-N-Acetyltransferase (*pat*)-Gen wird als Modell benutzt. Glyphosat und Basta sind toxisch für Pflanzen und auch bestimmte Mikroorganismen. Der resultierende Selektionsdruck[65] sollte den Nachweis eines horizontalen Gentransfers sehr erleichtern. Dabei geht es um die drei in der Abb. 1 schematisch dargestellten Prozesse.

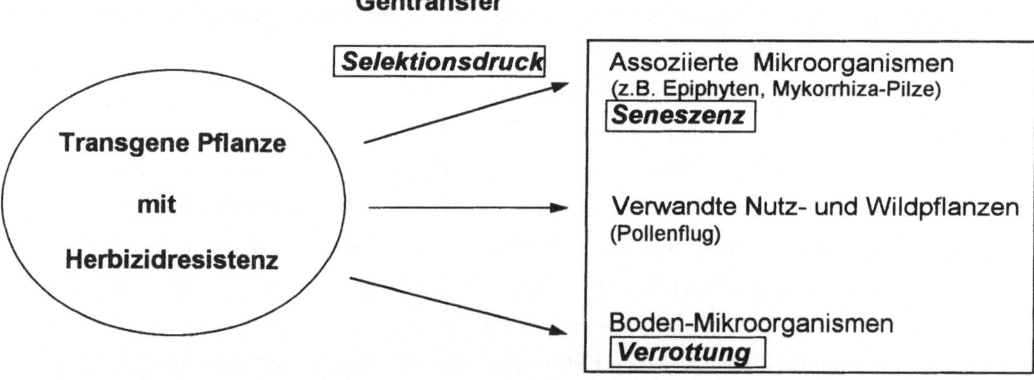

Abb. 1: Gentransfer aus transgenen Pflanzen. 1. Horizontaler Gentransfer des Transgens in pflanzenassoziierte Mikroorganismen (Epiphyten oder Mykorrhiza-Pilze), 2. Übertragung durch Pollen auf botanisch verwandte Kultur- und Wildpflanzen (gefolgt von Introgression), 3. Horizontaler Gentransfer aus im Boden verrottender pflanzlicher Biomasse auf Mikroorganismen des Bodens. Die in kleinen Kästen gerahmten Begriffe werden im Text eingehender behandelt.

Seit langem sind horizontale Gen-Übertragungprozesse für Antibiotika-Resistenzen bekannt (Mazodier und Davis, 1991; Lorenz und Wackernagel, 1994; Brandt, 1995). Auch für die sexuelle Gen-Übertragung durch Pollenflug existieren Beispiele (Dale, 1992; Jørgensen et al., 1996). Der vorliegende Artikel wird sich auf zwei Teilfragen in dem gesamten Problembereich konzentrieren:

---

[65]   Ein Selektionsdruck zugunsten des Transfers von Herbizidresistenz-Genen kann durch das Phänomen der Kreuzresistenz auch durch unabhängige Streßfaktoren verursacht werden. Beispielsweise schützt Resistenz gegen das Herbizid Paraquat auch gegen Trocknis (Bowler et al., 1992). Resistenz gegen das Antibiotikum Hygromycin B schützt gleichzeitig gegen Glyphosat (Peñaloza-Vázquez et al., 1995).

1. Die Lebenszeit des *pat*-Gens aus transgenem Mais oder Raps während der pflanzlichen Seneszenz und Kompostierung (Ergebnisse des Roggenstein-Freisetzungsversuchs).
2. Die Frage, ob Breitbandherbizide wie Glyphosat und Basta unter Bedingungen guter landwirtschaftlicher Praxis einen Selektionsdruck ausüben können.

Übersichtsartikel und Buchveröffentlichungen zur Freisetzungsproblematik geben eine gute Einführung in das Gesamtgebiet, aber sprechen den möglichen Selektionsdruck durch Breitbandherbizide nicht an (Dietz et al., 1993; Brandt, 1995; Rogers und Parkes, 1995; Rissler und Mellon, 1996). Einzelbeispiele für die Vernachlässigung des Selektionsdrucks sind Freisetzungsversuche in England, bei denen keine besondere Wüchsigkeit von Basta-resistentem Raps festgestellt werden konnte, ohne daß ein Selektionsdruck durch Basta eingesetzt wurde (Crawley et al., 1993). Eine Arbeit über die Vernachlässigbarkeit eines horizontalen Gentransfers von der Pflanze auf ein Bakterium versäumte es, einen Selektionsdruck durch das untersuchte Antibiotikum (Ampicillin) einzusetzen (Schlüter et al., 1995). Gründliche Untersuchungen über den Einfluß der pflanzlichen Seneszenz und der Verrottung auf die Lebenszeit pflanzlicher Gene im Boden sind bisher nicht publiziert worden. In einer früheren Veröffentlichung wurde auf die wichtige ökologische Rolle und die Nutzung des Selektionsdrucks durch Breitbandherbizide als experimentelles Werkzeug hingewiesen (Sandermann, 1994). Die weltweit bisher über 3.000 Freisetzungsversuche mit transgenen Pflanzen (Brandt, 1995; Feldmann et al., 1996; Rissler und Mellon, 1996) (siehe auch Kapitel 1 und 2), davon über 1.200 Freisetzungsversuche allein für Basta-Resistenz (Donn et al., 1996), waren nicht ökologisch ausgelegt und haben keine Aussagen über die Lebenszeit von Transgenen im Boden oder über Raten des horizontalen Gentransfers erbracht.

13.2 Persistenz von DNA während der pflanzlichen Seneszenz

Seneszenz erfolgt in nahezu allen lebenden Organismen und führt zum Abbau von Zellkomponenten. Charakteristische pflanzliche Seneszenzabläufe werden am besten bei einjährigen, krautigen Pflanzen sichtbar. Mit Beginn der Blüte erfolgen Seneszenzprozesse nacheinander in Blüten, Früchten, Blättern, Stengeln und Wurzeln (Noodén, 1988). Die Abbauprozesse führen zu einer Mobilisierung zahlreicher Verbindungen und Mineralstoffe. Daneben erfolgt eine Biosynthese von hydrolytischen Enzymen, welche den katabolischen Metabolismus weiter beschleunigen (Brady, 1988). Diese Änderungen erfolgen nach einem festgelegten genetischen Schema (Smart, 1994). Das sichtbarste Symptom des Seneszenzprozesses ist der Verlust von Chlorophyll (Thimann, 1987). Die biochemischen Abbauprozesse betreffen Proteine und Nukleinsäuren sowie zahlreiche Inhaltsstoffe. Auch die Fremdgene transgener Pflanzen unterliegen den natürlich ablaufenden Seneszenzprozessen, so daß der Abbau des codierten Proteins, des entsprechenden Transkripts sowie der Fremd-DNA zu untersuchen ist. Ein horizontaler Gentransfer, also eine nicht sexuelle Übertragung genetischer Information, ist zwischen verschiedenen Prokaryonten und von *Agrobacterium* in Pflanzen gut belegt (Mazodier und Davies, 1991; Lorenz und Wackernagel, 1994; Brandt, 1995). Modellversuche weisen darauf hin, daß auch ein horizontaler Gentransfer von Pflanzen auf Mikroorganismen prinzipiell möglich ist bzw. während der Evolution stattgefunden hat (Syvanen, 1994). Ein horizontaler Gentransfer von intakten Pflanzen auf Bakterien oder Pilze könnte bei phytopathogenen Organismen sowie bei fortschreitender Seneszenz auch bei saprophytisch lebenden Organismen auftreten (Abb. 1). In der Rhizosphäre wären wurzelbesiedelnde Pilze und Bakterien Kandidaten für einen möglichen horizontalen Gentransfer. Stabil integrierte transgene DNA sollte während der Seneszenz denselben Abbauprozessen durch Nucleasen ausgesetzt sein wie die pflanzeneigene DNA. In transgenen Maispflanzen, die das *pat*-Gen stabil integriert hatten (Donn et al., 1992), ließ sich über den gesamten Zeitraum der Seneszenz, beginnend mit dem Blühen der Pflanzen, die *pat*-DNA nachweisen. Im gleichen Zeitraum fand jedoch ein starker Abbau an hochmolekularer DNA statt (Ernst et al., 1995). Dies zeigt, daß trotz Einwirkung von DNasen ein Fremdgen über den gesamten Zeitraum der Seneszenz für einen potentiellen horizontalen Gentransfer zur Verfügung stehen kann. Im Gegensatz zur *pat*-DNA konnte die *pat*-mRNA ab dem 28. Tag nach Blühbeginn nicht mehr nachgewiesen werden (Ernst et al., 1995). Das unterschiedliche Verhalten von RNA und DNA ist auf folgende Faktoren zurückzuführen: 1. Beendigung der Transkription während der Seneszenz und Abbau der mRNA durch RNasen. 2. Geringere Wahrscheinlichkeit des Abbaus von codierenden DNA-Regionen durch DNasen wegen der hochmolekularen Natur von DNA. Die wesentlich kürzeren mRNA-Spezies werden schnell durch RNasen abgebaut. Durch quantitative PCR (Polymerasekettenreaktion) konnte gezeigt werden, daß die *pat*-DNA – einschließlich der flankierenden Promotor- und Terminatorregion des Cauliflowermosaikvirus – in Blättern und Stengeln von Raps bis hin zum Blattabfall und in strohigen Stengeln nachweisbar war. Parallel dazu wurden auch das Abbauverhalten von Kontrollgenen wie das für die kleine Untereinheit der Ribulose-Bisphosphat-Carboxylase (*rbcS*) und das für die Chlorophyll a/b-bindenden Proteins (*cab*) bestimmt (Ernst et al., 1996a). Die letzteren Gene spielen innerhalb der Photosynthese eine wichtige Rolle. Es zeigte sich, daß kein verlangsamter Abbau der synthetischen transgenen DNA im Vergleich zu natürlicher pflanzeneigener DNA stattfand. Ein 90%iger Abbau der drei gemessenen Gene in Stengeln und Blättern geschah in circa 6 Wochen (Abb. 2). Phytopathogene Organismen oder Saprophyten könnten somit während des gesamten pflanzlichen Entwicklungszeitraumes Fremd-DNA aufnehmen. In einem Mikrokosmos-Modellsystem, bestehend aus einer Kokultivation Hygromycin-resistenter *Brassica*-Pflanzen und *Aspergillus niger* wurden zwar antibiotikaresistente Pilzkolonien gefunden, das Hygromycin-Resistenzgen konnte im Pilz jedoch nicht nachgewiesen werden (Hoffmann et al., 1994). Versuche mit transgenen Kartoffeln und dem

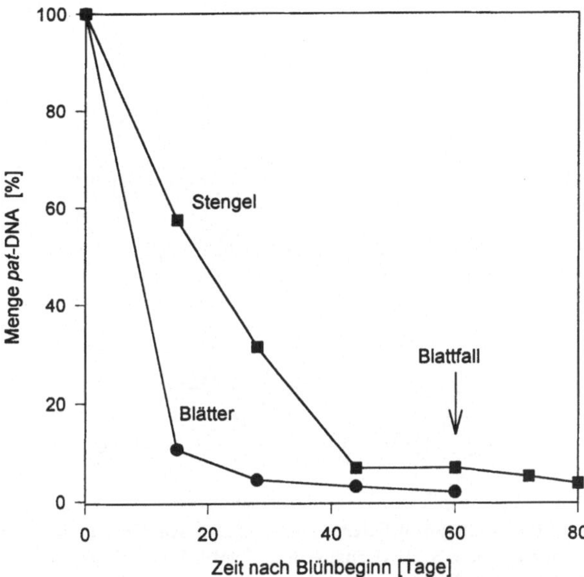

Abb. 2: Persistenz der *pat*-, *rbcS*- und *cab*-DNAs während der Seneszenz in Blättern und Stengeln von transgenem Raps. Das Verfahren der quantitativen PCR erlaubte die Bestimmung des DNA-Gehaltes relativ zur Ausgangspflanze. Da sich die drei DNAs in dieser Hinsicht wenig unterscheiden, sind die Datenpunkte für Blätter und Stengel jeweils zusammengefaßt (Rosenbrock et al., in Vorbereitung).

Pathogen *Erwinia chrysanthemi* zeigten, daß ein horizontaler Gentransfer unter natürlich simulierten Bedingungen nicht nachweisbar war. Theoretische Modellberechnungen ergaben eine Transferrate von $2{,}0 \times 10^{-17}$ in Abwesenheit eines Selektionsdrucks (Schlüter et al., 1995). Ein horizontaler Gentransfer unter nicht selektiven Bedingungen könnte somit höchstens als ein singuläres Ereignis eintreten. Unter dem Selektionsdruck von Antibiotika sind Transferraten der Antibiotika-Resistenzgene zwischen Mikroorganismen im Bereich von 10^{-3} bis 10^{-8} publiziert worden (Mazodier und Davis, 1991; Lorenz und Wackernagel, 1994). Die publizierten Transferraten für Resistenzgene unterscheiden sich somit um einen Faktor von etwa 10^{10} (10 Milliarden). Bisher läßt sich nicht angeben, wo innerhalb dieses weiten Bereiches die Transferraten von Herbizid-Resistenzgenen zu erwarten sind.

13.3 Persistenz von pflanzlicher DNA bei Verrottung

Für die Möglichkeit eines horizontalen Gentransfers im Bodenbereich spielt die Langlebigkeit der DNA – wie bereits für die Seneszenz ausgeführt – eine wichtige Rolle. Mittels PCR konnte bis zu 7 Monate nach Unterpflügung von transgenem Mais die *pat*-DNA im Bodenbereich

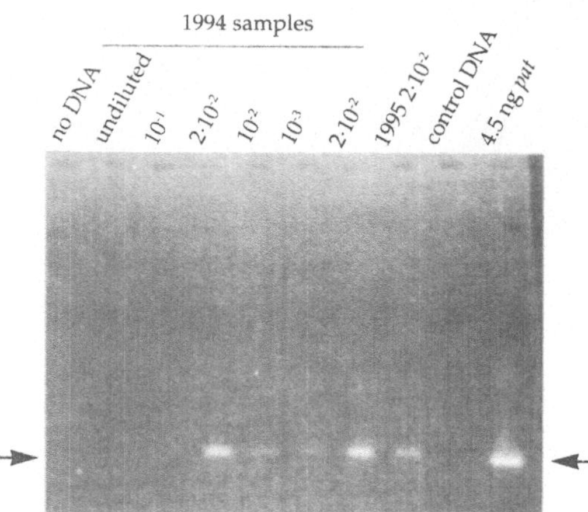

Abb. 3: Beispiel der erhaltenen Primärdaten für den Nachweis der *pat*-Sequenzen in Bodenproben. Agarose-Gelelektrophorese einer PCR-amplifizierten *pat*-Sequenz aus Gesamt-DNA von Bodenproben nach dem Unterpflügen von transgenem Mais (Ernst et al., 1996b). Wie auf englisch wiedergegeben, befindet sich links eine Kontrollspur ohne DNA, gefolgt von einem Bodengesamtextrakt des Jahres 1994 in unverdünnter Form bzw. in den angebenen 5 Verdünnungen. Es folgen dann ein 1995 hergestellter Extrakt desselben Bodens (nach ca. 8-monatiger Verrottung), ein Extrakt von Boden ohne transgenen Mais und eine Probe von authentischem *pat*-Gen.

nachgewiesen werden (Abb. 3) (Ernst et al., 1995, 1996b). Inwieweit es sich hier um DNA in teilverrottetem Pflanzenmaterial, freie oder an Bodenpartikel gebundene DNA oder transformierte Mikroorganismen handelte, kann nicht gesagt werden. Die wesentlich längere Nachweiszeit als im Falle der rein pflanzlichen Seneszenz (siehe 13.2) könnte ein Hinweis sein, daß die DNA durch Adsorption an Bodenpartikel stabilisiert ist. An Mineralkomponenten des Bodens gebundene DNA kann für natürliche Transformationsprozesse zur Verfügung stehen (Lorenz und Wackernagel 1994; Paget und Simonet, 1994). Bisherige Untersuchungen in der Roggenstein-Freisetzungsstudie ergaben keinen Hinweis auf einen horizontalen Transfer des *pat*-Gens in Mikroorganismen (Kirchhof et al., 1996). Dies ist in Übereinstimmung mit Literaturdaten, die unter natürlichen, nicht selektiven Bedingungen keinen Gentransfer finden konnten (Becker et al., 1994; Smalla und Gebhard, 1995)[66]. Die *pat*-DNA von transgenem Raps war über 4 Wochen nach Unterpflügen des gehäckselten Materials nachweisbar, also wesentlich kürzer als bei

---

[66] Mais und Raps wurden in der Basta(+)-Variante des Roggenstein-Versuches einmal mit drei Liter/Hektar, entsprechend 600 gr/Hektar Basta oder 274 gr/Hektar L-Phosphinothricin behandelt. Diese Menge ist deutlich unterhalb der zur vollständigen Unkrautbekämpfung empfohlenen Menge von 7,5 bis 10 Liter Basta/ Hektar (entsprechend bis zu 914 gr/Hektar L-PPT) (Hoechst, 1982). Zahlreiche Unkrautarten (besonders *Viola arvensis*) überlebten auf der Basta (+)-Parzelle des Roggenstein-Versuches (Interner Jahresbericht 1995, Prof. Dr. G. Fischbeck, TU München-Weihenstephan).

Mais. Endogene Kontroll-DNAs (*rbcS*, *cab*) konnten für den gleichen Zeitraum wie die *pat*-DNA im Bodenbereich nachgewiesen werden. Bezüglich der Abbaubarkeit im Boden besteht somit – ebenso wie bei der pflanzlichen Seneszenz – kein Unterschied zwischen der synthetischen *pat*-DNA und natürlich vorkommender DNA. Bei dem bekannten Petunien-Versuch in Köln wurde während acht Wochen nach dem Unterpflügen der Pflanzen die *nptII*-DNA für die Neomycin-Phosphotransferase in vier aus 400 Proben im Boden nachgewiesen (Becker et al., 1995). In Studien an der Universität Mainz wurde die Lebenszeit der *pat*-DNA im Boden zu ca. sieben Monaten bestimmt, wobei die zur Kontrolle eingesetzte DNA für die Phosphoenolpyruvatcarboxylase über vier Monate im Boden nachweisbar blieb (Feldmann et al., 1996). In Versuchen mit transgenen Zuckerrüben konnte die *nptII*-Fremd-DNA über einen Zeitraum von sechs Monaten in Bodenproben gefunden werden (Smalla und Gebhard, 1995). Insgesamt existieren damit mehrere unabhängige Studien, in denen die qualitativ nachgewiesene Überlebenszeit pflanzlicher DNA im Boden im Bereich von Monaten lag.
Kompost kann als ein spezieller Mikrokosmos angesehen werden, in dem eine Vielzahl von Bodenorganismen existieren. In kompostierten transgenen Maispflanzen konnte 22 Monate nach Beginn der Verrottung die *pat*-DNA in 50% der untersuchten Proben gefunden werden. Das Material enthielt zu diesem Zeitpunkt immer noch Pflanzenbestandteile wie Wurzel, Stengel oder Kolben.

13.4 Selektionsdruck durch Glyphosat?

Glyphosat ist ein Breitbandherbizid, das primär auf das Enzym 5-Enolpyruvyl-Shikimisäure-3 Phosphat (EPSP)-Synthase wirkt (Malik et al., 1989). Die Hemmkonstanten für die mikrobiellen und pflanzlichen EPSP-Synthasen liegen meist im Bereich von 5 – 100 µmolar. In einer klassischen frühen Arbeit hemmte 100 µmolar Glyphosat das Wachstum einer Pflanze (*Lemna gibba* L.) um 75% und das bakterielle Wachstum um 90% (Jaworski, 1972). Ein Celluloseabbauender Pilz war bereits bei 6 µmolar Glyphosat gehemmt (Grossbard, 1976). In späteren Studien wurden weitere empfindliche Organismen, aber auch viele tolerante Arten identifiziert (Grossbard und Atkinson, 1985). Gesamtparameter der Bodenvitalität wie mikrobielle Biomasse oder ATP wurden mit wenigen Ausnahmen nicht durch praxisübliche Glyphosat-Konzentrationen beeinflußt (Grossbard und Atkinson, 1985; Malik et al., 1989; Domsch, 1992). Gesamtparameter der Bodenvitalität erlauben es nicht, Aussagen über Subpopulationen von Mikroorganismen zu machen. Die komplexe Wirkung von Glyphosat wird gut durch Berichte über bestimmte Bodenbakterien (Rhizobien) belegt. *Rhizobium japonicum* war sehr empfindlich gegen Glyphosat (Jaworski, 1972), aber vier andere *Rhizobium*-Arten konnten Glyphosat aktiv abbauen (Liu et al., 1991). Als Richtwert für die halbmaximale Hemmung von empfindlichen Pflanzen und

Mikroorganismen kann ein Wert von 10 µmolar gelten. In drei verschiedenen Böden hatte Glyphosat Halbwertszeiten von 3, 27 und 130 Tagen (Rueppel et al., 1977). Spätere Studien ergaben eine größere Spannweite zwischen einigen Tagen und einigen Jahren für 50%igen Abbau in verschiedenen Böden (Grossbard und Atkinson, 1985; Carlisle und Trevors, 1988; Malik et al., 1989). Der Grund für die enorme Spannbreite ist anscheinend nicht aufgeklärt. Als typische Aufwandmengen von Glyphosat gelten 0,34 bis 1,12 kg/Hektar für einjährige Pflanzen und 1,12 bis 4,48 kg/Hektar für mehrjährige Pflanzen (Weed Science Society, 1989).

13.5 Selektionsdruck durch Phosphinothricin?

L-Phosphinothricin (L-PPT) ist der eigentliche Wirkstoff in Glufosinat-Ammonium. Der primäre Angriffsort für L-PPT in Pflanzen und Mikroorganismen ist das Enzym Glutamin-Synthetase (Bayer et al., 1972; Hoerlein, 1994). Typische Hemmkonstanten für das Enzym liegen im Bereich von 5 bis 100 µmolar. Halbmaximale Hemmung des pflanzlichen Wachstums wurde in einer Studie bei 21 gr/Hektar von D,L-PPT beobachtet (Logusch et al., 1991). Das Wachstum von Bakterien (Bayer et al., 1972) und *Trichoderma*-Pilzen (Ahmad et al., 1995) wurde durch L-PPT gehemmt. Die natürlichen Peptidderivate von L-PPT waren wesentlich aktiver, was an den höheren Aufnahmeraten lag (Bayer et al., 1972). Aufnahmeraten beim praktischen Herbizideinsatz sind allgemein von der Formulierung des Mittels abhängig. Hierzu liegen jedoch keine publizierten Daten für Basta vor. Auch über die Beeinflussung von Gesamtparametern der Bodenvitalität liegen nur wenige Daten vor, die keine Hemmung anzeigen (Hoerlein, 1994; Domsch, 1992). Angesichts der erheblichen Datenlücken wird für sensitive Organismen der Hemmwert des Glyphosats (10 µmolar) übernommen (Logusch et al., 1991; Hoerlein, 1994). Die Halbwertszeit von L-PPT in Böden ist viel weniger gründlich als für Glyphosat dokumentiert. Halbwertszeiten von 3–10 Tagen (Hoerlein, 1994) oder von 7–21 Tagen (Domsch, 1992) werden genannt. Als Aufwandmengen von Basta werden 0,6 bis 1,0 kg/Hektar für empfindlichere und 1,5 kg bis 2,0 kg/Hektar für weniger empfindliche Unkrautarten genannt (Hoechst, 1982). Die Anwendung von 0,91 kg/Hektar L-PPT entspricht etwa 9,1 µg L-PPT/cm^2 Boden. Ein typischer oberer Bodenbereich bis 10 cm Tiefe enthält eine Wassersäule von ca. 1 cm (Rueppel et al., 1977). Damit und mit dem Wert für das Molekulargewicht (181,1 Da) ergibt sich eine anfängliche Herbizidkonzentration von 50 µmolar in der Bodenlösung. Frühere Berechnungen der Literatur haben mit anderen Annahmen ca. 10-fach höhere anfängliche Konzentrationen im Bodenwasser für praxisübliche Aufwandmengen von Glyphosat (Rueppel et al., 1977) und L-PPT (Ahmad et al., 1995) ergeben. Glyphosat wird von Pflanzen durch den Prozeß der Exsudation in den Wurzelbereich abgegeben, so daß es dort zu einer lokalen Konzentrationserhöhung kommen kann (Grossbard und Atkinson, 1985). Mit mittleren Boden-Halbwerts-

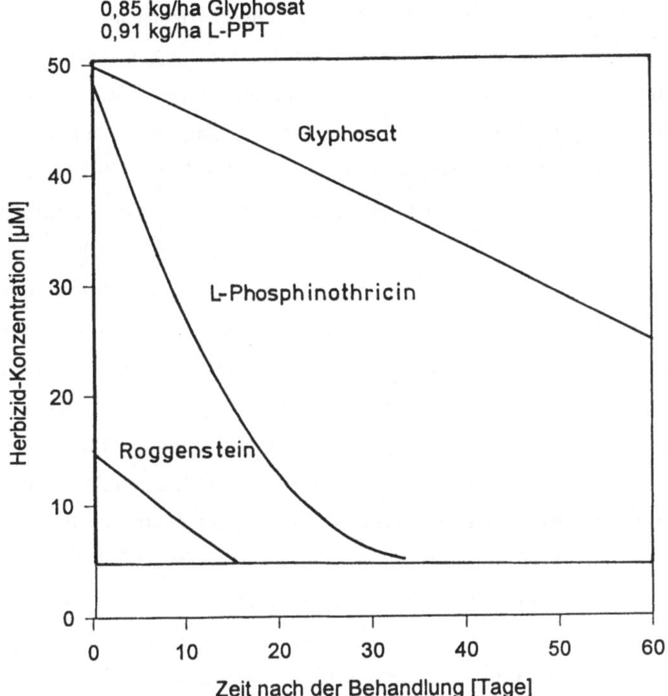

Abb. 4: Abklingkurven der Herbizide L-Phosphinothricin und Glyphosat im Boden. Die Herbizid-mengen sind in µmolarer Konzentration in der Bodenlösung aufgetragen (Ordinate). Die Mengen (kg/Hektar) an ausgebrachtem Glyphosat oder L-PPT, die dem Punkt 50 µmolar entsprechen, sind angegeben. Die berechnete Abklingkurve für die Basta+-Parzelle des Roggenstein-Versuchs ist ebenfalls angegeben. Die Maßeinheit der Abzisse ist Zeitraum (Tage) nach Ausbringung des Herbizids. Im Bereich oberhalb der waagerechten Linie bei 10 µmolar sind beide Herbizide für empfindliche Pflanzen und Mikroorganismen toxisch, d. h. es ist Selektionsdruck anzunehmen.

zeiten von 10 Tagen (L-PPT) und 60 Tagen (Glyphosat) ergibt sich, daß ein Abklingen um 90% (auf 5 µmolar) 33 Tage für L-PPT und 200 Tage für Glyphosat erfordert. So lange ist nach dieser vereinfachten Rechnung ein Selektionsdruck in der Bodenlösung vorhanden (Abb. 4).

13.6 Schlußfolgerungen

13.6.1 Wahrscheinlichkeit des horizontalen Gentransfers

Die obigen Daten über Toxizität, Aufwandmengen und Halbwertszeit im Boden zeigen an, daß L-PPT über vier bis fünf Wochen und Glyphosat über sechs bis sieben Monate einen

Selektionsdruck im Boden ausüben kann (Abb. 4). Die Zeitwerte sind momentan nur aus den publizierten Daten berechenbar und nicht durch direkte Messungen überprüft. Für die Basta(+)-Parzelle im Roggenstein-Freisetzungsversuch ist kaum ein Selektionsdruck zu erwarten, wie ebenfalls in Abb. 4 eingetragen ist. Ungeklärt ist momentan, ob die bekannte Bindung von L-PPT (Hoerlein, 1994) und Glyphosat (Grossbard und Atkinson, 1985; Carlisle und Trevors, 1988; Malik et al., 1989) an Bodenpartikel die Bioverfügbarkeit und damit die Selektionswirkung unterbinden kann. Andererseits erfolgt so an der Partikeloberfläche eine starke Anreicherung der beiden Herbizide. Auch die pflanzliche DNA ist wahrscheinlich an Bodenpartikel gebunden (siehe 13.3). Dasselbe gilt für viele der natürlichen Mikroorganismengesellschaften des Bodens, die nur unzureichend durch die im Labor verwendeten Reinkulturen repräsentiert werden. Viele der Bodenmikroorganismen sind nicht kultivierbar. Die mögliche Partikelbindung der Herbizide, der DNA und von Mikroorganismen führt zu einem Szenario, in dem horizontaler Gentransfer an Oberflächen besonders im Wurzelbereich (Rhizosphäre) erleichtert stattfinden könnte. Die besondere Rolle von Partikeloberflächen für Stabilisierung und Transfer von Fremd-DNA wurde mehrfach diskutiert (Lorenz und Wackernagel, 1994; Doyle et al., 1995). Auf der anderen Seite sind die hohen Gentransferraten der Literatur (Mazodier und Davies, 1991; Lorenz und Wackernagel, 1994) mit Plasmid-Genen erzielt worden, während die Fremdgene transgener Pflanzen chromosomal eingebaut sind. Insgesamt bestehen daher noch zahlreiche Unsicherheiten und es kann nicht zuverlässig vorhergesagt werden, wie wichtig die drei Gentransfer-Prozesse der Abb. 1 im realen Ökosystem sein werden. Der verbleibende Forschungsbedarf ist offensichtlich.

13.6.2 Risikoforschung: Ein Ausblick

Es ist über den speziellen Fall transgener Pflanzen hinaus von allgemeinem Interesse, ob ein „Gen-Pool" im Boden existiert und wie die Einspeisung und Weitergabe von Genen reguliert wird. Dies ist ein zentrales Thema an der Schnittstelle Pflanze/Boden (Rhizosphäre). Es könnte ein Prinzip der Evolution darin liegen, größere DNA-Stücke horizontal weiterzugeben, so daß Angst vor der unkontrollierten Ausbreitung von Genen, die in ähnlicher Umgebung vorhanden sind, überflüssig wäre (Wenzel, 1995). Jedenfalls haben die über 3.000 bisherigen Freisetzungsversuche (Feldmann et al., 1996; Rissler und Mellon, 1996) und die über 1.200 Freisetzungsversuche allein mit Bastaresistenten Pflanzen (Donn et al., 1996) keine Aussage zu Lebenszeit und Transferraten der Resistenzgene geliefert.
Unsere Ergebnisse im Roggenstein-Freisetzungsversuch zeigen an, daß das *pat*-DNA über Wochen und Monate im Ökosystem erhalten bleibt. Andere wissenschaftliche Ergebnisse im Roggenstein-Verbundprojekt beziehen sich auf die Verbreitung des *pat*-Gens durch Pollenflug

(Herz et al., 1996) und auf neue Nachweismethoden von Genen und nicht-kultivierbaren Mikroorganismen im Boden (Kirchhof et al., 1996; Amann et al., 1995).

Die Pilotphase des Roggenstein-Versuchs wird nicht verlängert werden[67]. Auch wenn diese Absage nicht überbewertet werden soll, werden die Prozesse der Abb. 1 zunächst nicht geklärt werden können. Hinzu kommt, daß unbekannte Täter die Versuchspflanzen in Roggenstein wiederholt zerstört haben. Das nunmehr auslaufende Projekt war einer der ganz wenigen ausschließlich ökologisch ausgerichteten Freisetzungsversuche.

Der vorliegende Artikel zeigt, daß die folgenden Voraussetzungen für den horizontalen Gentransfer von Herbizid-Resistenzgenen bestehen können: (1) Selektionsdruck der Herbizide über Wochen oder Monate (2) Lebenszeit der DNA über Wochen oder Monate, (3) Lokale Anreicherung der Herbizide, der DNA und bestimmter Mikroorganismen an Bodenpartikel besonders im Wurzelbereich.

Was wäre experimentell als nächstes zu tun? An Basisdaten fehlt bisher die quantitative PCR der *pat*-DNA im Boden. Tatsächliche Transformationsraten der Prozesse von Abb. 1 sind in Anwesenheit kontrollierter Basta-Konzentrationen zu bestimmen und mit den in 13.2 angegebenen Transferraten zu vergleichen. Weitere für eine Bewertung nötige Informationen sind zu ermitteln. Die Übertragung eines Resistenzgens könnte ohne ökologische Gefahr sein, wenn nur gegenüber einem natürlich nicht vorkommenden Herbizid ein selektiver Vorteil besteht. Andererseits existieren Hinweise auf Kreuzresistenzen[65], und ein Selektionsdruck ist zur Aufrechterhaltung von eingewanderten Resistenzgenen nicht immer nötig, wie z. B. bei Streptomycin-Resistenzgenen nachgewiesen wurde (Sundin und Bender, 1996).

Herbizidresistente Nutzpflanzen dringen momentan ohne gründliche ökologische Untersuchung in die Landwirtschaft ein. In den USA wurden Soja mit Glyphosat-Resistenz und Baumwolle mit Bromoxynil-Resistenz vor einiger Zeit zum vorläufigen landwirtschaftlichen Anbau zugelassen (Hoyle, 1995). Für Deutschland wird von kompetenter Seite eine Einführung von transgenem Pflanzenmaterial über die EU-Zulassungsregeln vorhergesagt (Hobom, 1996). In der Fachliteratur wird bereits darüber nachgedacht, für Fälle, in denen die Übertragung von Herbizidresistenzgenen wahrscheinlich ist, ein komplexes Resistenz-Management zu entwickelt, hauptsächlich durch Reduktion des Selektionsdrucks (Holt et al., 1993).

Die Umweltgesetzgebung hat seit den frühen 60er Jahren bei Pflanzenschutzmitteln, bei Chemikalien und bei FCKWs zu Umweltstandards bis hin zur Null-Toleranz geführt. Auch ein über

---

[67] Der Projektverbund "Transgene Pflanzen mit Herbizidresistenz: Horizontaler Gentransfer?" wurde vom Gutachtergremium nicht zur weiteren Förderung empfohlen. Der Verbund setzte sich aus den Teilprojekten (1) Dr. D. Ernst/Prof. H. Sandermann (Koordinator) (2) Dr. A. Hartmann, (3) Dr. W. Ludwig/Prof. K.H. Schleifer und (4) Prof. G. Wenzel zusammen. Kontrolliert erhöhtes Basta sollte als Selektionsdruck für pat- Gentransfer geprüft werden. Der bisherige Roggenstein-Freisetzungsversuch wird seit 1994 auf Initiative von Prof. G. Fischbeck (TU München-Weihenstephan) durchgeführt. Diese methodisch orientierte Pilotphase mit einem gesamten Förderbetrag von ca. 1,6 Mio DM wird 1997/98 abgeschlossen sein.

viele Jahre als akzeptabel angesehener Schadeinfluß wie das Rauchen unterliegt seit kurzer Zeit in den USA rigorosen Umweltstandards. Im Gentechnik-Gesetz vom 16. 12. 1993 steht als Zweck, die Umwelt in ihrem Wirkungsgefüge zu schützen und dem Entstehen von Gefahren vorzubeugen. Dazu sollte wie bei allen anderen Umweltgesetzen gründliche ökologische Vorsorgeforschung gehören. Es erscheint daher ungewöhnlich, daß die Etablierung eines Umweltstandards für Resistenzgene von transgenen Pflanzen vorerst nicht möglich sein wird.

Danksagung Wir danken Frau E. Kiefer für die ausgezeichnete technische Assistenz. Eine Reihe Münchner Kollegen hat uns wertvolle Hinweise zur Verbesserung des Manuskripts gegeben. Diese Arbeit wurde durch die Bayerische Forschungsstiftung und teilweise durch den Fonds der Chemischen Industrie finanziert.

14 Deregulierung: Die schrittweise „Freisetzung" der Gentechnik

Prof. Dr. W. van den Daele

Wissenschaftszentrum Berlin für Sozialforschung, Abteilung Normbildung und Umwelt, Freie Universität Berlin, Reichpietschufer 50, D-10785 Berlin

14.1 Regulierung und Deregulierung

Im allgemeinen sind Risikoregulierungen zum Schutz des Menschen und der Umwelt in den letzten zwanzig Jahren kontinuierlich verschärft worden. Die Geschichte der Regulierung der Gentechnik aber ist eine Geschichte der Deregulierung. Die ersten Genrichtlinien, die 1976 von den „National Institutes of Health" (NIH)[68] erlassen wurden, schrieben noch für alle Experimente mit rekombinanter DNA das Arbeiten in geschlossenen Systemen mit Sicherheitsstämmen vor (physikalisches und biologisches containment) und verboten grundsätzlich jede Freisetzung von gentechnisch veränderten Organismen. Zwanzig Jahre später werden dagegen über 90% aller gentechnischen Laborexperimente ohne jede Genehmigung oder auch nur Anmeldung bei den zuständigen Behörden durchgeführt; Freisetzungen von gentechnisch veränderten Organismen sind grundsätzlich genehmigungsfähig und für bestimmte Organismengruppen nach vereinfachtem Verfahren (nur noch Anmeldung mit oder ohne Wartezeit) möglich; die ersten Nahrungsmittel mit gentechnisch veränderten Organismen haben die Marktzulassung bekommen, können also unbegrenzt verbreitet werden. Im Zuge wechselnder Regulierungen ist die Gentechnik selbst schrittweise in die Gesellschaft „freigesetzt" worden.[69]

Die politische Begleitmusik zu dieser Regulierungsgeschichte war immer schrill. Zu Anfang empörten sich vor allem Befürworter der Gentechnik. „Shits, crooks and incompetents" (etwa: „Scheißer, Schwindler und Schwachköpfe") tobte 1977 James Watson, Mitentdecker des genetischen Codes und Nobelpreisträger, und zielte auf jene, die weitere Einschränkungen der Forschung mit rekombinanter DNA forderten, weil unbekannte Gefahren nicht auszuschließen seien (Herbig, 1978)[70]. Am Ende empören sich nunmehr die Kritiker. Für sie zeigt die Deregulierung nur, daß „jetzt, koste es, was es wolle, durchmarschiert wird"[71]. Die These dieses Beitrags ist, daß beide Seiten unrecht haben. Weder beweist die Tatsache, daß die besondere Regulierung der Gentechnik inzwischen weltweit zurückgenommen wird, daß die Regulierung

---

[68] US-amerikanische Gesundheitsbehörde.
[69] Die neueste Übersicht über die Regulierungsgeschichte bei Cantley (1995).
[70] Die Geschichte der Auseinandersetzung über die Gentechnik vor und nach Asilomar ist dokumentiert in Watson und Tooze (1981).
[71] Gen-ethischer Informationsdienst (GID), Oktober 1996, Nr. 3.

von Anfang an unbegründet und überflüssig war, noch beweist die Tatsache, daß vor zwanzig Jahren restriktivere Sicherheitsauflagen galten als heute, daß der Schutz des Menschen und der Umwelt zunehmend den Interessen von Wissenschaft und Industrie geopfert worden ist.

Natürlich spiegeln Regulierungen und Deregulierungen die Durchsetzung unterschiedlicher Interessen. Aber das ist, da Interessen ins Spiel kommen, wo immer Menschen handeln, wenig informativ, solange die Frage nach der Berechtigung oder Legitimität der Interessen unbeantwortet bleibt. Es geht um die Frage, ob sich die Regulierungsgeschichte der Gentechnik als ein Lernprozeß interpretieren läßt, in dem sowohl der Ausgangspunkt wie das Ergebnis gut begründbar sind? Eine solche Interpretation unterstellt nicht, daß es in der Welt durchgehend rational zugeht und es zu keinem der Deregulierungsschritte eine vernünftige Alternative gibt. Sie unterstellt, daß es nicht durchgehend irrational zugeht, sondern sachliche Gesichtspunkte eine Rolle spielen und dort, wo Gründe nicht hinreichen, nach legitimen Verfahren entschieden wird. Wenn dies der Fall ist, kann die Regulierungsgeschichte der Gentechnik als vertretbares Modell dafür gelten, wie eine moderne Gesellschaft sich (gemessen an ihren eigenen Kriterien) rational auf eine neue Technik einstellt, die unvermeidbar mit Ungewißheiten und Unwägbarkeiten verbunden ist, für die sich aber im Laufe von zwanzig Jahren auch keine Hinweise ergeben haben, daß sie besondere Risiken birgt.

14.2 Ausgangspunkt: Die Neuheit der Technik und die Reaktion auf unbekannte Risiken

Die ersten NIH-Richtlinien von 1976, die für die meisten Länder zum Vorbild wurden, legten eine Reihe von Grundpositionen fest, die der weiteren Auseinandersetzung über die Regulierung der Gentechnik den Rahmen vorgaben:

1. Es ist das Mandat der Politik und nicht der Wissenschaft, darüber zu befinden, welche Einschränkungen der Forschung notwendig und angemessen sind, um die Gesellschaft vor den möglichen Folgen gentechnischer Experimente zu schützen.

2. Die Nutzung einer Technik, die neu und ohne Vorbild in bisheriger Erfahrung ist, kann vorsorglich auch dann eingeschränkt werden, wenn keine besonderen Risiken erkennbar sind; es reicht aus, daß solche Risiken denkbar sind und nicht mit hinreichender Sicherheit ausgeschlossen werden können.

3. Vorsorgliche Verbote, die auf unbekannte Risiken reagieren, haben den Status eines Moratoriums, d. h. sie gelten, solange der Stand des Wissens keine andere Entscheidung zuläßt. Schon die Richtlinien von 1976 haben das ursprünglich von den Forschern selbst initiierte allgemeine Moratorium für gentechnischen Experimente insoweit beendet, als sie Laborexperimente erlaubten – unter Sicherheitsauflagen, die das Entweichen von rekombinanter DNA

in die Umwelt ausschließen sollten. Die absichtliche Freisetzung blieb zwar verboten; auch dieses Verbot war aber lediglich ein Moratorium. Es galt „for the present", und seine Revision wurde in Aussicht gestellt, „when the scientific evidence becomes available that the potential benefits of recombinant organisms, particularly for agriculture, are about to be realized" (NIH, 1976).

4. Die Einschränkungen für die Forschung mit rekombinanter DNA implizieren keine politische Grundsatzentscheidung gegen die Gentechnik. Die NIH-Richtlinien beschränkten sich auf Sicherheitsfragen und ließen unter diesem Gesichtspunkt die Gentechnik unter Auflagen zu. Die Frage blieb ausgeblendet, ob es ethische oder soziale Gründe gibt, Gentechnik überhaupt aus der Gesellschaft fernzuhalten.

Die ersten beiden Positionen bekräftigen den Vorrang der Politik vor der Wissenschaft. Auf der Konferenz von Asilomar 1975 stellten die (wenigen) anwesenden Juristen klar, daß die Wissenschaftler ein Moratorium für gentechnische Experimente zwar selbstverantwortlich in Kraft setzen konnten (daß dies sogar von ihnen erwartet wurde als Korrelat der ihnen eingeräumten Forschungsfreiheit), daß sie sich aber keineswegs ebenso selbstverantwortlich aus dem Moratorium wieder zurückziehen konnten. Wo die Grenzen zulässiger gentechnischer Experimente liegen, war eine Frage der Politik geworden.

Die beiden letzten Positionen begrenzen die Reichweite der Politik. Die Regulierung der Gentechnik entscheidet nur, was zum Schutz eng umschriebener Rechtsgüter (Leben, Gesundheit, Umwelt) getan werden muß, nicht ob Gentechnik überhaupt nützlich, wünschenswert oder zuträglich ist – ob „wir" also damit leben wollen. Und sie sucht einen schonenden Interessenausgleich: Die notwendigen Sicherheitseinschränkungen werden möglichst so definiert, daß sie die Fortsetzung der Forschung nicht unmöglich machen. Mit beiden Formen des „political self restraint" folgt die Regulierung der Gentechnik dem Modell der schon bekannten Regulierungen gefährlicher Verfahren oder Produkte. Und nur unter Voraussetzung dieser „restraints" konnte das Mandat zur Regulierung bei einer Verwaltungsbehörde (NIH) angesiedelt werden. Im Ergebnis aber hat diese Lösung eine Dauerspannung zwischen der Regulierung der Gentechnik und den Themen der öffentlichen Auseinandersetzung über die Gentechnik vorprogrammiert.

14.3 Ethik und Politik: Die Kanalisierung von grundsätzlichen Einwänden

Die Gentechnik kann Gene über Artschranken hinweg übertragen. Der Möglichkeit nach werden damit „die uns umgebenden Lebensformen – jede, wie wir, das Resultat von drei Milliarden Jahren Evolution – zu Projektionen des menschlichen Willens" (Sinsheimer, 1976). Überschreitet der Gebrauch dieser Macht nicht die Grenzen des Erlaubten? Darf der Mensch Gott spielen und sich zum Schöpfer neuer Lebensformen aufschwingen? Ist die Gentechnik nicht eine moderne Form von Hybris – ein Frevel an der Ordnung der Natur? Solche Fragen sind nie völlig verstummt, aber sie haben nie die Ebene staatlicher Regulierung erreicht. Die Tatsache, daß sie im Kern religiöse Fragen sind, die auch religiöse Antworten erfordern, hat gewissermaßen ihr politisches Schicksal besiegelt (siehe auch Kapitel 15).

In modernen, säkularen Gesellschaften werden moralische Fragen und Sinnfragen nur in engen Grenzen durch kollektive Entscheidung, d. h. durch die Rechtsordnung, beantwortet. Den Kern der gesamtgesellschaftlich festgeschriebenen Moral bilden die unveräußerlichen Ansprüche der Würde des Menschen, wie sie etwa in den Wertungen der Verfassung (insbesondere dem Grundrechtskatalog) niedergelegt sind. Festgeschrieben sind hier die Prinzipien einer anthropozentrischen Ethik, die den Schutz des Menschen ins Zentrum stellt – mit gewissen Ausstrahlungen auf den Schutz höherer Tiere, die leidensfähig und insoweit subjektähnlich sind. Nur soweit nach diesen Prinzipien Gentechnik unerlaubt ist, könnte man staatliche Einschränkungen unter Berufung auf einen konsolidierten moralischen Konsens in der Gesellschaft rechtfertigen. Diese Rechtfertigung trägt möglicherweise ein striktes Verbot von Eingriffen in die menschliche Keimbahn, wie es im deutschen Embryonenschutzgesetz verhängt wird. Sie trägt jedoch nicht das Verbot von gentechnischen Eingriffen in nicht-menschliche Lebensformen. Es gibt keinen konsolidierten Konsens, daß die Durchbrechung von Artschranken zwischen Pflanzen oder Bakterien im Prinzip ethisch unerlaubt ist oder transgene Tiere gegen die „guten Sitten" verstoßen. Wer sich auf solche Wertungen verpflichtet fühlt, vertritt eine Sonder- oder Gruppenmoral, für die er in modernen Gesellschaften Toleranz erwarten darf, nicht aber kollektive Durchsetzung. Man muß im Rahmen pluralistischer Freiräume die persönliche Lebensführung an seinen eigenen moralischen Ansprüchen ausrichten dürfen, kann jedoch nicht fordern, daß diese Ansprüche kollektive Norm werden und mit rechtlichem Zwang auch anderen auferlegt werden.

Tatsächlich ist es nirgendwo gelungen, moralische Einwände auf die politische Agenda zu setzen, die nur in einer biozentrischen Ethik des verallgemeinerten „Respekts vor der Natur" begründet werden können und gentechnische Eingriffe im Prinzip als unerlaubt ablehnen – beispielsweise weil sie das allen Lebewesen zukommende Recht auf ein artgerechtes, nicht-manipuliertes Genom verletzen (Altner, 1994; van den Daele et al., 1996). Moralische Ansprüche, die nicht durch allgemeinen Konsens gedeckt sind, sind aus der Sicht des Rechts (und für die staatliche Regulierung) letztlich „beliebig" – wie stark auch immer ihr Verpflichtungscharakter für die Anhänger dieser Moral sein mag. Als moralische Ansprüche liegen sie außerhalb des Mandats des auf weltanschauliche Neutralität festgelegten Staates. Das schließt nicht aus, daß sie im Rahmen politischer Gesellschaftgestaltung mit rechtlichem Zwang allgemein verbindlich gemacht werden, aber dann gelten sie nicht qua Moral, sondern qua Mehrheitsentscheidung und müssen als Freiheitsbeschränkung gerechtfertigt werden. Die wichtigste Rechtfertigung für solche Beschränkung aber ist die Abwehr von Risiken.

Der Pluralismus moralischer Werthaltungen (jenseits der konsentierten Moral der Menschenrechte) und die Distanz staatlicher Rechtssetzung zu den Sinnfragen menschlichen Daseins sind Strukturen moderner, liberaler Gesellschaften, die schon ganz unabhängig von konkreten Interessenlagen und Machtverteilungen einen Sog erzeugen, die Regulierung neuer Technik auf Sicherheitsfragen zu konzentrieren. Sie begünstigen Folgenorientierung in der Technikbewertung (Risiko- und Mißbrauchsabwehr) und machen eine politische Rezeption von fundamentalen Einwänden unwahrscheinlich, die schon an der Struktur oder Qualität der Technik ansetzen. Letzteres dürfte sogar für das Verbot des Eingriffs in die menschliche Keimbahn gelten. Dieses wird häufig als eine absolute moralische Grenze, gleichsam als ein Tabu für technische Eingriffe in die menschliche Natur verstanden. In Wahrheit hat das Verbot den Status eines Moratoriums, das beendet werden kann, falls jemals Keimbahntherapie technisch möglich wird und es eine sinnvolle medizinische Indikation für eine solche Therapie gibt. In diese Richtung weist jedenfalls die Formulierung der gegenwärtig zur Ratifikation anstehenden Bioethik-Konvention des Europarates. Art. 13 erlaubt den medizinisch indizierten Eingriff ins menschliche Genom, „wenn er nicht darauf abzielt, irgendeine Veränderung des Genoms von Nachkommen herbeizuführen". Zulässig wäre danach eine Keimbahntherapie, die auf das betroffene Individuum „abzielt", sich aber (technisch bedingt) auch auf die Nachkommen auswirkt[72]. Bedingungslos ausgeschlossen bleibt Menschenzüchtung. Damit aber wird nach dem Zweck und nicht nach der Struktur des Eingriffs differenziert; auch hier setzt sich also Folgenorientierung bei der Bewertung durch.

14.4 Verwissenschaftlichung: Risikodefinitionen und Risikovergleiche

Vorsorgliche Verbote oder Beschränkungen der Gentechnik, die sich darauf stützen, daß die Technik „neu" ist und man deshalb wenig über die möglichen Folgen weiß und auf die Praxis mit bekannten Techniken mangels Vergleichbarkeit nicht verweisen kann, müssen unter Revisionsdruck geraten, wenn sich der Wissensstand verbessert (ohne daß sich die befürchteten besonderen Risiken zeigen) und wenn die Voraussetzung der „Unvergleichbarkeit" der Gentechnik unplausibel wird. Gut 20 Jahre nach ihrer Entdeckung gehört Gentechnik zu den Alltagsroutinen der biologischen Forschung; sie ist aus der biotechnischen Produktion (etwa im Pharmabereich) nicht mehr wegzudenken und inzwischen auch weltweit in mehreren 1.000 Freisetzungsversuchen „erprobt" worden (siehe auch Kapitel 1 und 2). Aber nicht nur die wachsende Erfahrung im praktischen Umgang mit Gentechnik hat dazu geführt, daß das Gefühl

---

[72] Bericht der Bundesregierung über den Verhandlungsstand des Menschenrechtsübereinkommens zur Biomedizin, Bundesratsdrucksache 617/96 vom 16. August 1996.

zu schwinden beginnt, mit einer neuen und in gewisser Weise unerhörten Technik konfrontiert zu sein. Die Wissenschaft hat die Ausgangsannahme der ganzen Debatte, nämlich daß gentechnisch veränderte Organismen ein besonderes Risikopotential bergen, zunehmend entkräftet. Das soll an den Ergebnissen einer partizipativen Technikfolgenabschätzung zu gentechnisch erzeugten herbizidresistenten Kulturpflanzen illustriert werden, in der kürzlich noch einmal alle Risikoargumente an einem „Runden Tisch" von Gegnern und Befürwortern durchgespielt worden sind (van den Daele et al., 1996; van den Daele, 1997).

Es gibt eine Reihe von plausiblen Risikoannahmen für transgene herbizidresistente Kulturpflanzen: Es können problematische (toxische oder allergene) Stoffwechselprodukte „übertragen" oder angereichert werden; das Merkmal der Herbizidresistenz kann sich durch Auskreuzung auf verwandte Wildpflanzen („Verwilderung") oder durch horizontalen Gentransfer auf Bodenbakterien verbreiten. Diese Risiken sind jedoch kein Spezifikum transgener Pflanzen. Sie treten auch bei konventionell gezüchteten Pflanzen auf, und die möglichen Folgen sind keine anderen als bei landwirtschaftlichen Eingriffen, die bisher jedenfalls problemlos akzeptiert werden (Einführung neuer Sorten, Fruchtwechsel etc.). Auch bei konventionellen Neuzüchtungen können (beabsichtigt oder unbeabsichtigt) die natürlichen Giftstoffe angereichert werden, die in fast allen Pflanzen vorhanden sind, beispielsweise kann der Alkaloidgehalt bei Kartoffeln oder Tomaten erhöht sein. Aus allen (fertilen) Kulturpflanzen können Merkmale auf verwandte Wildpflanzen übertragen werden. Ob daraus ein ökologisches Risiko folgt, hängt immer allein vom Phänotyp ab. Das Verfahren, mit dem das Merkmal in die Kulturpflanze eingeführt worden ist (konventionelle Züchtung oder Gentechnik), ist ohne jeden Belang. Im Fall der Herbizidresistenz sind Auswirkungen auf naturnahe Ökosysteme unwahrscheinlich, da das Merkmal keinerlei Selektionsvorteile bietet. Auf landwirtschaftlichen Flächen könnten dagegen resistente Unkräuter selektiert werden, was ohnehin gelegentlich passiert und den Landwirt zur Umstellung seiner Bekämpfungsmaßnahmen zwingt und den Herbizidhersteller Marktanteile kostet (siehe auch Kapitel 5, 12 und 13).

Aufgegeben wurde inzwischen die Gleichsetzung von transgenen Pflanzen mit „exotic species", also mit nicht-einheimischen Pflanzen, die aus fremden Ökosystemen stammen. Für nicht-einheimische Pflanzen wird gewöhnlich ein erhöhtes Verwilderungsrisiko abgeleitet, weil sie an ihrem Einsatzort den biologischen Kontrollen ihres Ursprungsortes entgehen, etwa dem Druck angepaßter Schädlinge. Eine transgene Variante einer einheimischen Pflanzensorte ist jedoch in keiner Hinsicht ein „Exot"; sie kann ökologisch nur mit der nicht-transgenen Ausgangssorte verglichen werden (unter Berücksichtigung des hinzugefügten transgenen Merkmals).

Im Ergebnis haben die erkennbaren Risiken gentechnisch veränderter Pflanzen durch den Vergleich mit den Risiken konventionell gezüchteter Pflanzen jede Dramatik eingebüßt; sie sind durch diesen Vergleich gewissermaßen „normalisiert" worden. Allerdings heißt „normale Risiken" eben auch nicht „keine Risiken". Dafür gibt es inzwischen empirische Belege: So ist in

Dänemark bei der Freisetzung von transgenem herbizidresistentem Raps die Auskreuzung der Herbizidresistenz auf ein verwandtes Unkraut nachgewiesen worden. In einem anderen Fall hat sich gezeigt, daß mit einem Gen aus der Paranuß zugleich das allergene Potential der Paranuß in den Empfängerorganismus (Sojabohne) übertragen worden ist. Diese Beispiele belegen weder ein neues, noch ein überraschendes Risiko. Aber sie zeigen, daß man mit den theoretisch erwartbaren Risiken in der Praxis rechnen und sie nach Möglichkeit durch entsprechende Prüfungen ausschließen muß.

Die öffentliche Auseinandersetzung über die Gentechnik konzentriert sich jedoch immer weniger auf die erkennbaren (und damit auch eher kontrollierbaren) Risiken als auf die vermuteten verborgenen Risiken, die man weder erkennen noch kontrollieren kann. Die Vermutung solcher Risiken ist unwiderlegt, weil sie unwiderlegbar ist; aber es haben sich in den letzten 20 Jahren auch keinerlei Hinweise ergeben, daß sie berechtigt ist, d. h. es haben sich keine neuartigen Risiken gezeigt. Darüberhinaus ist die Vermutung ebenfalls in den Sog des Vergleichs geraten. Prognoseunsicherheiten, Testgrenzen und Ungewißheit über langfristige Folgen und verborgene Risiken sind nämlich kein spezifisches Problem transgener Pflanzen. „Überraschungen" durch unbeabsichtigte und unerwünschte Nebenwirkungen sind auch bei konventionellen Kreuzungsprodukten an der Tagesordnung, und keine nachträgliche Sortenprüfung kann garantieren, daß man diese Nebenwirkungen sämtlich entdecken und herausselektieren kann. Der Vergleich mit konventionell gezüchteten Kulturpflanzen scheint nicht nur die erkennbaren Risiken transgener herbizidresistenter Pflanzen, sondern auch die Ungewißheit über mögliche verborgene, unbekannte Risiken zu „normalisieren".

Dieser Konsequenz ist in der Technikfolgenabschätzung zu den herbizidresistenten Kulturpflanzen entgegengehalten worden, daß die Ungewißheit bei gentechnisch hergestellten Pflanzen grundsätzlich größer sei als bei konventionell gezüchteten. Zur Begründung wurde auf die „besondere Qualität" gentechnischer Eingriffe verwiesen (van den Daele et al., 1996): Weil Transgene aus artfremden, nicht-kreuzbaren Organismen übertragen werden können, und weil gentechnische Eingriffe zu einer Störung des genomischen Kontextes der Empfängerpflanze führen, sei bei transgenen Pflanzen mit mehr Nebenwirkungen zu rechnen als bei konventionellen. Beim ersten Argument ist die Prämisse zutreffend, rechtfertigt aber nicht unbedingt die Folgerung. Zwar läßt sich theoretisch bei transgenen Pflanzen ein höheres Nebenwirkungsrisiko ableiten, weil (und sofern) neue, in der Empfängerpflanze unbekannte Stoffwechselwege übertragen werden. Ebensogut läßt sich aber theoretisch auch ein geringeres Nebenwirkungsrisiko ableiten, weil durch Gentransfer nur ein einziges, genau bestimmtes Produkt übertragen wird, während bei konventionellen Züchtungen eine große Zahl verschiedener Gene und Genprodukte unkontrolliert eingeführt werden, die alle mit dem vorhandenen Stoffwechsel interagieren können. Beim zweiten Argument hat sich schon die Prämisse nicht verteidigen lassen. Kontextstörungen sind nicht spezifisch für die Gentechnik. Sie treten auch bei konventionellen Züchtungen auf und bei Transpositionen (Springen mobiler Gensequenzen), die natürlicherweise in Pflanzen vorkommen. Hier kann kein besonderes Risikopotential transgener Pflanzen liegen. Regulierungen sind politische Wertungen und nicht wissenschaftliche Erkenntnisse, aber sie sind insofern „wissensanfällig", als sie Erkenntnisse zugrunde legen, nämlich Beschreibungen der Realität und Aussagen über die Reichweite und die möglichen Folgen einer Technik. Risikoargumente implizieren (normative) Konzepte darüber, was ein relevanter Schaden ist („Was ist vertretbar/akzeptabel?"). Und sie implizieren (kognitive) Konzepte darüber, was der Fall ist („Was kann passieren? Wie wahrscheinlich ist es?"). Kognitive Fragen aber sind in modernen Gesellschaften nicht eine Domäne von Moral oder Politik, sondern von Wissenschaft. Die Frage, ob verwilderte Kulturpflanzen natürliche Ökosyteme verändern können, muß im Zweifel von Ökologen auf der Basis von Forschung beantwortet werden, sie kann nicht von Parlamentariern durch Abstimmung oder von Ethikern durch normative Reflexion entschieden werden. Möglicherweise erlaubt der Stand des Wissens keine klare Antwort. Ob das so ist, können aber ebenfalls nur die Ökologen sagen. Und wenn es so ist, gibt es nirgendwo ein alternatives Wissen, aus dem dann kognitive Sicherheit gewonnen werden kann; vielmehr muß man dann auf der Basis von Unsicherheit (Nicht-Wissen) handeln.

Die Differenzierung (Arbeitsteilung) von Politik und Wissenschaft ist eine Struktur unserer Gesellschaft, die nicht ihrerseits in politischer Regulierung je nach Macht und Interesse zur Disposition steht. Im Rahmen dieser Struktur kann sich die Politik nicht dagegen immunisieren, daß ihre empirische „Geschäftsgrundlage" durch neues Wissen, also nach Kriterien der Wissenschaft, untergraben wird. Für die Politik ist Wissen eine exogene Größe, deren Dynamik sie zur Kenntnis nehmen muß; sie kann allenfalls prüfen, ob sie ihre bisherigen Wertungen auch unter veränderten kognitiven Randbedingungen aufrechterhalten kann.

Die Wissenschaft hat die empirischen Grundlagen der Gentechnikregulierung fortlaufend verändert. Sie hat die Ungewißheiten über die Folgen der Anwendung gentechnisch veränderter Organismen, die sehr restriktive Vorsichtsmaßnahmen ausgelöst haben, nicht durch Gewißheiten ersetzt, aber doch in eine andere Perspektive gerückt. Nach dem gegenwärtigen Stand des Wissens sind transgene Organismen nicht schon deshalb riskanter als andere, weil sie gentechnisch verändert worden sind. Die Frage, ob dieser Befund eine Deregulierung der Gentechnik rechtfertigt, liegt außerhalb der Wissenschaft und führt zur Politik zurück.

14.5 Sicherheitsgarantien und Sicherheitsindikatoren

Die US-Behörden deregulieren die Freisetzung bestimmter Pflanzensorten (bloße Anzeige statt Verbot mit Genehmigungsvorbehalt), sofern eine „extensive history of safe use" vorliegt[73], der Änderungsvorschlag zur europäischen Richtlinie 90/219 für Arbeiten in geschlossenen Anlagen dereguliert gentechnisch veränderte Mikrorganismen, „die sich als sicher für die menschliche Gesundheit und die Umwelt herausgestellt haben"[74]. Deregulierung wird also mit dem erreichten Erfahrungs- und Wissenszuwachs begründet, aber dieser Zuwachs kann allein die Entscheidungen nicht tragen. Genau genommen verbürgt eine „history of safe use" keineswegs Sicherheit. Daß keine Schäden beobachtet worden sind, muß nicht heißen, daß es keine Schäden gegeben hat; es ist denkbar, daß man nur nicht genau genug hingeguckt hat. Und selbst wenn bisher nichts passiert ist, beweist das nicht, daß auch in Zukunft nichts passieren kann.

Die bei der stufenweisen Einführung gentechnisch veränderter Organismen „step-by-step" (zuerst Labor- bzw. Gewächshausversuche, dann kontrollierte Freisetzungen, schließlich unkontrollierte Freisetzung und Marktzulassung) unterstellten Lernschritte sind strukturell und faktisch begrenzt. Strukturell kann man durch Beobachtung im Labor oder im Gewächshaus nichts Definitives darüber lernen, wie sich ein gentechnisch veränderter Organismus unter Praxisbedingungen im Freiland verhält – genau dies ist immer die Begründung für die Notwendigkeit von Freilandversuchen gewesen. Darüberhinaus schließen oft gerade die noch geltenden Sicherheitsauflagen aus, daß man lernt, was passieren könnte, falls man die Auflagen außer Kraft setzt. Kontrollierte Freisetzungsversuche, bei denen man der Philosophie des „step-by-step" entsprechend die transgenen Organismen durch Isolierung effektiv auf die Versuchsfelder beschränkt, sagen definitionsgemäß wenig darüber aus, wie diese Organismen sich bei unbegrenztem Kontakt mit einer offenen Umwelt auswirken werden (Rüdelsheim, 1995) (siehe auch Kapitel 5, 12 und 13). Faktisch sind die Lernschritte begrenzt, weil nur ein geringer Teil aller gentechnischen Versuche als Sicherheitsexperimente angelegt oder ausgewertet wird. In Versuchen, bei denen vor allem die Funktionstüchtigkeit gentechnischer Produkte geprüft werden soll, fallen Daten zur Sicherheit nur zufällig an. Man kann also nicht die gesamte bisherige Praxis der Gentechnik einfach als ein großes Programm impliziter Sicherheitsforschung verbuchen.

Die strukturellen Grenzen des „Lernens von Sicherheit" sind unverrückbar. Wissenschaftliche Experimente und praktische Erfahrungen können niemals Beweise der Sicherheit liefern, sondern allenfalls Indikatoren für Sicherheit. Man kann prinzipiell nicht zeigen, daß es keinerlei Risiken gibt; man kann nur zeigen, daß definierbare Risiken unter den gewählten Testbedingungen nicht auftreten. Ob man neue Produkte und Verfahren für hinreichend sicher erklärt,

---

[73] Formulierung aus "Regulation of Genetically Engineered Organisms and Products", Biotechnology Information Series (Bio-11), Iowa State University (1996).

[74] Anhang II B; Ratsdokument 5791/96, Bundesratsdrucksache 309/96 vom 24. 04. 1996.

wenn solche Indikatoren vorliegen, bleibt immer eine politische Wertung. Daß es keine wirklichen Sicherheitsgarantien gibt, gilt für alle Zulassungsprüfungen (Medikamente, Lebensmittel, Pflanzenschutzmittel, Pflanzensorten, Kraftfahrzeuge etc.) – auch wenn in der politischen Rhetorik regelmäßig das Gegenteil versprochen wird und dafür die einschlägigen Experten in Haftung genommen werden. Innovation ist ungeachtet aller präventiven Prüfungen immer ein Schritt ins Ungewisse. Das gilt nicht nur, aber eben auch für die weitere Einführung der Gentechnik „step-by-step".

14.6 Verrechtlichung: Randbedingungen für die Politik der Vorsorge

Logischer Endpunkt der Deregulierung ist die Aufhebung der besonderen Sicherheitsauflagen, mit denen Verfahren oder Produkte einfach schon deswegen belegt werden, weil sie gentechnisch veränderte Organismen einsetzen – und nicht beispielsweise selektierte Mikroorganismen oder konventionell gezüchtete Pflanzen. Die „Food and Drug Administration" der USA ist den vollen Weg gegangen; seit 1992 werden gentechnisch erzeugte Nahrungsmittel nicht grundsätzlich anders reguliert als Nahrungsmittel, die mit konventionellen Mitteln hergestellt sind (FDA, 1992). Das Produkt wird reguliert, nicht die Methode der Herstellung. Die europäischen Länder halten an prozeßspezifischen Sicherheitsmaßnahmen fest, folgen aber in der Tendenz wie bei der Regulierung auch bei der Deregulierung der Gentechnik dem Sog der USA – die Geschwindigkeit unterscheidet sich, nicht die Richtung. Diese Konvergenz entspringt zweifellos dem Einfluß konvergenter Interessen und dem Harmonisierungsdruck offener Märkte. Aber sie ist auch in dem für die Regulierung der Gentechnik von Befürwortern und Gegnern gleichermaßen favorisierten Politikrahmen der Risikovorsorge angelegt.

Die Wahl dieses Politikrahmens liegt nahe, weil es ein klares Mandat des Staates zur Risikovorsorge gibt, weil das öffentliche Interesse am Schutz vor der Technik zweifelsfrei den Vorrang vor dem privaten Interesse an der Nutzung der Technik hat, und weil Ansprüche auf Risikovorsorge in der politischen Öffentlichkeit (und den Massenmedien) hoch sichtbar sind und plausibel von Minderheitspositionen aus erhoben werden können – gelegentlich (nämlich zum Schutz individueller Rechtsgüter) können sie sogar gegen parlamentarische Mehrheitsentscheidungen gerichtlich durchgesetzt werden (van den Daele, 1993). Allerdings öffnet der Rahmen der Risikovorsorge nicht nur „Politikfenster", er begrenzt diese zugleich. Zum einen bringt er ein bestimmtes Repertoire politischer Instrumente ins Spiel, nämlich die bisherigen Regulierungen zur Risikovorsorge. Deren Modell- und Vorbildcharakter kann man sich nur schwer entziehen. Jedenfalls dürften Ansprüche auf Risikovorsorge an Durchschlagskraft einbüßen, sobald sie nicht mehr an die im Politikrahmen der Risikovorsorge etablierten Regulierungsroutinen anschließen, sondern die Revision des Politikrahmens selbst zum Ziel haben. Zum anderen aber (und das wiegt schwerer) begrenzt das Recht die Politik der Risikovorsorge: durch eine Beweislastverteilung, die Innovation begünstigt, und durch Mindestanforderungen an Konsistenz, die für vergleichbare Tatbestände „gleiche" Regulierung erzwingen. Die Politik stößt hier auf eine weitere Struktur der Gesellschaft, nämlich die Ausdifferenzierung des Rechts. Diese Konfrontation wirkt in Richtung Deregulierung – solange (wie bisher) praktische Erfahrung und wissenschaftliche Erkenntnis zunehmen, ohne daß sich Hinweise auf irgendwelche besonderen Risiken gentechnisch veränderter Organismen ergeben.

Nach der politischen Ideologie und der rechtlichen Verfassung liberaler Gesellschaften müssen staatliche Technikkontrollen als Freiheitsbeschränkung gerechtfertigt werden. Begründungsbedürftig ist danach die Einschränkung, nicht die Einführung neuer Technik. Mit zunehmender Sensibilisierung für die Ambivalenzen der Technik und der Durchsetzung des Vorsorgeprinzips bei der Regulierung (Minimierung von Risiken) sind die Begründungslasten für Technikkontrollen zwar kontinuierlich abgesenkt worden; auf Null gesetzt worden sind sie jedoch nicht. Nach deutschem Recht genügt ein begründeter Risikoverdacht; es genügt aber nicht, daß unbekannte Risiken denkbar sind. Zwar ist richtig, daß der Umstand, daß nach dem gegenwärtigen Stand des Wissens besondere Risiken transgener Pflanzen nicht erkennbar sind, nicht den Verdacht widerlegen kann, daß es solche Risiken tatsächlich doch gibt, wir sie eben nur noch nicht erkannt haben. Dieser Risikenverdacht ist jedoch beliebig und gewissermaßen „gratis", falls man weder empirische Anhaltspunkte noch ein theoretisches Modell dafür anzugeben braucht, worin der mögliche Schaden bestehen und über welche Mechanismen es zu ihm kommen könnte. Er läßt sich immer und gegen alles erheben und spiegelt letztlich nur die Tatsache, daß unser Wissen begrenzt ist. Er fällt unter das vom Bundesverfassungsgericht definierte „Restrisiko", das bei der Zulassung neuer Technik der Bevölkerung als „sozialadäquat" zugemutet werden darf[75].

Das Verfassungsgericht hat allerdings nur entschieden, daß der Staat nicht verpflichtet ist, eine Technik (es ging um die Kernenergie) vorsorglich zu unterbinden, um das „Restrisiko" auszuschließen. Auch die Frage, ob der Staat dazu berechtigt wäre, dürfte zu verneinen sein. Die Einführung einer neuen Technik steht nicht uneingeschränkt und aus beliebigen Gründen politisch zur Disposition. Ein staatliches „Versagungsermessen" kann nach gegenwärtiger Verfassungslage bei einer Technik mit erheblichen manifesten Risiken (Kernenergie!) begründet werden. Im übrigen aber muß nach dem Grundsatz der Verhältnismäßigkeit ein Ausgleich zwischen staatlichen Vorsorgeeingriffen und privaten Freiheiten gesucht werden. Das vorbehaltlose Verbot einer Technik, um unbekannte Risiken zu minimieren, von denen man gar nicht weiß, ob sie überhaupt bestehen, ließe aber von den Grundrechtspositionen nichts übrig, aus denen ein Anspruch auf die Technik abgeleitet werden kann (Gewerbe-, Wissenschafts- und Berufsfrei-

---

[75] Entscheidungen, Band 49, p. 143.

heit). Es dürfte daher am verfassungsrechtlichen Übermaßverbot scheitern. Das schließt zusätzliche Kontrollen nicht aus, mit denen der diffusen Besorgnis Rechnung getragen wird, daß mit einer neuen Technik irgendetwas schief gehen könnte, was man gar nicht näher beschreiben kann. Nur dürfen diese Kontrollen nicht die Nutzung der Technik überhaupt unmöglich machen.

Diese hier am deutschen Verfassungsrecht illustrierten Randbedingungen für die Vorsorgepolitik sind nicht unveränderlich. Sie sind selbst das Ergebnis von Politik – aber nicht von „Tagespolitik", sondern von Verfassungspolitik, die historisch gewachsen und in gesellschaftliche Strukturen eingelassen ist. Im Zuge dieser Verfassungspolitik ist innovative Dynamik gewissermaßen von der politischen Leine gelassen worden durch drei konvergente Entwicklungen:

1) die Institutionalisierung einer Wissenschaft, die am Erkenntnisideal der Objektivität orientiert ist und genau deshalb „Wahrheiten" akkumuliert, die zugleich systematische Nähe zu technischer Verwertbarkeit und systematische Distanz zu religiösen, moralischen oder politischen Geltungsansprüchen aufweisen;

2) die Durchsetzung kapitalistischer Marktwirtschaft, in der Innovation als Motor und Überlebensbedingung unverzichtbar und die technische (ökonomische) Umsetzung der Ergebnisse der Wissenschaft vorprogrammiert ist;

3) die Anerkennung individueller Freiheitsrechte, mit denen die institutionelle Ausdifferenzierung von Innovation normativ und wertmäßig auf der Ebene der Rechtsverfassung abgesichert wird.

Das Ergebnis ist eine Art Arbeitsteilung zwischen Staat und Gesellschaft mit einer Begrenzung des Mandats, sozialen Wandel durch politische Entscheidung zu kontrollieren. Diese Arbeitsteilung ist durch Verfahrensordnungen, Rechtsprechung, Rechtswissenschaft und die Präzedenzfälle bisheriger Regulierungen zu einem Rechtsrahmen ausgearbeitet worden, in den normale „Tagespolitik" sich einordnen muß, und der sich allenfalls langsam – durch Verfassungswandel – verschieben läßt.

Tatsächlich ist dieser Rahmen in der Geschichte der Gentechnikregulierung nie verlassen worden. Zwar schienen die ursprünglich verhängten Verbote zum Schutz vor unbekannten Risiken der Technik das Gegenteil zu signalisieren. Diese Verbote hatten aber (oder bekamen doch sehr schnell) den Status von Moratorien; sie ließen gewisse Spielräume, die Gentechnik unter Sicherheitsauflagen weiterzuentwickeln. Sobald die zunächst freiwilligen Richtlinien (als Bedingung öffentlicher Förderung) durch rechtlich verbindliche Zwangsregulierung ersetzt wurden, war die Frage unvermeidbar, welche Grenzen es für staatliche Eingriffe zum Zweck der Risikovorsorge gibt. Alle Regulierungen akzeptieren solche Grenzen und gehen davon aus, daß staatliche Eingriffe in die Technikentwicklung begründungsbedürftig sind und daß legitimen Interessen am Schutz vor neuer Technik legitime Interessen an der Nutzung neuer Technik gegenüberstehen. Unter diesen Bedingungen kann das jeweils geltende Regulierungsniveau nicht nur unter Einsatz von politischer Macht, sondern (bei veränderten faktischen Bedingungen) auch unter Berufung auf Recht unter Revisionsdruck gesetzt werden.

Ein Vehikel solchen Revisionsdrucks ist die Forderung nach konsistenter Regulierung. Daß vergleichbare Sachverhalte vergleichbar reguliert werden sollten, ist ein selbstverständlicher Rechtsgrundsatz und eine schwer abweisbare politische Forderung. So läßt sich beispielsweise kaum auf Dauer plausibel machen, daß transgene Nahrungspflanzen verboten werden müssen, weil problematische Stoffwechselverschiebungen nicht auszuschließen sind, wenn gleichzeitig konventionelle Neuzüchtungen ohne Vorbehalte zugelassen werden, bei denen solche Verschiebungen anerkanntermaßen vorkommen können. Kann man die Zulassung transgener Pflanzen von einer allgemeinen Stoffwechselprüfung abhängig machen, bei der u. a. mit Fütterungsversuchen an Tieren nach unerwünschten Wirkungen gefahndet werden muß, wenn für konventionelle Pflanzen solche Prüfung gar nicht erst erwogen wird, weil sie die Pflanzenzüchtung praktisch zum Erliegen bringen würde?

Am Konsistenzpostulat scheitert auch die Forderung, transgene Organismen deshalb vorsorglich zu verbieten, weil sie nicht rückholbar sind und daher irreversible Folgen haben können. Kriterien wie Nicht-Rückholbarkeit oder Irreversibilität differenzieren nicht zwischen transgenen und anderen Organismen. Auch konventionell gezüchtete Pflanzen sind Organismen, die sich selbst selbst reproduzieren und vermehren und auf Ökosysteme und die natürliche Evolution der Arten einwirken können. Wo immer wir Formen der lebendigen Natur verändern – das tun wir mit vielen unserer landwirtschaftlichen Techniken – müssen wir mit irreversiblen Folgen rechnen. Niemand würde jedoch im Ernst verlangen, auf alle diese Techniken zu verzichten.

Die bisherigen praktischen Erfahrungen und wissenschaftlichen Erkenntnisse können nicht beweisen, daß es keine besonderen Risiken der Gentechnik gibt. Je länger jedoch empirische Belege oder theoretische Modelle für solche Risiken ausbleiben, um so anfälliger werden alle besonderen Regulierungen der Gentechnik, die auf einer vermuteten Gefährlichkeit beruhen, für Kritik unter dem Gesichtspunkt der Gleichbehandlung. Und um so schwerer wird es, sich international einer Harmonisierung des Gentechnikrechts auf dem Niveau der USA entgegenzustellen, also gentechnisch veränderte Organismen auf die Standards herunter zu deregulieren, die auch für nicht-gentechnisch veränderte Organismen gelten.

14.7 Von der Sicherheitsprüfung zur Bedarfsprüfung?

Kann die Einführung gentechnisch veränderter Organismen mit dem Argument untersagt werden, daß man sie nicht braucht, weil es nicht-gentechnische Alternativen gibt? Eine solche Bedarfsprüfung ist im Europaparlament von den GRÜNEN unter dem Stichwort „Vierte Hürde" gefordert worden: Bei der staatlichen Zulassung gentechnischer Produkte und Verfahren sollten nicht nur Sicherheit, Qualität und Wirksamkeit geprüft werden, sondern auch der sozioökonomische Bedarf (Europa Parlament, 1992). Diese Forderung findet öffentliche Resonanz. „Brauchen wir nicht!" ist ein Standardeinwand gegen gentechnisch erzeugte Nahrungsmittel. Die (in Umfragen gemessene) Akzeptanz bei der Bevölkerung hängt von der erkennbaren (oder nicht-erkennbaren) Nützlichkeit der Produkte ab; während die übergroße Mehrheit der Verbraucher gentechnisch erzeugte Medikamente befürwortet, sind 60–80% gegen gentechnisch erzeugte Nahrungsmittel (K. Jany, Mitteilung)[76]. Akzeptanzbedingungen in der Öffentlichkeit müssen jedoch nicht zugleich auch Kriterien der staatlichen Zulassung sein. Für eine Bedarfsprüfung als Zulassungskriterium gibt es in der Gentechnikregulierung keinerlei Anknüpfungspunkte – weder innerhalb noch außerhalb des Politikrahmens der Risikovorsorge. Im Politikrahmen der Risikovorsorge ließe sich die Bedarfsprüfung nur unterbringen, wenn man annimmt, daß schon die Restrisiken, also die nicht behebbaren Ungewißheiten über langfristige Folgen und etwaige verborgene Risiken, ausreichen, eine Technik zu verbieten und deshalb allein der Nachweis eines gesellschaftlichen Bedarfs die Ausnahme vom Verbot rechtfertigen kann. Eine solche Annahme stellt aber die bisher für Innovationen geltende Beweislastverteilung auf den Kopf. Da im Sinne des Restrisikos jede Technik inhärent gefährlich ist, wäre Innovation im Prinzip unzulässig und nur ausnahmsweise erlaubt – sofern sie nachweislich nützlich ist. Nach bisheriger Regelung ist dagegen Innovation im Prinzip zulässig und nur ausnahmsweise verboten – sofern sie nachweislich schädlich ist. Eine Abkehr von dieser Regelung zeichnet sich nicht ab.

Das deutsche Gentechnikgesetz sieht bei der Freisetzung gentechnisch veränderter Organismen eine Risiko/Zweck-Abwägung vor; die Freisetzung ist nur zulässig, wenn „im Verhältnis zum Zweck der Freisetzung unvertretbare schädliche Einwirkungen" nicht zu erwarten sind (GenTG § 16 Absatz 2). Diese Abwägung bietet jedoch – ebenso wie ähnliche Regelungen etwa im Arzneimittel- oder Gefahrstoffrecht – keine Handhabe, eine Technik allein deshalb auszuschliessen, weil man sie nicht braucht. Sie eröffnet vielmehr umgekehrt Spielräume, die Technik trotz vorhandener Risiken zuzulassen, wenn der erwartbare Nutzen den möglichen Schaden überwiegt. Dabei ist stets auf die abstrakte Nützlichkeit, nicht auf den konkreten Bedarf abzustellen. Ob der Zweck eines gentechnischen Organismus genau so gut auf andere Weise erreicht werden könnte, ist nicht entscheidend. Me-too-Produkte, die nicht besser, aber auch nicht schlechter sind als das, was wir ohnehin schon haben, sind hier ebensowenig ausgeschlossen wie bei Arzneimitteln. Vor allem aber gilt: notwendig (und damit rechtlich zulässig) ist die Abwägung erst dann, wenn ein Risiko festgestellt ist – zumindest muß der Risikoverdacht nach den

---

[76] Allerdings sind Meinungsäußerungen in Umfragen kein verläßlicher Indikator für das zu erwartende Verhalten; was die Befragten tatsächlich kaufen würden, steht auf einem anderen Blatt.

üblichen Standards begründet sein, die Berufung auf immer vorhandene Restrisiken genügt nicht (Hirsch und Schmidt-Didczuhn, 1991, Nr. 22 zu §16).

Dagegen kommt das norwegische Gentechnikgesetz von 1993 einer echten Bedarfsprüfung im Sinne einer „Vierten Hürde" nahe. Bei der Freisetzung gentechnisch veränderter Organismen soll berücksichtigt werden, ob ein „Vorteil für die Gemeinschaft und ein Beitrag zur nachhaltigen Entwicklung" zu erwarten ist, und zwar auch dann, wenn kein Risiko zu erkennen ist. Wie diese Klausel sich in der Praxis (und im internationalen Handel mit der EU) auswirken wird, ist noch unklar.

Im allgemeinen dürfte es in liberalen Gesellschaften außerhalb des durch die Risiko-Nutzen-Abwägung gesteckten Rahmens wenig Raum geben, um technische Innovationen einem Vorbehalt staatlicher Nutzen- und Bedarfsprüfung zu unterwerfen. Natürlich findet eine solche Prüfung immer dann statt, wenn über öffentliche Subventionen/Forschungsförderung entschieden wird oder wenn der Staat selbst Innovationen nachfragt (z. B. Militär- und Infrastrukturtechniken). Aber ob in der Gesellschaft neue Produkte und Verfahren gebraucht werden, wird grundsätzlich auf Märkten entschieden. Dabei gilt kaufkräftige Nachfrage als hinreichender Indikator für Nutzen und Bedarf. Ob diese Nachfrage sinnvoll ist und ob sie einem wirklichen Bedürfnis entspringt, ist nicht legitimer Gegenstand politischer Kontrolle.

Eine Bedarfsprüfung als staatliche Zulassungsvoraussetzung würde die Mechanismen der Marktwirtschaft aushebeln und durch politische Innovationsplanung ersetzen. Genau das mag in den Augen der Kritiker der Gentechnik den besonderen „appeal" der Forderung nach einer „Vierten Hürde" ausmachen. Genau das macht aber auch die Durchsetzung der Forderung unwahrscheinlich. Nicht nur werden die interessierten Befürworter der Gentechnik Widerstand leisten; auch die staatlichen Akteure (Parlamente, Zulassungsbehörden, Gerichte) werden eher versuchen, der Komplexität und den ungelösten (vielleicht unlösbaren) Problemen einer solchen Planung auszuweichen. Das zeigen die gegenwärtigen Diskussionen über die Regulierung zur Einführung („Inverkehrbringen") von gentechnisch veränderten Produkten. Dabei geht es – jenseits der Sicherheitsprüfung – vor allem um die angemessene Form der Kennzeichnung solcher Produkte. Kennzeichnungspflicht ist die „systemkonforme" Alternative zur Bedarfsprüfung. Sie erkennt an, daß über den Bedarf vom Verbraucher auf dem Markt entschieden wird und nicht vom Staat bei der Marktzulassung. Der Staat gewährleistet nur die Voraussetzungen für Konsumentensouveränität.

Allerdings kommen Regulierungsentscheidungen gelegentlich einer Bedarfsprüfung zumindest nahe. Das dürfte beispielsweise für das Verbot des rekombinanten Rinderwachstumshormons (BST) gelten. Zwar hat die Europäische Kommission auch tierärztliche Bedenken ins Feld geführt, ausschlaggebend war aber offenbar, daß es angesichts der vorhandenen Überschüsse bei der Milchproduktion keinen erkennbaren Bedarf gibt, die Produktivität von Kühen weiter zu erhöhen (Huttner, 1995). Hier kriecht gewissermaßen die „Vierte Hürde" in die Regulierungspraxis hinein – aber verdeckt und in einem Anwendungsbereich der Technik, in dem wegen der Kontingentierung der Milchproduktion von einem funktionierenden Markt ohnehin nicht die Rede sein kann. Daß man hier den Beginn eines Systemwandels vor sich hat, ist angesichts der vorherrschenden Politik des Abbaus von Handelsschranken unwahrscheinlich. Dazu müßte überdies die Bedarfsprüfung offen zum Kriterium gemacht und auf andere Regulierungsfelder ausgedehnt werden. Als Sonderregelung nur für die Gentechnik wäre sie auf Dauer wohl weder politisch zu halten noch juristisch vor dem Europäischen Gerichtshof zu verteidigen.

14.8 Sozialverträglichkeitsklauseln

Die staatliche Regulierung der Gentechnik pendelt sich gegenwärtig auf einem Niveau unterhalb der Schwelle ein, an der Innovationsfreiheiten und Marktzuständigkeiten als Institutionen der Gesellschaft zur Disposition gestellt werden. Das Vorsorgeprinzip, das in den meisten Ländern (und im Europarecht) als Basis der Regulierung festgeschrieben ist, hat nicht den Weg zu einer umfassenden politischen Kontrolle der technischen Entwicklung geebnet. Zum einen wurden die Beweislasten für die Sicherheit der Gentechnik zwar angehoben, aber doch nicht so hochgeschraubt, daß die Technik nur noch bei überwiegendem öffentlichen Interesse (und nach Prüfung verfügbarer Alternativen) eingeführt werden kann. Zum anderen wurden vorsorgliche Technikkontrollen auf wenige Schutzgüter (Leben, Gesundheit, Umwelt) begrenzt. Weder bei der Gentechnik noch sonst dienen solche Kontrollen dazu, ganz generell nachteilige Auswirkungen auf die Gesellschaft insgesamt auszuschließen – der gesellschaftliche Status quo ist kein konsentiertes Schutzgut.

Die letztere Aussage gilt allerdings nicht uneingeschränkt. In einer Reihe von europäischen Ländern gelten Gentechnikgesetze, nach denen die Zulassung gentechnisch veränderter Organismen ausgeschlossen werden soll, wenn sie die „nachhaltige soziale Entwicklung" gefährden[77] oder „sozial unverträglich" sind[78]. Mit diesen Kriterien soll der Reduktion staatlicher Kontrolle auf den Bereich des Gesundheits- und Umweltschutzes entgegengewirkt werden. Auf derselben Linie liegt es, wenn (vor allem) die Nichtregierungsorganisationen verlangen, daß im „Biosafety"-Protokoll, das im Rahmen der „Biodiversität-Konvention" erstellt wird, sozioökonomische und soziokulturelle Kriterien berücksichtigt werden, etwa: Auswirkungen auf die Einkommensverteilung, die Bedrohung der kulturellen und religiösen Ordnung eines Landes, die „Gesundheit einer Gesellschaft" (UNEP, 1996).

---

[77] Gentechnikgesetz von Dänemark (1991).
[78] Gentechnikgesetz von Österreich (1994).

Solche Kriterien „inflationieren" die relevanten Schadensdimensionen, die im Rahmen der Vorsorge zu beachten sind und eröffnen bei der Zulassung neuer Technik politische Handlungsspielräume und Handlungslasten, die kaum geringer sind als bei einer freien Bedarfsprüfung – und daher auf dieselben Probleme der Operationalisierung und Verallgemeinerbarkeit stoßen. Ob sie die Europäisierung des Gentechnikrechts „überleben", ist fraglich. Auch auf europäischer Ebene wird das Vorsorgeprinzip eher eng ausgelegt und nicht zu einem allgemeinen Planungsvorbehalt „umfunktioniert". So ist in der EU-Kommission anläßlich der Entscheidung über die Zulassung von herbizidresistentem Rapssaatgut 1995 diskutiert worden, ob Auswirkungen auf die Landwirtschaft unter das Mandat der Richtlinie 90/220 fallen, „nachteilige Auswirkungen auf die Umwelt" abzuwenden. Die Frage ist im Ergebnis (durch Mehrheitsbeschluß der Mitgliedsstaaten) verneint worden (Levidow et al., 1996). Dabei war allein strittig, ob indirekte Umweltauswirkungen durch Veränderungen beim Unkrautmanagement zu berücksichtigen sind; daß soziale Auswirkungen – etwa auf die Einkommensverhältnisse in der Landwirtschaft oder die Branchenstruktur in der Züchtung – nicht zulassungsrelevant sind, stand außer Frage.

Die Sozialverträglichkeitsklauseln in den nationalen Gentechnikgesetzen dürften vor allem symbolische Politik sein, mit der die Parlamentarier der Öffentlichkeit ihre Entschlossenheit signalisieren, die Gentechnik zu kontrollieren. Daß sie tatsächlich den „Sozialschutz" als ein Kriterium für die Zulassung von Gentechnik in der Praxis etablieren können, ist kaum zu erwarten. Bisher gilt, daß die Zulassung einer Innovation und die Bewältigung der sozialen Folgen der Innovation getrennte Politikfelder sind. Das wird, wie sich bei der Computerisierung zeigt, selbst dann durchgehalten, wenn die Folgen (und die Anpassungslasten) für die Gesellschaft dramatisch sind. Dieser Politikdifferenzierung werden vermutlich (nach einiger Zeit) auch die Sozialverträglichkeitsklauseln bei der Gentechnikzulassung zum Opfer fallen. Dann bleibt es dabei, daß man die bäuerlichen Einkommen durch Wirtschaftsförderung und die Branchenstrukturen in der Züchtung durch Kartellrecht schützen kann – aber nicht durch ein Verbot von landwirtschaftlichen Techniken, etwa herbizidresistenten Sorten.

Die Ausgliederung des „Sozialschutzes" aus der Sicherheitsprüfung bei der Zulassung neuer Technik liegt nahe, weil das zu schützende Rechtsgut nicht klar definiert ist. Was die Gesundheit des Menschen ist, steht einigermaßen fest. Was analog „Gesundheit der Gesellschaft" heißt, ist dagegen offen. Es gibt keine konsolidierten Standards der „Sozialverträglichkeit", an denen sich messen läßt, ob die Einwirkung auf die Gesellschaft durch Innovation einen „sozialen Schaden" darstellt. Ob Strukturwandel in der Landwirtschaft, Konzentration in der Züchtungsbranche, mehr Wettbewerb, Umschichtung oder Wegfall von Arbeitsplätzen, Druck auf das Ausbildungswesen, Steuerausfälle etc. „sozialverträglich" sind, läßt sich nicht aus den Bedingungen für die „Integrität" der Gesellschaft ableiten. Die Beurteilung hängt von politischen Zielen, Interessen, Strategien und Leitbildern für die gesellschaftliche Entwicklung ab, über die plausiblerweise nicht ad hoc bei der Zulassung einzelner Techniken entschieden wird.

14.9 Die politische Öffnung des Vorsorgeprinzips: Umweltbewirtschaftung und Umweltqualitätsziele

Eine Vorsorgepolitik, die sich auf den Schutz klar definierter Rechtsgüter festlegt, zielt auf die Sicherheit der Gesellschaft, nicht auf die Planung der Gesellschaft. Auch in ihr gibt es jedoch „offene Flanken", an denen Sicherheitsstandards und Planungsperspektiven mehr oder weniger stark ineinanderfließen. Vorsorge für die Umwelt läßt sich kaum umschreiben, ohne Gesichtspunkte der Ressourcenplanung (Umweltbewirtschaftung) einzubeziehen und ohne auf Zielvorstellungen für eine wünschenswerte Umwelt (Umweltqualitätsziele) zurückzugreifen. Hier eröffnen sich politische Handlungsspielräume, die man nutzen kann, um unter Berufung auf das Vorsorgegebot die Zulassungsprüfung für transgene Pflanzen zu Grundsatzdiskussionen darüber auszuweiten, welche Form von Landwirtschaft „umweltverträglich" ist, wie langfristig die menschliche Ernährung gesichert werden kann und wohin die Gesellschaft sich entwickeln soll (Levidow et al., 1996). Welche Resultate diese Diskussionen haben werden, ist offen. Daß sie grundsätzlichen Vorbehalten gegen die Einführung der Gentechnik auf der Regulierungsebene zum Durchbruch verhelfen, ist aber unwahrscheinlich.

Es dürfte unstrittig sein, daß Vorsorge Ressourcenplanung einschließt. Knappe ökologische Ressourcen können (und müssen) einer Bewirtschaftung unterworfen werden, um ihre Überlastung zu verhindern und eine dauerhafte Nutzung, einschließlich einer Vorratshaltung für die Zukunft, zu gewährleisten. Der Bewirtschaftungsaspekt der Vorsorge ist im deutschen Recht beispielsweise für die Wassernutzung festgeschrieben (Wasserhaushaltsgesetz § 1a). Er wird umweltpolitisch um so wichtiger werden, je mehr das Leitbild der „nachhaltigen Entwicklung" („sustainable development") in konkrete Regulierung übersetzt wird[79]. Unter dem Leitbild der Nachhaltigkeit wird zweifellos auch die Einführung neuer landwirtschaftlicher Techniken über die reinen Sicherheitsaspekte hinaus politisiert werden. Das aber wird für konventionelle und gentechnische Innovationen in gleicher Weise gelten. Es gibt keine relevante Umweltdimension (Wasser, Luft, Boden, Artenvielfalt), die speziell oder ausschließlich von Gentechnik betroffen wäre. Auch unter einem weit gefaßten Vorsorgeprinzip wird man dem Vergleich von konventionell gezüchteten und gentechnisch hergestellten Pflanzen nicht ausweichen können, und von Fall zu Fall werden mal die einen, mal die anderen besser abschneiden – nicht anders als bei der Sicherheitsprüfung[80].

---

[79] Ob die Bewirtschaftung der Luftnutzung aus dem Vorsorgegebot des § 5 Bundesimmissionsschutzgesetz abgeleitet werden kann, ist strittig (Kloepfer, 1989); zweifellos aber könnte sie durch einfaches Gesetz eingeführt werden. Daß natürliche Ressourcen nur in den Grenzen der "Nachhaltigkeit" in Anspruch genommen werden, bekräftigt das Bundesnaturschutzgesetz; der Durchsetzung dienen u. a. Landschaftspläne.

[80] Im Rahmen einer politischen Bewirtschaftung der Umweltnutzung läßt sich eine spezifische Diskriminierung der Gentechnik nicht begründen, dazu müßte man schon die Einführung neuer Technik als solche "bewirtschaften", also unter politischen Planungsvorbehalt stellen. Das stellt in kapitalistischen Gesellschaften die

Aus ganz ähnlichen Gründen wird sich auch im Rahmen von Umweltqualitätszielen eine Grundsatzentscheidung gegen die Freisetzung gentechnisch veränderter Organismen kaum begründen lassen. In den Umweltqualitätszielen konzentriert sich gewissermaßen der politische Freiraum bei der Definition von Umweltsicherheitsstandards. Diese Standards lassen sich nämlich nicht durchgehend an wissenschaftlich objektivierbaren Funktionsbedingungen und Überlastungsindikatoren für Ökosyteme festmachen. Welche Eingriffe in die Natur ein ökologischer Schaden sind bzw. eine „nachteilige Auswirkung auf die Umwelt" darstellen (die nach Art. 4 der EU-Richtlinie 90/220 vermieden werden muß), hängt auch davon ab, welcher Umweltzustand politisch als Kriterium und angestrebtes Ziel vorgegeben wird. Insofern ist „Umweltverträglichkeit" nicht weniger als „Sozialverträglichkeit" eine politisch gewählte Demarkationslinie, die auch nach politischen Gesichtspunkten (nach oben oder nach unten) verschoben werden kann (van den Daele, 1993a).

Theoretisch ließe sich in diesem Rahmen auch ein Verbot der Freisetzung gentechnisch veränderter Organismen unterbringen: „gentechnikfreie Umwelt" als Umweltqualitätsziel[81]. Tatsächlich ist mit einer derartigen Zielbestimmung aber nicht zu rechnen. Ganz unabhängig davon, ob sie nach Kriterien der Verhältnismäßigkeit und Gleichbehandlung verfassungsrechtlich überhaupt zulässig wäre, sind jedenfalls auch die parlamentarischen Mehrheiten dafür nicht in Sicht. Umweltqualitätsziele definieren Reduktionsziele für Parameter der Umweltbelastung und des Umweltverbrauchs, nicht Präferenzen für oder gegen bestimmte Techniken. Sie können zwar bestimmte (inkompatible) Anwendungen der Gentechnik ausschließen. Ob das gilt, ist aber für jeden Anwendungsfall gesondert zu prüfen, wobei Vergleiche mit den bisher üblichen und akzeptierten Techniken anzustellen sind. Wenn beispielsweise transgene herbizidresistente Mais-, Soja- und Zuckerrübensorten in bezug auf die Menge der eingesetzten Herbizide besser abschneiden als die entsprechenden nicht-transgenen Sorten, müßten unter einem Umweltqualitätsziel „Mengenreduktion bei Agrochemikalien" eher die konventionellen Sorten vom Markt genommen werden als die transgenen. Inkonsistent und unzulässig wäre jedenfalls eine Regulierung, die nur die transgenen Sorten ausschließt, die entsprechenden konventionellen Sorten aber „unbehelligt" läßt. Eine Prüfung an Umweltqualitätszielen kann also ebensogut für wie gegen bestimmte Anwendungen der Gentechnik ausfallen; insofern eignet sie sich nicht dazu, grundsätzliche Vorbehalte gegen die Gentechnik wieder auf die politische Agenda zu setzen.

"Systemfrage", weil es die Innovationsfreiheit praktisch abschafft und im Kernbereich des wirtschaftlichen Handelns den Primat der Politik etabliert.

[81] Auf dieser Linie wird gelegentlich jede (Weiter-)Verbreitung transgener DNA-Konstrukte in die Umwelt als „genetic pollution" eingeordnet, die strikt zu vermeiden sei (van den Daele et al., 1996). Auch im TÜV Bayern wird diskutiert, ob "keine gentechnisch modifizierten Nukleinsäuren in der Umwelt" als Umweltqualitätsziel in Frage kommt.

14.10 Zusammenfassung

Die Deregulierung der Gentechnik hat nicht dazu geführt, daß die staatliche Kontrolle der Gentechnik schwächer ist als die anderer Techniken, sondern nur dazu, daß sie auch nicht mehr (nennenswert) stärker ist. Damit ist eine als „außerordentlich" eingeschätzte Technik gewissermaßen in das „ordentliche" Verfahren des gesellschaftlichen Umgangs mit Innovation zurückgeführt worden. Die Rechfertigung für diese „Normalisierung" der Gentechnik sind das zunehmende Wissen und die zunehmende Vertrautheit im praktischen Umgang mit der Gentechnik bei anhaltend negativen Befunden in bezug auf irgendwelche besonderen Risiken: es gibt keinerlei Hinweise, daß Organismen allein deshalb, weil sie gentechnisch modifiziert sind, ein besonderes Risikopotential darstellen könnten. Streng genommen beweisen negative Befunde der Risikoprüfung natürlich nicht, daß die Technik sicher ist – ebensowenig wie negative Befunde der ärztlichen Diagnose beweisen, daß der Patient gesund ist. Gleichwohl machen sie den Rückzug von der ursprünglichen besonderen Gefährlichkeitsvermutung plausibel, und eine Umstellung der Regulierung von „vorläufig verboten" zu „auf Widerruf erlaubt" erscheint unter diesen Bedingungen als eine legitime politische Option, über die mit Mehrheit entschieden werden darf, ohne daß dies als „verantwortungslos" gebrandmarkt werden kann[82].
Die Deregulierung der Gentechnik steht im Einklang mit, ja sie folgt geradezu aus dem Vorsorgeprinzip, sofern dieses als Rechtsprinzip im Rahmen einer liberalen Gesellschaftsverfassung ausgelegt wird. Danach ist die Einschränkung von Innovation ein begründungspflichtiger Eingriff, der unter Gesichtspunkten der Sicherheit und nicht des Bedarfs gerechtfertigt werden muß. In diesem Rechtsrahmen kann die bloße Ungewißheit, ob eine neue Technik verborgene Risiken hat, zwar Moratorien und spezifische Sicherheitsauflagen rechtfertigen, aber kein endgültiges Verbot. Bei anhaltend negativen Risikobefunden sind die Moratorien und Sicherheitsauflagen daraufhin zu überprüfen, ob sie (gemessen an den für andere Techniken geltenden Kontrollen) unverhältnismäßige oder ungleiche Eingriffe darstellen. In diesem Rahmen ist klar, daß die gentechnikspezifischen Kontrollen irgendwann fallen müssen, sofern sich keine besonderen Risiken zeigen; die Frage kann dann nur noch sein, ob sie zu früh oder zu spät fallen (siehe auch Kapitel 12 und 13).
Diese Verrechtlichung hat das Vorsorgeprinzip politisch „verharmlost" und weitergehende Erwartungen der Gentechnikkritiker frustriert, daß die Anerkennung des Vorsorgeprinzips eine grundsätzliche Wende im Verhältnis der Industriegesellschaft zur technischen Dynamik befördern werde: den Primat der Politik gegenüber Wissenschaft und Wirtschaft, demokratische Kontrolle und Planung von Innovation und Bedarfsprüfungen mit Alternativendiskussionen als

---

[82] Vgl. Greenpeace zur Marktzulassung von Mais mit transgener Insektenresistenz durch die EU-Kommission im Dezember 1996: "Die verantwortungsloseste Entscheidung, die die Kommission je getroffen hat" (Berliner Zeitung vom 19. 12. 1996).

Zulassungsbedingung. Diese verfassungspolitische Perpektive, die mit den ursprünglichen Verboten der Gentechnik noch kompatibel war, ist im Zuge der Deregulierung zunehmend abgeschnitten worden. Die Regulierung (und Deregulierung) der Gentechnik im etablierten Politikrahmen der Risikovorsorge geht gewissermaßen systematisch an fundamentalen Einwänden vorbei. Fragen der Ethik des Eingriffs in die Natur, der „Sinnhaftigkeit" der Technik und der Legitimität der Verfahren, nach denen moderne Gesellschaften ihre Innovation betreiben, bleiben ausgeblendet. Sie werden in den öffentlichen Raum bloßer Diskussion abgedrängt, vielleicht als Themen von Technikfolgenabschätzung bearbeitet. In jedem Fall werden sie von den Entscheidungsproblemen der Regulierung abgetrennt und dadurch politisch latent gemacht – was mit gewissem Recht als „Entpolitisierung" der Gentechnik interpretiert worden ist (Gill, 1991).

Allerdings hat die Assimilation der Gentechnikregulierung an das in liberalen Gesellschaften rechtlich und politisch etablierte Vorsorgeregime auch dieses Regime selbst verändert. Am Beispiel der Gentechnik sind erstmals sehr restriktive vorbeugende Kontrollen eingeführt worden, die auf die Neuheit der Technik und die Ungewißheit über damit eventuell verbundene unbekannte Risiken reagieren. Diese Kontrollen haben die Vorsorge weiter in den Bereich der „Restrisiken" hinein verschoben. Zugleich zeigt die Geschichte der Regulierung, daß die Gesellschaft in der Lage ist, ungeachtet des fortdauernden politischen Streits eine Art geordneten Rückzug aus solchen Anfangskontrollen anzutreten. Diese führen also keineswegs zu endlosen Blockaden, die Innovation schlechthin ausschließen. Insofern kann diese Regulierungsgeschichte am Ende vielleicht doch als ein Modell und Vorbild für einen vorsichtigen, geschwindigkeitsbegrenzenden, aber offenen Umgang mit technischer Dynamik gelten.

15 Der Mensch als Schöpfer neuen Lebens?

Prof. Dr. U.A. Baumann

Institut für Ökumenische Forschung, Universität Tübingen, Liebermeisterstr. 18, D-72076 Tübingen

> „Wo warst du, als ich die Erde gründete?
> Sag an, wenn du Bescheid weißt!
> Wer hat ihre Maße bestimmt – du weißt's ja –
> oder wer die Meßschnur über sie ausgespannt?
> Worauf sind ihre Pfeiler eingesenkt,
> oder wer hat ihren Eckstein gelegt...?"
>
> (Hiob 38,4–6)

Darf der Mensch in den „natürlichen" Ablauf der Evolution eingreifen? Ist Gentechnik „erlaubt" oder ein Attentat auf Gottes Schöpfung, an die der Mensch nicht rühren darf? „Pfuscht" der Mensch Gott ins Handwerk? Ist Gentechnik schöpfungswidrig oder Teil des Schöpfungsauftrags der Menschheit? Die Fragen sind bekannt und werden je nach Grundstimmung verschieden beantwortet. Zwei Extrempositionen beeinflussen in vielen Abstufungen die öffentliche Meinung: das rein technologische Kalkül einer wenig rücksichtsvollen Kultur der Machbarkeit auf der einen, die irrationalen Ängste einer leicht in romantisch-esoterische Natur-Nostalgie abgleitenden Kultivierung des Ökologischen auf der anderen Seite. Oft wird gerade von Gegnern der Gentechnik übersehen, daß sich die Menschheit schon seit Tausenden von Jahren über die Frage des Dürfens hinwegsetzt. Durch intensive Zuchtwahl und einseitige Auslese von Nutzpflanzen für den menschlichen Gebrauch, ohne die eine landwirtschaftliche Lebensweise niemals hätte erfolgreich werden können, greifen wir längst in die Evolution des Lebens auf diesem Planeten ein. Freilich steht auch außer Zweifel: Die neuen gentechnischen Möglichkeiten und unser neues Wissen über die Anfälligkeit des ökobiologischen Lebenssystems Erde verpflichten uns heute um unseres eigenen Überlebens willen dazu, uns der grundsätzlichen kosmologischen, anthropologischen, philosophischen und theologischen Zukunftsfrage neu zu stellen (siehe auch Kapitel 4.9).

Um diese Fragen soll es in diesem Beitrag gehen. Was kann – um damit das Thema genauer anzugeben – das religiöse Schöpfungsverständnis zur Klärung beitragen? Ist nicht gerade das Schöpfungsthema längst naturwissenschaftlich entlarvt, theologisch ausgehöhlt und ökologisch verdächtig geworden? Muß nicht jeder, der im Sinne der jüdischen, christlichen und islamischen Tradition an die Weltschöpfung durch einen personalen Gott glaubt, daran glauben, daß die Evolution, ja der ganze kosmische Prozeß einem vorgegebenen „Schöpfungsplan", einer präexistenten Idee, einer prästabilisierten Teleologie, einem universalen Gesetz folgt? Muß da nicht jeder gentechnische Eingriff als faustisches Attentat auf die Souveränität Gottes abgelehnt werden? Wenn aber – und das ist ja der wissenschaftliche Befund – die Evolution keiner erkennbaren Absicht zu folgen scheint, wenn – was uns jetzt allmählich heraufdämmert und in Angst versetzt – die Menschheit ihre Zukunft und ihr Ziel in dem von ihr erreichbaren und gestaltbaren Universum offenbar doch selber festlegen muß, wozu taugt dann der Schöpfungsglaube?

Ich möchte mich diesen Fragen in vier gedanklichen Schritten annähern, indem ich zunächst (15.1) auf die Eigenart und die Grenzen der biblischen Schöpfungsvorstellungen zu sprechen komme. Der zweite Schritt (15.2) möchte sich mit den Möglichkeiten einer evolutionistischen Schöpfungstheologie auseinandersetzen. Die dritte Überlegung (15.3) gilt der Frage: Wie kann Schöpfung in einer in Bestimmung und Ziel offenen Wirklichkeit gedacht werden? Davon ausgehend möchte ich (15.4) versuchen, die Bedeutung menschlicher Weltschöpfung im Kontext religiöser Wirklichkeitserfahrung theologisch zu würdigen und zu verantworten.

15.1 Was will die biblische Schöpfungstheologie?

Seit unvordenklichen Zeiten fragen sich Menschen, woher die Welt kommt, was für einen letzten Grund die Dinge haben.[83] Sie haben diese Frage je nach dem Stand ihres Wissens, ihrer Kultur und ihres Weltbildes verschieden beantwortet: kosmologisch-mythologisch, theologisch oder philosophisch, zuletzt naturwissenschaftlich-empirisch. Es macht nun den Reiz der biblischen Ursprungsgeschichten aus, daß sie ganz gegen das gängige Vorurteil von einem in jeder Richtung kritischen Geist bestimmt sind. Sie stehen zwar noch in der Erzähltradition der mesopotamischen oder ägyptischen Kosmologien. Aber sie sind selbst keine Schöpfungsmythen, sondern – wenn auch im Rahmen des damaligen Erkenntnisstandes – frühe Zeugnisse einer erstaunlichen theologisch-rationalen Aufklärung und Ausnüchterung mythischer Weltverständnisse. Das heißt, die biblischen Texte sind weder wörtlich noch im Sinne unseres heutigen Begriffs naturwissenschaftlich gemeint, sondern verfolgen eine theologische Absicht. Das macht ihre Bedeutung bis heute aus. Deutlicher noch als aus den altbekannten Schöpfungsgedichten am Anfang der Bibel wird diese theologische Absicht aus dem Schöpfungslied, das sich am Ende des Hiob-Buches (38,1–41,25) findet, ersichtlich.

„Wo warst Du [denn], als ich die Erde gründete?" beginnt Gott seine Verteidigungsrede gegen Hiobs Klage. Ohne Grund war der, ein guter und gerechter Mensch, ins äußerste Elend gestürzt worden. Alles ist er bereit zu ertragen, wenn man ihm nur sagen kann warum? Während Hiobs Freunde sich mit tiefsinnigen Erklärungen und guten Ratschlägen aus der Affaire ziehen, stellt Gott sich der Herausforderung. Mit überwältigender Dramatik führt er dem Hiob die Größe und

---

[83] Zur Einführung in das biblische Schöpfungsverständnis vgl. etwa Ganoczy (1991; pp 26-30), Haag (1968), Nelis (1968) und Westermann (1971, 1974).

Poesie der Schöpfungstat vor Augen. Er entschuldigt sich nicht dafür, daß diese Welt für den Menschen nicht die „beste aller Welten" ist. Diese Welt ist großartig, wie sie ist: mit dem Löwen, der andere Tiere reißt, mit dem Strauß, der die Jungen sich selber überläßt, mit dem Adler, „der Blut schlürft", und dem Krokodil, „das gemacht ist, nie zu erschrecken". Vor der Größe der Schöpfungstat erkennt Hiob: Es ist sein eigener Tadel, der „ohne Einsicht den Ratschluß verhüllt":

> „Darum habe ich geredet im Unverstand,
> Dinge, die zu wunderbar für mich, die ich nicht begriff.
> Höre doch und ich will reden;
> ich will dich fragen,
> und du lehre mich!"
>
> (Hiob 42,3–4)

Ob damit die Frage nach Sinn und Grund des Leidens eine befriedigende Antwort bekommt, sei dahingestellt. Entscheidend für das Verständnis ist die religiöse Denkrichtung, die hier – ganz ähnlich wie in den anderen Schöpfungsliedern der Bibel (z. B. Gen 2,4b-25; Gen 1,1–2,4a; Ps 104) – eingeschlagen wird.

Die Hiobsgeschichte führt uns eindringlich vor Augen: Die Schöpfung der Welt und des Menschen durch den einen Gott ist vor allen Dingen eine religiöse Metapher, an der sich das (erschütterte) Vertrauen in die Wirklichkeit festmachen soll. Wenn Menschen wie Hiob sich in ihrer Existenz erschüttert sehen, wenn die Zukunft der Menschheit aussichtslos erscheint, dann sollen wir uns der Herrlichkeit des Universums erinnern und darauf vertrauen: Der, aus dessen Hand alles hervorging, weil er es so wollte, wird seine Wundertaten wieder tun und uns in jeder Zeit aus der Drangsal eine neue Zukunft eröffnen und uns in ein neues freies Land führen, so gewiß wie er einst Israel aus Ägypten befreite und es aus dem babylonischen Exil zurückgeführt hat. Die Schöpfung ist für die Bibel also die Freiheitstat schlechthin und damit Unterpfand und Garantie für die Freiheit und Befreiung des Menschen in seinem Kosmos und zu seiner eigenen Geschichte: Weil Gott Himmel und Erde „gemacht" hat, sind wir frei.

Aber was bedeutet hier „Machen"? Es versteht sich von selbst: „Die gedachte Natur" (Alfred Gierer) der biblischen Texte – die ältesten Quellen sind ja annähernd 3.000 Jahre alt – ist nicht die philosophisch-rational oder naturwissenschaftlich-mathematisch vorgestellte Welt des 20. Jahrhunderts, die wir für wirklich halten. Die Menschen von damals erlebten Gott zunächst ganz anthropomorph als Baumeister, Bildner, Töpfer oder Gestalter, der die Welt und alles, was sie füllt, aus freier schöpferischer Intuition und Phantasie hervorbringt. Dabei bildet der sogenannte priesterliche Schöpfungsbericht – er ist es, der vom Siebentagewerk spricht – einen gewissen Übergang.

Die ganze Wirklichkeit, alles, was da ist, geht auf einen einzigen, geistig gedachten Ursprung zurück, auf den einen und einzigen Gott aller Völker und Weltzeiten, den das Volk Israel einst

für sich entdeckte. Dieser Gott ist nicht wie die Götter der „Heiden" eine Art „Übermensch",
sondern eine dem sinnlich wahrnehmbaren Kosmos ganz und gar jenseitige, transzendente,
gegenüberstehende, aber gleichzeitig bewußtseinsmächtige Kraft. Schöpfung ist infolgedessen
nicht, wie es sonst bildlich heißt, „seiner Hände Werk", sondern Kraft seines „Wortes" – das
heißt ein geistiger, ein gedanklicher, eben logischer Prozeß. Allerdings hat „das Wort" im alten
Orient eine viel größere Bedeutung als wir ihm in unserer informationsinflationären Zeit
beimessen. Wort ist nicht nur Klang, der als Gedanke im Bewußtsein des Sprechers und des
Hörers nachklingt, sondern konkrete, gegenständliche gewissermaßen mit der Kraft des Geistes
geladene Macht, durch die Gedachtes Wirklichkeit wird und Gewolltes geschieht. Das Wort
„materialisiert" gewissermaßen den guten (oder bösen) Geist des Sprechenden und kann, wenn
es den Mund einmal verlassen hat, nicht mehr zurückgenommen werden. Wort, so könnte man
abgekürzt sagen, schafft Wirklichkeit (van Imschoot, 1968).

Die theologische Idee dieser Schöpfungsvorstellung besteht dann darin: Die Schöpfung als
ganze ist Wort Gottes und kann als solches nicht zurückgenommen werden. Von daher betrachtet bildet sie eine selbständige, nicht-göttliche Wirklichkeit, einen Raum der Autonomie, in dem
die menschliche Geschichte der Freiheit sich zum Guten und zum Bösen entfalten kann. Der
Ursprung garantiert den Bestand in Gegenwart und Zukunft. Die Garantie scheint freilich nur
glaubhaft und plausibel, wenn man davon ausgeht, daß die Welt aus einem festen Schöpfungsplan hervorgegangen ist und – im Unterschied zur Wechselhaftigkeit des Lebens und der
Geschichte – unveränderlich bleibt: „„… und Gott vollendete am siebenten Tage sein Werk, das
er gemacht hatte, und er ruhte am siebenten Tage von all seinem Werk, das er gemacht hatte"
(Gen 2, 2). Von daher versteht es sich, daß der Gedanke einer evolutiven Schöpfung lange Zeit
als mit dem biblischen Glauben völlig unvereinbar empfunden wurde. Auch die im Neuen
Testament aus den Ansätzen jüdischer Apokalyptik entstandene Vorstellung einer endzeitlichen
Neuschöpfung versteht sich nicht als Entwicklungsprozeß. Das „himmlische Jerusalem" ist
nicht das Ende einer Entwicklung, sondern präexistiert von Ewigkeit schon in Gottes Gedanken.

15.2 Schöpfung als Evolutionsprozeß?

Pierre Teilhard de Chardin (1881 – 1955), französischer Jesuit und Paläontologe von Weltruf
und einer der großen und umstrittenen Vordenker katholischer Theologie im 20. Jahrhundert,
hat als einer der ersten christlichen Theologen gewagt, den Schöpfungsgedanken konsequent
von einem evolutiven Ansatz her zu verstehen[84]. Wie riskant dieses Unternehmen war, kann man
nur ermessen, wenn man weiß, daß die christliche Theologie seit dem Altertum unter dem Ein-

---

[84] Zur Einführung: Baumann (1995), Andersen und Peacocke (1987) und Schmitz-Moorman (1992).

fluß einer platonistisch-dualistischen Philosophie stand, die Geist und Materie als Gegensatz verstand. Man war zutiefst davon überzeugt: Der Prozeß des Werdens verweist auf eine Unvollkommenheit, auf einen Mangel an Sein, auf ein Übel, und was einen solchen Seinsmangel aufweist, kann nicht (oder noch nicht) „gut" geheißen werden. Hätte Gott eine evolutionäre Welt geschaffen, hätte er also etwas Unvollkommenes geschaffen, von dem ehrlicher Weise nicht – wie es das erste Buch der Bibel tut – behauptet werden dürfte: „Und Gott sah alles an, was er gemacht hatte, und siehe es war sehr gut" (Gen 1,31).

Für Teilhard de Chardin als Paläontologen war völlig klar: Die empirischen Fakten verwiesen auf ein evolutionistisches Universum und diese Tatsache ließ sich mit biblischen Argumenten nicht entkräften. Sollte also der Schöpfungsglaube nicht zum Köhlerglauben verkommen, mußte er von der Evolution her neu bedacht werden. Und so beschrieb Teilhard die Schöpfung als Einigungsprozeß:

> „Keineswegs aus Unvermögen, sondern wegen der Struktur, die dem Nichts selbst eigen ist, dem er sich zuneigt, vermag Gott in seiner kreativen Tätigkeit nur auf eine einzige Weise vorzugehen: Er ordnet, eint nach und nach unter dem Einfluß seiner Anziehung, indem er das tastende Spiel der großen Zahlen, eine unermeßliche Vielheit von Elementen benutzt."
> (Teilhard de Chardin, 1969)

Die evolutive Schöpfung ist für Teilhard ein Prozeß immer weiter voranschreitender Verdichtung, immer komplexerer „Einrollung" des Universums auf dem Wege zu Selbstreflexität und Personalität.

Die kirchliche Kritik, die Teilhards theologische Versuche mit steigendem Argwohn begleitete, stieß sich vor allem daran: Teilhard de Chardins Gott thront nicht unnahbar erhaben über oder außerhalb der Welt. Er ist in der Welt, genauer, in einer sich entwickelnden Welt. Man stößt sich daran, daß dieser Gott offensichtlich nicht nur sozusagen von außen und unveränderlich in die Welt hineinwirkt, sondern selbst „Gott im Prozeß" ist (Alfred N. Whitehead). Schließlich befremdet es, daß Gottes Einheit oder Selbstidentität von Teilhard als „komplexe Einheit" verstanden wird. Dadurch – auf diesen Punkt läuft die Kritik hinaus – werde Gottes „Überweltlichkeit", „Unveränderlichkeit" und „Einfachheit" angetastet. Allerdings sind „Überweltlichkeit", „Unveränderlichkeit" und „Einfachheit" Metaphern, wie sie für die Denktradition der hellenistischen Philosophie typisch waren. Sie sind die Folge jener keineswegs „biblischen" Auffassung eines seinshaften Gegensatzes zwischen Geist und Materie, zwischen dem Einen und dem Vielen, den Teilhard gerade mit Hilfe seines evolutiven Wirklichkeitsverständnisses überwinden wollte.

Teilhard de Chardin versuchte Gott in einem evolutiven Universum zu deuten. In diesem Universum bedeutet Komplexität ein Mehr an Einheit und das Ziel des evolutiven Prozesses ist die Einheit aller Dinge in einer einzigen personalisierten Komplexität des Alls. Gott tritt in einem evolutiven Kosmos erst am Ende, nicht am dunklen Anfang ganz und endgültig als Schöpfer in

Erscheinung. Nach Lay (1983) ist Gott für Teilhard „an erster Stelle etwas dynamisch Funktionales und nicht etwas ontologisch Statisches. Die Evolution wird zum Realsymbol Gottes – und nicht nur sie, sondern auch die „Materie" als dem, das alle Evolution trägt und darstellt." Damit stellt sich der gesamte evolutive Schöpfungsprozeß, den wir Universum nennen, von Gott her als Prozeß einer immer weiter sich personalisierenden „Inkarnation" Gottes dar. Die Schöpfung selbst wird für Teilhard in einem gewissen Sinne zum Offenbarungsgeschehen. In drei Kernsätzen faßt er 1934 seinen Schöpfungsglauben zusammen:

> „Ich glaube, daß das Universum ein Evolutionsprozeß ist. Ich glaube, daß die Entwicklung in Richtung des Geistes geht. Ich glaube, daß der Geist im Menschen sich im Personalen vollendet. Ich glaube, daß das höchste Personale der Christus-Universalis ist." (Teilhard de Chardin, 1969)

Teilhard de Chardin betrachtet somit den ganzen kosmischen Prozeß – angefangen bei den subatomaren Wechselwirkungen und der Molekülbildung im Vorlebendigen, über die Entwicklung des Lebens, bis hin zum Prozeß der Vergeistigung und Bewußtseinsbildung im Menschen und über die gegenwärtige Stufe von Gesellschaft, Kultur und Wissenschaft hinaus – als eine einzige Einigungsbewegung, deren Ziel ein Zustand der Superpersonalität sein wird, der den ganzen Kosmos in ein Ganzes (hólon) integriert. In Christus Jesus habe eine neue universalgeschichtliche Epoche begonnen, die ausgefüllt sei durch die allmähliche Reifung und Durchsetzung seiner solidarischen Liebe, ein Erwachsenwerden des individuellen Menschseins auf dem tragenden Grund der Liebe. In der Zukunft sieht Teilhard den Durchbruch zur Evolutionsstufe eines neuen menschheitlichen, ganzheitlichen Bewußtseins, das in die gemeinsame (heilvolle) Erfahrung aller Menschen im Punkt Omega/Gott münde. Das, was dann aufgrund weiterer biologischer, noetischer und moralischer Entwicklung die Menschheit darstellen wird, offenbart sich am Ende der Vergeistigung des Kosmos als der mystische Leib (sóma) des zu Gott erhöhten Christus: „der Christus universalis".

Teilhard bezog sich bei seinen theologischen Spekulationen auf Bibelstellen (Eph 1,10, 22–23; Kol 1,15–19), die ihn als Evolutionsbiologen tief beeindruckten. Es läßt sich freilich – und das ist im großen und ganzen auch das Urteil der kritischen Theologie – kaum übersehen, daß Teilhards großartiger Entwurf eines neuen, ganzheitlichen christlichen Weltverständnisses wesentlich spekulativen und projektiven Charakter hat. Sein Umgang mit der Bibel ist außerdem exegetisch zweifelhaft. Es kommt hinzu, daß empirisch betrachtet eine solche Zielrichtung der Entwicklung tatsächlich nicht nachzuweisen ist. Lorenz (1983) hielt die Idee einer zweckgerichteten Weltordnung schlicht für einen Irrglauben, der nur „den Menschen von der Verantwortung für das Weltgeschehen" entlasten wolle. Bei aller empirischen Sorgfalt bietet uns die Natur keinen brauchbaren Anhaltspunkt, der es rechtfertigte, von einer planvollen Hinordnung des Kosmos auf den Menschen zu sprechen. Statt dessen stellt sich die Evolution zwar als selbstregulierender, aber dennoch chaotischer Prozeß dar, in dem sich vielleicht gerade noch eine statistische „Zunahme komplexer Systeme" registrieren läßt, aus dem aber keineswegs logisch die Menschheit mit ihrer heutigen Geschichte folgt. Es wird zu einem schieren Ding der Unmöglichkeit, „den heutigen Menschen vor diesem Hintergrund noch als definitives Endergebnis oder Ziel aller bisherigen kosmischen Geschichte" zu begreifen (von Ditfurth, 1984).

15.3 Schöpfung in einer in Bestimmung und Ziel offenen Wirklichkeit

Wir haben uns mit der Tatsache abzufinden: Das Ziel der Evolution ist offen.[85] Die Schöpfung ist kein Uhrwerk, das – einmal aufgezogen – unaufhaltsam und unbeirrbar abläuft. Wenn nun das Ziel der Evolution offen ist, haben wir dann nicht davon auszugehen, daß auch der Ausgang unserer Artgeschichte und die Zukunft der Biosphäre offen ist? Wenn es sich nämlich tatsächlich so verhält – und wer wollte dem widersprechen? –, dann läßt sich das „schöpfungsgemäße" Handeln nicht mehr sozusagen am göttlichen Bauplan der Natur ablesen, sondern es muß von den Möglichkeiten und Zukunftsfolgen her, die es eröffnet, immer wieder neu bedacht werden: im Bewußtsein, daß es viele alternative Zukünfte gibt, die letztlich alle unabsehbar und – wenn einmal gewählt – nicht mehr einholbar sind. Sinn und Bestimmung menschlichen Daseins und menschlicher Geschichte können nicht mehr einfach auf einen ewigen göttlichen Ratschluß zurückgeführt werden, der unabänderlich vom ersten bis zum letzten Tag der Menschheit gälte. Vielmehr ist es ja gerade die unerhörte Chance und allerdings auch die Gefahr, die uns droht, daß wir als einzelne und als Art tatsächlich über unseren eigenen Sinn und unsere Bestimmung selber entscheiden können – aber auch müssen.

Hat sich damit die Frage nach einem transzendentalen Ursprung unserer Welt erledigt? Keineswegs! Das Gegenteil ist der Fall, wenn wir Transzendenz als Dimension der uns umfassenden Wirklichkeit verstehen und nicht vorschnell auf ein womöglich naiv anthropomorphes Gottesbild rekurrieren, das in der Tat wissenschaftlichem Denken nicht standhielte. Dies will näher erklärt sein: Tatsächlich bewohnen wir – trotz all unserer Anstrengungen, die Wahrnehmungsgrenzen unserer Sinne und unserer geistigen Vorstellungskraft durch empirische Forschung und philosophische Reflexion immer weiter hinauszuschieben – eine winzige „Insel menschlicher Wirklichkeit" im unermeßlichen Ozean der kosmischen Wirklichkeit. Die Welt, die wir erkennen, ist tatsächlich nur „Menschenwelt", Zwischenraum selbstgeschaffener Geistesgegenwart und menschlicher Geschichte. Die Wirklichkeit selbst, wie sie ist, bleibt für uns letztlich stets unanschaulich. Mit anderen Worten: Das, was wir für objektive Wirklichkeit halten, ist tatsächlich unser artbedingtes Interpretationsmodell der Außenwelt[86].

---

85 Zur theologischen Vorgeschichte vgl. u. a. Moltmann (1977).
86 Zum Verständnis und zum Umgang mit einer evolutionären Erkenntnistheorie vgl. Baumann (1993; pp 13 – 16), Watzlawick (1981) und Delbrück (1986).

Die Gefahr solcher „Welthervorbringung" besteht darin, daß wir anfällig dafür sind, unsere selbstgeschaffene Menschenwelt absolutzusetzen, um dann uns selbst und die Geschichte, die wir machen, für den Mittelpunkt und uns selbst für die „Krone der Schöpfung" zu halten. Die Gefahr hat einen Namen: Anthropozentrismus. Mit dem Blick für den transzendentalen Charakter der Wirklichkeit geht leicht das Augenmaß für menschliche Proportionen, die tatsächlichen Möglichkeiten und den Sinn menschlichen Daseins verloren. Eine Menschheit, die nicht mehr über ihren eigenen Horizont hinaussähe, wäre in der Tat verloren. Sie wäre verloren, weil die Lösung zentraler Überlebensfragen heute wie selten zuvor grenzüberschreitendes Denken und Handeln erfordert. Dies setzt in hohem Maße Bereitschaft und Fähigkeit zur Transzendenz des uns vertrauten Wirklichkeitsraumes voraus und zwar:

- als Bereitschaft und Fähigkeit, die eigene Begrenztheit zu erkennen und mit ihr umzugehen (Kontingenzbewältigungspraxis);
- als Bereitschaft und Fähigkeit, die Frage nach dem Sinn des Ganzen offenzuhalten, im Vertrauen darauf, aus der Tiefe der kosmischen Wirklichkeit geistige Erkenntnis und sinnstiftende Orientierung zu gewinnen (systemoffenes Denken);
- als Bereitschaft, die menschliche Fähigkeit zu selbstbewußtem Denken, zu personaler Beziehung und geistiger Kommunikation dankbar als Gabe des Universums zu hüten, das uns hervorgebracht hat, und die Zukunft des Menschseins und allen Lebens im Dialog mit jener Wirklichkeit zu gestalten („religio" im Sinne der transzendentalen Bindung).

Im biblischen Glauben findet sich der Anspruch und das Angebot solcher Wirklichkeit „jenseits von uns" in der Metapher von Schöpfung und Sündenfall repräsentiert. Wenn wir die biblischen „Ursprungsgeschichten" so verstehen, wie sie gemeint sind – und das heißt nicht historisch oder szientistisch, sondern theologisch –, wird deutlich, was ihre Aktualität ausmacht. Sie legen Menschen einer ganz bestimmten Epoche vor dem Hintergrund ihrer (gebrochenen) Wirklichkeitserfahrung und im Sprachhorizont ihrer Kultur ihre eigene Geschichte aus. Geschichte versteht sich hier als der vom Menschen selbst entworfene und zu entwerfende Aktionsraum menschlicher Wirklichkeit, realer geistiger Gegenwart und personaler Kommunikation, in dem wir uns immer schon vorfinden und gegenseitig wahrnehmen.

In der Bibel hat solche „Geschichtsinterpretation" sehr oft den Charakter radikaler Zeitkritik im Namen Gottes. Es bedarf angesichts der ökologischen, ökonomischen, sozialen und geistigen Überlebenskrise, in der sich die Menschheit gegenwärtig befindet, gewiß keiner weiteren Erläuterung. Wir sind vielleicht mehr als irgendeine Epoche vor uns auf kritisch wegweisende Gegenentwürfe gegen die scheinbare Schicksalhaftigkeit unserer gegenwärtigen Situation angewiesen. Zweifellos kann uns der Schöpfungsglaube auch heute diesen kritischen Dienst leisten, sofern wir uns denn die Mühe machen, ihn im Horizont unserer Zeit, auf dem Stand unseres Wissens und angesichts der gegenwärtigen Lage der Menschheit neu zu bedenken. Aber nicht nur um Kritik geht es dabei. Vielmehr liegt im gläubigen Vertrauen, daß jenseits der uns zugänglichen

Empirie eine kreative, geistige Kraft im Universum zu Bewußtsein drängt, eine faszinierende Hoffnung und Aufgabe:

- die Hoffnung, daß die Menschheit trotz aller Irrungen und Wirrungen Zukunft und Sinn haben wird,
- die Aufgabe, uns zwar mit Verantwortung, aber ohne Angst auf den schöpferischen Prozeß des Universums einzulassen.

15.4 Menschliche Weltschöpfung und religiöse Wirklichkeitserfahrung

Wir brauchen also nicht wegzudiskutieren, daß der Mensch, indem er den Tempel des Bewußtseins betrat und das Licht der Vernunft empfing, immer mehr zum Schöpfer seiner selbst wurde. Tatsächlich haben wir ja nicht erst mit der gentechnischen Revolution begonnen, unsere arteigene Evolution und die Evolution der irdischen Biosphäre in die eigenen Hände zu nehmen. Neu ist nur die Möglichkeit, bewußt und planvoll in das Geschehen einzugreifen. Auch wenn sich die Gentechnologie heute noch in den Kinderschuhen befindet, so läßt sich doch absehen, daß die Menschheit die Macht haben wird, nicht nur die Biosphäre dieses Planeten in den Grenzen ökologischer Überlebensstrategien umzugestalten, sondern sogar auf anderen Planeten situationsgerechte Biosphären einzurichten.

Allerdings wird uns heute zunehmend bewußt, daß wir es nicht nur mit technischen Problemen zu tun haben: Der Schöpfer ist verantwortlich für seine Geschöpfe. Wer neues Lebens schafft, greift nicht nur in einzelne Gene ein, er/sie verändert die Geschichte des Lebens. Damit ist die Zeit der unschuldigen Experimente aus wissenschaftlicher Neugier vorbei. Das schöpferische Spiel wird todernst, wo einzelne die biologische Zukunft nicht nur einzelner Lebewesen oder Arten, sondern der Menschheit ungefragt und auf unvorhersagbare Weise verändern. Da hört es auch damit auf, daß wir uns noch hinter dem Rücken eines göttlichen Schöpfers verstecken könnten, der ja letztlich selber schuld sei an den unverkennbaren „Risikofaktoren", welche die menschliche Art als „Irrläufer der Evolution" ausweisen. Selbst sind wir jetzt zu Wissenden geworden und darum selbst verantwortlich für die Schöpfungen unserer Welt.

Bislang steht allerdings die Frage noch weithin offen, wie und ob wir die Verantwortung überhaupt übernehmen können. Es gibt zwei Antworten auf die hier eingetretene Situation:

- Völliger Handlungsverzicht: Wir geben die Möglichkeit, schöpferische Verantwortung zu übernehmen an Gott zurück und verweigern ihm fortan die weitere technische und geistige Schöpfungszusammenarbeit. Die Menschheit entschließt sich, sozusagen in den Schoß der Natur zurückzukehren. Aber welcher Natur? Handlungsverzicht wäre gleichbedeutend mit Selbstaufgabe. Denn tatsächlich haben wir ja gar nicht die Wahl. Aufgrund unseres Bewußtseins und unserer gleichzeitigen biologischen Unangepaßtheit an die Umwelt sind wir – ob wir wollen oder nicht – genötigt, unsere Geschichte und die Wirklichkeit, in der wir leben, selbst zu entwerfen.

• Bereitschaft zu verantworteter Schöpfungszusammenarbeit: Sie setzt voraus, daß wir auf neue Weise lernen, mit der transzendentalen Dimension menschlicher Wirklichkeitsmodelle umzugehen. Es kommt entscheidend auf das richtige Verhältnis unserer anthropomorphen „Landkarten" zur „Landschaft" der Wirklichkeit selbst an. Gentechnik ist von Hause aus weder gut noch böse. Erst der Gebrauch, den wir von ihr machen, entscheidet – wie bei anderen Technologien auch – über Wert oder Unwert.

Das hier vorgetragene Schöpfungsverständnis geht davon aus: Wenn in den Möglichkeiten des Kosmos eine geistige Kraft schlummert, die zu Bewußtsein drängt, dann liegt es offensichtlich in der Logik ihres schöpferischen Impulses, daß sich durch die „Erfindung" des Geistes der evolutive Prozeß im Universum immer mehr in einen bewußten Selbstverwirklichungsprozeß des Lebens verwandeln sollte. Der Mensch beziehungsweise die menschliche Art erscheint von daher betrachtet gleichzeitig als Ergebnis und als „Werkzeug" der Evolution und es fällt schwer, sich gegen den Gedanken zu wehren, daß die Gentechnik auf der gegenwärtigen Stufe tatsächlich Hinweis ist für einen qualitativen Sprung des Evolutionsprozesses. Um es mit Maturana und Varela (1987) auf den Punkt zu bringen:

> „Wenn Grunderfordernisse des Lebens erfüllt sind, haben lebende Systeme – also auch der Mensch – alle Freiheit, sich ihre Welt selbst zu schaffen, anstatt nur auf Vorgegebenes zu reagieren. Das Subjekt ist somit entscheidend an der Schöpfung seiner nur scheinbar objektiven Wirklichkeit beteiligt."

Das menschliche Problem solcher Wirklichkeitskonstruktion liegt darin: Wie kommen wir zu den notwendigen Entscheidungsgrundlagen, um die für uns beste Zukunftswelt wählen zu können, nachdem wir faktisch doch gar nicht in der Lage sind, einen objektiven Standpunkt jenseits unseres menschlichen Wirklichkeitsmodells einzunehmen? Eine Lösung des Dilemmas scheint sich noch am ehesten aus der Spannung von Transzendenz und Immanenz heraus zu erschließen:

• Transzendenz hier verstanden als die jenseits menschlicher Erfahrung liegende Wirklichkeit selbst bis hin zu ihrer religiösen Interpretation in einem personalen Gottesbild;

• Immanenz verstanden als der konkrete Erfahrungsraum des Menschen mit seiner Geschichte – auch seiner Wissenschaftsgeschichte – bis hin zur religiösen Interpretation dieser Geschichte als einer Heilsgeschichte Gottes mit den Menschen.

In diesem Übergangsfeld von Wissen und Erfahrung, Empirie und kreativer Projektion, vernünftigem Glauben und Vertrauen in die Wirklichkeit lassen sich im Vorgriff auf mögliche Zukunft noch am ehesten Anschauungen wahrer Humanität gewinnen, die uns in die Lage versetzen, auch den Eigenwert nicht-menschlichen Lebens ehrfurchtsvoll in Rechnung zu stellen.[87] In diesem

---

[87] Weiterführend siehe Baumann (1993; pp 17–18) und Baumann (1995; pp 197–198).

Kontext erscheint der Schöpfungsgedanke als Ergebnis der Bereitschaft, menschliche Geschichte und kosmische Wirklichkeit radikal in den Horizont der Transzendenz zu stellen und von dort her zu interpretieren.

Christlich gewendet: Der Schöpfungsgedanke ist der dichteste Ausdruck des Vertrauens in die Wirklichkeit; allerdings haben wir die Vorstellung eines „Weltenbaumeisters" oder „kosmischen Spielers" endgültig aufzugeben. An eine Schöpfung der Welt durch Gott glauben heißt dann, sogar gegen allen Augenschein an den Sinn, die Zukunft und Gutheit gerade dieser gegenwärtigen, bedrohten, mißbrauchten „Menschenwelt" zu glauben und zu vertrauen, daß in Jesus Christus geschichtsmächtig offenbar geworden ist: Diese unsere real existierende „Menschenwelt" ist nicht sich selbst überlassen; sie hat einen letzten Halt und Bezugspunkt jenseits ihrer selbst in der umfassenden Wirklichkeit Gottes. Aus seiner Anziehung wird sie trotz aller Schrecken nicht fallen. Der Schöpfungsgedanke wird damit zum Fanal wider die Hoffnungslosigkeit einer aus den Fugen geratenen Welt.

An die Schöpfung glauben bedeutet dann letzten Endes nichts anderes, als Gott als letzte Instanz und Autorität gelten lassen:

* damit der Mensch nicht länger Opfer des Menschen sei,
* damit die Natur nicht zum Spielball menschlicher Herrschsucht und Habgier verkomme,
* damit uns bewußt bleibe, daß wir für unsere Schöpfungen dem verantwortlich bleiben, der uns diese Macht gegeben hat.

Wenn wir naturwissenschaftliche und religiöse Wirklichkeitserfahrung also in einen konstruktiven schöpfungstheologischen Zusammenhang bringen, indem wir uns offenhalten für beide Erfahrungsebenen immer in der Überzeugung, daß die Wahrheit letztlich ein einziges, universales Ganzes ist, auf das alles hinausläuft, um in ihm seine selbstbestimmte Vollendung zu finden, dann wird der Schöpfungsglaube zu einer dynamischen Kraft. Diese Kraft befreit das Denken. Sie gibt uns den Mut, unsere schöpferische Aufgabe verantwortungsvoll wahrzunehmen. Sie weist uns endlich in die Richtung absoluter Zukunftsoffenheit und vertrauensvoller Wahrhaftigkeit. Symbol und Gewährleistung für solche Grenzüberschreitung ist heute wie in fernen biblischen Tagen der Gottesgedanke.

16 Gentechnik am Menschen – Eine ethische Bewertung

Prof. Dr. D. Mieth und Dr. H. Haker

Zentrum „Ethik der Wissenschaften" der Universität Tübingen, Universität Tübingen, Kepler-Str. 17, D-72076 Tübingen

16.1 Stand der Forschung und allgemeine Implikationen der Gentechnik am Menschen

16.1.1 Ethische Implikationen des Projekts zur Analyse des menschlichen Genoms

Die revolutionären Entwicklungen der Gentechnik im Bereich von Pharmakologie, Pflanzen- und Tierzüchtung und der Humanmedizin stellen die lange Zeit gültigen philosophischen und biologischen Annahmen über die menschliche Natur in Frage. Der praktische Erfolg der Kartierung und Sequenzierung des menschlichen Genoms, die in einigen Jahren abgeschlossen sein wird (siehe auch Kapitel 3), verdankt sich zu einem Gutteil der technischen Entwicklung von Methoden, die vor einigen Jahrzehnten noch undenkbar erschienen. Ob nun die Züchtung von ertragreichen Pflanzensorten (siehe auch Kapitel 5 und 6), die Züchtung von Tieren (siehe auch Kapitel 7), die Lebensmittelherstellung (siehe auch Kapitel 10) oder aber medizinische Diagnose- und Therapiemöglichkeiten (siehe auch Kapitel 8) betroffen sind – die sozialen Veränderungen, die sich durch den Einsatz der Gentechnik ergeben, sind allenthalben augenfällig geworden.

Die ethische Beurteilung des Großprojektes der Analyse des menschlichen Genoms erfolgt bisher von einigen wenigen Philosophen oder Theologen, die zum Teil nur schwer von den positiven Ergebnissen der genetischen Revolution überzeugt werden können. Meistens wird jedoch eine ethische Beurteilung von Forschern selbst vorgenommen, die eine größere Akzeptanz ihrer Forschung in der Öffentlichkeit erreichen wollen und den Nutzen bzw. die moralische Unbedenklichkeit der Forschung herausstellen. Wenn Wissenschaftler und Ethiker überhaupt in ein gemeinsames Gespräch eintreten, scheinen sie von verschiedenen Planeten zu kommen; sie sprechen eine unterschiedliche Sprache und haben sehr unterschiedliche Auffassungen über den Menschen und das, was Menschen ausmacht[88]. Angesichts der Dimensionen der Veränderung durch die Gentechnik erscheint heute eine ethische Beurteilung unerläßlich, die die ideologischen Vorurteile hinter sich zu lassen versucht.

---

[88] Vergleiche dazu Haker et al. (1992).

Die Grundlagenforschung des menschlichen Genoms kann und soll nicht von möglichen Anwendungsfeldern im Bereich der Pharmakologie, der Biologie und Medizin getrennt werden, da Grundlagenforschung und Anwendung wechselseitig voneinander abhängen und zunehmend ineinander verwoben sind. Dennoch ist es wichtig, die Probleme zu unterscheiden, die sich auf den beiden Ebenen ergeben. Zunächst stellt sich deshalb die Frage, welche ethischen Implikationen mit der Erforschung des menschlichen Genoms selbst verbunden sind.

Das Genomanalyseprojekt aus einer ethischen Perspektive zu betrachten, heißt (a) Fragen der Rechte und Pflichten ethischer Subjekte zu klären, (b) mögliche Probleme institutioneller Strukturen aufzuzeigen, die die ethischen Subjekte zu einem moralischen Handeln befähigen sollen, und (c) die grundlegenden Wertaspekte und Horizonte, die der Politik – in unserem Fall der Forschungspolitik – zugrundeliegen, in die Beurteilung einzubeziehen. Natürlich ist es nicht möglich, hier alle Aspekte anzusprechen, doch sind die allgemeinen Implikationen nicht ohne Einfluß auf die Anwendung, und zum Teil liegen die Wurzeln der Probleme, die in der Anwendung auftreten, schon auf der Ebene der Grundlagenforschung. Einige wichtige Aspekte seien deshalb genannt:

Forschungsprioritäten: Es ist nicht eindeutig zu erweisen, ob die internationalen Forschungsprioritäten richtig gesetzt sind, nach denen die Analyse des menschlichen Genoms für dringlich erachtet wird. Die internationale Herausforderung, medizinische Standards vor allem in Ländern der sogenannten „Dritten Welt" zu verbessern, ist hier einschlägig. Ob die Analyse des menschlichen Genoms, die für sich genommen keine exzeptionellen ethischen Fragen aufwirft, in eine allgemeine und umfassende Problemlösungsstrategie zur Bekämpfung der medizinischen Unterversorgung integriert werden kann oder nicht, ist jedoch in ethischer Hinsicht relevant, insofern die gerechte Verteilung von Ressourcen auf den Gesundheitssektor bezogen werden muß. Der zu erwartende Fortschritt in der Behandlung von sogenannten Zivilisationskrankheiten wie Krebs, Herzinfakt, Parkinson oder Alzheimer Krankheit legitimiert nicht schon aus sich selbst heraus eine gewaltige Subvention, die dann von der medizinischen Grundversorgung abgezogen werden muß. Andererseits ist nicht ohne eingehende Prüfung zu entscheiden, inwieweit Grundlagenforschung als Ergänzung zu kurzfristigen dringlichen Maßnahmen wie Impfungen und Hygieneverbesserungen notwendig ist.

Diagnose ohne Therapie: Das genauere Wissen über sehr seltene monogenetische Krankheiten ohne die zeitlich absehbare Möglichkeit therapeutischer Maßnahmen ist genauso wie die sogenannte Dispositionsforschung ein Problem, weil durch sie unter Umständen eine Erwartungshaltung bei Betroffenen geweckt wird, die vom Forschungsstand nicht gedeckt ist und daher negative psychische Folgen zeitigen kann. Da die meisten Krankheiten polygenetisch oder multifaktoriell bedingt sind, wird der Umgang mit dem genaueren Wissen ohne Eingriffsmöglichkeiten zu einem generellen Problem.

Kommerzialisierung: Die Kommerzialisierung und Patentierungsrechte sind als Problem seit langem in der Diskussion (siehe auch Kapitel 3). Neben dem eher rechtlichen Aspekt, ob es in der Genomanalyse um „Erfindungen" geht oder ob es sich nicht vielmehr um „Entdeckungen" handelt, die nicht patentierbar sind, stellt sich für die Ethik die Frage, inwieweit der Mensch überhaupt zu kommerziellen Zwecken objektiviert werden darf. Eine spezifisch materialistische und dualistische Sichtweise in bezug auf menschliches Leben ist die Voraussetzung eines solchen Denkens; die Richtigkeit und Angemessenheit ist damit aber nicht erwiesen.

Datenschutz: Ein weiterer Aspekt ist vor allem im Zusammenhang mit Arbeitsverhältnissen und Versicherungen der Datenschutz. Es ist durchaus denkbar, daß Kranken- und Lebensversicherungen in Zukunft Informationen über genetische Anlagen ihrer Klienten anfordern werden bzw. bestimmte Auflagen für Erstattungen vertraglich festzulegen versuchen. Das ethische Problem besteht in diesem Zusammenhang in der Abwägung von Gerechtigkeits- bzw. Fairneßprinzipien einerseits – wieviel Solidarität muß eine Gemeinschaft aufbringen und wann beginnt eine Informationspflicht für Träger genetischer Krankheiten oder Dispositionen? – und dem Prinzip des Rechts auf Privatheit und entsprechendes Nichtwissen oder Verschweigen bestimmter genetischer Informationen.

Kranheitsbegriff: In einer allgemeinen und eher theoretischen Hinsicht ist vor allem die Frage nach der Definitionsmacht von Krankheit und Gesundheit zu stellen. So ist etwa nicht evident, daß Mikrobiologen, Humangenetiker und/oder Ärzte die Standards festlegen, was als Krankheit vice versa Gesundheit gilt, wenn richtig ist, daß die beiden Begriffe nicht empirisch zu fassen sind. Wenngleich die empirischen Daten wie genetische oder körperliche Befunde eine sehr wichtige Rolle spielen, ist der Krankheitsbegriff dennoch ein hermeneutischer Begriff, der auf dem subjektiven Erleben und der Wechselwirkung mit gesellschaftlichen Verständnissen basiert. Darüber hinaus kann eine einseitige Fixierung auf genetisch nachweisbare Auffälligkeiten leicht zu einem einseitigen oder reduzierten Krankheitsverständnis führen – wie bei genetischen Dispositionen zu Krankheiten, die wie Krankheiten selbst betrachtet werden.

Umgang mit Wissen: Nicht erst bei der Anwendung, sondern schon auf der Ebene der Grundlagenforschung ist das Problem des Rechts auf Nichtwissen/Wissen oder umgekehrt, das Problem der Pflicht zum Wissen in der Diskussion. Das Recht auf Wissen und die Pflicht zur Information sind dabei gegen das prima facie bestehende Recht auf Nichtwissen abzuwägen. Ein Grund für das individuelle Schutzrecht ist der hermeneutische Hintergrund des Krankheitsbegriffs. Zugleich ist aber auch zu berücksichtigen, daß ein Fortschritt in der Kenntnis genetischer Merkmale die einzelnen Subjekte auch dann noch betrifft, wenn kein direkter Zusammenhang zu Krankheiten gegeben ist. Diese Problem entsteht zum Beispiel bei den sogenannten Arbeitnehmer-„Screenings" oder bei genetischen „Screenings" von Schwangeren.

Einige der genannten Probleme erfordern vor allem eine rechtliche Beantwortung – so etwa der Datenschutz, die Kommerzialisierung oder die Patentierung –, andere Probleme scheinen dagegen so an die Wertstandpunkte der einzelnen Subjekte oder auch der Gesellschaften gebunden zu sein, daß unweigerlich fundamentale Fragen der Ethik zur Debatte stehen, vor allem jedoch das Problem des moralischen Pluralismus. Da es unmöglich ist, auf diese Diskussionen der Moral- und Gesellschaftstheorie eigens einzugehen, werden wir uns den Anwendungsfeldern der Analyse des menschlichen Genoms zuwenden, um einige Aspekte zu betrachten, die auf dieser zweiten Ebene der Gentechnik am Menschen relevant erscheinen.

16.1.2 Anwendungsfelder des Genomprojekts

Genetische Diagnostik bei Erwachsenen: Ethisch problematisch erscheinen genetische Informationen über Krankheiten, die zwar diagnostiziert, nicht aber therapiert werden können. Vorsymptomatische Stigmatisierungen einer Person stellen vor allem ein psychologisches Problem für die Betroffenen dar, darüber hinaus ist aber die Möglichkeit sozialer Diskriminierung kaum auszuschließen.

Im allgemeinen sind Ethiker sich darin einig, daß dem Recht auf Wissen der Vorrang gegenüber der Pflicht zu Wissen gebührt, solange allein die eigene Person betroffen ist. Die meisten Ethiker verteidigen diese Position auch dann, wenn zukünftige Kinder betroffen sind – etwa bei der Frage der genetischen Beratung im Vorfeld von Zeugungen; jedoch ist der Konsens in diesem Fall nicht mehr so breit. Einig sind sich Ethiker allerdings darin, daß Gendiagnosen ohne vorhergehende Beratung nicht zulässig sein sollten und daß entsprechende institutionelle Voraussetzungen geschaffen werden müssen, um diesem Anspruch Folge zu leisten.

„Screenings": Ein zweites Anwendungsfeld betrifft Reihenuntersuchungen. Genetische „Screenings" von Arbeitnehmern werden im Kontext arbeitsmedizinischer Untersuchungen betrachtet, deren Ziel der Schutz der Gesundheit von Arbeitnehmern und Arbeitnehmerinnen ist, die mit Risikostoffen arbeiten oder besonderen Anforderungen ausgesetzt sind. Darüber hinaus werden zwei weitere Formen von „Screenings" diskutiert: sogenannte „Trägerscreenings" von Erwachsenen mit familiär bedingten Erbkrankheiten (z. B. Zystische Fibrose) und „Screenings" im Zusammenhang der pränatalen Diagnostik, die sich an Schwangere richtet, aber die genetischen Merkmale von Föten untersucht. „Schwangeren-Screenings" werden für sogenannte Triple-Tests diskutiert, die das Risiko einer Trisomie testen.

Die Diskussionen der vergangenen Jahre zeigen, daß eine große Reserviertheit gegenüber den „Screenings" besteht, weil der Nebeneffekt des sozialen Drucks offensichtlich als reale Gefahr angesehen wird. Selbsthilfegruppen von Trägern bestimmter Erbkrankheiten wie „Chorea Huntington" haben ebenfalls wiederholt auf die Gefahr der Diskriminierung hingewiesen.

Gentherapie: „Human gene therapy is a revolutionary new approach to the treatment of incurable disease. The approach is to insert a functional gene into the cells of a patient in such a way

that the disease is corrected. The initial applications will probably be to cancer, aids and genetic diseases (such as ADA-deficiency, sickle cell anemia, thalassemia and hemophilia)…" (French Anderson, NIH Washington, Poster of his project). Etwas weiter beschreibt Wimmer (1991) die Eingriffe in das menschliche Genom, weil es auch solche gibt, „die nicht unmittelbar einem auf ein bestimmtes Individuum und/oder seiner Nachkommenschaft bezogenen therapeutischen Zweck dienen, sondern entweder nur indirekt, insofern man etwa an gesunden menschlichen Embryonen Experimente zugunsten kranker Individuen unternimmt oder aber Grundlagen-forschung betreibt, die überhaupt nicht primär anwendungs- und therapieorientiert ist."
Zu unterscheiden sind ferner die genetischen Eingriffe in die Körperzellen (somatische Gentherapie) bzw. in die Keimbahn von Zygoten oder Embryonen. Im ersten Fall bleibt die Wirkung auf das Individuum beschränkt, im zweiten Falle wird sie mit dem Erbgut weitergegeben.
Pharmakogenetik und Tierversuche: Soweit es die Tierversuche und Veränderung der „Tiermodelle" betrifft, gilt hier die Tierethik, d. h. die Anwendung von Kriterien wie Leidensbegrenzung, Artgerechtigkeit, Erhaltung des Genpools u. a. (siehe auch Kapitel 7). Die Zwecksetzung solcher Projekte zugunsten des Menschen ist dann jeweils abzuwägen. Probleme mit der Gentechnik am Menschen im engeren Sinne stellen sich nur insoweit, als etwa durch gentechnisch gewonnene pharmazeutische Produkte wie durch andere Produkte auch gesundheitliche Gefährdungen und Risiken entstehen können. Im folgenden möchten wir jedoch nur auf die Pränataldiagnostik und die Gentherapie als spezifische Anwendungsbeispiele eingehen.

16.2 Ausgewählte Probleme aus der Anwendung der Genomforschung am Menschen

16.2.1 Pränatale Diagnostik

Das erste Beispiel ist die pränatale Diagnostik (Haker, 1992; Schöne-Seifert et al., 1993). Dieser Forschungszweig ist im Unterschied zu den anderen Bereichen in den letzten Jahrzehnten als allgemeiner Sektor der Schwangerenbetreuung aufgebaut worden. Neuere Statistiken aus einigen europäischen Ländern belegen die weitgehende Inanspruchnahme der diagnostischen Möglichkeiten: bis zu 80% der über 35jährigen Frauen lassen eine pränatale Diagnostik vornehmen, wenn sie ihnen nahegelegt oder angeboten wird. Die diagnostische Forschung und Entwicklung von Testkits ist in den letzten Jahren sehr intensiv betrieben worden, so daß in beinahe allen westlichen Ländern – zunehmend aber auch in Ländern der „Dritten Welt" – die pränatale Diagnostik eingesetzt wird. Die ethische Problematik läßt sich an vier Teilaspekten aufzeigen, die eng miteinander verwoben sind:
Autonomie versus Heteronomie: Die Technisierung und Medikalisierung von Schwangerschaften, die im 20. Jahrhundert stattgefunden hat, ist im Zusammenhang mit dem allgemeinen Ziel

der größeren Kontrolle im Bereich der Reproduktion zu sehen, die bei der bewußten Planung der Nachkommenschaft (Empfängnisverhütung) beginnt und bis zur Kontrolle der genetischen Merkmale eines Feten reicht. Was auf der Ebene der genetischen Grundlagenforschung als allgemeines Problem des Umgangs mit genetischem Wissen erörtert wurde, muß bei der Anwendung auf die Erfahrung von Schwangerschaften zurückbezogen werden.

Die pränatale Entwicklung ist seit einigen Jahrzehnten ein Handlungsfeld für Ärzte geworden. Pränatale Diagnostik, in vitro Fertilisation, Präimplantationsdiagnostik und pränatale Eingriffe erweitern die ärztlichen Handlungsmöglichkeiten zu einem Zeitpunkt der Entwicklung menschlichen Lebens, der noch zu Beginn dieses Jahrhunderts undenkbar gewesen wäre. Auf den ersten Blick erscheint dabei die Erweiterung von Wissen als Zugewinn der Autonomie von Frauen bzw. Paaren, deren Gestaltungs- und Entscheidungsspielraum sich erweitert. Da die Forderung nach Selbstbestimmung der Frauen zudem seit einigen Jahrzehnten zu einer politisch-ethischen Kategorie geworden ist, sehen sich Humangenetiker häufig als Förderer der weiblichen Autonomie. Die technische Kontrolle der einzelnen Phasen der Schwangerschaft wird von Frauen jedoch oft sehr ambivalent erfahren, da die instrumentelle Rationalität, von der die medizinische Versorgung weitgehend geleitet wird, die experimentelle Erfahrungsdimension der Betroffenen nicht erreichen kann.

Im medizinischen Kontext werden Frauen damit konfrontiert, daß das Ziel ihrer autonomen Entscheidung über den Weg der Fremdbestimmung führt – wobei längst nicht immer klar ist, ob es das Streben nach Autonomie ist, was Paare in die genetischen Beratungen treibt, und nicht vielmehr die „Diagnose" einer Risikoschwangerschaft, die ein angstgesteuertes Handeln bewirkt. Die medizinische Fremdbestimmung über eine schwangere Frau beginnt damit, daß die Einheit von werdender Mutter und werdendem Kind aufgehoben wird. Der Fetus erscheint durch die Fortschritte pränataler Medizin als Patient und Individuum, welcher der Fürsorge des medizinischen Personals bedarf und der in extremen Fällen sogar gegen den Willen der Mutter geschützt werden muß. Die positiven Folgen dieser Entwicklung dürfen dabei nicht ignoriert werden, doch argumentieren Kritiker damit, daß die neuesten Entwicklungen in der Reproduktionsmedizin eine legitime Grenze der medizinischen Fürsorge überschreiten.

Die Ambivalenz, die Frauen erfahren, basiert auf zwei unterschiedlichen Konzepten des Umgangs mit Schwangerschaft. Das medizinische Konzept basiert auf einer externen, neutralen und objektiven Perspektive, die die individuelle Geschichte einer Frau oder eines Paares und ihre Wertvorstellungen kaum berücksichtigen kann. Auf der anderen Seite konfrontiert ein eher traditionelles oder experientielles Schwangerschaftskonzept eine Frau mit der Herausforderung, ein fremdes Wesen in ihrem Körper heranwachsen zu lassen und sich auf die radikalen Veränderungen physischer, psychischer und sozialer Art einzustellen. Der medizinischen Aktivität steht die Notwendigkeit der Passivität von Seiten der Frau und die Notwendigkeit eines großen Maßes an Akzeptanzbereitschaft für radikale Brüche mit bis dahin gelebten Lebensformen gegenüber. Für die Medizin stellen die sogenannten Spätgebärenden oder Paare mit Erbkrankheiten in der Familie eine Risiko für die Gesundheit der Feten dar, das sich statistisch ausrechnen läßt; für die Betroffenen löst das Wissen um ein begründetes Risiko unter Umständen Ängste aus, die nur schwer rational einholbar sind.

Die pränatale Diagnostik zwingt Frauen mehr als andere gynäkologische Maßnahmen dazu, die beiden Haltungen zu integrieren. Genetische Information und diagnostische Methoden erscheinen im Kontext der Medizin als Bestandteil der Gesundheitskontrolle, welche nicht nur ein Gut, sondern sogar eine moralische Pflicht gegenüber dem zukünftigen Kind darstellt, die von einem Partner, einer Versicherung, der Gesellschaft oder sogar vom Kind selbst eingefordert werden könnte[89]. Zwar ist eine solche Forderung in Europa bisher rechtlich nicht zu erheben, doch gibt es sehr wohl signifikante Verschiebungen in der Moralauffassung, die eine „Pflicht zum Wissen" im Fall bestimmter Indikationen diskutabel erscheinen lassen[90]. Die autonome Fürsorge für ein Kind, die unter Umständen an den Grenzen des eigenen Könnens scheitern kann, kehrt sich dadurch in eine gesellschaftlich einklagbare Pflicht um, wobei die Konsequenzen wiederum nur die betroffenen Paare zu tragen haben – sei es, daß sie mit den Folgen ihrer Entscheidung, eine Schwangerschaft abzubrechen, leben müssen, sei es, daß sie die Versorgung eines kranken oder behinderten Kindes übernehmen müssen, ohne daß eine adäquate Hilfe von der Gesellschaft erkennbar wäre.

Der Effekt der Werteverschiebung, die die pränatale Diagnostik als legitime Kontrolle des Gesundheitszustandes eines Feten erscheinen läßt, ist erstens, daß aus der Erlaubtheit der Diagnostik ein Gebot wird, zweitens, daß die pränatale Diagnostik in den ärztlichen Aufgabenbereich fallen, und drittens, daß eine Schwangerschaft erst nach der pränataldiagnostischen Kontrolle nach dem experientiellen Modell erfahren wird. Die „Schwangerschaft auf Probe" wird dadurch zu einem psychologischen Problem bis hin zur unbewußten Verdrängung der möglichen Folgen eines auffälligen Befundes.

Wenn es aber weder empirische Kriterien für die Bestimmung von Krankheiten noch für die Zumutbarkeit oder Unzumutbarkeit genetischer Ausprägungen gibt, wirkt sich das semantische Feld der ärztlichen Kontrolle und die Rede von genetischen Anomalien als subtile und nicht intendierte Manipulation auf Frauen oder Paare aus. Ob diese Neben- und Folgeerscheinungen in Kauf genommen werden müssen, ob sie die positiven Auswirkungen der pränatalen Diagnostik – die Verhinderung zukünftigen Leidens von Eltern und Kindern – nur am Rande relativieren oder ob die Begleiterscheinungen als so negativ bewertet werden, daß sie die positi-

---

[89] Vgl. die sogenannten "wrongful life"-Prozesse in den USA. Legitim wäre eine solche Pflicht aber allein im Falle bestehender Therapiemöglichkeiten und ist auch dort nicht eindeutig bestimmbar.

[90] Unter Moral ist eine gelebte Überzeugung und Haltung von Einzelnen und ein Wertgefüge sozialer Gruppen zu verstehen, während Ethik die Moralauffassungen mit rationalen Methoden reflektiert und dergestalt bestimmte Moralauffassungen als illegitim, andere als gerechtfertigt ausweist. Die Adjektive "moralisch" und "ethisch" werden meistens, so auch hier, synonym verwendet und meinen die Moral im allgemeinen Sinn.

ven Ziele in den Schatten stellen, sind Fragen, die nur selten überhaupt gestellt worden sind und einer ethischen Abwägung bedürfen. Zur menschlichen Autonomievorstellung gehört jedoch die Reflexion auf die Wechselwirkung von sozialen Wertvorstellungen und Bildern einerseits und individueller Werthaltung andererseits hinzu, daß bei der Einführung der pränatalen Diagnostik zumindest sichergestellt werden muß, daß die zweckrationale und instrumentelle Vernunft nicht die experientielle Erfahrungsdimension und die experientielle Vernunft verdrängen kann. Darüber hinaus muß sichergestellt sein, daß die Ziele, die mit der pränatalen Diagnostik verfolgt werden, einer Reflexion zugänglich gemacht werden, so daß ein individueller verantwortlicher Umgang mit den Techniken möglich wird. In der bisherigen Diskussion ist dies nur selten erfolgt. Das Autonomieargument wird häufig mit dem individuellen Selbstbestimmungsrecht der einzelnen Frau oder Paare gleichgesetzt, ohne auf das Wechselspiel mit sozialen Werten zu reflektieren (Mieth, 1992). Demgegenüber versteht die Ethik unter Autonomie eine moralisch geprägte Selbstbestimmung, das heißt ein Vermögen, moralische Ansprüche als solche zu erkennen und in die eigenen Lebens- und Handlungsentwürfe integrieren zu können. Wird der normative Gehalt des Autonomiebegriffs ignoriert, wird das Selbstbestimmungsrecht zu einer reduktionistischen Kategorie, die in Konflikten wenig austrägt.

Psychischer Druck in der Entscheidungssituation: Neben der Rationalisierung und der Medikalisierung von Schwangerschaft im allgemeinen bürdet insbesondere die pränatale Diagnostik Frauen und Paaren eine Entscheidung über eine diagnostische Maßnahme auf, die durchaus nicht risikolos ist und deren Risiken zuweilen sogar über dem statistischen Risiko einer Fehlbildung liegen. Schon diese erste und grundlegende Entscheidung, zu der Frauen mit den genannten Indikationen gezwungen sind, wirft psychische und moralische Probleme auf, die die Betroffenen mit ihren eigenen Wertvorstellungen konfrontieren. Die Entscheidung über die Grenzen der Lebensqualität eines Kindes wird aber erwartungsgemäß die betroffenen Personen noch mehr überfordern als die Gesellschaft allgemein. Die unter Umständen zu fällende Entscheidung über einen Schwangerschaftsabbruch zu einem so späten Zeitpunkt – an dem in einem anderen Kontext die hochtechnisierte Medizin Frühgeburten am Leben zu erhalten versucht und immer häufiger dabei erfolgreich ist – gegen ein zunächst gewolltes Kind kann leicht eine psychische Überforderung darstellen, in der Schwangere oder Paare zudem oft alleine gelassen werden. Die Isolation in der Entscheidungssituation ist eine Auswirkung des Arzt-Patienten-Konzepts, das die letzte Entscheidungsgewalt in die Hände der Betroffenen legt. Nun ist nicht das partnerschaftliche Konzept selbst in Frage zu stellen, sondern eher die fehlende Hilfestellung und das Problem, wie – so eine Bedingung des partnerschaftlichen Modells – gleichzeitig nicht-direktiv und trotzdem entscheidungsorientiert beraten werden kann. In spezifisch moralischer Hinsicht ist zudem zu fragen, ob ein Schwangerschaftsabbruch nach der 20. Woche nicht äußerst problematisch ist, wenn man die ansonsten angeführten Kriterien der Überlebensfähigkeit außerhalb des Mutterleibs, das Schmerzempfinden und allgemein die Entwicklung des Feten einbezieht.

Die psychischen Auswirkungen der späten Schwangerschaftsabbrüche auf Frauen sind bisher kaum erforscht worden, weil diesem Aspekt zunächst wenig Aufmerksamkeit gewidmet wurde und Frauen sich offensichtlich schwertun, über ihre Erfahrungen zu sprechen, die von heftigen Schuldgefühlen und erschwerter Trauerarbeit begleitet sind. So jedenfalls begründen es die wenigen Studien, die es bisher gibt. Daß eine starke psychische Belastung auftreten kann, ist nicht von der Hand zu weisen. Die humangenetische Forschung arbeitet deshalb in den letzten Jahren verstärkt daran, Methoden zu entwickeln, die die Diagnose zu einem sehr viel früheren Zeitpunkt und ohne Risiko für den Fetus ermöglicht. Sollten sich in den nächsten Jahren bahnbrechende Erfolge abzeichnen, so bleibt dennoch das Entscheidungsproblem der genetischen Kontrolle bestehen.

Sozialer Druck auf Betroffene: Ein Teilbereich des sozialen Drucks betrifft das Problem der möglichen Diskriminierung von Behinderten und ihrer Familien. In dem Moment, wo medizinische Fortschritte die pränatale Diagnostik zum Beispiel von Trisomie 21 ermöglichen, geraten diejenigen, die sich gegen die Diagnosemöglichkeit entscheiden und ein behindertes Kind aufziehen, in einen sozialen Rechtfertigungsdruck. Die „Vermeidbarkeit" von Behinderungen wird mehr oder weniger offen als „Vermeidbarkeit" von behinderten Menschen interpretiert. Sozialer Druck in einem solchen ideologisch äußerst fragwürdigen Sinn wird zwar nicht personell, wohl aber strukturell von der Medizin und Humangenetik gefördert, die die pränatale Diagnostik flächendeckend anbieten; sozialer Druck wird auch über die verschiedenen Kanäle der Öffentlichkeit vermittelt, durch institutionelle Hürden und die Isolation bzw. Nichtintegration von Behinderten verstärkt. Der Effekt der sozialen Benachteiligungen ist eine Art freiwilliger Zwang zur „Prävention" behinderter Kinder. Wenn aber medizinische und soziale Fördermöglichkeiten und Rehabilitationsmaßnahmen nicht ausgeschöpft werden, fördert der soziale Druck nicht autonomes Handeln, sondern hemmt es vielmehr. Insofern ist die Benachteiligung und mögliche Diskriminierung von Familien mit behinderten Mitgliedern nicht nur ein soziales und politisches Problem, sondern zugleich auch ein ethisches Problem, sofern die Entscheidungsfreiheit und das Recht auf Nichtwissen nicht eine bloße Leerformel, sondern eine praktisch umzusetzende Maxime sein soll.

Das Problem der Information: Im Bereich der pränatalen Diagnostik gibt es trotz der allgemeinen Zugänglichkeit und der ärztlichen Aufklärungspflicht ein eklatantes Informationsdefizit. Dabei wirken sich verschiedene Aspekte aus. Wenn es möglich ist, Informationen über die genetischen Merkmale zu erlangen, erscheint dies als individuelles Recht, das sich auch auf das eigene zukünftige Kind bezieht. Häufig wird dabei ein Kurzschluß von der genetischen Unauffälligkeit zur Gesundheit gezogen und dabei ignoriert, daß die überwältigende Zahl von Krankheiten erworben wird und keine genetisch diagnostizierbaren Ursachen hat. Die Entscheidung für eine pränatale Diagnostik ist zudem häufig von Vorurteilen gegenüber den Möglichkeiten geprägt, wie Menschen mit Behinderungen leben und umgehen können. Die Verdrängung von Leiden ist ein Merkmal der westlichen Lebensform geworden, das sich auf die Zeit der Schwangerschaft auswirkt. Die genetische Beratung, sofern sie denn überhaupt angeboten wird (50% nach Schätzungen in Deutschland), ist im Vergleich zu anderen Konfliktberatungen – insbesondere im Vergleich zu Schwangerschaftskonfliktberatungen – unzureichend und häufig fast ausschließlich auf die genetischen Sachinformationen beschränkt. Aus ethischer Perspektive gehört es aber zur Pflicht des Staates, eine adäquate Beratung und Information zu gewährleisten, bevor die pränatale Diagnostik durchgeführt wird.

Die genannten vier Aspekte dienten als Beispiel für die Komplexität einer Problemanalyse, die versucht, die Praxis der Anwendung eines kleinen Bereichs der Gentechnik am Menschen in den Blick zu nehmen. Ethische Problemanalysen können dabei nicht neutral in dem Sinn sein, daß sie ohne Prämissen an die Anwendungsfelder herangehen. Vielmehr ist vorausgesetzt, daß im Bereich der pränatalen Diagnostik ethische Probleme auftreten können, weil mindestens zwei menschliche Wesen betroffen sind, die prima facie unter die allgemeinen Standards des Schutzes fallen. Ausgehend von dieser Prämisse muß gefragt werden, welche Rechte welchen Subjekten in welcher Hinsicht und in welchem Maß zukommen, wie Extremsituationen zu beurteilen sind, wie der Umgang mit Wissen erfolgt und wie etwa mit dem Risiko einer Fehlgeburt durch die Diagnose umgegangen wird. Im Hinblick auf die späten Schwangerschaftsabbrüche ist es auffällig, daß in der Diskussion die Rechte des Feten auf Leben kaum je erwähnt werden, obgleich dieser Punkt in der allgemeinen Diskussion um den Schwangerschaftsabbruch eine große Rolle spielt. Es bleibt daher zu fragen, ob die moralische und rechtliche Schutzpflicht gegenüber menschlichem Leben durch die pränatale Diagnostik leichtfertig aufgehoben wird, inwieweit die unterschiedliche Behandlung von sogenannten „gesunden" und „kranken" Feten ethisch gerechtfertigt ist und ob das Kriterium der Unzumutbarkeit für die Eltern als gesellschaftliches Pauschalargument bei genetischen Defekten eingesetzt wird.

Eine zweite Prämisse, die die ethische Analyse machen kann, bezieht sich auf den Autonomiebegriff. Die freie und selbstbestimmte Entscheidung im Bereich der pränatalen Diagnostik wird in der ethischen Reflexion zwar heuristisch, nicht aber praktisch vorausgesetzt; Autonomie ist also der Ermöglichungsgrund ethischen Handelns, im Konkreten jedoch ein Ziel, das angestrebt werden soll. Damit wird die Einsicht in die autonomiehemmenden Effekte der modernen komplexen Gesellschaft auf die konkrete Diskussion bezogen und die Diskussion dort neu begonnen, wo sie im allgemeinen in der Diskussion beendet wird. Autonomie im ethischen Sinn wird dabei auf Kriterien moralischer Richtigkeit des Handelns bezogen wie etwa der Respekt vor anderen Personen. Es wird immer Grenzfälle geben, in denen die individuellen Rechte von Personen mit den graduellen Rechten von Feten konfligieren und in denen die nur subjektiv und individuell zu fassende Zumutbarkeitsgrenze überschritten ist; doch können diese Grenzfälle nicht zum Maßstab einer allgemeinen Handlungsregel gemacht werden.

16.2.2 Ethische Aspekte der Gentherapie

Ein weiteres Beispiel aus der Anwendung der Gentechnik am Menschen ist die Gentherapie. Dabei ist die Keimbahntherapie von der somatischen Gentherapie zu unterscheiden (siehe auch Kapitel 8).

Keimbahntherapie: Die meist ziemlich globale und appellative Ablehnung der Keimbahntherapie weicht einer differenzierten Diskussion in der Bioethik, wenn man genauer hinsieht. Die kategorische Ablehnung setzt voraus, daß man auch unter Umständen einmal mögliche Therapien gegenüber weit verbreiteten Erbkrankheiten nicht anwenden möchte, weil der Status Quo der genetischen Informationen – als „Natur" betrachtet – nicht verändert werden dürfe. Demgegenüber machen andere die Therapieverpflichtung und die Verantwortung für künftige Generationen geltend (Wimmer, 1991; Agius, 1989).

Geht man von der kategorischen Ebene auf die Ebene der Abwägung, dann überwiegen bei weitem die Argumente für ein rechtliches Verbot. Aber die Voraussetzungen, unter denen dieses Verbot formuliert wird, können sich verändern, auch wenn dies derzeit wenig wahrscheinlich ist. Folgende Gründe werden gegen die Erlaubnis der Keimbahntherapie geltend gemacht:

- Das Mittel, die Möglichkeit der Keimbahntherapie zu erforschen und zu operationalisieren, seien verbrauchende Experimente an frühen Embryonen und damit ethisch nicht zulässig. Sollte jedoch die Erreichbarkeit sogenannter „höherrangiger Ziele" plausibel werden, wird auch im restriktiven Deutschland die Debatte neu beginnen.

- Die Isolierung des therapeutischen Eingriffes und damit des Effektes ist so schwierig, daß mit Seiteneffekten zu rechnen ist, die man nicht in Kauf nehmen möchte.

- Das „slippery-slope"-Argument ist nicht von der Hand zu weisen, daß der Eingriff in den menschlichen Genotyp zu einer schwierigen Debatte über eine neue Grenzziehung führen wird: was ist Krankheit, was ist ein krankes Gen? Bestimmt das individuelle Interesse – wie derzeit meist üblich – den Therapiebedarf? Man kann dieses Argument auch grundsätzlich so formulieren: eine engere Grenzziehung ist einer weiteren dann vorzuziehen, wenn die weitere unscharf definiert und schwer zu handhaben ist.

Man wird diese Überlegungen für eine pragmatische Barriere halten, die immer wieder erneuter Reflexion bedarf. Aber derzeit sind kaum grundsätzlichere Argumente möglich. Sinnvoll wäre jedoch eine Debatte über die Leiblichkeit des Menschen als Ausdruck seines „Person-Seins": was schützt den Phänotyp, was schützt den Genotyp (Wils et al., 1994)?

Eine Grenzziehung gegen eine selektiv-manipulierte Intention in der humangenetischen Forschung ist in jedem Fall erforderlich. Hier wäre in der Tat die Möglichkeit der Selbstbestimmung sowie die Würde der betroffenen Subjekte tangiert.

Somatische Gentherapie: Viele meinen, die somatische Gentherapie, wenn sie einmal über die Experimentierphase im Vorfeld (z. B. bei der Verlangsamung von Metastasenbildung beim

Krebs) hinausgekommen sein sollte, sei eine Therapie wie jede andere oder besser: eine Therapie, die unter den gleichen Medizin-ethischen Kriterien stünde wie jede andere. Andererseits ist kaum zu bestreiten, daß die Anwendung dieser Kriterien hier besondere Aufmerksamkeit verdient.

Folgende Fragen lassen sich an die Ermöglichung der somatischen Gentherapie richten:

- Sind die Zielsetzungen realistisch formuliert? Oder werden Hoffnungen erweckt, die nicht eingehalten werden können, aber der Bereitschaft dienen sollen, sich für Experimente zur Verfügung zu stellen?
- Wird in den Versuchsreihen die nicht-direkte Methode genügend berücksichtigt, einen „free and informed consent" zu erreichen?
- Ist eine etwaige toxische Nebenwirkung von Vektoren für die Zufuhr gentechnisch veränderter Substanzen genügend beachtet und abgewogen?
- Können die Eingriffe eine multifaktorielle Wirkung haben?
- Gibt es begleitende Kontrollmechanismen und Prüfinstitutionen?

Diese Fragen für den Eingriff in somatische Zellen, der auf den menschlichen Phänotyp begrenzt bleibt und eindeutig als therapeutisch definiert werden kann, sind nicht spezifisch für die Humangenetik. Die Exponiertheit der Gentechnik am Menschen in der öffentlichen Diskussion sollte uns nicht übersehen lassen, daß die gesamte beschleunigte Entwicklung der Spitzentechniken in der Medizin uns vor die Aufgabe stellt, die Fragen der Verantwortung zu formulieren und ihnen eine institutionelle Basis am Ort der Verantwortung zu geben. Die Gentechnik am Menschen betrifft nicht nur die Würde des Menschen in bezug auf seinen Genotyp und Phänotyp. Sie betrifft genauso auch den Umgang mit unserer Endlichkeit. Daß Menschen endliche Wesen sind, kann auch von der Spitzentechnik nicht ignoriert werden. Während technische Probleme auf technische Weise gelöst werden, bewirken sie unter Umständen Probleme auf anderen Ebenen, die gerade nicht technisch gelöst werden können. Dies gilt für die aufgezeigten sozialen Probleme und individuellen Entscheidungen sowie für das Problem der Gewißheit von Aussagen. Deshalb ist es umso wichtiger, den Fortschritt in einem Bereich nicht mit dem Fortschritt der menschlichen Bestimmung insgesamt gleichzusetzen.

17 Literaturverzeichnis

Aarts MGM, Dirkse WG, Stiekema WJ, Pereira A (1993) Nature 363:715–717
Adams MWW (1993) Annu Rev Microbiol 47:627–658
Adams MWW, Perler FB, Kelly RM (1995) Bio/Technol 13:662–668
Addison JA (1993) Can J Forest Res 23:2329–2342
Adler RG (1992) Science 257:908–914
Agius E (1989) Concilium 25:259–266
Aguzzi A, Brandner S, Marino S, Steinbach J P (1994) Brain Pathol 4:3–20
Ahmad I, Bisset J, Malloch D (1995) Pesticide Biochem Physiol 53:49–59
Albertsen MC, Fox TW, Timnell MR (1993) Proc Annu Corn Sorghum Res Conf 48:224–233
Alexander D, Goodman RM, Gut-Rella M, Glascock C, Weymann K, Friedrich L, Maddox D, Ahl-Goy P, Luntz
    T(1993) Proc Natl Acad Sci USA 90:7327–7331
Altenmüller GH (1995) Naturwissenschaften 9:439–440
Altner G (1994) Materialen des TA-Verfahrens Heft 17). Wissenschaftszentrum Berlin, discussion paper (WZB
    FS II 94–317)
Amann RL, Ludwig W, Schleifer K-H (1995) Microbiol Rev 59:143–169
Ammirato, PV (1983) In: Evans DA, Sharp WR, Ammirato PV, Yamada Y, eds, Handbook of plant cell culture.
    Vol. 1, Techniques for propagation and breeding. Macmillan, New York, pp. 82–123
Andersen S, Peacocke A (1987) Evolution and Creation. A European Perspective, Aarhus
Anderson C (1993) Science 259:300–302
Angenent GC, Franken J, Busscher M, Weiss D, van Tunen AJ (1994) Plant J 5:33–44
Anonym (1943) The truth about bacteriological warfare. Nachgedruckt in Tsuneishi k-I (1985) Target: Ishii Ja-
    panese Biological Warfare Activity and Investigation on it by US. Nagasaki, pp. 24–29
Antequera F, Bird A (1993) Proc Natl Acad Sci USA 90:11995–11999
Anzai H, Yoneyama K, Yamaguchi I (1989) Mol Gene Genet 219:492–494
Appel I (1996) Natur und Recht 5/1996, pp. 227–235
Armstrong CL, Parker GB, Pershing JC (1995) Crop Science 35:550–557
Arnold N, Gassen HG (1996) Perspektiven der Biotechnologie in Deutschland. Interne Studien, Nr. 118, Konrad-
    Adenauer-Stiftung
Astwood JD, Leach JN, Fuchs RL (1996a) Nature Biotechnol 14:1269–1273
Astwood JD, Leach JN, Fuchs RL (1996b) In: Wüthrich B, Ortolani C, eds, Highlights in Food Allergy. Mo-
    nogr Allergy. Vol 32, Karger, Basel, pp. 105–120
Auer (1924) Bundesarchiv-Militärarchiv (BAMA) Freiburg, RK12–9/v. 27
Austin S, Baer MA, Helgeson JP (1985) Plant Sci 39:75–82
Ayub R, Guis M, Ben Amor M, Gillot L, Roustan J-P, Latche A, Bouzayen M, Pech J-C (1996) Nature
    Biotechnol 14:862–866

Bachmaier A, Finley D, Varshavsky A (1986) Science 234:179–186
Bailey J, Ollis F (1986) Biochemical Engineering Fundamentals. International Edition, McGraw-Hill Book Co.,
    Singapore
Baker HG (1971) Econ Bot 25:32–43
Banse E (1933) Wehrwissenschaft. Einführung in eine neue nationale Wissenschaft. Armanen, Leipzig, pp. 36–37
Baranger A (1995) Evaluation en condition naturelles des risques de flux d'un transgène d'un colza (*Brassica
    napus*) résistant à un herbicide à une espéce adventice (*Raphanus raphanistrum* L.), PhD thesis
Bargman TJ, Taylor SL, Rupnow JH (1992) In: Tu AT, ed, Handbook of Natural Toxins. Vol 7, Food Poison-
    ing. Marcel Dekker, New York, pp. 359–370
le Baron H, McFarland J (1990) In: Green MB, le Baron HM, Moberg WK, eds, Managing Resistance to
    Agrochemicals: From Fundamental Research to Practical Strategies. Am Chem Soc, Washington, DC, pp.
    336–352
Bartsch D (1996a) Mittlg Deutsch Phytomed Gesell, Sonderheft 2: Koll Pflanzenschutz Gentechnik, pp. 14–20
Bartsch D (1996b) UBA-Texte 58/96:99–107
Bartsch D, Pohl-Orf M (1996) Euphytica 91:55–58

Bartsch D, Sukopp H, Sukopp U (1993) In: Wöhrmann K, Tomiuk J, eds, Transgenic Organisms. Birkhäuser, Basel, pp. 135–151

Bartsch D, Haag C, Morak C, Pohl M, Witte B (1994) Verh Ges Ökol 23:435–444

Bartsch D, Emonds A, Haag C, Morak C, Pohl-Orf M, Schmidt M (1995) Verh Ges Ökol 24:635–640

Bauer LS (1995) Florida Entomol 78:414–443

Baumann U (1993) Religionspädagogische Beiträge 32:3–20

Baumann U (1995) In: Mey J, Schmidt R, Zibulla S, eds, Streitfall Evolution. Kontroverse Beiträge zum Neodarwinismus. Stuttgart, pp. 185–199

Baumann U (1996) In: Wils J-P, ed, Warum denn Theologie? Tübingen, pp. 9–50

Bayer E, Gugel KH, Hägele K, Hagenmaier H, Jessipow S, König WA, Zähner H (1972) Helv Chim Acta 55:224–239

Beachy RN, Loesch-Fries S, Tumer NE (1990) Ann Rev Phytopath 28:451–474

Becker J, Siegert H, Logemann J, Schell J (1994) In: Projektträger Biologie, Energie, Ökologie, ed, Biologische Sicherheit. WeKa-Druck, Limnich, Band 3, pp. 563–578

Bensen RJ, Johal GS, Carne VC, Tossberg JT, Schnable PS, Meeley RB, Briggs SP (1995) Plant Cell 7:75–84

Berg P, Baltimore D, Boyer HW (1974) Science 185:303

Bericht der Bundesregierung über Erfahrungen mit dem Gentechnikgesetz (1996)

Bienz-Tadmor B, di Cerbo PA, Tadmor G, Lasagna L (1992) Bio/Technol 10:521–525

Binding H, Jain SM, Finger J, Mordhorst G, Nehls R, Gressel J (1982) Theor Appl Genet 63:273–277

Biotechnologies and Food: Assuring the Safety of Foods Produced by Genetic Modification (1990). International Food Biotechnology Council. Reg Toxicol Pharmacol 12:3 (2. Teil)

Bishop J, Waldholz M (1990) Genome: The Story of the Most Astonishing Scientific Adventure of Our Time – The Attempt to Map All the Genes in the Human Body. Simon & Schuster, New York

Blechl AE, Anderson OD (1996) Nature Biotechnol 14:875–879

de Block M, Bottermann J, Vandewiele M, Docks T, Thoen C, Gossel V, Movva NR, Thompson C, van Montagu M, Leemans J (1987) EMBO J 6:2513–2518

Blumler MA (1992) Econ Bot 46:98–111

von Boetticher F (1929) Schreiben an das Auswärtige Amt vom 22. März 1929. Politisches Archiv des Auswärtigen Amts (PAAA) Bonn R 26583

Bornmann CH (1993) In: Hayward MD, Bosemark NO, Romagosa I, eds., Plant Breeding. Principles and Prospects. Chapman & Hall, pp. 246–260

Bosch D, Smal J, Krebbers E (1994) Transgen Res 3:304–310

Botstein D, White RL, Skolnick M, Davies RW (1980) American J Human Gen 32:314–331

Bowen BA (1993) In: Kung S, Wu R, eds, Transgenic Plants. Vol 1, Acad Press, San Diego, pp. 89–99

Bowler C, van Montagu M, Inzé D (1992) Annu Rev Plant Physiol Plant Mol Biol 43:83–116

Boyes DC, McDowell JM, Dangl JL (1996) Current Biol 6:634–637

Brady CJ (1988) In: Noodén LD, Leopold AC, eds, Senescence and Aging in Plants. Acad Press, San Diego, pp. 147–179

Brandon EP, Idzerda RL, McKnight GS (1995a) Current Biology 5:625–634

Brandon EP, Idzerda RL, McKnight GS (1995b) Current Biology 5:758–765

Brandon EP, Idzerda RL, McKnight GS (1995c) Current Biology 5:873–881

Brandt P (1995) Transgene Pflanzen. Herstellung, Anwendung, Risiken und Richtlinien. Birkhäuser, Basel

Braun PW (1996) In: Tomiuk J, Wöhrmann K, Sentker A, eds, Transgenic organisms. Birkhäuser, Basel, pp. 99–111

Brem G (1993) In: Pühler A, ed, Genetic engineering of animals. VCH Weinheim, pp. 83–170

Brem G, Wanke R (1988) In: Beynen AC, Solleveld HA, eds, New Developments in Biosciences. Their Implications for Laboratora Animal Science. Martinus Nijhoff Publishers, Dordrecht, pp. 93–98

Brem G, Wanke R, Wolf E, Buchmüller T, Müller M, Brenig B, Hermanns W (1989) Mol Biol Med 6:531–547

Breslow JL (1996) Science 272:685–588

Bruggemann EP (1993) J Anim Sci 71:47–50

Brunner H (1993) In: Die Novellierung des Gentechnikgesetzes. Konrad-Adenauer-Stiftung. Interne Studien und Berichte 64, pp. 17–36

Bult CJ, White O, Olsen GJ, Zhou L, Fleischmann RD, Sutton GG, Blake JA, Fitzgerald LM, Clayton RA, Gocayne JD, Kerlavage AR, Dougherty BA, Tomb J-F, Adams MD, Reich CI, Overbeek R, Kirkness EF, Weinstock KG, Merrick JM, Glodek A, Scott JL, Georghagen NSM, Weidman JF, Fuhrmann JL, Nguyen

D, Utterback TR, Kelley JM, Peterson JD, Sadow PW, Hanna MC, Cotton MD, Roberts KM, Hurst MA, Kaine BP, Borodovsky M, Klenk H-P, Fraser CM, Smith HO, Woese CR, Venter JC (1996) Science 273:1058–1072

Burill GS, Roberts WJ (1992) Bio/Technol 10:647–650

Burke DT, Carle GF, Olson MV (1987) Science 236:806–812

Butt TR, Jonnalagadda S, Monia BP, Sternberg EJ, Marsh JA, Stadel JM, Exker DJ, Crooke ST (1989) Proc Natl Acad Sci USA 86:2540–2544

Cantley M (1995) In: Rehm HJ, ed, Biotechnology (2. Aufl.) Vol 12, Brauer D, ed, Legal, Economic and Ethical Dimensions. Verlag Chemie, Weinheim, pp. 505–681

Cantor C (1993) In: Kevles DJ, Hood L, eds, Der Supercode. Artemis und Winkler, München, pp. 109–122

Capecchi M R (1994) Scientific American 270:34–41

Carlisle SM, Trevors JT (1986) Water Air Soil Poll 27:391–401

Carlisle SM, Trevors JT (1988) Water Air Soil Poll 39:409–420

Carrea G, Ottolina G, Riva S (1995) Trends Biotechnol 13:63–70

Carter GB, Pearson GS (1997) In: Geissler E, van Courtland Moon JEV, eds, Biological and toxin weapons research, development and use from the middle ages to 1945: A critical comparative analysis. Oxford University Press, Oxford, in press

Carver AS, Dalrymple MA, Wright G (1993) Bio/Technol 11: 1263–1270

Caskey CT (1993) In: Kevles DJ, Hood L, eds, Der Supercode. Artemis und Winkler, München, pp. 123–155

Cattivelli L, Delogu G, Terzi V, Stanca M (1994) In: Slafer GA, ed, Genetic improvement of field crops, Marcel Dekker, Inc. New York, Basel, Hong Kong, pp. 95–181

Chaiet I, Wolf FJ (1964) Arch Biochem Biophys 106:1–5

Chandra RK, Gill B, Kumare S (1993) Annals Allergy 71:495–502

Chappell J (1996) Mol Breeding 2:1–6

Charbonneau CS, Drobney RD, Rabeni CF (1994) Environmental Toxicol Chem 13:267–279

Chargaff E (1974) Nature 248:776–779

Cheung AY, Bogorad L, van Montagu M, Schell J (1988) Proc Natl Acad Sci USA 85:391–395

Christou P(1992)Trends Biotechnol 10:239–246

Chua N-H (1996) Curr Opinion Biotechnol 7:127–129

Clark AJ (1996) Am J Clin Nutr 63:633S–638S

Clark CA (1939) J Economic Entomol 32:516–520

Collin H (1992) Internationale Patentsysteme und Praxis. Orac, Wien

Collins FH, Besansky NJ (1994) Science 264:1874–1875

Collins FS (1995) Proc Natl Acad Sci USA 92:10821–10823

Collins FS, Galas D (1993) Science 262:43–46

Colman A (1996) Am J Clin Nutr 63:639S–645S

Comai L, Facciotti D, Hiatt WR, Thompson G, Rose RE, Stalker DM (1985) Nature 317:741–744

Convention on the prohibition of the development, production and stockpiling of bacteriological (biological) and toxin weapons and on their destruction. Nachgedruckt in Geissler E (1986) Biological and toxin weapons today. Oxford University Press, Oxford, pp. 135–137

Cook-Deegan R (1994) The Gene Wars. Norton & Co., New York

Coons GH (1975) JASSBT 18:281–303

van Courtland Moon JE (1997) In: Geissler E, van Courtland Moon JEV, eds, Biological and Toxin Arms Race and the Responsibility of Scientists. Akademie-Verlag, Berlin, in press

Cox C (1993) J Pest Reform 13:18

Crampton JM (1994) Adv Parasitol 34:1–31

Crawley MJ (1992) In: Proceed of the 2nd Internat Symp on the Biosafety Results of Field Tests of Genetically Modified Plants and Microorganisms, May 11–14, 1992, Goslar, pp. 43–52

Crawley MJ, Hails RS, Rees M, Kohn D, Buxton J (1993) Nature 363:620–623

Cronan JE (1988) J Biol Chem 263:10332–10336

Cronan JE (1990) J Biol Chem 265:10327–10333

Crowe J, Steude Masone B, Ribbe J (1995) Mol Biotechnol 4:247–258

Cui X, Wise RP, Schnable PS (1996) Science 272:1334–1336

Culp TW (1994) In: Slafer GA, ed, Genetic improvement of field crops. Marcel Dekker, Inc. New York, Basel, Hong Kong, pp. 321–360

Dabulis K, Klibanov AM (1993) Biotechnol Bioeng 41:566–571

Daecke SM, Bresch C (1995) Gut und Böse in der Evolution. Naturwissenschaftler, Philosophen und Theologen im Disput, Stuttgart

van den Daele W (1993) In: Bayerische Rück, ed, Risiko ist ein Konstrukt. Knesebeck, München, pp. 169–190

van den Daele W (1993a) Politische Vierteljahresschrift 34:219–248

van den Daele W (1997) In: Martinsen R, ed, Politik und Biotechnologie. Nomos, Baden-Baden, pp. 281–301

van den Daele W, Pühler A, Sukopp H (1996) Grüne Gentechnik im Widerstreit. Modell einer partizipativen Technikfolgenabschätzung. Verlag Chemie, Weinheim

Dale PJ (1992) Plant Physiol 100:13–15

Dale PJ (1995) Trends Biotechnol 13:398–403

Damak S, Su H-Y, Jay N P, Bullock D W (1996) Bio/Technol 14:185–188

Dando MR (1994) Biological warfare in the 21st century: Biotechnology and the proliferation of biological weapons. Brassey's, London

David JL, Pham J-L (1993) J Evol Biol 6:659–676

Dehesh K, Jones A, Knutzon DS, Voelker TA (1996) Plant J 9:167–172

Delbrück M (1986) Wahrheit und Wirklichkeit. Über die Evolution des Erkennens. Hamburg

Dennison MJ, Hall JM, Turner APF (1995) Anal Chem 67:3922–3927

Department of Defense (1986) Biological defence program. Report to the Committee on Appropriations. House of Representatives, Washington, DC, May

Devlin RH, Yesaki TY, Biagi CA, Donaldson EM, Swanson P, Chang WK (1994) Nature 371:209–210

Diamond LE, McCurry KR, Oldham ER, Tone M, Waldmann H, Platt JL, Logan JS (1995) Transpl Immunol 3:305–312

Diamond LE, McCurry KR, Martin MJ, McClellan SB, Oldham ER, Platt JL, Logan JS (1996) Transplantation 61:1241–1249

Dib C, Fauré S, Fizames C, Samson D, Drouot N, Vignal A, Millasseau P, Marc S, Hazan J, Seboun E, Lathrop M, Gyapay G, Morissette J, Weissenbach J (1996) Nature 380:152–154

Dicke FF (1932)J Economic Entomol 25:868–878

Dickson D (1995) Nature 377:185–186

Dickson D (1996) Nature 379:574

Dietrich WF, Miller J, Steen R, Merchant MA, Damron-Boles D, Husain Z, Dredge R, Daly MJ, Ingalls KA, O'Connor TJ, Evans CA, de Angelis MM, Levinson DM, Kruglyak L, Goodman N, Copeland NG, Jenkins NA, Hawkins TL, Stein L, Page DC, Lander ES (1996) Nature 380:149–152

Dietz A, Niemann P, Wenzel G, Heidler G, Eggers T (1993) Mitteilungen aus der Biologischen Bundesanstalt für Land- und Forstwirtschaft Berlin-Dahlem, Heft 286, Parey, Berlin

von Ditfurth H (1984) Wir sind nicht nur von dieser Welt. Naturwissenschaft, Religion und die Zukunft des Menschen. München, 4.Aufl

Doerfler W (1992) Microbial Pathogenesis 12:1–8

Doetschman TC, Gregg RG, Maeda N, Hooper ML, Melton DW, Thompson S, Smithies O (1987) Nature 330:576–578

Dolata U (1996) Politische Ökonomie der Gentechnik. Edition Sigma

Domsch KH (1992) Pestizide im Boden: Mikrobieller Abbau und Nebenwirkungen auf Mikroorganismen. VCH, Weinheim, pp. 281–283

Donald CM, Hamblin J (1983) Advances Agronomy 36:97–143

Donn G, Eckes P, Müllner H (1992) BioEngineering 5+6:40–46

Donn G, Loss P, Rasche E (1996) In: Gesellschaft für Pflanzenzüchtung, eds, Transgenic Plants – from the Lab to the Field. Druckerei Liddy Halm, Göttingen, pp. 35–44

Dordick JS (1992) Trends Biotechnol 10:287–293

Dorer DR, Henikoff S (1994) Cell 77:993–1002

Dorn E, Goerlitz G, Heusel R, Stumpf K (1992) Z Pflanzenkrankh Pflanzenschutz 13 (Sonderheft):459–468

Douglas SR, Ledingham JCG, Topley WWC (1934) Memorandum on bacteriological warfare. 13. April 1934, Public Record Office (PRO) CAB 16/167, PRO 11020

Dower M (1994) Scrip Magazine 1/1994, pp. 2–5

Doyle JD, Stotzky G, McClung G, Hendricks CW (1995) Advances Appl Microbiol 40:237–287

Drews J (1993) Bio/Technol 11:S16-S20

Duan X, Li X, Xue Q, Abo-El-Saad M, Xu D, Wu R ((1996) Bio/Technol 14:494–498

Dujon B (1996) Trends Genet 12:263–270

Dulbecco R (1986) Science 231:1055–1056

Düring K, Porsch P, Fladung M, Lörz H (1993) Plant J 3:587–598

Eber F, Chevre AM, Baranger A, Vallee P, Tanguy X, Renard M (1994) Theor Appl Genet 88:362–368

Ebert E, Leist KH, Mayer D (1990) Fd Chem Toxic 28: 339–349

Ebskamp MJM, van der Meer IM, Spronk BA, Weisbeek PJ, Smeekens SCM (1994) Bio/Technol 12:272–275

Ellenberg H, Mayer R, Schauermann J (1986) Ökosystemforschung-Ergebnisse des Sollingprojektes 1966–1986. Ulmer, Stuttgart

Elomaa P, Holton T (1994) Biotechnol Genetic Engineering Rev 12:63–88

El-Titi (1986) In: Symp Econ Weed Contr, Stuttgart, pp. 20–216

Ernst D, Kiefer E, Reske J, Giunaschwill N, Sandermann H (1995) In: de Prado R, Garcia-Torres L, Jorrin J, eds, Proc Internat Symp on Weed and Crop Resistance to Herbicides. Cordoba, Spain, pp. 165

Ernst D, Rosenbrock H, Kiefer E, Sandermann H (1996a) In: Gesellschaft für Pflanzenzüchtung, eds, 3. GPZ-Tagung Köln, Th. Mann, Gelsenkirchen, pp. 223–224

Ernst D, Kiefer E, Drouet A, Sandermann H (1996b) Plant Mol Biol Reporter 14:143–148

Estruch JJ, Schell J, Spena A (1991) EMBO J 10:3125–3128

Europa Parlament (1992) Committee on Energy, Research and Technology (Berichterstatterin: Hiltrud Breyer) PE 203.456/B vom 17. 12. 1992

Fahlesson J, Dixelius J, Sundberg E, Glimelius K (1988) Plant Cell Reports 7:74–77

Falco SC, Beaman C, Chui CF (1996) Progr 2nd Colmar Symp Biol Sci Plant Biol, Abstracts, pp. 25–27

FDA (1992) Federal Register 57:22984–23005

Feldmann RC, Hankeln T, Schmidt ER (1996) In: Gesellschaft für Pflanzenzüchtung, ed, Transgenic Plants – from the Lab to the Field. Druckerei Liddy Halm, Göttingen. pp. 151–163

Fennema J, Paul I (1990) Science and Religion. One world changing perspectives on reality. Dodrecht-Boston-London

Fenner F (1994) In: Geissler E, Woodall JP, eds, Control of dual-threat agents: The vaccines for peace programme. Oxford University Press, Oxford, pp. 185–202

Fiedler U, Conrad U (1995) Bio/Technol 13:1090–1093

Fischer A (1995) Morgenröte der Gen-Companies. Focus 14/95, pp. 288–290

Fischhoff DA, Bowdish KS, Perlak S (1987) Bio/Technol 5:807–813

Flavell RB (1995) Trend Biotechnol 13:313–319

Fleischmann RD, Adams MD, White O, Clayton RA, Kirkness EF, Kerlavage AR, Bult CJ, Tomb J-F, Dougherty BA, Merrick JM, McKenney K, Sutton G, Fitzhugh W, Fields C, Gocayne JD, Scott J, Shirley R, Liu L, Glodek A, Kelley JM, Weidman JF, Philips CA, Spriggs T, Hedblom E, Cotton MD, Utterback TR, Hanna MC, Nguyen DT, Saudek DM, Brandon RC, Fine LD, Fritchman JL, Fuhrmann JL, Geoghagen NSM, Gnehm CL, McDonald LA, Small KV, Fraser CM, Smith HO, Venter JC (1995) Science 269:496–512

Flint HM, Henneberry TJ, Wilson FD, Holguin E, Parks N, Buchler RE (1995) Southwestern Entomologist 20:281–292

Foroughi-Wehr B, Wenzel G (1993) In: Hayward MD, Bosemark NO, Romagosa I, eds, Plant Breeding. Principles and prospects. Chapman & Hall, pp. 261–277

Foulger D, Darrell N, Fish N, Bright SWJ, Jones MGK (1986) In: Horn W, Jensen CJ, Odenbach W, Schieder O, eds., Genetic manipulation in plant breeding (Eucarpia). de Gruyter, Berlin, p. 683

Fraser CM, Gocayne JD, White O, Adams MD, Clayton RA, Fleischmann RD, Bult CJ, Kervalage AR, Sutton G, Kelley JM, Fritchman JL, Weidman JF, Small KV, Sandusky KV, Fuhrmann J, Nguyen D, Utterback TR, Saudeck DM, Phillips CA, Merrick JM, Tomb J-F, Dougherty BA, Bott KF, Hu P-C, Lucier TS, Peterson SN, Smith HO, Hutchison CA, Venter JC (1995) Science 270:397–403

Frello S, Hansen KR, Jensen J, Jørgensen RB (1995) Theor Appl Genet 91:236–241

Fujii JA, Slade DT, Redenbaugh K, Walker KA (1987) Trends Biotechnol 5:335–339

Galili G, Karchi H, Shaul O, Perl A, Cahana A, Ben-Tzvi TI, Zhu XZ, Galili S (1994) Biochem Soc Transactions 22:921–925

Ganoczy A (1976) Der schöpferische Mensch und die Schöpfung Gottes. Mainz

Ganoczy A (1991) In: Eicher P, ed, Neues Handbuch theologischer Grundbegriffe. München, Band 5, pp. 26–35

Garthoff B (1994) In: Vogel F,Grunwald R, eds, Patenting of Human Genes and Living Organisms. Springer, Berlin, Heidelberg, pp. 220–223

Gassen HG, König B (1994) Kontakte 1994/1, pp. 3–12

Gatehouse AMR, Down RE, Powell KS, Sauvion N, Rahbe Y, Newell CA (1996) Entomol Exp Appl 79:295–307

Gebhardt C, Salamini F (1992) Int Rev Cytol: A survey of cell biology 135:201–237

Geisen R, Ständer L, Leistner L (1989) Food Biotechnol 4:497–503

Geissler E (ed) (1986) Biological and toxin weapons today. Oxford University Press, Oxford

Geissler E (1991) In:. Geissler E, Haynes RH, eds, Prevention of a biological and toxin arms race and the responsibility of scientists. Akademie-Verlag, Berlin, pp. 3–28

Geissler E (1992) Politics and the Life Sciences 11:231–243

Geissler E (1997a) In: Geissler E, van Courtland Moon JEV, eds, Biological and toxin weapons research, development and use from the middle ages to 1945: A critical comparative analysis. Oxford University Press, Oxford, in press

Geissler E (1997b) Biologische Waffen – nicht in Hitlers Arsenalen. LIT-Verlag, Münster, in press

Geissler E (1997c) In: von der Ohe W, ed, Think tanks in the USA and Germany, in press

Geissler E, van Courtland Moon JEV (eds) (1997) Biological and toxin weapons research, development and use from the middle ages to 1945: A critical comparative analysis. Oxford University Press, Oxford, in press

Geissler E, Haynes RH (eds) (1991) Prevention of a biological and toxin arms race and the responsibility of scientists. Akademie-Verlag, Berlin

Geissler E, Woodall JP (eds) (1994) Control of dual-threat agents: The vaccines for peace programme. Oxford University Press, Oxford

Geissler E, Blackaby F, Falk RA (1986) In: Geissler E, ed,Biological and toxin weapons today. Oxford University Press, Oxford, pp. 121–129

Gerlach WL, Llewellyn D, Haseloff J (1987) Nature 328:802–806

Gesetz über die Kontrolle von Kriegswaffen. Bundesgesetzblatt, Teil I, No. 64 (1990) pp. 2506–2519

Gierer A (1991) Die gedachte Natur. Ursprung, Geschichte, Sinn und Grenzen der Naturwissenschaft. München-Zürich

Gill B (1991) Gentechnik ohne Politik? Campus, Frankfurt

Glaser V (1995) Bio/Technol 13:422–425

Glick BR, Pasternak JJ (1994) Molecular Biotechnology, Principles & Applications of recombinant DNA. ASM Press, Washington DC

Goddijn OJ, Pen J (1995) Trends Biotechnol 13:379–387

Golemboski DB, Lomonosoff GP, Zaitlin M (1990) Proc Natl Acad Sci USA 87:6311–6315

Good X, Kellog JA, Wagoner W, Langhoff D, Matsumara W, Bestwick RK (1994) Plant Mol Biol 26:781–790

Goodman HM, Eckers JR, Dean C (1995) Proc Natl Acad Sci USA 92:10831–10835

Gordon JW, Ruddle WH (1981) Science 214:1244–1246

Gray DJ (1990) In: Taylorson RB, ed, Recent advances in the development and germination of seeds. Plenum Press, New York, pp. 29–45

Grayburn WS, Collins GB, Hildebrand DF (1992) Bio/Technol 10:675–678

de Greef W, Delon R, de Block M, Leemans J, Botterman J (1989) Biotechnol 7:61–64

Gressel J, Ransom JK, Hassan EA (1996) In: Collins GB, Shepherd RJ, eds, Engineering Plants for Commercial Products and Applications. New York Acad Sci, New York, pp. 140–152

Groeger U, Stehle P, Fürst P, Leuchtenberger W, Drauz K (1989) Food Biotechnol 2:187–198

Grossbard E (1976) In: Audus LJ, ed, Herbicides: Physiology, Biochemistry, Ecology. Acad Press, London, Second Edition, Vol 2, pp. 99–146

Grossbard E, Atkinson D (1985) The Herbicide Glyphosate. Butterworths, London

Großer Generalstab (ed) (1902) Kriegsbrauch im Landkriege. Krieggeschichtliche Einzelschriften, Heft 31. Ernst Siegfried Mittler und Sohn, Berlin, pp. 9–10

Gugerell C (1994) In: Vogel F, Grunwald R, eds, Patenting of Human Genes and Living Organisms. Springer, Berlin, Heidelberg, pp. 106–112

Guha S, Maheshwari SC (1966) Nature 212:97
Guillet J (1996) Trends Polymer Sci 2:41–46
Guyer MS, Collins FS (1995) Proc Natl Acad Sci USA 92:10841–10848

Haag H (1968) In: Haag H, ed, Bibellexikon. Einsiedeln-Zürich-Köln, 2. Aufl., pp. 1551–1556
de Haan P, Gielen JJL, Prins M, Wijkamp IG, van Schepen A, Peters D, van Grinsven MQJM, Goldbach R (1992) Bio/Technol 10:1133–1137
Hack R, Ebert E, Ehling G, Leist KH (1993) Fd Chem Toxic 32:461–470
Haker H (1992) In: Haker H, Hearn R, Steigleder K, eds, Ethics of Human Genome Analysis, European Perspectives. Tübingen, pp. 290–323
Haker H, Hearn R, Steigleder K (1992) Ethics of Human Genome Analysis. European Perspectives. Tübingen
Halder G, Callaerts P, Gehring WJ (1995) Science 267:1788–1792
Halfter U, Ali N, Stockhaus J, Ren L, Chua N-H (1994) EMBO J 13:1443–1449
Hamilton AJ, Lycett GW, Grierson D (1990) Nature 346:284–287
Hammer RE, Pursel VG, Rexroad C E, Wall RJ, Bolt DJ, Ebert KM, Palmiter RD, Brinster RL (1985) Nature 315:680–683
Hammes WP, Vogel RF, Gaier W, Knauf HJ (1991) Lebensmitteltechnik 1–2:32–42 und 3:112–119
Han K, Hong J, Lim HC, Kim CH, Park Y, Cho JM (1994) In: Bajpai R, Prokop A, eds, Recombinant DNA Technology II. Annu New York Acad Sci 721:30–42
Hankeln T, Winterpacht A, Schmidt ER (1996) In: Schmidt ER, Hankeln T, eds, Transgenic organisms and biosafety. Springer, Berlin, pp. 181–208
Haq TA, Mason HS, Clement JD, Arntzen CJ (1995) Science 268:714–716
Harlan JR, de Wet JMJ, Price EG (1973) Evolution 27:311–325
Harper JL (1977) Population biology of plants. Academic Press
Harris S (1997) In: Geissler E, van Courtland Moon JEV, eds, Biological and toxin weapons research, development and use from the middle ages to 1945: A critical comparative analysis. Oxford University Press, Oxford, in press
Harrison BD, Mayo MA, Baulcombe DC (1987) Nature 328:799–802
Hefle SL (1996) Allergy Clin North America 16:565–590
Heiser C (1988) Euphytica 37:77–88
Heiss S, Fischer S, Müller W-D, Weber B, Hirschwehr R, Spitzauer S, Kraft D, Valenta R (1966) J Allergy Clin Immunol 98:938–947
Heitefuß R (1987) Pflanzenschutz, Grundlagen der praktischen Phytomedizin. Thieme, Stuttgart
Hemleben V, Ninnemann H (1996) Theor Appl Gene 92:617–626
Hendlin D, Stapley EO, Jackson M, Wallick H, Miller AK, Wolf FJ, Miller TW, Chaiet L, Kahan FM, Foltz EL, Woodruff HB, Mata JM, Hernandez S, Mochles S (1969) Science 166:122
Herbig J (1978) Die Geningenieure. Hanser, München
Herz M, Backes G, Fischbeck G, Jahoor A (1996) In: Gesellschaft für Pflanzenzüchtung, ed, 3. GPZ-Tagung Köln, Th. Mann, Gelsenkirchen, pp. 58–60
Hesselbach J (1985) Z für Pflanzenzüchtung 94:101–110
Hiatt A, Cafferkey R, Bowdish K (1989) Nature 342:76–78
Hirsch G, Schmidt-Didczuhn A (1991) Kommentar zum Gentechnikgesetz. Beck, München
Hobom G (1996) In: Gesellschaft für Pflanzenzüchtung, eds, Transgenic Plants – from the Lab to the Field. Druckerei Liddy Halm, Göttingen, pp. 1–7
Hodges RA, Perler FB, Noren CJ, Jack WE (1992) Nucleic Acids Res 20:6153–6157
Hoechst (ed) (1982) Produktinformation: Basta® Glufosinate: Ein Totalherbizid zum Einsatz in Obst- und Weinbau, auf Nichtkulturland sowie zur Ernteerleichterung bei Kartoffeln. Frankfurt/Main
Hoerlein G (1994) Rev Environ Contam Toxicol 138:73–141
Hoffmann GM, Schmutterer H (1983) Parasitäre Krankheiten und Schädlinge an landwirtschaftlichen Kulturpflanzen. Ulmer, Stuttgart
Hoffmann T Golz C, Schieder O (1994) In: Projektträger Biologie, Energie, Ökologie, ed, Biologische Sicherheit, Band 3, WeKa-Druck, Limnich pp. 821–832
Holden J, Peacock J, Williams T (1993) Genes, Crops and the Environment. Univers Press, Cambridge
Hollfelder F, Kirby AJ, Tawfik DS (1996) Nature 383:60–63

Holmstrom KO, Welin B, Mandal A, Kristiansdottir I, Teerin TH, Lamark T, Strom AR, Palva ET (1994) Plant J 6:749–758
Holt JS, Powles SB, Holtum JAM (1993) Annu Rev Plant Mol Biol 44:203–229
Holton TA (1995) Drug Metabolism Drug Interact 12:359–368
Hondelman W (1984) Theor Appl Genet 68:1–9
Hong Y, Stanley J (1996) Mol Plant-Microbe Interact 9:219–225
Hong Y, Saunders K, Hartley MR, Stanley J (1996) Virol 220:119–127
Hood L. (1993) In: Kevles DJ, Hood L, eds, Der Supercode. Artemis und Winkler, München, pp. 156–183
Hopp TP, Prickett KS, Price V, Libby RT, March CJ, Cerretti P, Urdal DL, Conlon PJ (1988) Bio/Technol 6:1205–1210
Horovitz A, Beiles A (1980) Theor Appl Genet 57:11–15
Houck MA, Clark JB, Peterson KR, Kidwell MG (1991) Science 253:1125–1129
Houdebine LM (1995) Reprod Nutr Dev 35:609–617
Hoy MA (1993) In: Lumsden RD, Vaughn JL, eds, Pest management: Biologically based technologies. Am Chem Soc, pp. 357–369
Hoy MA (1995) Parasitol Today 11:229–232
Hoyle R (1995) Bio/Technol 13:434–435
Hutchins RS, Bachas LG (1995) Anal Chem 67:1654–1660
Huttner S (1995) In: Rehm HJ, ed, Biotechnology (2. Aufl.), Vol 12, Brauer D, ed, Legal Economic and Ethical Dimensions. Verlag Chemie, Weinheim, pp. 459–493

van Imschoot P (1968) In: Haag H, ed, Bibellexikon. Einsiedeln-Zürich-Köln, 2. Aufl., pp. 1896–1897
Industrieverband Agrar (eds) (1991) Kodex, Gesetze und Verordnungen zum Pflanzenschutz. Pflanzenschutz-Anwendungsverordnung vom 27. 07. 1988, BLV, Verlagsgesellschaft, München, pp. 36–43
Ingram J, Bartels D (1996) Annu Rev Plant Physiol Mol Biol 47:377–403
Irie K, Hosoyama H, Takeuchi T, Iwabuchi K, Watanabe H, Abe M, Abe K, Arai S (1996) Plant Mol Biol 30:149–157
Ishimoto M, Sato T, Chrispeels MJ, Kitamura K (1996) Entomol Exp Appl 79:309–315
Iyengar A, Müller F, MacLean N (1996) Transgenic Res 5:147–166
Jach G, Gornhardt B, Mundy J, Logemann J, Pinsdorf E, Leah R, Schell J, Maas C (1995) Plant J 8:97–109
Jackson JK, Sweeney BW, Bott TL, Newbold JD, Kaplan LA (1994) Can J Fisheries Aquatic Sci 51:295–314
Jaenicke R (1991) Eur J Biochem 202:715–728
Jaenisch R (1988) Science 240:1468–1474
Jakubke H-D, Kuhl P, Könnecke A (1985) Angew Chem 97:79–87
James C, Krattiger AF (1996) ISAAA Briefs No. 1. ISAAA, Ithaca, N. Y., pp. 31
Jaworski EG (1972) J Agric Food Chem 20:1195–1198
Johnson KH, Vogt KA, Clark HJ, Schmitz OJ, Vogt DJ (1996) Trends Ecol Evol 11:372–375
Johnson KS, Scriber JM, Nitao JK, Smitley DR (1995) Environmental Entomol 24:288–297
Jongedijk E, Tigelaar H, van Roekel JSC, Bres-Vloemans SA, Dekker I, van den Elzen PJM, Cornelissen BJC, Melchers LS (1995) Euphytica 85:173–180
Jordan E, Collins FS (1996) Nature 380:111–112
Jørgensen RB, Andersen B (1994) Am J Bot 81:1620–1626
Jørgensen RB, Hauser T, Mikkelsen TR, Østergård H (1996) Trends Plant Sci 1:356–358

Kaendler C, Fladung M, Uhrig H (1996) Theor Appl Genet 92:455–462
Kahn P (1996a) Science 271:1798–1799
Kahn P (1996b) Science 273:570–571
Kaiser J (1996) Science 273:423
Kanitscheider B (1993) Von der mechanistischen Welt zum kreativen Universum. Zu einem neuen philosophischen Verständnis der Natur. Darmstadt
Kareiva P (1993) Nature 363:580–581
Katzek J, Wackernagel W (1992) Stand der Forschung im Bereich der Risikoabschätzung beim Umgang mit gentechnisch veränderten Organismen und Aufdeckung von Forschungsdefiziten. Hans-Böckler-Stftung, Berg Verlag, Bochum
Kaulen H (1996) Future II, pp. 30–36

Kavanagh TA, Spillane C (1995) Euphytica 85:149–158

Kemp E (1996) Xenotransplantation J Int Med 239:287–297

Kempe M, Glad M, Mosbach K (1995) J Mol Recognition 8:35–39

Kempin JA, Mandel MA, Yanofsky MF (1993) Plant Physiol 103:1041–1046

Kempin SA, Savidge B, Yanofski MF (1995) Science 267:522–525

Kerlan MC, Chevre AM, Eber F, Baranger A, Renard M (1992) Euphytica 62:145–153

Kidwell MG (1993) Annu Rev Genet 27:234–256

Kiley TD (1992) Science 257:915–918

Kilpatrick RL (1993) Genetic Engineering News 13:31

Kim JS, Raines RT (1993) Protein Sci 2:348–356

Kim SJ, Paek KH, Kim BD (1995) J Am Soc Hort Sci 120:353–359

Kirchhof G, Eckert B, Ruth B, Hartmann A (1996) In: Gesellschaft für Pflanzenzüchtung, eds, 3. GPZ Tagung Köln, Th. Mann, Gelsenkirchen, pp. 61–63

Kishor PBK, Hong Z, Miao GH, Hu C-AA, Verma DPS (1995) Plant Physiol 108:1387–1394

Kislev ME (1984) Paleorient 10:61–69

Klee HJ (1993) Plant Physiol 102:911–916

Kleymann G, Ostermeier C, Ludwig B, Skerra A, Michel H (1995) Bio/Technol 13:155–160

Kloepfer M (1989) Umweltrecht. Beck, München

Knutzon DS, Thompson GA, Radke SE, Johnson WB, Knauf VC, Kridl JC (1992) Proc Natl Acad Sci USA 89:2624–2628

Köhler W, Braun PW (1995) In: Albrecht S, Beusmann V, eds, Zur Ökologie transgener Nutzpflanzen. Campus, Frankfurt, pp. 163–181

Kolmar H, Ferrando E, Hennecke F, Wippler J, Fritz HJ (1992) J Mol Biol 228:359–365

Komoßa D, Sandermann H (1992) Pesticid Biochem Physiol 43:95–102

Komoßa D, Gennity I, Sandermann H (1992) Pesticid Biochem Physiol 43:85–94

Kondo Y, Shomura T, Ogawa Y, Tsuruoka T, Watanabe H, Totsukawa K, Suzuki T, Moriya C, Yoshida J (1973) Sci Rept Meiji Seika Kaisha 13:34–41

Konietzny U, Jany KD (1994) Einführungsprobleme der Gentechnik in die Nahrungsmittelproduktion. Expertisen zum Workshop am 13. und 14. Oktober 1994, Fernuniversität Hagen

Konrich H (1931) Z Desinf Gesw 23:268–274

Korndörfer I, Steipe B, Hube R, Tomschy A, Jaenicke R (1995) J Mol Biol 246:511–521

Kost J, Langer R (1992) Trends Biotechnol 10:127–131

Koziel MG, Beland GL, Bowman C (1993) Bio/Technol 11:194–198

Krebbers E, van de Kerckhove A (1990) Trends Biotechnol 8:1–3

Kreutzweiser DP, Capell SS, Thomas DR (1994) Can J Forest Res 24:2041–2049

Krimsky S (1982) Genetic Alchemy. The Social History of the Recombinant DNA Controversy. The MIT Press, Cambridge, p. 106

Kriz D, Ramström O, Svensson NA, Mosbach K (1996) Anal Chem 34:2142–2144

Kroshus TJ, Bolman RM, Dalmasso AP, Rollins SA, Guilmette ER, Williams BL, Squinto SP, Fodor WL (1996) Transplantation 61:1513–1521

Kuhn R, Schwenk F, Aguet M, Rajewsky K (1995) Science 269:1427–29

Kula N-R (1994) In: Präve P, Faust U, Sittig W, Sukatsch DA, eds, Handbuch der Biotechnologie. Oldenburg-Verlag, München Wien, 4. Aufl., pp. 625–661

Kuroda Y, Okuhara M, Goto T, Okamoto M, Terano H, Kohsaka M, Aoki H, Imanaka H (1980) J Antibiot 33:29–35

Kwon R, Sasahara T, Abe T (1995) J Plant Physiol 146:615–621

Lakso M, Pichel JG, Gorman JR, Sauer B, Okamoto Y, Lee E, Alt F W, Westphal H (1996) Proc Natl Acad Sci 93:5860–5865

Lapidot M, Gafiny R, Ding B, Wolf S, Lucas WJ, Beachy RN (1993) Plant J 4:959–970

Laplace F (1995) In: Frey HD, ed, HUGO – 5 Jahre Humangenomprojekt. Tagungsband VD Biol Baden-Württemberg, Tübingen, pp. 33–35

Lay R (1983) In: Riedl J, ed, Evolution und Menschenbild. Hamburg, pp. 280–295

Leason M, Cunliffe D, Parkin D, Lea PJ, Miflin B (1982) J Phytochem 21:855–857

Lee I, Aukerman MJ, Gore SL, Lohman KN, Michaels SD, Weaver LM, John MC, Feldmann KA, Amasino RM
    (1994) Plant Cell 6:75–83
Lee KJ, Townsend J, Tepperman J, Black M, Chui CF, Mazur B, Dunsmuir P, Bedbrook J (1988) EMBO J
    7:1241–1248
Leemans L, de Block M, d'Halluin K, Botterman J, de Greef W (1987) In: Proc Brit Crop Prot Conf Weeds, pp.
    867–870
Leister D, Ballvora A, Salamini F, Gebhardt C (1996) Nature Genetics (in press)
Lerner RA,Tramontano A (1987) Trends Biosci 12:427–430
Levidow L, Carr S, von Schomberg R, Wield D (1996) Science and Public Policy 23:135–157
Li J, Nagpal P, Vitart, V, McMorris TC, Chory J (1996) Science 272:398–401
Li T, Janda KD, Ashley JA, Lerner, RA (1994) Science 264:1289–1293
Lilius G, Holmberg N, Bülow L (1996) Bio/Technol 14:177–180
Lincoln C, Long J, Yamaguchi J, Serikawa K, Hake S (1994) Plant Cell 6:1859–1876
Liu C-M, McLean PA, Sookden CC, Cannon FC (1991) Appl Environ Microbiol 57:1799–1804
Liu D, Raghothama KG, Hasegawa PM, Bressan RA (1994) Proc Natl Acad Sci USA 91:1888–1892
Lo D (1996) Clinical Immunol Immunopathol 79:26–104
Lodge JK, Kaniewski WK, Tumer NE (1993) Proc Natl Acad Sci USA 90:7089–7093
Logusch EW, Walker DM, McDonald JF, Franz JE (1991) Plant Physiol 95:1057–1062
Lohe AR, Hartl DL (1996) Genetics 143:365–374
Lorenz K (1983) In: Riedl RJ,ed, Evolution und Menschenbild. Hamburg, pp. 138–144
Lorenz MG, Wackernagel W (1994) Microbiol Rev 58:563–602
Loukeris TG, Livadaras I, Arca B, Zabalou S, Savakis C (1995) Science 270:2002–2005
Lowenadler B, Lake M, Elmblad A, Holmgren E, Holmgren J, Karlstrom, A (1991) FEMS Microbiol Lett 82:
    271–278
Lozovskaya ER, Nurminsky DI, Hartl DL, Sullivan DT (1996) Genetics 142:173–177
Lutz-Freyermuth C, Query CC, Keene JD (1990) Proc Natl Acad Sci USA 87:6393–6397
Lynch M (1993) Bio/Technol 11:72–78
Lyon BR, Llewellyn DJ, Huppatz JL, Dennis ED, Peacock WJ (1989) Plant Mol Biol 13:533–540

Ma JK-C, Hiatt A, Hein M, Vine ND, Wang F, Stabila P, van Dolleweert C, Mostov K, Lehner T (1995) Science
    268:716–719
Macilwein C (1996) Nature 382:289
Maga EA, Murray JD (1995) Bio/Technol 13:1452–1457
Mahn EG (1992) Z Pflanzenkrankheiten Pflanzenschutz, Sonderheft XIII:21–30
Mahn EG, Kästner A (1985) Oikos 44:185–190
Mahn EG, Helmecke K, Machulla G, Prasse J, Rosche O, Sternkopf G (1988) Hercynia NF 25:60–83
Maina CV, Riggs PD, Grandea, AG, Slatko BE, Moran LS, Tagliamonte JA, McReynolds LA, di Guan C (1988)
    Gene 74:365–373
Malik J, Barry G, Kishore G (1989) BioFactors 2:17–25
Mandel MA, Yanowsky MF (1995) Nature 377:522–524
Mandel MA, Bowman JL, Kempin SA, Ma H, Meyerowitz EM, Yanowski MF (1992) Cell 71:133–143
Mariani C, de Beuckeleer M, Truettner J, Leemans J, Goldberg RB (1990) Nature 347:737–741
Mariani C, Gossele V, de Beuckeleer M, de Block M, Goldberg RB, de Greef W, Leemans J (1992) Nature
    357:384–387
Markmeyer P, Ruhlmann A, Englisch U, Cramer F (1990) Gene 93:129–134
Marks P(1996) New Scientist 152:23
Marques IMR, Alves SB (1995) Arquivos de Biologia e Tecnologia 38:317–325
Marshall E (1994) Science 266:208–210
Marshall E (1996a) Science 272:643
Marshall E (1996b) Science 272:1094
Martin C (1996) Curr Opinion Biotechnol 7:130–138
Martin GB, Brommonschenkel SH, Chunwongse J, Frary A, Ganal MW, Spivey R, Wu T, Earle ED, Tanksley
    SD (1993) Science 262:1432–1436
Martiniello P, Delogu G, Odoardi M, Boggini G, Stanca AM (1987) J Plant Breeding 99:289–294
Maruyama K, Hartl DL (1991) J Mol Evol 266:11518–11521

Mason HS, Arntzen CJ (1995) Trends Biotechnol 13:388–392

Mathes K (1996) UBA-Texte 58/96:61–70

Mathes K, Weidemann G (1991)Berichte aus der ökologischen Forschung. Band 2, FZ Jülich, p. 126

Maturana H, Varela F (1987) Der Baum der Erkenntnis. Die biologischen Wurzeln des menschlichen Erkennens. Berlin-Zürich, Goldmann-Verlag, Taschenbuch Nr. 11460

Mazodier P, Davies J (1991) Annu Rev Genet 25:147–171

Mazur B (1995) Trends Biotechnol 13:319–323

Mazur BJ, Chui CF, Smith JK (1987) Plant Physiol 85:1110–1117

McCormick SPA, Peterson KR, Hammer RE, Clegg CH, Young SG (1996) Trends Cardiovasc Med 6:16–24

McFarlane M, Wilson JB (1996) Transgenic Res 5:171–177

McGarvey PB, Montasser MS, Kaper JM (1994) J Am Soc Hort Sci 119:642–647

Meeley R, Briggs S (1995) Maize Gen Coop Newsl 69:67–82

van der Meer IM, Stam ME, van Tunen AJ, Mol JNM, Stuitje AR (1992) Plant Cell 4:253–262

Meeting Report (1996) Biologicals 24:71–74

Melchers G, Sacristan MD, Holder, AA (1978) Carlsberg Res Commun 43:203–218

Melton DW (1994) BioEssays 16:633–638

Meyer P, Heidmann I, Forkmann G, Saedler H (1987) Nature 330:677–678

Mieth D (1992) In: Haker H, Hearn R, Steigleder K, eds, Ethics of Human Genome Analysis. European Perspectives, Tübingen, pp. 272–289

Mikkelsen TR, Andersen B, Jørgensen RB (1996) Nature 380:31

Miklos GL, Rubin GM (1996) Cell 86:521–529

Miller JC (1990) Am Entomologist, Summer:135–139

Miller LH, Sakai RK, Romans P, Gwadz RW, Kantoff P, Coon HG (1987) Science 237:779–781

Miltner F (1995) Focus 9/95, pp. 148–152

Misawa N, Masamoto K, Hori T, Ohtani T, Boeger P, Sandmann G (1994) Plant J 6:481–489

Mohr H (1996) Evangelische Kommentare 10:567–571

Mol JNM, Holton TA, Koes RE (1995) Trends Biotechnol 13:350–355

Moltmann J (1977) Zukunft der Schöpfung. Gesammelte Aufsätze, München, pp. 123–139

Moltmann J (1985) Gott in der Schöpfung. Ökologische Schöpfungslehre, München

Morse SS, Rosenberg BH (1993) FAS Public Interest Report 46:1–2

Mosbach K (1994)Trends Biotechnol 19:9–14

Mosbach K, Ramström O (1996) Bio/Technol 14:163–170

Mueller-Dombois D, Ellenberg H (1974) Aims and methods of vegetation ecology. Wiley, New York

Müller KJ, Romano N, Gerstner O, Garcia-Maroto F, Pozzi C, Salamini F, Rohde W (1995) Nature 374:727–730

Müller M, Brem G (1991) Experientia 47:923–934

Müller-Röber B, Sonnewald U, Willmitzer L (1992) EMBO J 11:1229–1238

Mullins LJ, Mullins JJ (1996) J Clin Invest 97:1557–1560

Mullis KB, Faloona FA (1987) Methods Enzymol 155:335–350

Murakami T, Anzai H, Imai S, Stoh A, Nagaoka K, Thompson CJ (1986) Mol Gen Genet 205:42–50

Murby M, Cedergren L, Nilsson J, Nygren PA, Hammarberg B, Nilsson B, Enfors SO, Uhlen M (1991) Biotechnol Appl Biochem 14:336–346

Nadolny R (1915) Chiffriertes Telegr. an Militärattachè der Kaiserl. Gesandtschaft in Bukarest. Geheim. 6. Juni 1915. Politisches Archiv des Auswärtiges Amts (PAAA), Bonn R 212000, Blatt 108

Nagasaki Y, Kataoka K (1996) Trends Polymer Sci 4:59–64

Naumann J (1996) Genmanipulierte Soja im Essen – ohne uns! Greenpeace e.V., Hamburg

Neemann G (1993) Scripta Geobotanica 20:169–191

Neemann G, Bartsch D (1996) UBA-Texte 58/96:184–187

Nejidat A, Clark WG, Beachy RN (1990) Physiol Plant 80:662–668

Nelis J (1968) In: Haag H, ed, Bibellexikon. Einsiedel-Zürich-Köln, 2. Aufl., pp. 1546–1552

Neri D, da Lalla C, Petrul H, Neri P, Winter G (1995) Bio/Technol 13:373–377

Neumann R (1997) Kaum Pickel in Sicht? Laborjournal 1/1997, pp. 20–21

Nierenberg MW, Matthaei JH (1961) Proc Natl Acad Sci USA 47:1588–1593

NIH (1976) Federal Register 41:27901–27943

Nilsson B, Abrahamsen L, Uhlen M (1985) EMBO J 4:1075–1080
Nixon R (1969) In: Documents on disarmament, US Government Printing Office, Washington, DC, 1970
Noodén LD (1988) In: Noodén LD, Leopold AC, eds, Senescence and Aging in Plants. Acad Press, San Diego, pp. 391–439
Norelli JL, Aldwinckle HS, Destefano-Beltran L, Jaynes JM (1994) Euphytica 77:123–128
Nossal GJV, Coppel RL (1992) Thema Gentechnik: Eine lebensveränderte Wissenschaft. Spektrum, Akademischer Verlag, Heidelberg
Nüsslein-Volhard C (1994) Science 266:572–574

Oeller PW, Min-Wong L, Taylor LP, Pike DA, Theologis A (1991) Science 254:437–439
Ogawa T, Hori T, Ishida I (1996) Nature Biotechnol 14:1566–1569
Oliver SG (1996) Nature 379:597–600
Olson MV (1995) Science 270:394–396
Oud JSN, Schneiders H, Kool AJ, van Grinsven MQJM (1995) Euphytica 84:175–181
Ow DW (1996) Current Opinion Biotechnol 7:181–186
Oyama K, Irino S, Hagi N (1987) Methods Enzymol 136:503–517

Page RL, Butler SP, Subramanian A, Gwazdauskas FC, Johnson JL, Velander WH (1995) Transgenic Res 4:353–360
Paget E, Simonet P (1994) FEMS Microbiol Ecol 15:109–118
Palmiter RD, Brinster RL (1986) Annu Rev Genet 20:465–499
Palmiter RD, Norstedt G, Gelinas RE, Hammer RE, Brinster RL (1983) Science 222:809–814
Palukaitis P (1991) In: Levin M, Strauss HS, eds, Risk assessment in genetic engineering. Environmental release of organisms. McGraw-Hill, pp. 140–162
Pan A, Yang M, Tie F, Li L, Chen Z, Ru B (1994) Plant Mol Biol 24:341–351
Park BK, Hirota A, Sakai H (1977) Agric Biol Chem 41:573–579
Paul M, Wagner J, Hoffmann S, Krata H, Ganten D (1994) Annu Rev Physiol. 56:811–829
Pearson GS, Dando MR (eds) (1996) Strengthening the Biological Weapons Convention. Key Points for the Fourth Review Conference. Quaker United Nations Office, Geneva
Pelletier G (1993) In: Hayward MD, Bosemark NO, Romagosa I, eds, Plant Breeding. Principles and Prospects. Chapman & Hall, pp. 93–106
Peltonen-Sainio P (1994) In: Slafer GA, ed, Genetic improvement of field crops. Marcel Dekker Inc., New York, Basel, Hong Kong, pp. 69–94
Pen J, Verwoerd TC, van Paridon PA, Beudeker RF, van den Elzen PJM, Geerse K, van der Klis JD, Versteegh HAJ, van Ooyen AJJ, Hoekema A (1993) Bio/Technol 11:811–814
Pena L, Trad J, Diaz-Ruiz JR, McGarvey PB, Kaper JM (1994) Plant Sci 100:71–81
Peñaloza-Vázquez A, Oropeza A, Mena GL, Bailey AM (1995) Plant Cell Reports 14:482–487
Perlak FJ, Deaton RW, Armstrong TA, Fuchs RL, Sims SR, Greenplate JT, Fischhoff DA (1990) Bio/Technol 8:939–943
Perlak FJ, Stome TB, Muskopf YM, Petersen LJ, Parker GB, McPherson SA, Wyman J, Love S, Reed G, Biever D, Fischhoff DA (1993) Plant Mol Biol 22:313–321
Piller C, Yamamoto KR (1988) Gene Wars. Military Control Over the New Genetic Technologies. Beech Tree Books, William Morrow, New York
Plasmid Working Group (1975) zitiert in Krimsky S, Sheldon P (1982) Environment 24:2–11
Pnueli H, Abu-Abeid M, Zamir D, Nacken W, Schwarz-Sommer Z, Lifschitz E (1991) Plant J 1:255–266
Pohlein C, Pascher A, Abendroth D, Jochum M, White DJG, Hammer C (1996) Langenbecks Arch Chirurg Suppl:147–151
Poirier Y, Dennis DE, Klomparens K, Somerville C (1992) Science 256:520–523
Poirier Y, Somerville C, Schechtman LA, Satkowski MM, Noda I (1995) Int J Biol Macromol 17:7–12
Porath J, Carlsson J, Olsson I, Belfrage G (1975) Nature 258:598–599
Poste G (1995) Nature 378:534–536
Powell W, Morgante M, Andre C, Hanafey M, Vogel J, Tingey S, Rafalski A (1996) Mol Breeding 2:225–238
Powell-Abel PA, Nelson RS, De B, Hoffman N, Rogers SG, Fraley RT, Beachy RN (1986) Science 232:738–743
Prasse J (1985) Agricult Ecosystems Environment 13:205–215

Präve P, Faust U, Sittig W, Sukatsch DA (eds) (1994) Handbuch der Biotechnologie. Oldenbourg-Verlag, München

Protocol for the Prohibition of the Use in War of Asphyxiating, Poisonous or Other Gases, and of Bacteriological Methods of Warfare.Nachgedruckt in Geissler E (1986) Biological and Toxin Weapons Today. Oxford Uni- versity Press, Oxford, pp. 131

Pulvin S, Legoy MD, Lortie R, Pensa M, Thomas D (1986) Biotechnol Lett 8:783–784

Purcell JP, Greenplate JT, Jennings MG (1993) Biochem Biophys Res Comm. 196:1406–1413

Pursel VG, Pinkert CA, Miller KF, Bolt DJ, Campbell RG, Palmiter RD, Brinster RL, Hammer RE (1989) Science 244:1281–1288

Putterill J, Robson F, Lee K, Simon R, Coupland G (1995) Cell 80:847–857

van Raden L (1996) Biologie in unserer Zeit 4:51–54

Randolph TW, Blanch HW, Prusnitz JM, Wilke CR (1985) Biotechnol Lett 7:325–328

Randolph TW, Clark DS, Blanch HW, Prausnitz JM (1988) Science 238:387–390

Rathinasabapathi B, McCue KF, Gage DA, Anson AD (1994) Planta 193:155–162

Raybould AF, Gray AJ (1994) Trends Ecol Evolution 9:85–89

Rhim JA, Sandgren EP, Palmiter RD, Brinster RL (1995) Proc Natl Acad Sci USA 92:4942–4946

Rissler J, Mellon M (1996) The Ecological Risks of Engineered Crops. The MIT Press, Cambridge, Massachusetts

Rogers HJ, Parkes HC (1995) J Exp Bot 46:467–488

Rosen JM, Li S, Raught B, Hadsell D (1996) Am J Clin Nutr 63:627S–632S

Rosengard AM, Cary NR, Langford GA, Tucker AW, Wallwork J, White DJ (1995) Transplantation 59:1325–1333

Rüdelsheim P (1995) In: Coordination Commission Risk Assessment Research (Ministry of Economic Affairs, Netherland): Unanswered Safety Questions when employing GMOs. pp. 27–30

Rueppel ML, Brightwell BB, Schaefer J, Marvel J (1977) J Agric Food Chem 25:517–528

Rugh CL, Wilde HD, Stack NM, Thompson DM, Summers AO, Meagher RB (1996) Proc Natl Acad Sci USA 93:3182–3187

Russell AM, Klibanov AM (1988) The Biotechnology Revolution. An International Perspective. Wheatsheaf Books, Sussex; St. Martin's Press, New York, pp. 59–61

Ryals J (1996) Mol Breeding 2:91–93

Saalbach I, Pickardt T, Waddell DR, Hillmer S, Schieder O, Muentz K (1995) Euphytica 85:181–192

Sadras VO, Villalobos FJ (1994) In: Slafer GA, ed, Genetic improvement of field crops. Marcel Dekker Inc., New York, Basel, Hong Kong, pp. 287–320

Salamini F, Motto M (1993) In: Hayward MD, Bosemark NO, Romagosa I, eds, Plant Breeding: Principles and prospects. Chapman & Hall, London, pp. 138–159

Sampson HA (1992) Food Technol 46:141–144

Sánchez-Monge E (1993) In: Hayward MD, Bosemark NO, Romagosa I, eds., Plant Breeding. Principles and Prospects. Chapman & Hall, London, pp. 3–5

Sandermann H (1994) Die ökologische Herausforderung verpaßt? gsf Mensch + Umwelt Heft 1, p. 9

Sandermann H, Ohnesorge FK (1994) In: van den Daele W, Pühler A, Sukopp H, eds, Verfahren zur Technikfolgenabschätzung des Anbaus von Kulturpflanzen mit gentechnisch erzeugter Herbizidresistenz. WZB Berlin, Heft 6, pp. 1–81

Sanger F, Air GM, Barell BG, Brown NL, Coulson AR, Fiddes JC, Hutchison CA, Slocombe PM, Smith M (1977) Nature 265:687–695

Santoni S, Berville A (1993) Theor Appl Genet. 83:533–542

Savin KW, Baudinette SC, Graham MW, Michael MZ, Nugent GD, Lu C-Y, Chandler SF, Cornish EC (1995) Hortsci 30:970–972

Scheijgrond W (1978) Zaad. 32:326–331

Schein CH, Noteborn MHM (1988) Bio/Technol 6:291–294

von Schell T, Mohr H (eds) (1995) Biotechnologie/Gentechnik – eine Chance für neue Industrie. Springer, Heidelberg

Schenkel J (1995) Transgene Tiere. Labor im Focus. Spektrum Verlag

Schlüter K, Fütterer J, Potrykus I (1995) Bio/Technol 13:1094–1098

Schmidt ER, Hankeln T (1996) Biosafety of transgenic organisms – horizontal gene transfer, stability of DNA, and expression of transgenes. Springer, Berlin Heidelberg, New York

Schmidt TGM, Skerra A (1993) Protein Eng 6:109–122

Schmidt TGM, Skerra A (1994) J Chromatogr A 676:337–345

Schmitt JJ, Zweck A (1996) Statusbericht zur Akzeptanz der Bio- und Gentechnologie in der deutschen Öffentlichkeit. Zukünftige Technologien. Band 15, VDI, Düsseldorf

Schmitz-Moormann K (1992) Schöpfung und Evolution. Neue Aufsätze zum Dialog zwischen Naturwissenschaften und Theologie, Düsseldorf

Schmülling T, Schell J, Spena A (1988) EMBO J 7:2621–2629

Schöne-Seifert B, Krüger L (1993) Humangenetik – Ethische Probleme der Beratung, Diagnostik und Forschung. Stuttgart

Schroeder HE, Gollasch S, Moore A, Tabe LM, Craig D, Higgins TJV (1995) Plant Physiol 107:1233–1239

Schulte E, Käppeli O (eds) (1996) Gentechnisch veränderte krankheits- und schädlingsresistente Nutzpflanzen. Eine Option für die Landwirtschaft? Schwerpunktprogramm Biotechnologie des Schweizerischen Nationalfonds, Bern

Schultz PG (1989) Angew Chem 101:1336–1348

Schulze M, Hertel C, Bögl KW, Schreiber GA (1996) Bundesgesundheitsblatt, Sonderheft Dez/96, pp. 31–36

Schuster W (1978) Bayerisches Landwirtschaftsjahrbuch pp. 557–564

Schwartz DC, Cantor CR (1984) Cell 37:67–75

Schwarz-Sommer Z, Huijser P, Nacken W, Saedler H, Sommer H (1990) Science 250:931–936

Schwerdtle F, Bieringer H, Finke M (1981) Z Pflanzenkrankh Pflanzenschutz 9:431–440

Scouten WH, Luong JHT, Brown RS (1995)Trends Biotechnol 13:178–185

Sentry JW, Kaiser K (1995) Transgenic Res 4:155–162

Shah DM, Rommens CMT, Beachy RN (1995) Trends Biotechnol 13:362–368

Shewmaker CK, Boyer CD, Wiesenborn DP, Thompson DB, Boersig MR, Oakes JV, Stalker DM (1994) Plant Physiol 104:1159–1166

Shinozaki K, Yamaguchi-Shinozaki K (1996)Curr Opinion Biotechnol 7:161–167

Simons JP, McClenaghan M, Clark AJ (1987) Nature 328:530–532

Sinsheimer RL (1969) Engineering and Science 32:8

Sinsheimer RL (1976) Bioscience 26:599

Sjödin C, Glimelius K (1989) Theor Appl Genet 77:651–656

Slafer GA, Satorre EH, Andrade FH (1994) In: Slafer GA, ed, Genetic improvement of field crops. Marcel Dekker, Inc. New York, Basel, Hong Kong, pp. 1–68

Smalla K, Gebhard F (1995) In: FORBIOSICH, ed, FORBIOSICH-Meeting on Biosafety Research, April 1995, pp. 19–20

Smart CM (1994) New Phytol 126:419–448

Smith DB, Johnson KS (1988) Gene 67:31–40

Snowden MJ, Murray MJ, Chowdry BZ (1996) Chemistry & Industry 14:531–534

Spalding BJ (1993) ASM News 59:550–551

Spradling AC, Rubin GM (1982) Science 218:341–347

Stacey A, Bateman J, Choi T, Mascara T, Cole W, Jaenisch R (1988) Nature 332:131–136

Stalker DM, McBride KE (1987) J Bacteriol 169:955–960

Stalker DM, Malyj LD, McBride KE (1988) J Biol Chem 263:6310–6314

Stark D, Timmermann K-P, Barry GF, Preiss J, Kishore GM (1992) Science 258:287–292

Staskawicz BJ, Ausubel FM, Baker BJ, Ellis J, Jones JDG (1995) Science 268:661–667

Stayton PS, Shimoboji T, Long C, Chilkoti A, Chen G, Harris JM, Hoffman AS (1995) Nature 378:472–474

Stewart JD, Benkovic SJ (1995) Nature 375:388–391

Stewart TA, Pattengale PK, Leder P (1984) Cell 38:627–637

Stintzi A, Heitz T, Prasad V, Wiedemann-Merdinoglu S, Kaffmann S, Geoffroy P, Legrand M, Fritig B (1993) Biochim 75:687–706

Stöcklein WFM, Scheller FW (1995) Chem Ing Tech 67:69–77

Stofko-Hahn RE, Carr DW, Scott JD (1992) FEBS Lett 302:274–278

Stone R (1994) Science 266:1472–1473

Streber WR, Willmitzer L (1989) Bio/Technol 7:811–816

Streber WR, Kutschka U, Thomas F, Pohlenz HD (1994) Plant Mol Biol 25:977–987

Strittmatter G, Janssens J, Opsomer C, Botterman J (1995) Bio/Technol 13:1085–1089

Sukopp H, Sukopp U (1995) In: Albrecht S, Beusmann V, eds, Ökologie transgener Nutzpflanzen. Campus, Frankfurt, pp. 41–64

Sun TP, Goodman HM, Ausubel FM (1992) Plant Cell 4:119–128

Sundberg SA, Barrett RW, Pirrung M, Lu AL, Kiangsoontra B, Holmes CP(1995) J Am Chem Soc 117:12050–12057

Sundin GW, Bender CL (1996) Mol Ecol 5:133–143

Swadener C (1994) J Pest Reform 14:13–20

Syvanen M (1994) Annu Rev Genetics 28:237–261

Szekeres M, Németh K, Koncz-Kálmán Z, Mathur J, Kauschmann A, Altmann T, Rédei GP, Nagy F, Schell J, Koncz C (1996) Cell 85:171–182

Tabashnik BE (1994) Annu Rev Entomol 39:47–79

Tabashnik BE, Finson N, Johnson MW, Heckel DG (1995) J Entomol 88:219–224

Tacke E, Salamini F, Rohde W (1996) Nature Biotechnol 14:1597–1601

Tada N, Sato M, Kasai K, Ogawa S (1995) Transgenic Res 4:208–213

Tada Y, Nakase M, Adachi T, Nakamura R, Shimada H, Takahashi M, Fujimura T, Matsuda T (1996) FEBS Lett 391:341–345

Tanksley SD (1993) Annu Rev Genet 27:205–233

Taylor SL (1987) In: Hathcook JN, ed, Nutritional Toxicology. Vol 2, Acad Press, Orlando, pp. 173–187

Taylor SL (1992) Food Technol 46:148–152

Taylor SL, Lemanske RF, Bush RK, Busse WW (1987) Annals Allergy 59:93–99

Teilhard de Chardin P (1969) In: Oeuvres 10, Paris, pp. 114–152

Teilhard de Chardin P (1973) In: Oeuvres 11, Paris, pp. 176–223

Terras FRG, Eggermont K, Kovaleva V (1995) Plant Cell 7:573–588

Thayer AM (1993) Chemical & Engineering News 71:6

Thayer AM (1995) Chemical & Engineering News 73:12–14

The Assessment of Novel Foods, International Life Science Institute (ILSI Europe), Brussels 1995

The Convention on the Prohibition of the Development, Production, Stockpiling and Use of Chemical Weapons and on their Destruction. Nachgedruckt in: SIPRI Yearbook 1993: World Armaments and Disarmament. Oxford University Press, pp. 735–756

Thimann KV (1987) In: Thomson WW, Nothnagel EA, Huffaker RC, eds, Plant Senescence: Its Biochemistry and Physiology. Am Soc Plant Physiol, Rockville, USA, pp. 1–19

Thomas JC, Adams DG, Keppenne VD, Wasmann CC, Brown JK, Kanost MR, Bohnert HJ (1995) Plant Cell Reports 14:758–762

Thomas KR, Capecchi MR (1987) Cell 51:503–512

Thompson C, Movva N, Tizard R, Cramen R, Davies J, Lauwerays M, Botterman J (1987) EMBO J 6:2519–2523

Thränert O (ed) (1996) Enhancing the Biological Weapons Conventions. Dietz Verlag, Bonn

Timmons AM, O'Brien ET, Charters YM, Dubbels SJ, Wilkinson MJ (1995) Euphytica 85:417–423

Timpane J (1994a) Science 263:845–859

Timpane J (1994b) Science 264:124–141

Tischler R (1993) Einführung in die Ökologie. Fischer, Stuttgart

Tollenaar M, McCullough DE, Dwyer LM (1994) In: Slafer GA, ed, Genetic improvement of field crops. Marcel Dekker Inc., New York, Basel, Hong Kong, pp. 183–236

Toriyama K, Hinata K, Kameya T (1987) Plant Sci 48:123–128

Tricoli DM, Carney KJ, Russell PF, McMaster JR, Groff DW, Hadden KC, Himmel PT, Hubbard JP, Boeshore, ML, Quemada HD (1995) Bio/Technol 13:1458–1465

Tsaftaris A (1996) Field Crops Res 45:115–123

Tsuchimoto S, van der Krol AR, Chua N-H (1993) Plant Cell 5:843–853

Tsukui T, Kanegae Y, Saito I, Toyoda Y (1996) Nature Biotechnol 14:982–985

Tsuneishi K-I (1991) In: Geissler E, Haynes RH, eds, Prevention of a Biological and Toxin Arms Race and the Responsibility of Scientists. Akademie-Verlag, Berlin

Tucker JB (1996)Politics and the Life Sciences 15:167–247

UN (1995) Report of the Secretary-General on the status of the implementation of the Special Commission's
    plan for the ongoing monitoring and verification of Iraq's compliance with relevant parts of section C of
    Security Council resolution 687 (1991), S/1995/864, 11 October, pp. 22–28
UNEP (1996) Convention on Biological Diversity, Report of the First Meeting of the Open-Ended Ad Hoc
    Working Group on Biosafety (UNEP/CBD/BSWG/1/4, 22 August 1996)
Urry DW (1993) Angew Chem 105:859–883

Vaeck M, Peynaerts A, Höfte H, Jansen S, de Beuckeleer M, Dean C, Zabeau M, van Montagu M, Leemans J
    (1987) Nature 328:33–37
Valenta R, Kraft D (1996) J Allergy Clin Immunol 97: 893–896
La Vallie ER, di Blasio EA, Kovacic S, Grant KL, Schendel PF, McCoy JM (1992) Bio/Technol 11:187–193
Vieille C, Zeikus JG (1996) Trends Biotechnol 14:183–190
Visser RGF, Jacobsen E (1993) Trends Biotechnol 11:63–68
Vize PD, Michalska AE, Ashman R, Lloyd B, Stone BA, Quinn P, Wells JRE, Seamark RF (1988) J Cell Sci
    90:295–300
Vranceanu A, Stoenescu FM, Privu N (1988) Proc 12th Internat Sunflower Conf 1988. Yogoslav Assoc Produ-
    cers of Plant Oil and Fat, Novi Sad, pp. 404–410

Wadman, M (1996) Nature 379:574
Walden R, Wingender R (1995) Trends Biotechnol 13:324–331
Waller D (1995) Saddam spills secrets. Time, 4. 9. 1995, p. 41
Wang R, Zhang P, Gong Z, Hew CL (1995) Mol Mar Biol Biotechnol 4:20–26
Wanke R, Hermanns W, Folger S, Wolf E, Brem G (1991) Pediatr Nephrol 5:513–521
Waterston R, Sulston J (1995) Proc Natl Acad Sci USA 92:10836–10840
Watson JD (1979) In: Morgan J, Wheelan WJ, eds, Recombinant DNA and Genetic Experimentation. Perga- mon
    Press, Oxford and New York, pp. 187–192
Watson JD, Crick FHC (1953) Nature 171:737–783
Watson J, Tooze J (1981) The DNA Story: A Documentary History of Gene Cloning. Freeman, San Francisco
Watzlawick P (1981) Die erfundene Wirklichkeit. München
Weber B (1996a) UBA-Texte 58/96:196–204
Weber B (1996b) Öko Mitteilungen 19:8–10
Weed Science Socitey of America (1989) Herbicide Handbook. 6. Auflage, Champaign, Illinois, USA, pp. 146–
    154
Wehrmann A, van Vliet A, Opsomer C, Bottermann J, Schulz A (1996) Nature Biotechnol 14:1274–1278
Weide H, Páca J, Knorre WA (1991) Biotechnologie. Fischer, Jena, 2. Aufl
Weigel D, Nilsson O (1995) Nature 377:495–500
Welker M (1988) In: Drehsen V, Häring H, Kuschel K-J, Siemers H, eds, Wörterbuch des Christentums.
    Gütersloh, Zürich, pp. 1119–1120
Wenzel G (1995) In: Gentechnik, Seminar der Zentralen Informationsstelle Umweltberatung Bayern. GSF-
    Bericht 25/95, pp. 19–95
Wenzel G, Foroughi-Wehr B (1993) In: Hayward MD, Bosemark NO, Romagosa I, eds., Plant Breeding. Prin-
    ciples and Prospects. Chapman & Hall, London, pp. 353–370
Westermann C (1971) Schöpfung. Stuttgart-Berlin
Westermann C (1974) Genesis 1–11. Neukirchen-Vluyn
de Wet JMJ (1975) Bull Torrey Bot Club 102:307–312
Wheelis M (1991) In: Geissler E, Haynes RH, eds, Prevention of a Biological and Toxin Arms Race and the
    Responsibility of Scientists. Akademie-Verlag, Berlin, pp. 277–283
Wheelis M (1997) In: Geissler E, van Courtland Moon JEV, eds, Biological and Toxin Weapons Research, De-
    velopment and Use from the Middle Ages to 1945: A Critical Comparative Analysis. Oxford University
    Press, Oxford, in press
White DJG, Calne RY (1996) Chirurg 67:324–330
Whitelam GC (1995) J Sci Food Agricult 68:1–9
Whitham S, McCormic S, Baker B (1996) Proc Natl Acad Sci USA 93:8776–8781
WHO (1996) Health aspects of marker genes in genetically modified plants. WHO/FNU/FOS/93.6
Wilcheck M, Bayer EA (1990) Methods Enzymol 184:14–45

Williams ME (1995) Trends Biotechnol 13:344–349

Williams N (1996) Science 272:481

Willner I, Rubin S (1996) Angew Chem 108:419–439

Willson MF (1983) Plant Reproductive Ecology. Wiley, New York

Wils J-P, Person P, Leib ST(1994) In: Hoff J, in der Schmitten J, eds, Wann ist der Mensch tot? Reinbek, pp. 119–152

Wimmer R (1991) In: Wils J-P, Mieth D, eds, Ethik ohne Chance?, Tübingen, pp. 182–209

Winter G (1942) National Archives, College Park, Md (NACP), Record Group (RG) 319, Box 9, Folder BW 14, pp. 123–135

Wirak DO, Bayney R, Ramabhadran V, Fracasso RP, Hart JT, Hauer PN, Hsiau P, Pekar SK, Scangos GA, Trapp BD, Unterbeck AJ (1991a) Science 253:323–325

Wirak DO, Bayney R, Kundel CA, Li A, Scangos GA, Trapp BD, Unterbeck AJ (1991b) EMBO J 10:289–296

Wohlleben W, Arnold W, Broer J, Hillemann D, Strauch E, Pühler A (1988) Gene 70:25–37

Wolfrum R (1996) Forschung & Lehre 8/96, pp. 410–413

Word PP, Piddington C-S, Cunningham GA, Zhou X, Wyatt RD, Conneely OM (1995) Bio/Technol 13: 498–503

Wright S (ed) (1990) Preventing a Biological Arms Race. The MIT Press, Cambridge, MA, London

Wu G, Shortt BJ, Lawrence EB, Levine EB, Fitzsimmons KC, Shah DM (1995) Plant Cell 7:1357–1368

Wu R, Taylor E (1971) Mol Biol 57:491–511

Wünn J, Klöti A, Burkhardt PK, Biswas GCG, Launis K, Iglisias VA, Potrykus I (1996) Bio/Technol 14: 171–176

Wych RD, Rasmusson DC (1983) Crop Science 23:1037–1040

Xu M-Q, Perler FB (1996) EMBO J 15:5146–5153

Yancey PH, Clark ME, Hand SC, Bowlus RD, Somero GN (1982) Science 217:1214–1222

Yip T-T, Hutchens TW (1994) Mol Biotechnol 1:151–164

Yli-Kauhaluoma JT, Shley JA, Lo C-H, Tucker L, Wolfe MM, Janda KD (1995) J Am Chem Soc 117:7041– 7047

Ylstra B, Busscher J, Franken J, Hollman PCH, Mol JNM, van Tunen AJ (1994) Plant J 6:200–212

Yuninger JW, Sweeney KG, Sturmer WQ, Giannandrea LA, Teigland JD, Bray M, Benson PA, York JA, Bie- drzycki L, Squillace DL, Helm RM (1988) J Am Med Assoc 260:1450–1452

Zaks A, Klibanov AM (1985) Proc Natl Acad Sci USA 82:3192–3196

Zhu Q, Maher EA, Masoud S, Dixon RA, Lamb CJ (1994) Bio/Technol 12:807–812

18 Schlagwortregister

Regulierung 10
Replikase virale 82
Resistenzentwicklung 61, 70, 115, 195, 201, 206
Restrisiko 231, 241
Rhizobium japonicum 215
Ribosomen-inaktivierende Proteine 82
Risiko/Zweck-Abwägung 234, 235
Risikoabschätzung 13, 193, 222, 227
Risikoabwehr 225
Risikoannahme 226
Risikobeschreibung 205
Risikobeurteilung 53, 119, 200, 221, 240
Risikokapital 2
Risikopotential 15, 16, 113, 226, 228
Risikovermutung 49, 55, 57, 227, 231, 234
Risikovorsorge 230, 234
Rizin 138, 139
Rizomania-Virus 50, 196
Rotavirus 139
Roundup 54
Rückholbarkeit 233

Saatguthersteller 26, 56
SacB 84
Saccharomyces cerevisiae 39, 41
Saccharomyces fragilis 168
Samen Überdauerung 202
Samen Verbreitung 202
Satelliten-RNA 82
Schaden 228, 229, 237, 239
Schöpfung 10, 55, 224, 243, 244, 245, 246, 247, 249, 250, 251, 252, 253
Screening 19, 258
Selbstklonierung 156
Selbstverwirklichung 252
Selektionsdruck 56, 198, 206, 209, 210, 211, 213, 215, 216, 218, 219, 226
Seneszenz 210, 211, 213, 214
Sensibilisierung 157
Sequence-Taged-Sites 38
Sicherheitsforschung 194, 195, 200, 206, 218, 229
Sicherheitsprüfung 233
Simazin 80
Sinapis arvensis 68
single-threat agent 137, 145
Sinnfrage 244, 245, 251
Solanum brevidens 78
Solanum nigrum 78
Solanum papita 78

Solanum pinnatisectum 78
Solanum tuberosum 3, 29, 48, 78
Sozialverträglichkeit 50, 56, 57, 236, 237, 239
Spectinomycin 162
Stammzellen embryonale 97
Staphylococcus sp. 138
Stärke 90, 155
Starterkulturen 154, 155
step-by-step-Vorgehen 190, 200, 203, 229
Sterilität männliche 8, 22, 87, 192, 204
Streptavidin 175, 176, 182
Streptoalloteichus hindustanus 162
Streptomyces avidinii 175
Streptomyces hygroscopicus 62, 63, 80, 162
Streptomyces sp. 168
Streptomyces viridochromogenes 61, 63, 80
Streptomycin 162
Stressresistenz 85
STS 38
Sulfonylharnstoffe 8, 80, 209
Synökologie 190

tfDA 80
Th1-Antwort 126, 133
Th2-Antwort 126
Therapeutika 18, 20, 21, 27, 41
Thermococcus litoralis 169
thermostabil 168, 169, 177
Thermotoga maritima 169
Thionin 83
Tierzüchtung 94
TIL 127
T-Lymphocyten 126, 127
Toxin-Waffen 137, 138, 139, 141, 142, 144, 146
Toxizität 65, 193
Transfektion 130, 135
Transkapsidierung 197
Transplantationsmedizin 95, 113, 114
Trichoderma reesei 168
Trichogramma pretiosum 193
Triticum aestivum 47
Tumor 121, 133
Tumorentstehung 123
Tumormetastasierung 123
Tumorsupressor-Gen 123
Tumorwachstum 122, 123

Überdauerung 198, 199
Überwinterungsfähigkeit 206

Peter Brandt
Institut für Pflanzenphysiologie und Mikrobiologie, Freie Universität Berlin

Transgene Pflanzen

Herstellung Anwendung Risiken und Richtlinien

1995. 320 Seiten. Broschur
ISBN 3-7643-5202-7

Dieses Buch informiert über den Stand der Wissenschaft auf dem Gebiet gentechnischer Veränderungen von Pflanzen und ermöglicht jedem Leser, sich ein eigenes Urteil über dieses Teilgebiet der Gentechnologie zu bilden.

Transgene Pflanzen beschreibt umfassend die verschiedenen Methoden zur Erzeugung transgener Pflanzen und Möglichkeiten ihrer Anwendung. Ebenfalls dargestellt sind Erkenntnisse über ihre Kultivierung sowie die Bestrebungen zum Inverkehrbringen transgener Pflanzen. Darüber hinaus faßt es die wichtigsten Argumente der derzeiten Risikodiskussion, gesetzliche Regelungen zur Gentechnik sowie Überlegungen zur Verantwortung in der Wissenschaft zusammen.

Die Darstellung verschiedener Aspekte der transgenen Pflanzen macht das Buch wichtig für eine vielfältige Leserschaft: Nicht nur für NaturwissenschaftlerInnen biologischer Fachrichtung, sondern auch JuristInnen und interessierte Laien. Ihnen allen wird der Einstieg in einen Themenkomplex leichtgemacht, der immer stärker in den Brennpunkt der Diskussionen rückt.

Aus dem Inhalt:
Hybris oder Hysterie? • Begriffe und Verfahren • Anwendung • Inverkehrbringen • Tatsächliche und hypothetische Risiken • Vollzug gesetzlicher Regelungen für das beabsichtigte Freisetzen oder das Inverkehrbringen von transgenen Pflanzen • Öffentliche Meinung und Akzeptanz • Verantwortung und Wissenschaft

Birkhäuser Verlag • Basel • Boston • Berlin

G. Kjellsson / V. Simonsen, *National Environmental Research Institute, Silkeborg, Denmark /* **K. Ammann,** *University of Bern, Switzerland (Eds)*

Methods for Risk Assessment of Transgenic Plants

II. Pollination, Gene Transfer and Population Impacts

1997. 320 pages, Hardcover
ISBN 3-7643-5696-0

The continuation of *Methods for Risk Assessment of Transgenic Plants. I. Competition, Establishment and Ecosystem Effects.* This volume focuses on processes in gene-transfer, incorporation of genes and the effects on populations. It is intended to support researchers with an overview of methods available for studying the spread of genes from transgenic plants and the establishment of transgenes in non-transgenic plants. The book may also be used by biologists working with plant population biology, pollination ecology and genetics.

From the Contents:

- ○ **Glossary of terms and abbreviations**
- ○ **Categories and corresponding subcategories**
- ○ **List of subcategories with corresponding methods**
- ○ **List of methods with corresponding subcategories**
- ○ **Synopsis of subcategories and recommended methods**
- ○ **List of the methods and their description**
- ○ **Genetic engineering techniques**
- ○ **Inserted traits for transgenic plants**
- ○ **Principles and procedures for risk assessment**

Birkhäuser Verlag • Basel • Boston • Berlin